Jürgen Appell
Martin Väth

Elemente der Funktionalanalysis

Aus dem Programm Mathematik

Mathematik für Wirtschaftsingenieure und für naturwissenschaftlich-technische Studiengänge Band 1 und 2
von Norbert Henze und Günter Last

Einführung in die Analysis
von Thomas Sonar

Analysis Band 1 und 2
von Ehrhard Behrends

Analysis 1 – 3
von Otto Forster

Globale Analysis
von Ilka Agricola und Thomas Friedrich

Funktionentheorie
von Wolfgang Fischer und Ingo Lieb

Einführung in die Funktionalanalysis
von Reinhold Meise und Dietmar Vogt

Gewöhnliche und Operator-Differentialgleichungen
von Etienne Emmrich

Algebraische Topologie
von Wolfgang Lück

Jürgen Appell
Martin Väth

Elemente der Funktionalanalysis

Vektorräume, Operatoren und Fixpunktsätze

Bibliografische Information Der Deutschen Bibliothek
Die Deutsche Bibliothek verzeichnet diese Publikation in der Deutschen Nationalbibliografie; detaillierte bibliografische Daten sind im Internet über <http://dnb.ddb.de> abrufbar.

Prof. Jürgen Appell
Dr. Martin Väth
Universität Würzburg
Mathematisches Institut
Am Hubland
97074 Würzburg

E-Mail: appell@mathematik.uni-wuerzburg.de
vaeth@mathematik.uni-wuerzburg.de

1. Auflage März 2005

Lektorat: Ulrike Schmickler-Hirzebruch / Petra Rußkamp

Der Vieweg Verlag ist ein Unternehmen von Springer Science+Business Media.
www.vieweg.de

Umschlaggestaltung: Ulrike Weigel, www.CorporateDesignGroup.de

Gedruckt auf säurefreiem und chlorfrei gebleichtem Papier.

ISBN-13: 978-3-528-03222-7 e-ISBN-13: 978-3-322-80243-9
DOI: 10.1007/978-3-322-80243-9

Inhaltsverzeichnis

Abbildungsverzeichnis

Tabellenverzeichnis

Einleitung

> La compacité est presque metaphysique.
>
> *Jean Leray (1937)*

> The progress of mathematics may be viewed as progress from the infinite to the finite.
>
> *Gian Carlo Rota (1983)*

Ziel dieses Buches ist es, einige Aspekte der Analysis in normierten linearen Räumen vorzustellen. Während man sich in den Analysis-Grundvorlesungen auf den reellen normierten linearen Raum $\mathbb{R}$ (und manchmal auch sein komplexes Analogon $\mathbb{C}$) beschränkt, betrachtet man in der sogenannten Höheren Analysis auch unendlichdimensionale Räume (meist über $\mathbb{R}$), etwa den Raum $C[0,1]$ der reellwertigen stetigen Funktionen auf $[0,1]$ mit der Maximumsnorm. Hierbei stellt man fest, dass endlichdimensionale Räume X einige bemerkenswerte Eigenschaften haben, die in unendlichdimensionalen Räumen nicht mehr gelten, also die „Endlichdimensionalität" gewissermassen charakterisieren:

- Die Einheitskugel $K(X) = \{x \in X : \|x\| \leq 1\}$ ist kompakt.
- Die Einheitssphäre $S(X) = \{x \in X : \|x\| = 1\}$ ist kompakt.
- Jede abgeschlossene beschränkte Menge $M \subset X$ ist kompakt.
- Jede beschränkte Folge in X hat eine konvergente Teilfolge.
- Alle Normen auf X sind äquivalent.
- Jeder lineare Operator $A\colon X \to X$ ist beschränkt.
- Jeder beschränkte lineare Operator ist kompakt.
- Jede stetige Abbildung $f\colon K(X) \to K(X)$ hat einen Fixpunkt.
- Die Einheitssphäre $S(X)$ ist nicht Retrakt der Einheitskugel $K(X)$.
- Die Einheitssphäre $S(X)$ ist nicht zusammenziehbar.
- Jede stetige Abbildung $g\colon K(X) \to X \setminus \{\theta\}$ hat einen positiven Eigenwert.

Beispielsweise ist also im Raum $C[0,1]$ – wie in jedem unendlichdimensionalen Raum – *keine* dieser Eigenschaften erfüllt, d.h. es gibt in diesem Raum nichtkompakte abgeschlossene und beschränkte Teilmengen, beschränkte Folgen ohne konvergente Teilfolge, nichtäquivalente Normen, unbeschränkte lineare Operatoren und Funktionale, nichtkompakte beschränkte lineare Operatoren, stetige Abbildungen auf der Einheitskugel ohne Fixpunkte, und stetige nullstellenfreie Abbildungen auf der Einheitskugel ohne positive Eigenwerte. Hierbei handelt es sich nicht nur um reine Existenzaussagen, sondern man kann alle diese Objekte tatsächlich explizit konstruieren. In diesem Sinn sind unendlichdimensionale Räume also erheblich „komplizierter" als endlichdimensionale. Man kann auch sagen, dass sie sich unserer Anschauung entziehen: Beispielsweise widerspricht die Existenz einer Abbildung, die eine Kugel auf ihren Rand abbildet, ohne „Löcher aufzureißen", drastisch unserer geometrischen Intuition.

Trotzdem kann man auch in unendlichdimensionalen Räumen die oben angegebenen Eigenschaften in gewissem Sinn „wiedergewinnen", wenn man zusätzliche Voraussetzungen ins Spiel bringt. Das „Zauberwort" heißt hier: *Kompaktheit*! Es ist wohl kaum übertrieben zu sagen, dass der Begriff der Kompaktheit (vielleicht neben dem des Grenzwerts) einer der wichtigsten Begriffe der gesamten Analysis ist. Schon an der recht umständlichen Definition („aus jeder offenen Überdeckung kann man eine endliche Teilüberdeckung auswählen") sieht man, worin die tiefe Idee der Kompaktheit besteht, nämlich *im Übergang von unendlich vielen Objekten zu endlich vielen, die dasselbe leisten*. In diesem Sinn sind die obenstehenden Zitate zu verstehen. Trotz ihrer scheinbaren Kompliziertheit erweist sich die Definition der Kompaktheit als äußerst glücklich: Sie ist einerseits allgemein genug, um ein fundamentales Werkzeug für eine große Klasse von Problemen bereitzustellen, und anderseits eng genug, um viele wichtige Aussagen zu liefern, die aus ihr folgen. Demzufolge wird die Kompaktheit auch eines der zentralen Themen dieses Buches sein, aber natürlich nicht das einzige.

Das Buch besteht aus 14 Kapiteln, die man in zwei etwa gleichgroße Gruppen einteilen kann, nämlich einen *linearen Teil* und einen *nichtlinearen Teil*. Der lineare Teil umfasst die ersten 8 Kapitel. Im ersten Kapitel stellen wir eine Liste von *Beispielen normierter linearer Räume* zusammen, die wir im folgenden benötigen. Die Definition und äquivalente Beschreibungen *kompakter Mengen* werden im zweiten Kapitel gegeben; hier führen wir auch sogenannte *Nichtkompaktheitsmaße* ein, ein offenbar weitgehend unbekanntes, aber sehr nützliches Hilfsmittel der Analysis.

Wie oben bemerkt, werden durch die Äquivalenz von Kompaktheit einerseits und Abgeschlossenheit und Beschränktheit andererseits (Satz von Heine-Borel) gerade die endlichdimensionalen normierten linearen Räume charakterisiert. In einem unendlichdimensionalen Raum sind kompakte Mengen zwar auch stets abgeschlossen und beschränkt, müssen aber zusätzlich noch eine weitere Eigenschaft haben. Dies führt zu sogenannten *Kompaktheitskriterien*, die wir im dritten Kapitel vorstellen.

Die anschließenden drei Kapiteln sind *beschränkten linearen Operatoren* zwischen normierten Räumen gewidmet. Im vierten Kapitel diskutieren wir einen der zentralen Sätze für solche Operatoren, nämlich den *Satz von der beschränkten Inversen*, der in äquivalenter Form oft auch als *Satz von der offenen Abbildung* oder *Satz vom abgeschlossenen Graphen* behandelt wird. *Kompakte Operatoren* sind Gegenstand des fünften Kapitels. Im sechsten Kapitel betrachten wir ausführlich zwei besonders wichtige Klassen linearer Operatoren, nämlich *Matrixoperatoren* zwischen Folgenräumen und *Integraloperatoren* zwischen Funktionenräumen; insbesondere geben wir hinreichende Bedingungen für die Kompaktheit solcher Operatoren, die manchmal auch notwendig sind. Viele kompakte Operatoren, die in Beispielen auftreten, kommen aus einer dieser beiden Klassen.

Im siebten Kapitel diskutieren wir die *Fredholm-Alternative*, die eine der elegantesten Existenz- und Eindeutigkeitsaussagen für gewisse Klassen linearer Gleichungen darstellt. Insbesondere zeigt die Fredholm-Alternative, dass „kompakte Störungen" der Identität sehr ähnliche Eigenschaften wie Matrizen in endlichdimensionalen Räumen haben. Was dies für konkrete Probleme bringt, illustrieren wir im achten Kapitel, einerseits anhand von *Volterraschen Integralgleichungen* und *Anfangswertproblemen*, andererseits anhand von *Fredholmschen Integralgleichungen* und *Randwertproblemen*.

Der nichtlineare Teil umfasst die letzten 6 Kapitel des Buches. Wie beginnen im neunten Kapitel mit einigen *Beispielen nichtlinearer Operatoren*. Für nichtlineare Operatoren ist vieles anders als bei linearen Operatoren; beispielsweise kann ein nichtlinearer Operator beschränkt und unstetig sein, oder unbeschränkt und stetig. Das zehnte Kapitel ist dem einfachsten Fixpunktprinzip gewidmet, der im allgemeinen schon in den Analysis-Grundvorlesungen behandelt wird, nämlich dem *Banachschen Fixpunktsatz*. Der ganz andere *Brouwersche Fixpunktsatz*, der in der eindimensionalen Version fast trivial (nämlich einfach der bekannte Zwischenwertsatz) ist, sich in höheren Dimensionen aber als hochgradig nichttrivial erweist, wird im elften Kapitel behandelt. In unendlichdimensionalen Räumen ist dieser Satz falsch; man kann ihn dort aber – eben durch eine zusätzliche Kompaktheitsvoraussetzung – als *Schauderschen Fixpunktsatz* sozusagen „wiedergewinnen", was wir im zwölften Kapitel tun werden.

Ein weniger bekanntes, aber höchst nützliches relativ neues Fixpunktprinzip ist der *Darbosche Fixpunktsatz*, welcher grob gesprochen einen einheitlichen Zugang zum Banachschen und Schauderschen Fixpunktsatz liefert und im dreizehnten Kapitel besprochen wird. Schließlich wenden wir alle diese Prinzipien im vierzehnten Kapitel auf konkrete nichtlineare Probleme an; hierbei wird ein weiteres Fixpunktprinzip eine wichtige Rolle spielen, nämlich der *Borsuksche Fixpunktsatz*, den man mit gewisser Berechtigung als eine Art „nichtlineares Analogon" zur Fredholm-Alternative aus dem siebten Kapitel ansehen kann.

Manche Hilfsmittel, die wir zugunsten des roten Fadens nicht in in den Text mit aufgenommen haben, sind in einem Anhang zusammengestellt. Hierzu gehören einige der oben erwähnten *Kriterien für Endlichdimensionalität*, der berühmte *Bairesche Kategoriensatz* (der alle im vierten Kapitel bewiesenen „Fundamentalsätze" über lineare Operatoren als Folgerungen impliziert), einige Fakten über *Basen in Banachräumen*, der klassische *Approximationssatz von Stone und Weierstraß* und der *Urysonsche Fortsetzungssatz*.

Wir haben uns bemüht, die wichtigsten im Buch benutzten Begriffe vorher sorgfältig zu definieren und durch eine Vielzahl von Beispielen zu erläutern, bevor wir damit arbeiten. Beim Leser setzen wir nur Grundkenntnisse in Analysis (Folgen und Reihen, Stetigkeit, Differenzierbarkeit, Riemann-Integral), Linearer Algebra (Vektorräume, lineare

Abbildungen, Matrizen), Maßtheorie (messbare Mengen und Funktionen, Nullmengen, Lebesgue-Integral, Konvergenzsätze), und mengentheoretischer Topologie (Abgeschlossenheit und Offenheit, Kompaktheit) voraus. Daher sollte das Buch allen Mathematikstudenten etwa ab dem vierten Semester zugänglich sein.

Dieses Buch ist in der Tat als „Brücke" zwischen den Vorlesungen des Grundstudiums und denen des Hauptstudiums gedacht. Es kann als elementare Einführung sowohl in die Lineare als auch in die Nichtlineare Funktionalanalysis dienen, und es ist als vorlesungsbegleitende Lektüre ebenso geeignet wie als Grundlage zum Selbststudium. Es soll nicht den Besuch einer Vorlesung über Topologie, Funktionalanalysis, oder Differentialgleichungen ersetzen, sondern allenfalls ergänzen. Im Gegenteil: Nähme der Leser neben diesem keines der hervorragenden Werke etwa über Funktionalanalysis oder Nichtlineare Analysis mehr zur Hand, so hätte dieses Buch seinen Zweck verfehlt.

Schon beim flüchtigen Lesen dürfte die Vielzahl von *Beispielen* auffallen, die wir zur Veranschaulichung der abstrakten Begriffe und Ergebnisse aufgenommen haben. Wir sind der Meinung, dass man viele mathematische Ideen – vor allem, wenn sie kompliziert sind – am besten anhand eines Beispiels erklären kann; der mathematische Kern wird dann ziemlich oft „von selbst" sichtbar. Hierbei ist es *nicht* hilfreich, das Ergebnis sofort in größtmöglicher Allgemeinheit zu präsentieren; im Gegenteil: Der Frust beim in technischen Details ertrinkenden Leser wird dadurch vergrößert und steht in keinem Verhältnis zur (tatsächlich oder vermeintlich) breiteren Anwendbarkeit des Ergebnisses. Dies gilt natürlich insbesondere für Lehrbücher, die sich an eine nichtspezialisierte Leserschaft wenden. Um es mit einem schönen didaktischen Prinzip auszudrücken:

Only wimps treat the most general case – real teachers tackle examples!

Die Bezeichnungen und Benennungen in diesem Buch folgen im allgemeinen üblicher Praxis. Den Beginn eines Beweises kennzeichnen wir mit dem weißen Kästchen □, sein Ende mit dem schwarzen Kästchen ■. Das Mondgesicht ☺ weist dagegen auf das Ende eines Beispiels hin. Alle mathematischen Bezeichnungen werden im Text selbst eingeführt und können im Index hinten nachgeschlagen werden.

Wir danken dem Vieweg-Verlag für die Aufnahme dieses Buchs in seine Lehrbuchreihe, und besonders Frau Ulrike Schmickler- Hirzebruch für die angenehme Zusammenarbeit und viele konstruktive Verbesserungsvorschläge. Unser ganz besonderer Dank gilt unseren Studentinnen und Studenten, die mit unendlicher Geduld Vorlesungen und Seminare über den Stoff dieses Buches gehört und danach beschlossen haben, die Funktionalanalysis zu ihrem Spezialgebiet zu machen.

Würzburg, Berlin, Januar 2005
Jürgen Appell, Martin Väth

Teil I

Lineare Analysis

1 Normierte lineare Räume

In diesem Kapitel stellen wir eine Reihe von Beispielen normierter linearer Räume zusammen, auf die wir im folgenden immer wieder zurückgreifen werden. Am nützlichsten erweisen sich hier *Folgenräume* und *Funktionenräume*, die sämtlich unendlichdimensional sind. Darüberhinaus beschreiben wir, wie man aus gegebenen normierten Räumen durch Produkt- oder Äquivalenzklassenbildung neue erzeugen kann, und machen zum Schluss einige Bemerkungen über *metrische lineare Räume*, die i. a. nicht normierbar sind.

1.1 Normierte Räume und Banachräume

Sei X ein *linearer Raum* (*Vektorraum*) über dem Körper $\mathbb{R}$, d. h. eine Menge mit einer *Addition* $(x,y) \mapsto x+y$ derart, dass $(X,+)$ eine abelsche Gruppe mit Nullelement $\theta \in X$ ist, und einer *Multiplikation mit Skalaren* $(\lambda,x) \mapsto \lambda x$ derart, dass gilt $(\lambda,\mu \in \mathbb{R}, x,y \in X)$:

(a) $\lambda(x+y) = \lambda x + \lambda y$;

(b) $(\lambda+\mu)x = \lambda x + \mu x$;

(c) $\lambda(\mu x) = (\lambda\mu)x$;

(d) $1x = x$.

Eine Abbildung $\|\cdot\| : X \to [0,\infty)$ heißt *Norm* auf X, falls gilt $(\lambda \in \mathbb{R}, x,y \in X)$:

(a) $\|x\| = 0$ genau dann, wenn $x = \theta$ ist (Definitheit);

(b) $\|\lambda x\| = |\lambda|\,\|x\|$ (Homogenität);

(c) $\|x+y\| \leq \|x\| + \|y\|$ (Subadditivität) („Dreiecksungleichung“).

Der Raum X heißt dann *normierter linearer Raum*. Manchmal schreiben wir statt X eindrucksvoller $(X, \|\cdot\|)$, um hervorzuheben, welche Norm gemeint ist. Auf einem linearen Raum können im allgemeinen viele verschiedene Normen eingeführt werden, wenn auch oft nur eine „natürliche“.

Da wir auf einem normierten linearen Raum durch $d(x,y) := \|x-y\|$ eine *Metrik* definieren können, ist es möglich, wie in der reellen Analysis von *konvergenten Folgen* und *Cauchyfolgen* zu sprechen. Ein normierter linearer Raum $(X, \|\cdot\|)$ heißt *Banachraum*, falls er *vollständig* ist, d. h. jede Cauchyfolge $(x_n)_n$ bzgl. der Norm $\|\cdot\|$ konvergiert gegen ein $x \in X$ in dieser Norm. Der Raum $(\mathbb{R}, |\cdot|)$ beispielsweise ist also ein Banachraum; Beispiele für nicht-vollständige normierte lineare Räume bringen wir weiter unten.

Im folgenden benutzen wir für die *abgeschlossenen Kugeln*, *offenen Kugeln* und *Sphären* (Kugelschalen) in einem normierten linearen Raum $(X, \|\cdot\|)$ die Bezeichnungen

(1.1) $$K_r(X;x) := \{y : y \in X,\ \|y-x\| \leq r\},$$

(1.2) $$B_r(X;x) := \{y : y \in X,\ \|y-x\| < r\}$$

und

(1.3) $$S_r(X;x) := \{y : y \in X,\ \|y-x\| = r\}.$$

Ist der Mittelpunkt x der *Nullvektor* θ so kürzen wir $K_r(X;\theta) =: K_r(X)$, $B_r(X;\theta) =: B_r(X)$ und $S_r(X;\theta) =: S_r(X)$ ab.

Sei X ein normierter linearer Raum. Eine Teilmenge $U \subseteq X$ heißt *Unterraum* von X, falls $\lambda x + \mu y \in U$ für alle $\lambda, \mu \in \mathbb{R}$ und $x, y \in U$ gilt. Besonders wichtig sind *abgeschlossene Unterräume*: ein Unterraum U heißt *abgeschlossen* in X, falls der Grenzwert jeder konvergenten Folge $(x_n)_n$ in U auch zu U gehört. Das folgende Lemma gibt ein sehr einfaches, aber nützliches Kriterium für die Abgeschlossenheit eines Unterraums:

Lemma 1.1. *Sei X Banachraum und U Unterraum von X. Dann ist U genau dann abgeschlossen in X, wenn U Banachraum ist.*

□ Sei U abgeschlossen in X und $(x_n)_n$ Cauchyfolge in U. Dann ist $(x_n)_n$ Cauchyfolge in X, konvergiert wegen der Vollständigkeit von X also gegen ein $x \in X$. Wegen $x_n \in U$ und der Abgeschlossenheit von U gilt sogar $x \in U$.

Sei umgekehrt U Banachraum und $(x_n)_n$ eine Folge in U mit $x_n \to x \in X$. Dann ist $(x_n)_n$ Cauchyfolge in U, konvergiert wegen der Vollständigkeit von U also gegen ein x_*. Es gilt also $x = x_* \in U$. ■

Wir werden oft stillschweigend die *inverse Dreiecksungleichung* benutzen:

(1.4) $$|\|x\| - \|y\|| \leq \|x-y\|.$$

Aus ihr folgt beispielsweise, dass die Norm eine stetige Abbildung $\|\cdot\| : X \to \mathbb{R}$ ist.

Man kann (1.4) recht einfach sehen: Falls $\|x\| \geq \|y\|$ ist, erhält man (1.4) aus der Abschätzung

$$\|x\| = \|(x-y)+y\| \leq \|x-y\| + \|y\|,$$

und im Fall $\|y\| \geq \|x\|$ benutzt man dieselbe Abschätzung mit vertauschten Rollen von x und y.

Aufgrund der Stetigkeit der Norm erhält man beispielsweise: *Falls* der Grenzwert

(1.5) $$\sum_{n=1}^{\infty} x_n := \lim_{N\to\infty} \sum_{n=1}^{N} x_n$$

existiert, so ist

$$(1.6)\qquad \left\|\sum_{n=1}^{\infty} x_n\right\| = \lim_{N\to\infty} \left\|\sum_{n=1}^{N} x_n\right\| \leq \limsup_{N\to\infty} \sum_{n=1}^{N} \|x_n\| = \sum_{n=1}^{\infty} \|x_n\|\,.$$

Warnung. Die „Umkehrung" gilt nicht: Aus der Konvergenz von $\sum_{n=1}^{\infty} \|x_n\|$ folgt nicht die Konvergenz von (1.5). Interessanterweise ist dies eine Eigenschaft, die Banachräume charakterisiert:

Satz 1.1. *Sei $(\alpha_n)_n$ irgendeine Folge reeller Zahlen mit $\alpha_n \geq 1$. Ein Raum X ist genau dann ein Banachraum, wenn aus der Konvergenz der Reihe $\sum_{n=1}^{\infty} \alpha_n \|x_n\|$ (mit $x_n \in X$) die Konvergenz der Reihe* (1.5) *folgt.*

□ Es gelte die angegebene Implikation. Sei $(x_n)_n$ eine Cauchyfolge in X. Wir müssen zeigen, dass $(x_n)_n$ konvergiert. Aufgrund der Cauchy-Eigenschaft genügt es zu zeigen, dass eine Teilfolge $y_k := x_{n_k}$ von $(x_n)_n$ konvergiert. Wir wählen eine Teilfolge so, dass $\sum_{k=1}^{\infty} \alpha_k \|y_{k+1} - y_k\|$ konvergiert. Beispielsweise setzen wir dazu $n_1 := 1$ und wählen induktiv $n_{k+1} > n_k$ so groß, dass $\|y_{k+1} - y_k\| < 1/(\alpha_k k^2)$ ist.

Nach Annahme konvergiert nun also die Folge $z_n := \sum_{k=1}^{n}(y_{k+1} - y_k)$ gegen ein $z \in X$. Insbesondere konvergiert also $z_{n-1} + y_1 = y_n$ gegen $x := z + y_1$, d. h. $x_{n_k} \to x$. Wie oben bemerkt, folgt aus der Cauchy-Eigenschaft der Folge, dass dann $x_n \to x$ gilt. Daher ist X ein Banachraum.

Sei umgekehrt X ein Banachraum, und $x_n \in X$, so dass $\sum_{n=1}^{\infty} \alpha_n \|x_n\|$ konvergiert. Insbesondere ist also die Folge $\beta_N := \sum_{n=1}^{N} \alpha_n \|x_n\|$ eine Cauchyfolge in $\mathbb{R}$. Die Folge $y_N := \sum_{n=1}^{N} x_n$ ist dann eine Cauchyfolge in X, denn für alle $M < N$ ist

$$\|y_N - y_M\| = \left\|\sum_{n=M+1}^{N} x_n\right\| \leq \sum_{n=M+1}^{N} \|x_n\| \leq \sum_{n=M+1}^{N} \alpha_n \|x_n\| = \beta_N - \beta_M = |\beta_N - \beta_M|\,.$$

Da X Banachraum ist, ist $(y_N)_N$ also konvergent, d. h. (1.5) konvergiert. ■

Satz 1.1 ist oft nützlich, wenn man *nachweisen* will, dass ein bestimmter Raum ein Banachraum ist (s. etwa Satz 1.4 unten).

1.2 Beispiele normierter Räume

Wir bringen nun eine längere Liste von Beispielen normierter Räume, auf die wir im folgenden immer wieder zurückgreifen werden.

Beispiel 1.1. Im endlichdimensionalen Raum $\mathbb{R}^N$ aller Vektoren $x = (\xi_1, \ldots, \xi_N)$ können wir für jedes $p \in [1, \infty)$ eine Norm $\|\cdot\|_p$ durch

$$(1.7)\qquad \|x\|_p := \|(\xi_1, \ldots, \xi_N)\|_p := \left(|\xi_1|^p + \cdots + |\xi_N|^p\right)^{1/p}$$

definieren, sowie für $p = \infty$ eine Norm $\|\cdot\|_\infty$ durch

(1.8) $$\|x\|_\infty := \|(\xi_1, \dots, \xi_N)\|_\infty := \max\{|\xi_1|, \dots, |\xi_N|\}.$$

Besonders wichtig ist die Norm $\|\cdot\|_2$, die *Euklidische Norm* genannt wird. Für sie gilt die *Cauchy-Schwarzsche Ungleichung*

(1.9) $$\left|\sum_{n=1}^N \xi_n \eta_n\right|^2 \leq \left(\sum_{j=1}^N \xi_j^2\right)\left(\sum_{k=1}^N \eta_k^2\right).$$

Konvergenz einer Punktefolge $(x_n)_n$ in der Norm (1.7) oder (1.8) bedeutet Konvergenz in jeder Komponente. Mit jeder dieser Normen ist $\mathbb{R}^N$ ein Banachraum. ☺

Im Raum $\mathbb{R}$ sind die Kugeln $K_r(X;x)$ und $B_r(X;x)$ bzgl. aller Normen (1.7) und (1.8) natürlich die Intervalle $[x-r, x+r]$ bzw. $(x-r, x+r)$. Abb. 1.1 veranschaulicht die jeweilige Einheits„sphäre" $S_1(\mathbb{R}^2)$ im Raum $(\mathbb{R}^2, \|\cdot\|_p)$ für verschiedene Werte von p.

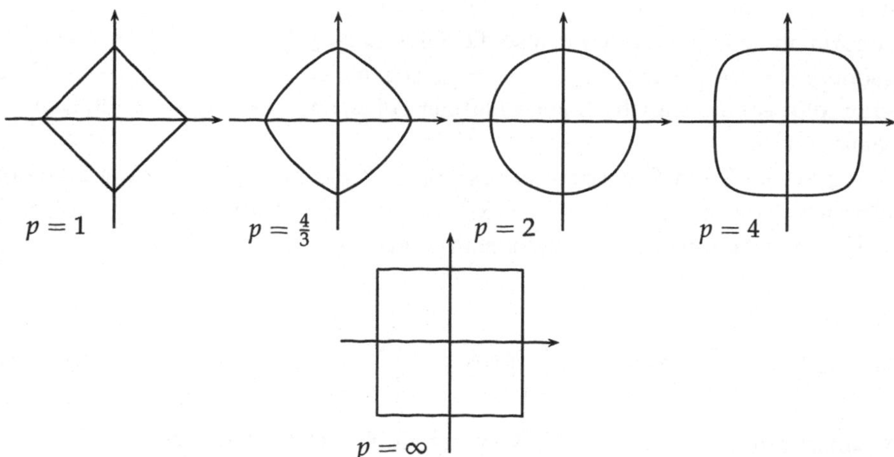

Abbildung 1.1: Einheitssphären bzgl. $\|\cdot\|_p$

Beispiel 1.2. Für $p \in [1, \infty)$ bezeichne ℓ_p den Raum der reellen Zahlenfolgen $x = (\xi_1, \xi_2, \xi_3, \dots)$, für die die Norm

(1.10) $$\|x\|_{\ell_p} := \left(\sum_{n=1}^\infty |\xi_n|^p\right)^{1/p}$$

endlich ist. Analog bezeichne $X = \ell_\infty$ den Raum der beschränkten reellen Zahlenfolgen $x = (\xi_1, \xi_2, \xi_3, \dots)$ mit der Norm

(1.11) $$\|x\|_{\ell_\infty} := \sup\{|\xi_1|, |\xi_2|, |\xi_3|, \dots\}.$$

Die Räume $(\ell_p, \|\cdot\|_{\ell_p})$ sind für alle $p \in [1,\infty]$ Banachräume; sie stellen sozusagen das „abzählbar unendliche Analogon" zu den Räumen $(\mathbb{R}^N, \|\cdot\|_p)$ dar. ☺

Wir bemerken noch, dass $\ell_p \subseteq \ell_q$ für $1 \leq p \leq q$ ist; für $q < \infty$ folgt dies aus der *Jensenschen Ungleichung*

$$\left(\sum_{n=1}^{\infty} |\xi_n|^q\right)^{1/q} \leq \left(\sum_{n=1}^{\infty} |\xi_n|^p\right)^{1/p} \qquad (0 < p \leq q < \infty). \tag{1.12}$$

Um die Jensensche Ungleichung zu beweisen, ist es keine Einschränkung anzunehmen, dass die rechte Seite – nennen wir sie α – endlich und positiv ist. Dividieren wir (1.12) durch α, so erhalten wir eine zu (1.12) äquivalente Ungleichung. Diese hat dieselbe Gestalt wie (1.12), nur mit dem Unterschied, dass wir $\hat{\xi}_n := \xi_n/\alpha$ anstelle von ξ_n betrachten. Diese äquivalente Ungleichung hat aber die zusätzliche Eigenschaft, dass die rechte Seite 1 ist. Um (1.12) zu beweisen, dürfen wir also ohne Einschränkung annehmen, dass die rechte Seite von (1.12) den Wert 1 hat. In diesem Fall ist die Ungleichung aber trivial, denn dann muss ja $|\xi_n| \leq 1$ sein, was natürlich $|\xi_n|^q \leq |\xi_n|^p$ $(0 < p \leq q)$ impliziert: Durch reines Aufsummieren erhält man

$$\left(\sum_{n=1}^{\infty} |\xi_n|^q\right)^{1/q} \leq \left(\sum_{n=1}^{\infty} |\xi_n|^p\right)^{1/q} = 1 = \left(\sum_{n=1}^{\infty} |\xi_n|^p\right)^{1/p},$$

und damit ist (1.12) im genannten Spezialfall (und damit allgemein) gezeigt.

Die Inklusion $\ell_p \subset \ell_q$ ist *strikt* für $p < q$, denn die Folge $x = (n^{-\alpha})_n$ mit $p\alpha \leq 1 < q\alpha$ liegt in $\ell_q \setminus \ell_p$. Der Raum ℓ_1 ist also der kleinste, und der Raum ℓ_∞ der größte unter den Räumen ℓ_p. Man kann sogar zeigen, dass

$$\bigcup_{1 \leq p < q} \ell_p \subset \ell_q \subset \bigcap_{q < p < \infty} \ell_p$$

ist (Aufgabe 1.43).

Eine wichtige Relation zwischen verschiedenen Normen (1.10) ist die *Höldersche Ungleichung*

$$\|(\xi_n \eta_n)_n\|_{\ell_1} \leq \|(\xi_n)_n\|_{\ell_p} \, \|(\eta_n)_n\|_{\ell_{p'}} \qquad (\tfrac{1}{p} + \tfrac{1}{p'} = 1). \tag{1.13}$$

Um hier auch die „extremen" Fälle $p, p' \in \{1, \infty\}$ zu erfassen, definieren wir $1/\infty := 0$ und $1/0 := \infty$. Man nennt p' den zu p *konjugierten Index*, wobei wir also $1' := \infty$ und $\infty' := 1$ setzen.

Um die Höldersche Ungleichung zu beweisen, genügt es diejenigen Folgen $x = (\xi_n)_n$ und $y = (\eta_n)_n$ zu betrachten, für die $\|x\|_{\ell_p}, \|y\|_{\ell_p} \in (0,\infty)$ gilt, und wir können $1 < p < \infty$ annehmen, denn sonst ist (1.13) ohnehin richtig. Ersetzen wir dann in der Ungleichung (1.13) ξ_n durch $\hat{\xi}_n := \xi_n / \|x\|_{\ell_p}$ und η_n durch $\hat{\eta}_n := \eta_n / \|y\|_{\ell_{p'}}$, so folgt aus der Homogenität von $\|\cdot\|_{\ell_q}$, dass die neue Ungleichung äquivalent zu (1.13) ist. Die neue Ungleichung hat aber ebenfalls die Gestalt (1.13) mit neuen Folgen $\hat{x} = (\hat{\xi}_n)_n$ und $\hat{y} = (\hat{\eta}_n)_n$. Für diese Folgen gilt allerdings zusätzlich $\|\hat{x}\|_{\ell_p} = 1$ und $\|\hat{y}\|_{\ell_{p'}} = 1$. Diese Argumentation zeigt: *Wenn* (1.13) *im Falle* $\|(\xi_n)\|_{\ell_p} = \|(\eta_n)_n\|_{\ell_{p'}} = 1$ *gilt, dann gilt* (1.13) *allgemein.*

Im Spezialfall $\|(\xi_n)\|_{\ell_p} = \|(\eta_n)_n\|_{\ell_{p'}} = 1$ und $1 < p < \infty$ folgt die Höldersche Ungleichung aber unmittelbar aus der sog. *Youngschen Ungleichung*

$$(1.14) \qquad |\xi\eta| \leq \tfrac{1}{p}\,|\xi|^p + \tfrac{1}{p'}\,|\eta|^{p'} \qquad (1 < p < \infty,\ \tfrac{1}{p} + \tfrac{1}{p'} = 1)$$

denn aus ihr folgt sofort mit $xy := (\xi_n\eta_n)_n$

$$\|xy\|_{\ell_1} \leq \tfrac{1}{p}\,\|x\|_{\ell_p}^p + \tfrac{1}{p'}\,\|y\|_{\ell_{p'}}^{p'} = \tfrac{1}{p} + \tfrac{1}{p'} = 1 = \|x\|_{\ell_p}\,\|y\|_{\ell_{p'}}\,.$$

Die Youngsche Ungleichung (1.14) wiederum folgt aus der Konkavität des Logarithmus: Letzteres bedeutet, dass in jedem Intervall $(a, b) \subseteq (0, \infty)$ der Graph des Logarithmus oberhalb der Geraden verläuft, die in den Punkten a und b den Graphen berührt (also durch die Punkte $(a, \log a)$ und $(b, \log b)$ geht) – formal kann man dies aus der Negativität der zweiten Ableitung des Logarithmus mit Hilfe des Mittelwertsatzes beweisen. Dies bedeutet, dass für alle $\lambda \in (0, 1)$

$$\log(a + \lambda(b - a)) < \log a + \lambda(\log b - \log a)$$

gilt. Im Falle $0 < b < a$ hat man eine analoge Abschätzung, also

$$\log((1 - \lambda)a + \lambda b) \geq (1 - \lambda)\log a + \lambda \log b \qquad (a, b > 0, 0 \leq \lambda \leq 1).$$

Für $a := |\xi|^p$, $b := |\eta|^{p'}$ und $\lambda = \frac{1}{p'}$ erhalten wir

$$\log\left(\tfrac{1}{p}\,|\xi|^p + \tfrac{1}{p'}\,|\eta|^{p'}\right) \geq \tfrac{1}{p}\log|\xi|^p + \tfrac{1}{p'}\log|\eta|^{p'},$$

was (1.14) wegen der Monotonie des Logarithmus impliziert. Damit haben wir die Höldersche Ungleichung (1.13) bewiesen.

Die Höldersche Ungleichung (1.13) impliziert, dass $\|\cdot\|_{\ell_p}$ tatsächlich auch im Fall $1 < p < \infty$ die Dreiecksungleichung erfüllt (die man in diesem Fall auch die *Minkowskische Ungleichung* nennt). In der Tat, es ist

$$|\xi_n + \eta_n|^p = |\xi_n + \eta_n|\,|\xi_n + \eta_n|^{p-1} \leq |\xi_n|\,|\xi_n + \eta_n|^{p-1} + |\eta_n|\,|\xi_n + \eta_n|^{p-1}\,.$$

Summieren wir nun auf und wenden auf die Summe der Produkte rechts jeweils die Höldersche Ungleichung an, so erhalten wir

$$\begin{aligned}\|(\xi_n + \eta_n)_n\|_{\ell_p}^p &= \left\|\left(|\xi_n + \eta_n|^p\right)_n\right\|_{\ell_1}\\ &\leq \|(|\xi_n|)_n\|_{\ell_p}\left\|\left(|\xi_n + \eta_n|^{p-1}\right)_n\right\|_{\ell_{p'}} + \|(|\eta_n|)_n\|_{\ell_p}\left\|\left(|\xi_n + \eta_n|^{p-1}\right)_n\right\|_{\ell_{p'}}\end{aligned}$$

$$= \left(\|(\xi_n)_n\|_{\ell_p}^p + \|(\eta_n)_n\|_{\ell_p}^p \right) \|(|\xi_n + \eta_n|)\|_{\ell_p}^{p-1}.$$

Falls der letzte Term endlich ist, folgt hieraus nach einer Division die behauptete Dreiecksungleichung. Um uns von dieser Voraussetzung zu lösen, betrachten wir statt $(\xi_n)_n$ und $(\eta_n)_n$ diejenigen Folgen, die entstehen, wenn wir alle Folgenelemente ab einem gewissen Index N auf 0 setzen. Dann sind alle obigen Größen endlich, und wie wir gesehen haben, gilt dann

$$\left(\sum_{n=1}^N |\xi_n + \eta_n|^p \right)^{1/p} \leq \left(\sum_{n=1}^N |\xi_n|^p \right)^{1/p} + \left(\sum_{n=1}^N |\eta_n|^p \right)^{1/p} \leq \|(\xi_n)_n\|_{\ell_p} + \|(\eta_n)_n\|_{\ell_p}.$$

Für $N \to \infty$ erhalten wir nun die Dreiecksungleichung für $\|\cdot\|_{\ell_p}$.

Wir skizzieren nun kurz, wie man sieht, dass ℓ_p $(1 \leq p < \infty)$ ein Banachraum (also vollständig) ist: Wir benutzen dazu das Kriterium aus Satz 1.1 für $\alpha_n := n$. Sei also $x_n = (\xi_{n,k})_k \in \ell_p$ eine Reihe mit

$$C := \sum_{n=1}^{\infty} n \|x_n\|_{\ell_p} < \infty.$$

Man beachte, dass für $y_n := (|\xi_{n,k}|)_k$ die Gleichheit $\|y\|_{\ell_p} = \|x\|_{\ell_p}$ gilt. Insbesondere gilt also

$$\sum_{k=1}^{\infty} \left(M \sum_{n=M}^N |\xi_{n,k}| \right)^p = \left\| \sum_{n=M}^N M y_n \right\|_{\ell_p} \leq \left(\sum_{n=M}^N n \|y_n\|_{\ell_p} \right)^p = \left(\sum_{n=M}^N n \|x_n\|_{\ell_p} \right)^p \leq C^p.$$

Nach dem Cauchy-Kriterium folgt hieraus zunächst, dass für jedes k die Reihe

$$\xi_k := \sum_{n=M}^N \xi_{n,k}$$

absolut konvergiert. Für $N \to \infty$ erhalten wir aus der obigen Abschätzung dann aber sogar

$$M^p \sum_{k=1}^{\infty} \left| \xi_k - \sum_{n=1}^{M-1} \xi_{n,k} \right|^p \leq C^p,$$

was sich für $x = (\xi_k)_k$ schreiben lässt als

$$\left\| x - \sum_{n=1}^{M-1} x_n \right\|_p \leq \frac{C}{M},$$

so dass also die Reihe $\sum_{n=1}^{\infty} x_n$ gegen x konvergiert.

Beispiel 1.3. Mit c bezeichnen wir den Unterraum von ℓ_∞, der aus allen konvergenten Folgen besteht, und mit c_0 den Unterraum von c, der aus allen Nullfolgen besteht. Beide Räume versehen wir mit der von ℓ_∞ „ererbten" Norm (1.11); sie sind dann abgeschlossen in ℓ_∞ und damit nach Lemma 1.1 Banachräume. Trivialerweise sind die Inklusionen

$$c_0 \subset c \subset \ell_\infty$$

strikt. Man kann außerdem zeigen, dass

$$\bigcup_{1 \le p < \infty} \ell_p \subset c_0$$

ist (Aufgabe 1.17). ☺

1.3 Funktionenräume

Die wichtigsten Beispiele normierter Räume in der Analysis sind Räume reeller Funktionen auf dem Intervall (a, b) oder $[a, b]$. Dass wir statt eines allgemeinen Intervalls $[a, b]$ immer das spezielle Intervall $[0, 1]$ betrachten, ist keine Einschränkung der Allgemeinheit (Aufgabe 1.32).

Beispiel 1.4. Für $p \in [1, \infty)$ bezeichne $L_p = L_p[0, 1]$ den *Lebesgueraum* der reellen messbaren Funktionen $x = x(t)$ auf $[0, 1]$, die in p-ter Potenz (Lebesgue-)integrierbar sind. Mit der Norm

$$\|x\|_{L_p} := \left(\int_0^1 |x(t)|^p \, dt \right)^{1/p} \tag{1.15}$$

versehen ist L_p ein Banachraum. Analog ist der Raum $L_\infty = L_\infty[0, 1]$ der wesentlich beschränkten reellen messbaren Funktionen $x = x(t)$ auf $[0, 1]$ mit der Norm

$$\|x\|_{L_\infty} := \operatorname*{ess\,sup}_{t \in [0,1]} |x(t)| := \inf_{\operatorname{mes} N = 0} \sup \{|x(t)| : t \in [0, 1] \setminus N\} \tag{1.16}$$

ein Banachraum; hier bezeichnet „mes" das Lebesguemaß, d. h. das Infimum in (1.16) wird über alle Nullmengen $N \subset [0, 1]$ genommen. ☺

Warnung. Genau genommen ist (1.15) (bzw. (1.16)) gar keine Norm auf $L_p[0, 1]$ (bzw. $L_\infty[0, 1]$), da $\|x\|_{L_p} = 0$ eintreten kann, ohne dass $x(t) \equiv 0$ auf $[0, 1]$ ist. Diesen Mangel kann man „reparieren", indem man die Gleichheit zweier Funktionen $x, y \in L_p[0, 1]$ dadurch definiert, dass „$x = y$" lediglich $x(t) = y(t)$ für *fast alle*[1] $t \in [0, 1]$ bedeute. In diesem Sinn ist z. B. die Nullfunktion $x(t) \equiv 0$ dann „gleich" der charakteristischen[2]

[1] d. h. für alle $t \in [0, 1] \setminus N$ mit einer (Lebesgue-)Nullmenge N

[2] Wir bezeichnen die *charakteristische Funktion* einer Menge E mit χ_E, d. h. $\chi_E(t) := \begin{cases} 1 & \text{falls } t \in E, \\ 0 & \text{sonst.} \end{cases}$

Funktion $\chi_{[0,1]\cap\mathbb{Q}}$ der Menge $[0,1]\cap\mathbb{Q}$ („*Dirichletfunktion*"), weil diese beiden Funktionen nur auf der Nullmenge $[0,1]\cap\mathbb{Q}$ voneinander abweichen.

Die Funktionenräume $L_p[0,1]$ kann man als „kontinuierliches Analogon" zu den „diskreten" Folgenräumen ℓ_p ansehen.

Tatsächlich kann man bei $L_p[0,1]$ auf genau die gleiche Art wie bei den ℓ_p-Räumen die Dreiecksungleichung (die man ebenfalls *Minkowskische Ungleichung* nennt) aus der *Hölderschen Ungleichung*

$$\|xy\|_{L_1} \le \|x\|_{L_p}\,\|y\|_{L_{p'}} \qquad (1 = \tfrac{1}{p} + \tfrac{1}{p'}) \tag{1.17}$$

folgern. Auch die Vollständigkeit sieht man ganz analog.

Betrachtet man in (1.17) anstelle von x und y die Funktionen $|x(\cdot)|^r$ und $|y(\cdot)|^r$, so erhält man aus (1.17) die allgemeinere Ungleichung

$$\|xy\|_{L_r} \le \|x\|_{L_p}\,\|y\|_{L_q} \qquad (\tfrac{1}{r} = \tfrac{1}{p} + \tfrac{1}{q}, \quad p,q,r \in [1,\infty]). \tag{1.18}$$

Setzt man hier speziell $y \equiv 1$, so sieht man, dass $L_p[0,1] \supseteq L_q[0,1]$ für $p \le q$ ist. Hier ist also $L_1[0,1]$ der größte und $L_\infty[0,1]$ der kleinste unter den Räumen $L_p[0,1]$. Die Inklusion $L_p[0,1] \supset L_q[0,1]$ ist wieder *strikt* für $p < q$, wie man an der Funktion $x(t) := t^{-\alpha}$ mit $p\alpha < 1 \le q\alpha$ sieht. Man kann sogar zeigen, dass

$$\bigcap_{1\le p<q} L_p \supset L_q \supset \bigcup_{q<p<\infty} L_p$$

ist (Aufgabe 1.41).

Eine wichtige Abschätzung für L_p-Räume ist

$$(\operatorname{mes}\{s : |x(s)| \ge h\})^{1/p} \le \frac{1}{h}\,\|x\|_{L_p} \qquad (h > 0, 1 \le p < \infty). \tag{1.19}$$

Man sieht (1.19) wie folgt: Bezeichnen wir die Menge auf der linken Seite von (1.19) mit E, so ist

$$h^p \operatorname{mes} E = \int_0^1 h^p \chi_E(s)\,ds \le \int_0^1 |x(s)|^p\,ds = \|x\|_{L_p}^p.$$

Die Abschätzung (1.19) gibt Aufschluss darüber, was Konvergenz einer Folge in L_p bedeutet. Wir erinnern dazu an die folgende Definition: Eine Folge messbarer Funktionen $x_n\colon [0,1] \to \mathbb{R}$ heißt *konvergent im Maß* gegen eine Funktion $x\colon [0,1] \to \mathbb{R}$, falls

$$\lim_{n\to\infty} \operatorname{mes}\{s : |x_n(s) - x(s)| \ge h\} = 0 \qquad (h > 0) \tag{1.20}$$

gilt. Wenden wir (1.19) auf die Funktion $x_n - x$ an, so sehen wir: *Falls $(x_n)_n$ in L_p gegen x konvergiert, so auch im Maß.* Dies gilt auch Falle $p = \infty$.

Um diese Beobachtung besser einschätzen zu können, erinnern wir daran, dass ein enger Zusammenhang zwischen Konvergenz im Maß und punktweiser Konvergenz fast überall besteht:

Satz 1.2 (Egorov-Riesz). *Seien $x_n, x\colon [0,1] \to \mathbb{R}$ messbar.*

(a) *Falls $x_n(s)$ für fast alle s gegen $x(s)$ konvergiert, so gilt $x_n \to x$ im Maß.*

Es gilt dann sogar für jedes $\varepsilon > 0$: Die Funktionenfolge $(x_n)_n$ konvergiert gleichmäßig außerhalb einer (geeignet gewählten) Menge vom Maß ε.

(b) *Falls umgekehrt $x_n \to x$ im Maß gilt, so gibt es eine Teilfolge $(x_{n_k})_k$ so, dass $x_{n_k}(s)$ für fast alle s gegen $x(s)$ konvergiert.*

□ Gelte zunächst $x_n(s) \to x(s)$ fast überall. Wir setzen

$$E_{n,m} := \left\{ s : \text{Es gibt ein } k \geq n \text{ mit } |x_k(s) - x(s)| \geq \frac{1}{m} \right\} = \bigcup_{k=n}^{\infty} \left\{ s : |x_k(s) - x(s)| \geq \frac{1}{m} \right\}.$$

Für jedes feste m gilt dann $E_{1,m} \supseteq E_{2,m} \supseteq \cdots$, und $\bigcap_n E_{n,m}$ ist eine Nullmenge. Für festes m gilt daher $\operatorname{mes} E_{n,m} \to 0$ $(n \to \infty)$. Zu $\varepsilon > 0$ gibt es insbesondere ein n_m mit $\operatorname{mes} E_{n_m,m} < 2^{-m}\varepsilon$. Sei E die Vereinigung der $E_{n_m,m}$ über alle m. Dann ist

$$\operatorname{mes} E = \operatorname{mes} \bigcup_{m=1}^{\infty} E_{n_m,m} \leq \sum_{m=1}^{\infty} \operatorname{mes} E_{n_m,m} < \sum_{m=1}^{\infty} 2^{-m}\varepsilon = \varepsilon.$$

Außerhalb der Menge E konvergiert $(x_n)_n$ gleichmäßig gegen x, wie man folgendermaßen sieht: Zu $h > 0$ wählen wir ein $m > \frac{1}{h}$. Für alle $k \geq n_m$ und alle $s \notin E$ ist dann $|x_k(s) - x(s)| < h$ (wegen $s \notin E_{n_m,m}$). Insbesondere ist $\{s : |x_k(s) - x(s)| \geq h\} \subseteq E$ für $k \geq n_m$, woraus (1.20) folgt.

Sei umgekehrt $x_n \to x$ im Maß. Wir finden dann induktiv zu jedem $k = 1, 2, \ldots$ einen Index n_k mit $n_k > n_{k-1}$ (für $k > 1$), so dass das Maß der Menge

$$D_k := \left\{ s : \left| x_{n_k}(s) - x(s) \right| \geq \frac{1}{k} \right\}$$

höchstens $1/k^2$ ist. Die Menge

$$D := \bigcap_{m=1}^{\infty} \bigcup_{k=m}^{\infty} D_k$$

ist dann eine Nullmenge, denn für alle n ist

$$\operatorname{mes} D \leq \operatorname{mes} \bigcup_{k=m}^{\infty} D_k \leq \sum_{k=m}^{\infty} \operatorname{mes} D_k \leq \sum_{k=m}^{\infty} \frac{1}{k^2} \to 0 \qquad (m \to \infty).$$

Für jedes $\varepsilon > 0$ und $s \notin D$ gibt es ein $m > \frac{1}{\varepsilon}$ mit $s \notin D_k$ für alle $k \geq m$. Für alle $k \geq m$ ist dann $|x_{n_k}(s) - x(s)| < \varepsilon$. Daher ist $x_{n_k}(s) \to x(s)$ für alle $s \notin D$. ■

Wir fassen zusammen:

Satz 1.3. *Der Raum L_p ist ein Banachraum. Aus der Konvergenz einer Folge $(x_n)_n$ in L_p folgt die Konvergenz von $(x_n)_n$ im Maß sowie die Konvergenz einer Teilfolge von $(x_n)_n$ fast überall.*

Tatsächlich kann man die Konvergenz noch genauer charakterisieren (Aufgabe 3.25).

Beispiel 1.5. Sei $C = C[0,1]$ der *Chebyshevraum* der stetigen reellen Funktionen $x = x(t)$ auf $[0,1]$ mit der Norm

$$\|x\|_C := \max\{|x(t)| : 0 \leq t \leq 1\}. \tag{1.21}$$

Konvergenz einer Funktionenfolge $(x_n)_n$ in der Norm (1.21) ist gleichbedeutend mit *gleichmäßiger Konvergenz* auf $[0,1]$; nach einem bekannten Satz der Analysis ist $(C, \|\cdot\|_C)$ daher ein Banachraum. ☺

Beispiel 1.6. Sei wieder $C = C[0,1]$ wie im vorigen Beispiel, aber diesmal mit der L_1-Norm

$$\|x\|_{L_1} = \int_0^1 |x(t)|\, dt \tag{1.22}$$

versehen (vgl. (1.15)). Konvergenz einer Funktionenfolge $(x_n)_n$ in der Norm (1.22) bedeutet also *Konvergenz im Integralmittel*. Der normierte Raum $(C, \|\cdot\|_{L_1})$ ist aber *kein* Banachraum, denn die durch

$$x_n(t) := \begin{cases} n & \text{falls } t \leq 1/n^2, \\ \dfrac{1}{\sqrt{t}} & \text{falls } t > 1/n^2 \end{cases} \tag{1.23}$$

definierte Funktionenfolge $(x_n)_n$ (s. Abb. 1.2) ist Cauchyfolge, aber nicht konvergent in $(C, \|\cdot\|_{L_1})$. ☺

Dieses Beispiel zeigt, dass die Norm (1.21) „natürlicher" für den Raum C ist als die Norm (1.22). In Zukunft denken wir uns, wenn nichts anderes gesagt wird, den Raum C stets mit der Norm (1.21) versehen.

Beispiel 1.7. Für $k \in \mathbb{N}$ bezeichne $C^k = C^k[0,1]$ den Raum der k-mal stetig differenzierbaren reellen Funktionen $x = x(t)$ auf $[0,1]$ mit der Norm

$$\|x\|_{C^k} := \sum_{j=0}^{k} \|x^{(j)}\|_C, \tag{1.24}$$

wobei $x^{(0)} := x$ und $x^{(j)}$ für $j \geq 1$ die Ableitung der Ordnung j von x sei. Konvergenz einer Funktionenfolge $(x_n)_n$ in der Norm (1.24) ist also gleichbedeutend mit gleichmäßiger

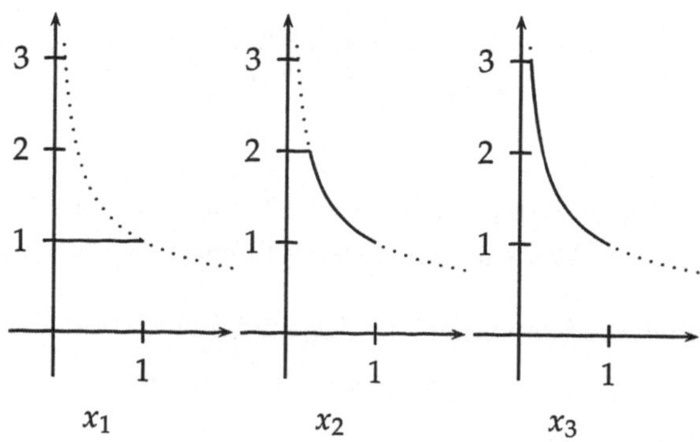

Abbildung 1.2: x_n aus Beispiel 1.6

Konvergenz aller Folgen $(x_n)_n, (x'_n)_n, \ldots, (x_n^{(k)})_n$ auf $[0,1]$; daher ist $(C^k, \|\cdot\|_{C^k})$ Banachraum. ☺

Beispiel 1.8. Sei wieder $C^1 = C^1[0,1]$ wie im vorigen Beispiel, aber diesmal mit der C-Norm (1.21) versehen. Dann ist $(C^1, \|\cdot\|_C)$ *kein* Banachraum, denn die durch

$$x_n(t) := \begin{cases} \frac{n}{2}t + \frac{1}{2n} & \text{falls } t \leq 1/n^2, \\ \sqrt{t} & \text{sonst} \end{cases}$$

definierte Funktionenfolge ist Cauchyfolge, aber nicht konvergent in $(C^1, \|\cdot\|_C)$: Der einzige Kandidat für den Grenzwert wäre $x(t) := \sqrt{t}$, und dieser liegt nicht in C^1. ☺

Dieses Beispiel zeigt wieder, dass die Norm (1.24), also hier

$$\|x\|_{C^1} = \|x\|_C + \|x'\|_C \tag{1.25}$$

„natürlicher" für den Raum C^1 ist als die Norm (1.21). In Zukunft denken wir uns, wenn nichts anderes gesagt wird, den Raum C^1 stets mit der Norm (1.25) versehen.

Beispiel 1.9. Für $0 \leq \alpha < 1$ bezeichne $C^\alpha = C^\alpha[0,1]$ den Raum der stetigen reellen Funktionen $x = x(t)$ auf $[0,1]$, die einer *Hölderbedingung*

$$|x(s) - x(t)| \leq L\,|s-t|^\alpha \qquad (0 \leq s, t \leq 1) \tag{1.26}$$

($L > 0$ unabhängig von t und s) genügen. Setzen wir

$$[x]_\alpha := \sup_{s \neq t} \frac{|x(s) - x(t)|}{|s-t|^\alpha},$$

so ist C^α mit der Norm

$$\|x\|_{C^\alpha} := \|x\|_C + [x]_\alpha \tag{1.27}$$

versehen ein Banachraum, genannt *Hölderraum* (zum Exponenten α). Um diesen Raum auch für $\alpha = 1$ zu definieren und nicht mit der Schreibweise C^1 für den Raum der stetig differenzierbaren Funktionen in Konflikt zu kommen, schreiben wir $\text{Lip} = \text{Lip}[0,1]$ im Fall $\alpha = 1$. Die Hölderbedingung (1.26) für $\alpha = 1$ heißt dann *Lipschitzbedingung*. ☺

Offensichtlich gilt $C^\alpha \supseteq C^\beta$ für $\alpha \leq \beta$, denn aus $x \in C^\beta$ und $\alpha \leq \beta$ folgt

$$[x]_\alpha = \sup_{s\neq t} \frac{|x(s) - x(t)|}{|s-t|^\alpha} \leq \sup_{s\neq t} |s-t|^{\beta-\alpha} \sup_{s\neq t} \frac{|x(s) - x(t)|}{|s-t|^\beta} \leq [x]_\beta < \infty.$$

Damit ist C^0 (:= C) der größte und Lip der kleinste unter den Räumen C^α.

Aus dem Mittelwertsatz der Differentialrechnung folgt, dass jede Funktion $x \in C^1$ eine Lipschitzbedingung (1.26) (mit $L := \|x'\|_C$ und $\alpha := 1$) erfüllt. Daher gelten die Inklusionen

$$C^1 \subseteq \text{Lip} \subseteq C^\alpha \subseteq C \qquad (0 < \alpha < 1), \tag{1.28}$$

d. h. die Hölderräume C^α „interpolieren" die Räume C^1 und C. Alle Inklusionen in (1.28) sind übrigens strikt (Aufgabe 1.9).

Beispiel 1.10. In der gleichen Weise, wie wir in Beispiel 1.6 die Räume C^k aus dem Raum C gewonnen haben, können wir einen Raum $C^{k+\alpha} = C^{k+\alpha}[0,1]$ definieren als Menge aller Funktionen $x \in C^k$, für die die Norm

$$\|x\|_{C^{k+\alpha}} := \|x\|_{C^k} + [x^{(k)}]_\alpha \tag{1.29}$$

endlich ist. Alle Räume $C^{k+\alpha}$ sind wieder Banachräume. Analog zu (1.28) gelten die Inklusionen

$$C^{k+1} \subseteq C^{k+\alpha} \subseteq C^k \qquad (0 < \alpha < 1), \tag{1.30}$$

die wieder strikt sind (Aufgabe 1.9). ☺

Beispiel 1.11. Mit $P = P[0,1]$ bezeichnen wir den Raum aller Polynome $x = x(t) = a_n t^n + \cdots + a_1 t + a_0$ ($n \in \mathbb{N}$ beliebig), versehen mit der vom Raum C „ererbten" Norm

$$\|x\|_P := \max\{|a_n t^n + \cdots + a_1 t + a_0| : 0 \leq t \leq 1\} \tag{1.31}$$

oder mit der Norm

$$\|x\|_P^* := \max\{|a_n|, \ldots, |a_1|, |a_0|\}. \tag{1.32}$$

Mit *keiner* dieser beiden Normen ist P ein Banachraum, denn die durch

$$x_n(t) := 1 + \frac{t}{1!} + \frac{t^2}{2!} + \cdots + \frac{t^n}{n!}$$

definierte Funktionenfolge $(x_n)_n$ ist Cauchyfolge, aber nicht konvergent in $(P, \|\cdot\|_P)$

oder $(P, \|\cdot\|_P^*)$, da $(x_n)_n$ gleichmäßig auf $[0,1]$ gegen die Exponentialfunktion $x(t) := \exp t$ konvergiert. ☺

Beispiel 1.12. Analog zum Beispiel 1.4 können wir die Räume L_p auch über unbeschränkten Intervallen definieren; als Modell nehmen wir das Intervall $[0,\infty)$. Für $1 \leq p < \infty$ bezeichne also $L_p[0,\infty)$ den Raum aller messbaren reellen Funktionen $x = x(t)$ auf $[0,\infty)$, für die die Norm

$$\|x\|_{L_p} := \left(\int_0^\infty |x(t)|^p \, dt \right)^{1/p} \qquad (1 \leq p < \infty)$$

bzw.

$$\|x\|_{L_\infty} := \operatorname*{ess\,sup}_{t \in [0,\infty)} |x(t)|$$

endlich ist. Auch dies ist ein Banachraum. ☺

Warnung. Die Eigenschaften des Raums $L_p(I)$ ($I \subseteq \mathbb{R}$ Intervall) sind grundsätzlich verschieden für beschränktes und unbeschränktes I. Beispielsweise gilt für $p \neq q$ weder $L_p[0,\infty) \subseteq L_q[0,\infty)$ noch $L_p[0,\infty) \supseteq L_q[0,\infty)$ (Aufgabe 1.19).

Beispiel 1.13. Die Übertragung der C-Norm (1.21) auf unbeschränkte Intervalle ist nicht möglich, da stetige Funktionen auf nichtkompakten Intervallen im allgemeinen unbeschränkt sind. Auf dem linearen Raum $\mathrm{BC}[0,\infty)$ aller *beschränkten* stetigen reellen Funktionen $x = x(t)$ auf $[0,\infty)$ können wir aber eine Norm definieren durch

$$\|x\|_{\mathrm{BC}} := \sup \{|x(t)| : t \in [0,\infty)\} .$$

Im folgenden werden wir allerdings fast ausschließlich Funktionenräume über beschränkten Intervallen betrachten, und zwar o. B. d. A. (Aufgabe 1.32) über $[0,1]$. ☺

1.4 Äquivalente Normen

Wie wir in den Beispielen 1.5–1.8 gesehen haben, kann man auf ein und demselben linearen Raum verschiedene Normen definieren, bzgl. derer der Raum dann auch verschiedene Eigenschaften (Vollständigkeit!) hat. Zwei Normen $\|\cdot\|$ und $\|\cdot\|^*$ auf einem linearen Raum X heißen *äquivalent*, falls es Konstanten $a, b > 0$ mit

$$a\,\|x\| \leq \|x\|^* \leq b\,\|x\| \qquad (x \in X) \tag{1.33}$$

gibt. Man sieht leicht, dass dies tatsächlich eine Äquivalenzrelation auf der Menge aller Normen auf X ist. Die Vollständigkeit eines Raumes ist dabei eine Eigenschaft der Äquivalenzklasse, d. h. invariant beim Übergang zu einer äquivalenten Norm, denn die Cauchyfolgen (bzw. konvergenten Folgen) in einer Norm $\|\cdot\|$ sind dieselben wie in einer äquivalenten Norm $\|\cdot\|^*$. Mit anderen Worten bedeutet dies, dass zwei Normen

$\|\cdot\|$ und $\|\cdot\|^*$ *nicht* äquivalent sein können, falls von den zwei Räumen $(X, \|\cdot\|)$ und $(X, \|\cdot\|^*)$ der eine Banachraum ist, der andere aber nicht. Später (Satz 4.3) werden wir eine nichttriviale Umkehrung dieses Sachverhalts kennenlernen.

Die Äquivalenz zweier Normen hat eine einfache geometrische Bedeutung: Bezeichnen wir mit K^* und B^* die Kugeln (1.1) und (1.2) bzgl. der Norm $\|\cdot\|^*$, so besagt (1.33), dass die Inklusionen

$$K_{r/b}(X;x) \subseteq K_r^*(X;x) \subseteq K_{r/a}(X;x)$$

und

$$B_{r/b}(X;x) \subseteq B_r^*(X;x) \subseteq B_{r/a}(X;x)$$

gelten. Kugeln bzgl. äquivalenter Normen sind also immer „ineinandergeschachtelt" (s. Abb. 1.3 für die Normen $\|\cdot\|_1$ und $\|\cdot\|_\infty$ auf $\mathbb{R}^2$).

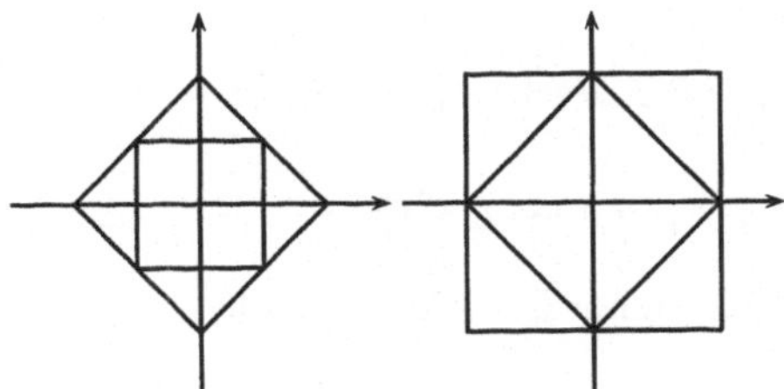

Abbildung 1.3: Ineinandergeschachtelte Kugeln bzgl. $\|\cdot\|_1$ und $\|\cdot\|_\infty$

Beispiel 1.14. Auf dem $\mathbb{R}^N$ sind alle in Beispiel 1.1 angegebenen Normen äquivalent (Aufgabe 1.13). Allgemeiner werden wir später (Lemma 2.5) sehen, dass auf dem $\mathbb{R}^N$ überhaupt *alle* Normen äquivalent sind, und dass darüberhinaus diese Eigenschaft den Raum $\mathbb{R}^N$ charakterisiert! ☺

Beispiel 1.15. Da nach Beispiel 1.6 der Raum $(C, \|\cdot\|_{L_1})$ kein Banachraum ist, können die L_1-Norm und die C-Norm auf $C[0,1]$ nicht äquivalent sein. In der Tat gilt für die in (1.23) angegebenen Funktionen x_n

$$\|x_n\|_{L_1} \leq 2, \qquad \|x_n\|_C = n \to \infty.$$ ☺

Beispiel 1.16. Da nach Beispiel 1.8 der Raum $(C^1, \|\cdot\|_C)$ kein Banachraum ist, können die C-Norm und die C^1-Norm auf $C^1[0,1]$ nicht äquivalent sein. In der Tat gilt für die durch $x_n(t) := \frac{1}{\sqrt{n}} \sin n\pi t$ definierten Funktionen x_n

$$\|x_n\|_C = \frac{1}{\sqrt{n}} \to 0, \qquad \|x_n\|_{C^1} = \frac{1}{\sqrt{n}} + \sqrt{n} \to \infty.$$ ☺

Beispiel 1.17. Die in (1.24) definierte Norm $\|\cdot\|_{C^k}$ und die Norm

$$\|x\|_{C^k}^* := \sum_{j=0}^{k-1} |x^{(j)}(0)| + \|x^{(k)}\|_C$$

sind äquivalent auf $C^k[0,1]$. Um dies z. B. für $k = 1$ einzusehen, ist nur die linke Abschätzung in (1.33) zu beweisen, denn die rechte gilt trivialerweise mit $b = 1$. Nach dem Mittelwertsatz der Differentialrechnung ist aber

$$|x(t) - x(0)| \le t\,\|x'\|_C \le \|x'\|_C,$$

also

$$\|x\|_C \le |x(0)| + \|x'\|_C = \|x\|_{C^1}^*,$$

d. h. (1.33) gilt mit $a := \frac{1}{2}$. ☺

Beispiel 1.18. Für jedes $\gamma \ge 0$ bezeichne $\|\cdot\|_\gamma$ die durch

$$\|x\|_\gamma := \max\left\{|x(t)|\,e^{-\gamma t} : 0 \le t \le 1\right\} \tag{1.34}$$

definierte („gewichtete") Norm auf $C = C[0,1]$. Dann sind alle Normen (1.34) wegen

$$e^{-\gamma}\,\|x\|_C \le \|x\|_\gamma \le \|x\|_C$$

zur Standardnorm $\|\cdot\|_0 = \|\cdot\|_C$ (und damit auch untereinander) äquivalent. Gewichtete Normen spielen in der Analysis eine wichtige Rolle, besonders bei Funktionenräumen über unbeschränkten Intervallen (vgl. die Beispiele 1.12 und 1.13). Eine Anwendung der Norm (1.34) werden wir nach Beispiel 4.18 kennenlernen. ☺

Beispiel 1.19. Die beiden Normen (1.31) und (1.32) sind nicht äquivalent auf dem Raum $P[0,1]$. Beispielsweise gilt für das durch $x_n(t) := 1 + t + \cdots + t^n$ definierte Polynom x_n

$$\|x_n\|_P = n + 1 \to \infty, \qquad \|x_n\|_P^* = 1,$$

und daher kann (1.33) nicht gelten. ☺

1.5 Produkt- und Quotientenräume

Wir beschreiben jetzt einige Methoden, wie man aus gegebenen normierten Räumen neue Räume konstruieren kann.

Sind $(X, \|\cdot\|_X)$ und $(Y, \|\cdot\|_Y)$ zwei normierte Räume, so ist der *Produktraum* $X \times Y$ wie üblich als Menge aller Paare (x, y) mit $x \in X$ und $y \in Y$ definiert. Als Norm auf

$X \times Y$ kann man etwa

$$\|(x,y)\|_p := (\|x\|_X^p + \|y\|_Y^p)^{1/p} \qquad (1 \le p < \infty) \tag{1.35}$$

oder

$$\|(x,y)\|_\infty := \max\{\|x\|_X, \|y\|_Y\} \tag{1.36}$$

wählen (vgl. (1.7) und (1.8)). Sind X und Y Banachräume, so ist $X \times Y$ mit jeder dieser Normen wieder ein Banachraum.

Sind speziell U und V zwei Unterräume eines normierten Raums X, so betrachtet man statt des Produkts $U \times V$ oft den *Summenraum*

$$U + V := \{u + v : u \in U, v \in V\}.$$

Im Fall $U \cap V = \{\theta\}$ schreibt man $U \oplus V$ statt nur $U + V$ und nennt dies die *direkte Summe* von U und V. Den Zusammenhang mit dem Produktraum $U \times V$ kann man durch die Zuordnung

$$\begin{aligned} U \times V &\to (U \times \{\theta\}) \oplus (\{\theta\} \times V) \\ (u,v) &\mapsto (u,\theta) + (\theta,v) \end{aligned}$$

herstellen.

Ist X Vektorraum und U Unterraum von X, so kann man in X eine Äquivalenzrelation $\sim$ durch

$$x \sim y \iff x - y \in U$$

erklären. Der *Quotientenraum*[3] X/U besteht dann aus allen Äquivalenzklassen

$$[x] := \{y : y \in X, y \sim x\},$$

versehen mit den natürlichen algebraischen Operationen $[x] + [y] := [x + y]$ und $\lambda[x] := [\lambda x]$.[4] Implizit haben wir einen Quotientenraum schon in der Bemerkung nach Beispiel 1.4 benutzt, nämlich den Quotienten des Raums $L_p[0,1]$ nach dem Unterraum aller Funktionen, die fast überall auf $[0,1]$ verschwinden.

Satz 1.4. *Sei $(X, \|\cdot\|_X)$ normierter Raum und $U \subseteq X$ ein abgeschlossener Unterraum von X. Dann ist durch*

$$\|[x]\|_{X/U} := \operatorname{dist}(x, U) := \inf\{\|x - u\|_X : u \in U\} = \inf\{\|x'\|_X : x' \sim x\} \tag{1.37}$$

eine Norm auf X/U gegeben. Ist X Banachraum, so ist auch X/U Banachraum.

---

[3] in manchen Büchern auch *Faktorraum* genannt

[4] Aus der Linearen Algebra ist bekannt, dass diese Operationen tatsächlich wohldefiniert sind, da U ein Unterraum ist.

□ Offensichtlich gilt $\|[x]\|_{X/U} = 0$ genau für $x \in U$; hier benutzen wir die Abgeschlossenheit von U. Die Subadditivität und Homogenität von (1.37) folgen direkt aus der Definition der Addition und Multiplikation mit Skalaren auf X/U.

Wir zeigen nun die Vollständigkeit von X/U unter der Annahme, dass X vollständig ist. Wir benutzen dazu das Kriterium aus Satz 1.1 mit $\alpha_n := 1$. Sei also $([x_n])_n$ irgendeine Folge in X/U mit

$$\sum_{n=1}^{\infty} \|[x_n]\| < \infty.$$

Nach Definition der Norm (1.37) finden wir zu jedem n ein u_n mit

$$\|x_n - u_n\| \leq \|[x_n]\| + \frac{1}{n^2}.$$

Die Folge $(y_n)_n$ mit $y_n := x_n - u_n$ erfüllt dann $[y_n] = [x_n]$ und

$$\sum_{n=1}^{\infty} \|y_n\| \leq \sum_{n=1}^{\infty} \|[x_n]\| + \sum_{n=1}^{\infty} \frac{1}{n^2} < \infty.$$

Da X nach Annahme ein Banachraum ist, existiert $y := \sum_{n=1}^{\infty} y_n$ nach Satz 1.1. Es folgt

$$\left\| [y] - \sum_{n=1}^{N} [y_n] \right\| = \left\| \left[y - \sum_{n=1}^{N} y_n \right] \right\| \leq \left\| y - \sum_{n=1}^{N} y_n \right\| \to 0, \tag{1.38}$$

so dass $\sum_{n=1}^{\infty} [y_n]$ im Raum X/U konvergiert (gegen $[y]$). Dies war nach Satz 1.1 zu zeigen. ■

Zur Illustration „berechnen" wir nun Quotientenräume in zwei einfachen Beispielen.

Beispiel 1.20. Sei $X := \mathbb{R}^5$ versehen mit einer der Normen aus Beispiel 1.1, und sei $U := \mathbb{R}^2$, aufgefasst als Unterraum $\{(\xi_1, \xi_2, 0, 0, 0) : \xi_1, \xi_2 \in \mathbb{R}\} \subset X$. Dann gilt wie erwartet

$$X/U = \mathbb{R}^5/\mathbb{R}^2 \cong \mathbb{R}^3,$$

und für die Norm (1.37) haben wir

$$\begin{aligned} \|[(\xi_1, \xi_2, \xi_3, \xi_4, \xi_5)]\|_{X/U} &= \inf\{\|(\xi_1 - \eta_1, \xi_2 - \eta_2, \xi_3, \xi_4, \xi_5)\| : (\eta_1, \eta_2) \in U\} \\ &= \|(0, 0, \xi_3, \xi_4, \xi_5)\|. \end{aligned}$$

Umgekehrt können wir $X = \mathbb{R}^5$ natürlich als Produkt der Räume $U = \mathbb{R}^2$ und $X/U \cong \mathbb{R}^3$ darstellen; es gilt also die Beziehung[5]

$$X \cong U \times X/U. \tag{1.39}$$

☺

[5]Mit solchen „Kürzungsregeln" muss man bei unendlichdimensionalen Räumen allerdings sehr vorsichtig sein. Wir werden darauf in Abschnitt 4.6 zurückkommen.

Beispiel 1.21. Sei $X := c$ und $U := c_0$ wie in Beispiel 1.3. Man sieht leicht, dass U abgeschlossen in X ist, also können wir die Norm (1.37) bilden. Hier gilt $(\xi_n)_n \sim (\eta_n)_n$ genau dann, wenn $\lim\limits_{n\to\infty} \xi_n = \lim\limits_{n\to\infty} \eta_n$ ist, also haben wir $X/U = \mathbb{R}$. Für die Norm (1.37) ergibt sich

$$\|[(\xi_n)_n]\|_{X/U} = \inf\left\{\|(\xi_n - \eta_n)_n\|_X : (\eta_n)_n \in c_0\right\} = \lim_{n\to\infty} \xi_n.$$

Auch hier bekommen wir wieder die Beziehung (1.39), indem wir jeder Folge $(\xi_n)_n \in c$ das Paar $((\xi_n - \hat{\xi})_n, \hat{\xi}) \in c_0 \times \mathbb{R}$ mit $\hat{\xi} := \lim\limits_{n\to\infty} \xi_n$ zuordnen. ☺

1.6 Metrische lineare Räume

Normierte Räume sind wichtige Beispiele sog. *metrischer Räume*, die wir jetzt noch kurz behandeln. Eine *Metrik* auf einer beliebigen nichtleeren Menge X ist eine Abbildung $d\colon X \times X \to [0,\infty)$, für die gilt $(x,y,z \in X)$:

(a) $d(x,y) = 0$ genau dann, wenn $x = y$ ist (Definitheit);

(b) $d(x,y) = d(y,x)$ (Symmetrie);

(c) $d(x,z) \le d(x,y) + d(y,z)$ (Dreiecksungleichung).

Der Raum X heißt dann *metrischer Raum*; man schreibt auch (X,d), um die Metrik hervorzuheben. Auf einem metrischen Raum kann man die Konvergenz einer Folge $(x_n)_n$ gegen x (Schreibweise: $x_n \to x$) durch $d(x_n,x) \to 0$ definieren und natürlich auch Cauchyfolgen betrachten. Von besonderem Interesse sind dann wieder die *vollständigen* metrischen Räume, d. h. solche, in denen jede Cauchyfolge konvergiert.

Jeder normierte lineare Raum $(X, \|\cdot\|)$ ist metrischer Raum, wenn man $d(x,y) := \|x-y\|$ setzt. Dass metrische Räume erheblich allgemeiner als normierte Räume sind, sieht man schon daran, dass man auf einem metrischen Raum keinerlei Vektorraum-Struktur haben muss. Man kann sogar *jede* nichtleere Menge durch die Definition

$$d(x,y) := \begin{cases} 1 & \text{falls } x \neq y, \\ 0 & \text{falls } x = y \end{cases}$$

zu einem (sog. „diskreten“) metrischen Raum machen. Aber selbst auf Vektorräumen kann man oft eine „natürliche“ Metrik definieren, die nicht von einer Norm induziert wird. Hierbei ist man daran interessiert, dass die Metrik mit der Vektorraum-Struktur „verträglich“ ist in dem Sinne, dass aus $x_n \to x$, $y_n \to y$ und $\lambda_n \to \lambda$ auch $x_n + y_n \to x + y$ und $\lambda_n x_n \to \lambda x$ folgt.[6] Ein solcher Raum wird dann ein *metrischer linearer Raum* genannt.

[6] Mit anderen Worten, die Addition und die Multiplikation von Skalaren sind stetige Abbildungen von $X \times X$ bzw. $\mathbb{R} \times X$ in X.

Beispiel 1.22. Auf dem endlichdimensionalen Raum $\mathbb{R}^N$ aller Vektoren $x = (\xi_1, \ldots, \xi_N)$ können wir für jedes $p \in (0,1)$ eine Metrik d_p durch

$$d_p(x,y) = d_p((\xi_1, \ldots, \xi_N), (\eta_1, \ldots, \eta_N)) := |\xi_1 - \eta_1|^p + \cdots + |\xi_N - \eta_N|^p$$

definieren, die den $\mathbb{R}^N$ zu einem vollständigen metrischen linearen Raum macht. Im Gegensatz zum Fall $p \geq 1$ ist diese Metrik aber nicht durch eine Norm induziert, da die Funktion $(\xi_1, \ldots, \xi_N) \mapsto |\xi_1|^p + \cdots + |\xi_N|^p$ nicht homogen ist. Dies kann man auch geometrisch interpretieren (Aufgabe 1.18). ☺

Beispiel 1.23. In Beispiel 1.12 haben wir die Lebesgueräume L_p auch auf unbeschränkten Intervallen definiert und gesehen, dass sie normierte lineare Räume sind. Eine direkte Übertragung der Norm (1.21) auf den Vektorraum $C[0, \infty)$ ist natürlich nicht möglich. Wir können diesen Raum aber durch die Definition

$$d(x,y) := \sum_{n=1}^{\infty} \frac{1}{2^n} \max_{0 \leq t \leq n} \frac{|x(t) - y(t)|}{1 + |x(t) - y(t)|} \tag{1.40}$$

oder auch durch

$$d^*(x,y) := \sum_{n=1}^{\infty} \frac{1}{n^2} \min \left\{ 1, \max_{0 \leq t \leq n} |x(t) - y(t)| \right\} \tag{1.41}$$

zu einem vollständigen metrischen linearen Raum machen.[7] Eine Folge konvergiert bezüglich d oder d^* genau dann (bzw. ist genau dann eine Cauchyfolge bzgl. d oder d^*), wenn für jedes kompakte Intervall $[a,b] \subseteq [0, \infty)$ die entsprechende Einschränkung in $C[a,b]$ konvergiert (bzw. eine Cauchyfolge ist); s. Aufgabe 1.46. Auch diese Metrik wird nicht durch eine Norm induziert, weil $d(2x, \theta) \neq 2d(x, \theta)$ z. B. für $x(t) \equiv 1$ ist. ☺

Einige Definitionen und Ergebnisse für normierte Räume aus diesem Kapitel lassen sich auf metrische Räume übertragen. Beispielsweise gilt in Verallgemeinerung von Lemma 1.1, dass eine Teilmenge M eines vollständigen metrischen Raums X genau dann selbst vollständig ist, wenn sie abgeschlossen in X ist. Wir werden aber metrische Räume nur sehr sparsam verwenden und die meisten Ergebnisse für normierte Räume formulieren. Eine Ausnahme bildet der wichtige *Bairesche Kategoriensatz* (s. Abschnitt A.2), der erst in metrischen Räumen seine ganze Kraft entfaltet.

1.7 Aufgaben

Aufgabe 1.1. Zeigen Sie, dass für jedes $x \in \mathbb{R}^N$

$$\lim_{p \to \infty} \|x\|_p = \|x\|_\infty$$

[7] Da der Bruch hinter dem Maximum in (1.40) nicht größer als 1 werden kann, wird durch den Faktor 2^{-n} die Konvergenz der Reihe (1.40) „erzwungen"; ähnliches gilt für (1.41).

gilt. Wie kann man sich dieses Ergebnis an der Einheitskugel in $(\mathbb{R}^2, \|\cdot\|_p)$ veranschaulichen?

Aufgabe 1.2. Zeigen Sie, dass für jedes $x \in L_\infty$

$$\lim_{p\to\infty} \|x\|_{L_p} = \|x\|_{L_\infty}$$

gilt.

Aufgabe 1.3. Seien $x, y \in X$ mit $\|x+y\| = \|x\| + \|y\|$. Beweisen Sie, dass dann für alle $\lambda \geq 0$ auch $\|x + \lambda y\| = \|x\| + \lambda \|y\|$ gilt.

Hinweis. Unterscheiden Sie die Fälle $\lambda > 1$ und $\lambda \leq 1$.

Aufgabe 1.4. Zeigen Sie durch ein Beispiel, dass die Beziehung $\|x_{n+1} - x_n\| \to 0$ $(n \to \infty)$ nicht hinreichend dafür ist, dass $(x_n)_n$ eine Cauchyfolge ist.

Aufgabe 1.5. Folgern Sie per Induktion aus (1.18) die allgemeine Höldersche Ungleichung

$$\|x_1 \cdots x_n\|_{L_p} \leq \|x_1\|_{L_{p_1}} \cdots \|x_n\|_{L_{p_n}} \quad (\tfrac{1}{p} = \tfrac{1}{p_1} + \cdots + \tfrac{1}{p_n}, p, p_1, \ldots, p_n \in [1, \infty]).$$

Gilt auch eine entsprechende Ungleichung für ℓ_p-Räume?

Aufgabe 1.6. Zeigen Sie, dass die durch

$$x(t) := \frac{|\log t|^\alpha}{t^{1/p}}$$

definierte Funktion x genau dann in $L_p[0,1]$ liegt, wenn $\alpha p < -1$ ist.

Aufgabe 1.7. Zeigen Sie, dass die durch $x(t) := |\log t|$ definierte Funktion x in jedem $L_p[0,1]$ $(1 \leq p < \infty)$ liegt, aber nicht in $L_\infty[0,1]$. Berechnen Sie für diese Funktion den Grenzwert in Aufgabe 1.2.

Aufgabe 1.8. Zeigen Sie, dass die durch $x(t) := 1/\left|\log \frac{t}{2}\right|$ definierte Funktion in $C[0,1]$ liegt, aber in keinem $C^\alpha[0,1]$ $(0 < \alpha < 1)$.

Aufgabe 1.9. Beweisen Sie, dass die Inklusion $C^\alpha \supset C^\beta$ für $\alpha < \beta$ strikt ist.

Aufgabe 1.10. Beweisen Sie, dass die durch

$$\|x\|^*_{C^\alpha} := |x(0)| + [x]_\alpha$$

gegebene Norm auf C^α äquivalent zur Norm (1.27) ist.

Aufgabe 1.11. Der *kleine Hölderraum* $\hat{C}^\alpha$ wird definiert als Menge aller $x \in C^\alpha$, für die statt (1.26) sogar

$$\lim_{|s-t|\to 0} \frac{|x(s) - x(t)|}{|s-t|^\alpha} = 0$$

gilt, versehen mit der Norm von C^α. Beweisen Sie die (strikten) Inklusionen

$$C^\beta \subset \hat{C}^\alpha \subset C^\alpha \qquad (\beta > \alpha).$$

Zeigen Sie ebenfalls, dass $\hat{C}^\alpha$ ein Banachraum ist (also abgeschlossen in C^α).

Aufgabe 1.12. Sei $\tilde{C}^\alpha$ definiert als Menge aller $x \in C^\alpha$, für die

$$\limsup_{|s-t|\to 0} \frac{|x(s) - x(t)|}{|s-t|^\alpha} < \infty$$

ist (vgl. Aufgabe 1.11). Zeigen Sie, dass $\tilde{C}^\alpha = C^\alpha$ gilt.

Aufgabe 1.13. Beweisen Sie, dass die Norm $\|\cdot\|_p$ auf $\mathbb{R}^N$ für alle $p \geq 1$ zur Norm $\|\cdot\|_\infty$ äquivalent ist. Geben Sie die genauen Konstanten a und b aus (1.33) an.

Aufgabe 1.14. Die Vektorräume c und c_0 seien wie in Beispiel 1.3 definiert. Beweisen Sie die (strikten) Inklusionen

$$\ell_p \subset c_0 \subset c \subset \ell_\infty \qquad (1 \leq p < \infty)$$

und zeigen Sie, dass c und c_0 Banachräume sind.

Aufgabe 1.15. Der Vektorraum

$$c_e := \{(\xi_n)_n : (\xi_n)_n \in c_0,\, \xi_n \neq 0 \text{ nur für endlich viele } n \in \mathbb{N}\}$$

sei mit der Norm $\|\cdot\|_{\ell_\infty}$ versehen. Zeigen Sie, dass c_e kein Banachraum ist. Ist c_e abgeschlossener Unterraum von c_0?

Aufgabe 1.16. In welchem ℓ_p $(1 \leq p \leq \infty)$ konvergieren die durch

(a) $x_n := (1, 2, \ldots, n, 0, 0, \ldots)$,

(b) $x_n := (1, 1, \ldots, 1, 0, 0, \ldots)$,

(c) $x_n := (\frac{1}{n}, \frac{1}{n}, \ldots, \frac{1}{n}, 0, 0, \ldots)$,

(d) $x_n := (\frac{1}{n^\alpha}, \frac{1}{n^\alpha}, \ldots, \frac{1}{n^\alpha}, 0, 0, \ldots)$

definierten Folgen $(x_n)_n$?

Aufgabe 1.17. Beweisen Sie, dass die Folge

$$x := ((\log 2)^{-1}, (\log 3)^{-1}, (\log 4)^{-1}, \ldots)$$

in c_0 liegt, aber in keinem ℓ_p $(1 \leq p < \infty)$.

Aufgabe 1.18. Zeigen Sie, dass die durch

$$[x]_p := \left(|\xi_1|^p + \cdots + |\xi_N|^p\right)^{1/p} \qquad (x \in \mathbb{R}^N)$$

gegebene Abbildung $[\cdot]_p : \mathbb{R}^N \to [0,\infty)$ für $0 < p < 1$ keine Norm ist. Skizzieren Sie die Menge $\{x : x \in \mathbb{R}^2, [x]_{1/2} = 1\}$ und vergleichen Sie mit Abb. 1.1.

Aufgabe 1.19. Für $1 \le p \le \infty$ sei der Vektorraum $L_p[0,\infty)$ wie in Beispiel 1.12 definiert. Finden Sie Funktionen in $L_1[0,\infty) \setminus L_2[0,\infty)$, $L_2[0,\infty) \setminus L_1[0,\infty)$, $L_1[0,\infty) \setminus L_\infty[0,\infty)$ und $L_\infty[0,\infty) \setminus L_1[0,\infty)$.

Aufgabe 1.20. Zeigen Sie, dass die Normen $\|\cdot\|_C$ und $\|\cdot\|_{\text{Lip}}$ auf Lip[0, 1] nicht äquivalent sind.

Aufgabe 1.21. Sei $x(t) := \cos 2\pi t$ und $y(t) := \sin 2\pi t$ $(0 \le t \le 1)$. Berechnen Sie $\|\lambda x + \mu y\|_X$ in $X = C, C^1, L_2$, Lip.

Aufgabe 1.22. Sei $x_n \colon [0,1] \to \mathbb{R}$ $(n \in \mathbb{N})$ definiert durch

$$x_n(t) := \begin{cases} -1 & \text{falls } 0 \le t \le \frac{1}{2} - \frac{1}{n}, \\ \text{linear} & \text{falls } \frac{1}{2} - \frac{1}{n} < t < \frac{1}{2} + \frac{1}{n}, \\ +1 & \text{falls } \frac{1}{2} + \frac{1}{n} \le t \le 1. \end{cases}$$

Ist $(x_n)_n$ in $(C, \|\cdot\|_C)$ oder $(C, \|\cdot\|_{L_1})$ Cauchyfolge? Ist $(x_n)_n$ in diesen Räumen konvergent?

Aufgabe 1.23. Der Vektorraum

$$P_n = P_n[0,1] := \{x : x(t) = a_n t^n + \cdots + a_1 t + a_0 \text{ Polynom vom Grad} \le n\}$$

sei versehen mit den beiden Normen

$$\|x\|_{P_n} := \max_{0 \le t \le 1} |a_n t^n + \cdots + a_1 t + a_0|, \qquad \|x\|_{P_n}^* := \max\{|a_n|, \ldots, |a_1|, |a_0|\}.$$

Sind diese beiden Normen äquivalent? Ist P_n mit einer dieser Normen ein Banachraum?

Aufgabe 1.24. Sei

$$\hat{C} := \left\{ x : x \in C, \int_0^1 x(t)\, dt = 0 \right\}.$$

Zeigen Sie, dass $\hat{C}$ abgeschlossen in C ist und beschreiben Sie den Quotientenraum $C/\hat{C}$.

Aufgabe 1.25. Zeigen Sie, dass die durch

$$[x]_p := \left\{ \int_0^1 |x(t)|^p \, dt \right\}^{1/p} \qquad (x \in L_p)$$

gegebene Abbildung $[\cdot]_p : L_p \to [0,\infty)$ für $0 < p < 1$ keine Norm ist (vgl. Aufgabe 1.18).

Aufgabe 1.26. Sei $1 \leq p < \infty$ und $\frac{1}{p} + \frac{1}{p'} = 1$. Zeigen Sie, dass für $x \in L_p$ und $y \in L_{p'}$ die Gleichheit

$$\int_0^1 |x(t)y(t)| \, dt = \|x\|_{L_p} \|y\|_{L_{p'}}$$

genau dann gilt, wenn $y(t) = c\,|x(t)|^{p-2}\,x(t)$ fast überall für ein $c \in \mathbb{R}$ ist.

Hinweis. Betrachten Sie den Beweis der Hölderschen Ungleichung.

Aufgabe 1.27. Für $x, y \in L_3$ gelte

$$\|x\|_{L_3} = \|y\|_{L_3} = \int_0^1 x^2(t)y(t)\,dt = 1.$$

Zeigen Sie, dass $y(t) = |x(t)|$ für fast alle $t \in [0,1]$ ist.

Hinweis. Aufgabe 1.26.

Aufgabe 1.28. Seien X und Y normierte lineare Räume, und sei $X \times Y$ versehen mit der Norm $\|(x,y)\|_{X\times Y} := \|x\|_X + \|y\|_Y$. Beweisen Sie, dass $X \times Y$ genau dann Banachraum ist, wenn X und Y beide Banachräume sind.

Aufgabe 1.29. Sei

$$C_0^\alpha := C_0^\alpha[0,1] := \{x : x \in C^\alpha[0,1],\, x(0) = 0\}.$$

Zeigen Sie, dass die beiden Normen (1.27) und $\|x\|_{C^\alpha}^* := [x]_\alpha$ auf C_0^α äquivalent sind.

Aufgabe 1.30. Sei

$$C_0^k := C_0^k[0,1] := \left\{x : x \in C^k[0,1],\, x(0) = \cdots = x^{(k-1)}(0) = 0\right\}.$$

Zeigen Sie, dass die beiden Normen (1.24) und $\|x\|_{C^k}^* := \|x^{(k)}\|_C$ auf C_0^k äquivalent sind.

Aufgabe 1.31. Sei

$$C_0^{k+\alpha} := C_0^{k+\alpha}[0,1] := \left\{x : x \in C^{k+\alpha}[0,1],\, x(0) = \cdots = x^{(k-1)}(0) = 0\right\}.$$

Zeigen Sie, dass die beiden Normen (1.29) und $\|x\|_{C^{k+\alpha}}^* := \left[x^{(k)}\right]_\alpha$ auf $C_0^{k+\alpha}$ äquivalent sind.

Aufgabe 1.32. Zeigen Sie, dass durch

$$\Phi x(t) := x(a + t(b-a))$$

eine bijektive Abbildung $\Phi\colon X[a,b] \to X[0,1]$ definiert ist, wobei $X = C$, $X = L_p$, $X = C^\alpha$ oder $X = C^{n+\alpha}$ sei. Für welche dieser Funktionenräume ist Φ eine *Isometrie* (d. h. $\|\Phi x\|_{X[0,1]} = \|x\|_{X[a,b]}$ für alle $x \in X[a,b]$)?

Aufgabe 1.33. Zeigen Sie, dass durch

(a) $\|x\| = \|(\xi_1, \xi_2)\| := |\xi_1| + |\xi_2 - \xi_1|$

(b) $\|x\|^* = \|(\xi_1, \xi_2)\|^* := \max\{|\xi_1 + \xi_2|, |\xi_2|\}$

zwei äquivalente Normen auf dem $\mathbb{R}^2$ definiert sind. Skizzieren Sie die Einheitssphären $S_1(\mathbb{R}^2)$ und $S_1^*(\mathbb{R}^2)$ bzgl. dieser Normen.

Aufgabe 1.34. Sei X Vektorraum und $M \subseteq X$ eine nichtleere Teilmenge. Mit span M bezeichnen wir den kleinsten Unterraum von X, der M enthält. Beweisen Sie, dass span M aus allen Linearkombinationen von Elementen aus M besteht, also

$$\operatorname{span} M = \left\{ \sum_{j=1}^{n} \lambda_j x_j : \lambda_j \in \mathbb{R}, x_j \in M, n \in \mathbb{N} \right\}.$$

Aufgabe 1.35. Sei BV $=$ BV$[0,1]$ die Menge aller Funktionen $x\colon [0,1] \to \mathbb{R}$, deren *Variation*

$$\operatorname{Var}(x) := \sup_{Z} \sum_{j=1}^{n} |x(t_j) - x(t_{j-1})|$$

endlich ist; das Supremum wird hier über alle Zerlegungen $Z = \{t_0, \ldots, t_n\}$ des Intervalls $[0,1]$ genommen, also $0 = t_0 < t_1 < \cdots < t_{n-1} < t_n = 1$ (n beliebig). Zeigen Sie:

(a) BV ist ein Vektorraum.

(b) Mit der Norm

$$\|x\|_{\mathrm{BV}} := |x(0)| + \operatorname{Var}(x)$$

ist BV ein Banachraum.

Aufgabe 1.36. Sei $M = M[0,1]$ die Menge aller monotonen (d. h. monoton steigenden oder fallenden) Funktionen $x\colon [0,1] \to \mathbb{R}$. Zeigen Sie:

(a) M ist kein Vektorraum.

(b) Es gilt span $M =$ BV (vgl. Aufgabe 1.35).

Hinweis. Zeigen Sie, dass sich jedes $x \in$ BV als Differenz zweier monoton steigender Funktionen schreiben lässt. Benutzen Sie dazu die monoton steigende Hilfsfunktion $y(t) := \operatorname{Var}(x|_{[0,t]})$.

Aufgabe 1.37. Untersuchen Sie, welche der folgenden Unterräume U abgeschlossen im jeweils angegebenen Raum X ist:

(a) $(C^1, \|\cdot\|_C)$ in $(C, \|\cdot\|_C)$;

(b) $(\mathrm{Lip}, \|\cdot\|_C)$ in $(C, \|\cdot\|_C)$;

(c) $(C, \|\cdot\|_{L_1})$ in $(L_1, \|\cdot\|_{L_1})$;

(d) $(C^\alpha, \|\cdot\|_C)$ in $(L_1, \|\cdot\|_{L_1})$.

Aufgabe 1.38. Finden Sie eine unstetige Funktion $x \in BV[0,1]$ (vgl. Aufgabe 1.35). Zeigen Sie, dass die Funktion

$$x(t) := \begin{cases} t \sin \frac{\pi}{t} & \text{falls } 0 < t \leq 1, \\ 0 & \text{falls } t = 0 \end{cases}$$

stetig ist, aber nicht zu $BV[0,1]$ gehört.

Aufgabe 1.39. Zeigen Sie, dass die Normen (1.35) und (1.36) auf $X \times Y$ äquivalent sind.

Aufgabe 1.40. Sei X normierter Raum und $U \subseteq X$ abgeschlossener Unterraum. Beweisen Sie: Sind U und X/U beide Banachräume, dann ist auch X Banachraum.

Aufgabe 1.41. Zeigen Sie, dass die durch $x(t) := \left|(\log t)^2 t\right|^{-1/p}$ definierte Funktion x in $L_p[0,1]$ liegt, aber in keinem $L_q[0,1]$ für $q > p$.

Aufgabe 1.42. Geben Sie ein $x \in L_p[0,\infty)$ an, welches in keinem $L_q[0,\infty)$ für $q \neq p$ liegt.
Hinweis. Aufgabe 1.41.

Aufgabe 1.43. Beweisen Sie, dass die Folge

$$x := \left(\left(\frac{1}{2(\log 2)^2}\right)^{1/p}, \left(\frac{1}{3(\log 3)^2}\right)^{1/p}, \left(\frac{1}{4(\log 4)^2}\right)^{1/p}, \ldots \right)$$

in ℓ_p liegt, aber in keinem ℓ_q für $1 \leq q < p$.

Aufgabe 1.44. Für $x \in L_1[0,1]$ und $1 \leq p < \infty$ setzen wir

$$e_p(x) := \int_0^1 (\exp(|x(s)|^p) - 1)\, ds$$

und

$$E_p := E_p[0,1] := \left\{x : x \in L_1[0,1], e_p(x/r) < \infty \text{ für ein } r > 0\right\}.$$

Beweisen Sie:

(a) E_p ist ein linearer Raum.

(b) Durch $\|x\|_{E_p} := \inf\left\{r : r > 0, e_p(x/r) \leq 1\right\}$ ist eine Norm auf E_p definiert.

(c) $(E_p, \|\cdot\|_{E_p})$ ist Banachraum.

Aufgabe 1.45. Sei E_p wie in Aufgabe 1.44 definiert, und sei $x_\alpha(s) := \alpha(\log \frac{1}{s})^{1/p}$ $(\alpha > 0)$. Zeigen Sie, dass $e_p(x_\alpha/r) < \infty$ genau für $r > \alpha$ gilt und berechnen Sie die Norm $\|x_\alpha\|_{E_p}$.

Aufgabe 1.46. Präzisieren und beweisen Sie die beiden Behauptungen aus Beispiel 1.23 über konvergente Folgen und Cauchyfolgen bzgl. der Metriken (1.40) und (1.41).

2 Kompakte Mengen

Unter den speziellen Teilmengen eines normierten linearen Raumes bilden die *kompakten* die weitaus wichtigste Klasse. Demzufolge betrachten wir in diesem Kapitel viele Bedingungen für die Kompaktheit einer Menge, die zum Teil hinreichend, zum Teil notwendig, und zum Teil sowohl hinreichend als auch notwendig sind. Insbesondere zeigen wir, dass die Kompaktheit der abgeschlossenen Einheitskugel gerade die *endlichdimensionalen* normierten Räume charakterisiert.

2.1 Spezielle Mengen in normierten Räumen

Sei X ein normierter linearer Raum und $M \subseteq X$. Wir wiederholen einige topologische Grundbegriffe. Ein Punkt $x \in X$ heißt *Häufungspunkt* von M, falls $B_\delta(X;x)$ für jedes $\delta > 0$ unendlich viele Punkte von M enthält. Ein Punkt $x \in M$ heißt *innerer Punkt* von M, falls es ein $\delta > 0$ mit $B_\delta(X;x) \subseteq M$ gibt. Der *Abschluss* $\overline{M}$ von M besteht aus allen Punkten von M und allen Häufungspunkten von M, und das *Innere* $\mathring{M}$ (auch geschrieben: M°) von M aus allen inneren Punkten von M; es gilt also stets $\mathring{M} \subseteq M \subseteq \overline{M}$. Ist $\mathring{M} = M$, so heißt M *offen* in X; ist $\overline{M} = M$, so heißt M *abgeschlossen*[1] in X. Mit $\partial M := \overline{M} \setminus \mathring{M}$ bezeichnen wir den *Rand* von M in X. Für die Kugeln (1.1) und (1.2) und die Sphäre (1.3) geben wir den Abschluss, das Innere und den Rand in Tabelle 2.1 wieder.

M	$K_r(X;x)$	$B_r(X;x)$	$S_r(X;x)$
$\overline{M}$	$K_r(X;x)$	$K_r(X;x)$	$S_r(X;x)$
$\mathring{M}$	$B_r(X;x)$	$B_r(X;x)$	$\emptyset$
∂M	$S_r(X;x)$	$S_r(X;x)$	$S_r(X;x)$

Tabelle 2.1: Inneres und Abschluss von Kugeln und Sphären

Warnung. Die Begriffe „offen" und „abgeschlossen" sind keine logischen Gegensätze, denn eine Menge kann sehr wohl weder offen noch abgeschlossen sein (Beispiel: $M := \mathbb{Q}$ in $X := \mathbb{R}$), oder auch sowohl offen als auch abgeschlossen sein (Beispiel: $M := \mathbb{R}$ in $X := \mathbb{R}$). Allerdings sind diese Begriffe „mengentheoretisch komplementär" im folgenden Sinne: Ist M offen in X, so ist $X \setminus M$ abgeschlossen in X, und umgekehrt (Aufgabe 2.1).

[1] Abgeschlossene *Unterräume* haben wir schon in Kapitel 1 betrachtet; der hier gegebene Abgeschlossenheitsbegriff stimmt natürlich mit dem dort betrachteten überein.

Eine Teilmenge M eines linearen Raumes X heißt *konvex*, falls aus $x, y \in M$ und $0 \leq \lambda \leq 1$ stets $x + \lambda(y - x) = (1 - \lambda)x + \lambda y \in M$ folgt, d. h. zusammen mit je zwei Punkten x und y enthält M auch stets die „Verbindungsstrecke" zwischen x und y (Abb. 2.1).

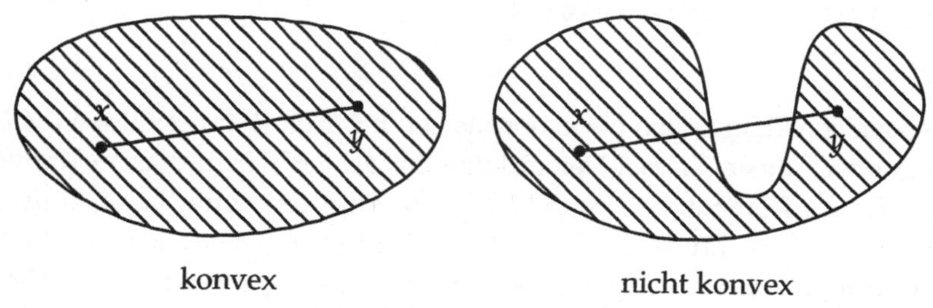

Abbildung 2.1: Definition von Konvexität

Beispielsweise ist $K_r(X; x_0)$ stets konvex, denn für $x, y \in K_r(X; x_0)$ ist

$$\begin{aligned} \|((1-\lambda)x + \lambda y) - x_0\| &= \|(1-\lambda)(x - x_0) + \lambda(y - x_0)\| \\ &\leq |1-\lambda| \, \|x - x_0\| + |\lambda| \, \|y - y_0\| \leq (1-\lambda)r + \lambda r = r. \end{aligned}$$

Falls sogar $x, y \in B_r(X; x_0)$ gilt, ist die letzte Ungleichung strikt, und daher ist auch $B_r(X; x_0)$ stets konvex.

Ist $M \subseteq X$ beliebig, so nennt man die Menge

$$\text{(2.1)} \qquad \operatorname{conv} M := \left\{ \sum_{k=1}^{n} \lambda_k x_k : x_k \in M, \lambda_k \in [0,1], \sum_{k=1}^{n} \lambda_k = 1, n \in \mathbb{N} \right\}$$

die *konvexe Hülle* von M. Nach Aufgabe 2.29 ist conv M die kleinste konvexe Obermenge von M. Insbesondere gilt conv $M = M$ genau für konvexe Mengen M. Beispielsweise ist conv $S_r(X; x) = K_r(X; x)$ für jedes $x \in X$ und $r > 0$.

Eine *Überdeckung* von $M \subseteq X$ ist eine Familie $\mathscr{U} = \{U_\alpha : \alpha \in A\}$ von Mengen $U_\alpha \subseteq X$ mit

$$\text{(2.2)} \qquad M \subseteq \bigcup_{\alpha \in A} U_\alpha;$$

hierbei ist A eine beliebige (nicht notwendigerweise abzählbare) Indexmenge. Die Überdeckung $\mathscr{U}$ heißt *offen*, falls alle Mengen $U_\alpha \in \mathscr{U}$ offene Mengen in X sind.[2]

Es ist nur wenig übertrieben zu sagen, dass die folgende Definition eine der wichtigsten der ganzen Analysis ist. Eine Menge $M \subseteq X$ heißt *kompakt*, falls man aus jeder offenen Überdeckung $\{U_\alpha : \alpha \in A\}$ von M eine endliche Teilüberdeckung auswählen

[2]Dies ist natürlich eine sprachliche Verunstaltung wie „fünfstöckige Hausbesitzerswitwe", denn nicht die Überdeckung ist offen, sondern die in ihr enthaltenen Mengen.

kann, d. h. aus (2.2) folgt schon

$$M \subseteq \bigcup_{j=1}^{m} U_{\alpha_j} \tag{2.3}$$

für geeignete Indizes $\alpha_1, \ldots, \alpha_m \in A$.

Warnung. Kompaktheit bedeutet also *nicht*, dass überhaupt eine endliche Überdeckung (2.3) existiert, sondern dass, ausgehend von einer *beliebigen* offenen Überdeckung (2.2), immer schon endlich viele der Mengen U_α zur Überdeckung genügen.

2.2 Notwendige Bedingungen für Kompaktheit

Wir nennen eine Menge $M \subseteq X$ *relativkompakt*, falls ihr Abschluss $\overline{M}$ kompakt ist. Es gilt dann:

Lemma 2.1. *Eine Menge M ist genau dann kompakt, wenn sie relativkompakt und abgeschlossen ist.*

□ Sei M kompakt; wir zeigen, dass M abgeschlossen ist, die Relativkompaktheit von M folgt dann trivialerweise aus $\overline{M} = M$. Sei $x \in X \setminus M$. Für jedes $y \in M$ ist dann $r(y) := \frac{1}{2}\|x-y\| > 0$, und das System $\left\{B_{r(y)}(X;y) : y \in M\right\}$ ist eine offene Überdeckung von M. Wegen der Kompaktheit von M finden wir also $y_1, \ldots, y_m \in M$ mit

$$M \subseteq B_{r(y_1)}(X;y_1) \cup \ldots \cup B_{r(y_m)}(X;y_m).$$

Setzen wir $r := \min\{r(y_1), \ldots, r(y_m)\}$ (> 0!), so gilt $B_r(X;x) \subseteq X \setminus M$; damit ist x innerer Punkt von $X \setminus M$. Da x beliebig gewählt war, ist $X \setminus M$ offen in X, also M abgeschlossen in X (Aufgabe 2.1).

Die Umkehrung ist offensichtlich: Ist M relativkompakt und abgeschlossen, so ist $M = \overline{M}$ kompakt. ■

Das folgende Lemma gibt eine zwar recht triviale, aber oft nützliche *notwendige* Bedingung für Relativkompaktheit:

Lemma 2.2. *Eine relativkompakte Menge ist stets beschränkt.*

□ Ist M relativkompakt, so ist die Menge $\overline{M}$ kompakt. Da sie trivialerweise durch das System aller Kugeln $\{B_n(X) : n = 1,2,3,\ldots\}$ überdeckt wird, können wir endlich viele Kugeln $B_{n_1}(X), \ldots, B_{n_m}(X)$ mit (o. B. d. A.) $n_1 < n_2 < \cdots < n_m$ auswählen, die M auch schon überdecken. Dies bedeutet aber, dass M in $B_{n_m}(X)$ enthalten, also beschränkt ist. ■

Beispiel 2.1. Sei $X := \mathbb{R}$ und $M := (0,1)$. Dann ist M nicht kompakt, da M nicht abgeschlossen in $\mathbb{R}$ ist. Man sieht auch direkt, dass z. B. $\{(\frac{1}{n},1) : n = 1,2,3,\ldots\}$ eine offene Überdeckung von M ohne endliche Teilüberdeckung ist. Wie das nächste Beispiel zeigt, ist M allerdings relativkompakt. ☺

Beispiel 2.2. Sei wieder $X := \mathbb{R}$, aber $M := [0,1]$; wir zeigen, dass M kompakt ist. Sei also $\mathscr{U} = \{U_\alpha : \alpha \in A\}$ eine offene Überdeckung von M. Für mindestens ein $\alpha_0 \in A$ gilt dann $0 \in U_{\alpha_0}$. Wegen der Offenheit von U_{α_0} ist dann auch $[0,\delta] \subset U_{\alpha_0}$ für ein genügend kleines $\delta > 0$. Dies zeigt, dass die Menge

$$\Sigma := \{t : 0 < t \leq 1,\ [0,t] \text{ wird von endlich vielen } U_\alpha \text{ überdeckt}\}$$

nichtleer ist; also existiert $s := \sup \Sigma \in [0,1]$. Wir zeigen, dass $s = 1$ und sogar $s = \max \Sigma$ ist. Sei $\beta \in A$ gewählt mit $s \in U_\beta$. Wäre $s < 1$, gäbe es Punkte $a, b \in U_\beta$ mit $a < s < b < 1$ und $a \in \Sigma$. Nach Definition von Σ können wir dann endlich viele Indizes $\alpha_1, \ldots, \alpha_m$ finden mit $[0,a] \subseteq U_{\alpha_1} \cup \ldots \cup U_{\alpha_m}$. Dann gilt aber $[0,b] \subseteq U_{\alpha_1} \cup \ldots \cup U_{\alpha_m} \cup U_\beta$, also auch $b \in \Sigma$ im Widerspruch zu $s < b$. Ein analoges Argument zeigt, dass $s \in \Sigma$, also $s = \max \Sigma$ ist. ☺

Beispiel 2.3. Sei $X := \mathbb{R}$ und $M := \mathbb{N}$. Dann ist M nicht kompakt, weil M unbeschränkt ist. Man sieht auch sofort direkt, dass z. B. $\{(n-1, n+1) : n = 1,2,3,\ldots\}$ eine offene Überdeckung von M ohne endliche Teilüberdeckung ist. Die Unbeschränktheit zeigt, dass M auch nicht relativkompakt ist. ☺

Beispiel 2.4. Sei $X := C$ und

$$M := \{x : x \in X, 0 = x(0) \leq x(t) \leq x(1) = 1 \text{ für alle } t \in [0,1]\}, \tag{2.4}$$

d. h. die Graphen aller Funktionen aus M sind im Quadrat $[0,1] \times [0,1]$ enthalten und in $(0,0)$ und $(1,1)$ „festgenagelt" (s. Abb. 2.2). Dann ist M nicht kompakt, wie man folgen-

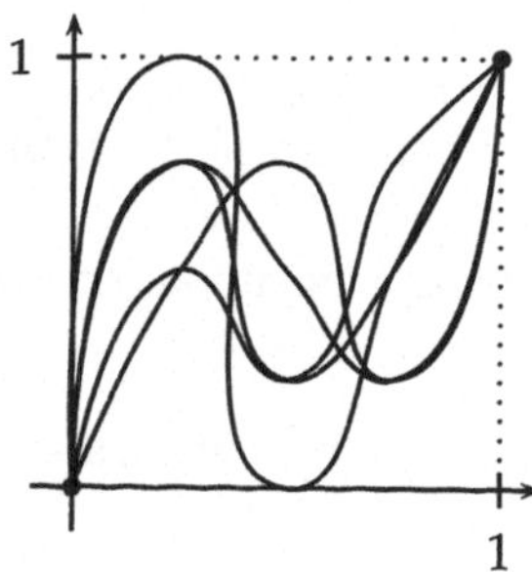

Abbildung 2.2: Funktionen aus der Menge M aus Beispiel 2.4

dermaßen sieht: Definieren wir

$$U_n := \left\{x : x \in X,\ x(t) > 0 \text{ für } 1 - \tfrac{1}{n} \leq t \leq 1\right\},$$

so ist $\{U_n : n = 1,2,3,\ldots\}$ eine offene Überdeckung von M ohne endliche Teilüberdeckung. Die Menge M ist auch nicht relativkompakt, weil sie abgeschlossen ist. ☺

Beispiel 2.5. Sei $X := L_2$ und

$$M := \{x_1, x_2, x_3, \ldots\}, \qquad x_n(t) := \sin n\pi t, \tag{2.5}$$

d. h. M enthält „Sinusschwingungen" beliebig hoher Frequenz, aber konstanter Amplitude (s. Abb. 2.3). Dann ist M nicht kompakt, wie man folgendermaßen sieht:

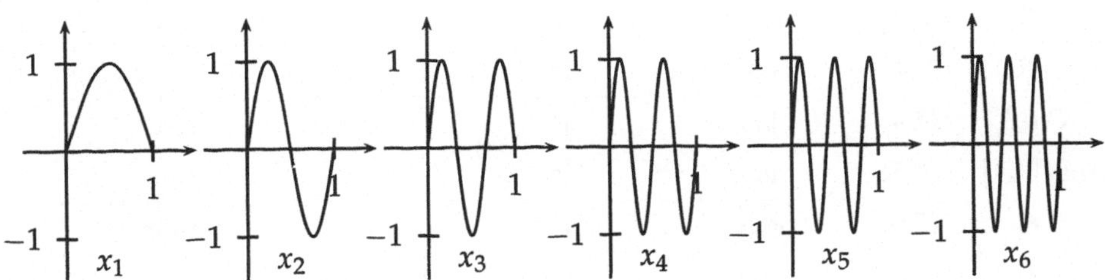

Abbildung 2.3: Die ersten 6 Sinusfunktionen aus Beispiel 2.5

Für $n \geq m$ ist

$$\|x_n - x_m\|^2 = \int_0^1 |\sin n\pi t - \sin m\pi t|^2 \, dt$$

$$= \int_0^1 \sin^2 n\pi t \, dt + \int_0^1 \sin^2 m\pi t \, dt - 2\int_0^1 \sin n\pi t \sin m\pi t \, dt = \frac{1}{2} + \frac{1}{2} - 0 = 1.$$

Daher ist $\{B_1(X; x_n) : n = 1, 2, 3, \ldots\}$ eine offene Überdeckung von von M ohne endliche Teilüberdeckung. Die Menge (2.5) ist auch nicht relativkompakt, weil sie abgeschlossen ist. ☺

Beispiel 2.6. Sei $X := \ell_1$ und

$$M := \{(\xi_n)_n : (\xi_n)_n \in \ell_1, 0 \leq \xi_n \leq 1/n\}. \tag{2.6}$$

Dann ist M nicht kompakt, denn M ist nicht einmal beschränkt: In der Tat enthält M die Folge

$$x_1 := (1, 0, 0, 0, \ldots),\ x_2 := (1, \tfrac{1}{2}, 0, 0, \ldots),\ \ldots,\ x_n := (1, \tfrac{1}{2}, \ldots, \tfrac{1}{n}, 0, \ldots),\ \ldots,$$

die in ℓ_1 unbeschränkt ist. Betrachten wir statt (2.6) jedoch die Menge

$$M := \{(\xi_n)_n : (\xi_n)_n \in \ell_2, 0 \leq \xi_n \leq 1/n\} \tag{2.7}$$

in $X := \ell_2$, so ist M beschränkt, da

$$\sup_{x \in M} \|x\|_{\ell_2}^2 \leq \sum_{n=1}^{\infty} \frac{1}{n^2} = \frac{\pi^2}{6},$$

also $M \subseteq K_{\pi/\sqrt{6}}(X)$ ist. Später (Beispiel 3.6) werden wir zeigen, dass die Menge (2.7) sogar relativkompakt ist. ☺

Wir vergleichen die Eigenschaften der bisher betrachteten Mengen in Tabelle 2.2.

X	M	beschränkt	abgeschlossen	kompakt	relativkompakt
$\mathbb{R}$	$(0,1)$	ja	nein	nein	ja
$\mathbb{R}$	$[0,1]$	ja	ja	ja	ja
$\mathbb{R}$	$\mathbb{N}$	nein	ja	nein	nein
$C[0,1]$	(2.4)	ja	ja	nein	nein
$L_1[0,1]$	(2.5)	ja	ja	nein	nein
ℓ_1	(2.6)	nein	ja	nein	nein
ℓ_2	(2.7)	ja	ja	ja	ja

Tabelle 2.2: Beispiele von Mengen in verschiedenen Räumen

2.3 Hinreichende Bedingungen für Kompaktheit

Um die Relativkompaktheit (und damit mittels Lemma 2.1 auch die Kompaktheit) einer Menge M besser charakterisieren zu können, geben wir jetzt eine Reihe von Kriterien an, die alle *äquivalent* zur Relativkompaktheit sind, aber im allgemeinen leichter nachzuprüfen.

Eine endliche Menge $\{z_1, \ldots, z_m\}$ in X heißt *endliches ε-Netz* für $M \subseteq X$ ($\varepsilon > 0$), falls

$$M \subseteq \bigcup_{j=1}^{m} B_\varepsilon(X; z_j)$$

gilt, d. h. M wird durch endlich viele Kugeln mit Radius ε überdeckt (s. Abb. 2.4).

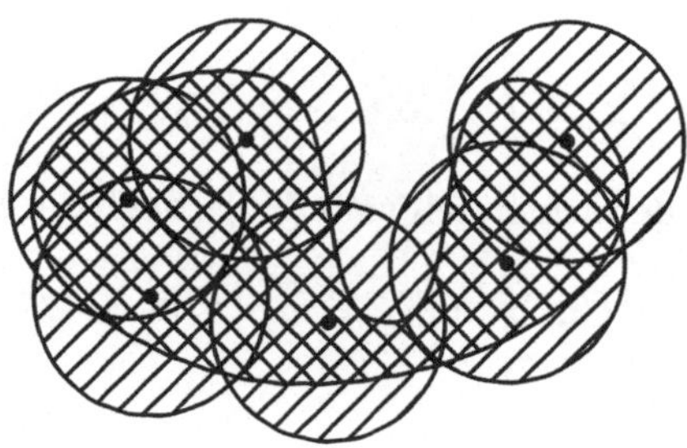

Abbildung 2.4: Ein endliches ε-Netz

Eine Menge $M \subseteq X$ heißt *präkompakt*, wenn es zu jedem $\varepsilon > 0$ ein endliches ε-Netz für M gibt.

Statt der offenen Kugeln $B_\varepsilon(X; z_j)$ kann man bei dieser Definition auch die abgeschlossenen Kugeln $K_\varepsilon(X; z_j)$ zulassen, also

$$M \subseteq \bigcup_{j=1}^{m} K_\varepsilon(X; z_j),$$

da $B_\varepsilon(X; z_j) \subseteq K_\varepsilon(X; z_j) \subseteq B_{\varepsilon+\delta}(X; z_j)$ für jedes $\delta > 0$ gilt.

Man kann in der Definition von Präkompaktheit auch verlangen, dass das ε-Netz für M in M selbst liegt, denn wenn $\{z_1, \dots, z_m\} \subseteq X$ ein $\varepsilon/2$-Netz für M ist, so können wir zu jedem j einen Punkt $x_j \in M \cap K_{\varepsilon/2}(X; z_j)$ wählen (falls es einen solchen Punkt gibt). Die Menge dieser $x_j \in M$ ist dann ein endliches ε-Netz für M: Aus $\|x - z_j\| < \varepsilon/2$ folgt wegen der Dreiecksungleichung ja $\|x - x_j\| < \varepsilon$.

Satz 2.1 (Hausdorff). *Sei X Banachraum und $M \subseteq X$. Dann sind die folgenden vier Aussagen äquivalent:*

(a) *M ist relativkompakt.*

(b) *Ist $(A_n)_n$ eine monoton fallende Folge nichtleerer abgeschlossener Teilmengen von $\overline{M}$, so ist*

$$\bigcap_{n=1}^{\infty} A_n \neq \emptyset.$$

(c) *Jede Folge $(x_n)_n$ in M hat eine (in X) konvergente Teilfolge.*

(d) *M ist präkompakt, d. h. für jedes $\varepsilon > 0$ besitzt M ein endliches ε-Netz.*

□ Beweis (a) ⇒ (b): Sei M relativkompakt. Angenommen, es gibt eine Folge $(A_n)_n$ nichtleerer abgeschlossener Mengen mit

$$\overline{M} \supseteq A_1 \supseteq A_2 \supseteq \cdots \supseteq A_n \supseteq \cdots, \qquad \bigcap_{n=1}^{\infty} A_n = \emptyset.$$

Dann sind die Mengen $U_n := X \setminus A_n$ offen in X und überdecken $\overline{M}$. Nach Voraussetzung (a) ist $\overline{M}$ kompakt, wird also schon von endlich vielen der Mengen U_n überdeckt, etwa $U_{n_1}, \dots, U_{n_m}$. Damit erhalten wir aber

$$A_{n_m} = \bigcap_{j=1}^{m} A_{n_j} = X \setminus \bigcup_{j=1}^{m} U_{n_j} \subseteq X \setminus \overline{M}$$

im Widerspruch zu $A_{n_m} \subseteq \overline{M}$.

Beweis (b) ⇒ (c): Sei $(x_n)_n$ Folge in M. Wir setzen $R_n := \{x_n, x_{n+1}, x_{n+2}, \dots\}$ und $A_n := \overline{R_n}$; dann ist $(A_n)_n$ eine monoton fallende Folge abgeschlossener nichtleerer Teilmengen von $\overline{M}$. Nach (b) existiert ein Punkt x_* im Durchschnitt aller Mengen A_n. Zu jedem $k \in \mathbb{N}$ können wir also ein $x'_{n_k} \in R_{n_k}$ wählen derart, dass $\|x'_{n_k} - x_*\| \leq \frac{1}{k}$ ist. Dies bedeutet aber, dass $(x'_{n_k})_k$ eine Teilfolge von $(x_n)_n$ ist, die gegen x_* konvergiert.

Beweis (c) $\Rightarrow$ (d): Wir nehmen an, dass (d) nicht gilt, d. h. dass es für ein $\varepsilon_0 > 0$ kein endliches ε_0-Netz für M gibt. Sei $x_1 \in M$ beliebig gewählt. Wir finden dann ein $x_2 \in M$ mit $\|x_2 - x_1\| \geq \varepsilon_0$ (denn andernfalls wäre $\{x_1\}$ ein endliches ε_0-Netz für M). Genauso finden wir ein $x_3 \in M$ mit $\|x_3 - x_1\| \geq \varepsilon_0$ und $\|x_3 - x_2\| \geq \varepsilon_0$ (denn andernfalls wäre $\{x_1, x_2\}$ ein endliches ε_0-Netz für M). Die Fortsetzung dieses Verfahrens liefert eine Folge $(x_n)_n$ in M ohne konvergente Teilfolge.

Beweis (d) $\Rightarrow$ (a): Gilt (a) nicht, so gibt es eine offene Überdeckung $\mathscr{U} = \{U_\alpha : \alpha \in A\}$ der nichtkompakten Menge $\overline{M}$ ohne endliche Teilüberdeckung. Nach (d) finden wir ein endliches 1-Netz $\{z_1^1, \dots, z_{m_1}^1\}$ für M, wobei wir (wie oben bemerkt) verlangen dürfen, dass $z_j^1 \in M$ $(j = 1, \dots, m_1)$ gilt.

Der Durchschnitt einer dieser Kugeln mit $\overline{M}$ ist nicht überdeckbar durch endlich viele der Mengen U_α, o. B. d. A. sei dies $\overline{M} \cap B_1(X; z_1^1)$. Sei $\{z_1^2, \dots, z_{m_2}^2\}$ ein endliches $\frac{1}{2}$-Netz für $\overline{M} \cap B_1(X; z_1^1)$. Ähnlich wie oben dürfen wir wieder verlangen, dass $z_j^2 \in \overline{M} \cap B_1(X; z_1^1)$ $(j = 1, \dots, m_2)$ gilt. Der Durchschnitt einer dieser Kugeln mit $\overline{M} \cap B_1(X; z_1^1)$ ist wiederum nicht überdeckbar durch endlich viele der Mengen U_α, etwa $\overline{M} \cap B_1(X; z_1^1) \cap B_{1/2}(X; z_1^2)$. Die Fortsetzung dieses Verfahrens liefert eine Folge von Kugeln $B_{1/n}(X; z_n)$ in X mit Mittelpunkten $z_n := z_1^n$, so dass

$$M_n := \overline{M} \cap B_1(X; z_1^1) \cap B_{1/2}(X; z_1^2) \cap \ldots \cap B_{1/n}(X; z_1^n)$$

nicht durch endlich viele U_α überdeckbar ist und $z_{n+1} \in M_n$ gilt. Insbesondere ist $z_{n+j} \in B_{1/n}(X; z_n)$ für alle $j \in \mathbb{N}$. Wegen $1/n \to 0$ für $n \to \infty$ ist die Folge $(z_n)_n$ also eine Cauchyfolge in X. Da X nach Voraussetzung Banachraum ist, konvergiert $(z_n)_n$ gegen einen Punkt $z_* \in X$. Wegen $z_{n+1} \in M_n \subseteq \overline{M}$ (und da $\overline{M}$ abgeschlossen ist), ist $z_* \in \overline{M}$.

Wir wählen ein $\alpha_* \in A$ mit $z_* \in U_{\alpha_*}$, was wegen der Überdeckungseigenschaft von $\mathscr{U}$ möglich ist. Da U_{α_*} offen in X ist, gibt es ein $r > 0$ mit $K_r(X; z_*) \subseteq U_{\alpha_*}$. Für genügend große n ist dann $\frac{1}{n} \leq \frac{r}{2}$ und $\|z_n - z_*\| \leq \frac{r}{2}$. Für jedes $x \in M_n$ ist dann wegen $x \in B_{1/n}(X; z_n)$ auch

$$\|x - z_*\| \leq \|x - z_n\| + \|z_n - z_*\| \leq r,$$

also $M_n \subseteq K_r(X; z_*) \subseteq U_{\alpha_*}$, entgegen der Tatsache, dass M_n nach Konstruktion nicht durch endlich viele U_α überdeckbar ist. Damit ist (a) bewiesen. ■

In vielen Fällen ist es am bequemsten, die Relativkompaktheit einer gegebenen Menge M über die Eigenschaft (d) nachzuweisen. Wir betonen, dass wir im Beweis der Implikation (d) $\Rightarrow$ (a) wesentlich benutzt haben, dass X Banachraum ist. Die Äquivalenzen (a) $\Leftrightarrow$ (b) $\Leftrightarrow$ (c) (und die Implikation (c) $\Rightarrow$ (d)) gelten dagegen bereits in normierten Räumen X (Aufgabe 2.41 und 2.42, vgl. auch Aufgabe 2.22).

Aus (d) erhalten wir wieder leicht die in Lemma 2.2 bewiesene Tatsache, dass jede relativkompakte Menge beschränkt ist. Auf den Unterschied zwischen Relativkompaktheit und Beschränktheit in konkreten Banachräumen werden wir im nächsten Kapitel noch ausführlich eingehen.

Einige der oben aufgeführten Beispiele betrachten wir jetzt noch einmal im Lichte von Satz 2.1.

Beispiel 2.7. In $X := \mathbb{R}$ ist $M := (0,1)$ relativkompakt, denn zu $\varepsilon > 0$ ist $\{\varepsilon, 2\varepsilon, \ldots, m\varepsilon\}$ ein endliches ε-Netz für M, falls wir $m > 1/\varepsilon$ wählen. ☺

Beispiel 2.8. In $X := C$ besitzt die in (2.4) angegebene Menge M zwar ein endliches $\frac{1}{2}$-Netz (nämlich die einpunktige Menge $\{z_0\}$ mit $z_0(t) \equiv \frac{1}{2}$), aber kein endliches ε-Netz für $\varepsilon < \frac{1}{2}$. Um das zu sehen, nehmen wir an, es gäbe für ein $\varepsilon < \frac{1}{2}$ ein endliches ε-Netz $\{z_1, \ldots, z_m\}$. Wir zerlegen das Intervall $[0,1]$ in $m+2$ Teilpunkte $\left\{0, \frac{1}{m+1}, \frac{2}{m+1}, \ldots, \frac{m-1}{m+1}, \frac{m}{m+1}, 1\right\}$ und definieren eine stetige Funktion x durch $x(0) = 0$,

$$x\left(\tfrac{j}{m+1}\right) := \begin{cases} 1 & \text{falls } z_j\left(\frac{j}{m+1}\right) \leq \frac{1}{2}, \\ 0 & \text{falls } z_j\left(\frac{j}{m+1}\right) > \frac{1}{2}, \end{cases}$$

$(j = 1, \ldots, m)$, und linear sonst (s. Abb. 2.5). Es gilt dann $x \in M$, aber $\|x - z_j\| \geq \frac{1}{2} > \varepsilon$

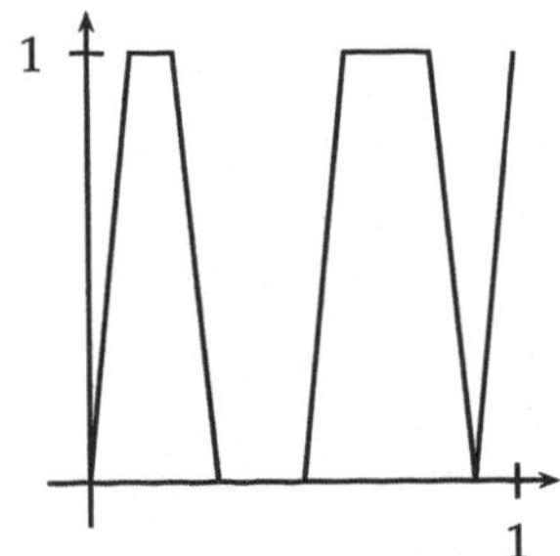

Abbildung 2.5: Beispiel einer Funktion x wie in Beispiel 2.8

für alle $j \in \{1, \ldots, m\}$. Damit kann $\{z_1, \ldots, z_m\}$ kein ε-Netz für M sein. ☺

Beispiel 2.9. In $X := L_2$ besitzt die in (2.5) gegebene Menge M zwar ein endliches 1-Netz (nämlich die einpunktige Menge $\{z_0\}$ mit $z_0(t) \equiv 0$), aber kein endliches ε-Netz für $\varepsilon < 1$, wie die Rechnung in Beispiel 2.5 zeigt. ☺

Wie schon bemerkt, ist jede relativkompakte Menge in einem Banachraum X beschränkt. Im Banachraum $X := \mathbb{R}^N$ stimmen die relativkompakten und beschränkten Mengen sogar überein:

Lemma 2.3. *Im Banachraum $(\mathbb{R}^N, \|\cdot\|_\infty)$ ist jede beschränkte Menge M relativkompakt.*

□ Sei $M \subseteq \mathbb{R}^N$ beschränkt durch $R > 0$. Wir benutzen die Charakterisierung aus Satz 2.1 (d). Sei also $\varepsilon > 0$, und sei $p \in \mathbb{N}$ so groß gewählt, dass $p\varepsilon > 1$ ist. Die Menge

$$E := \left\{ \left(\frac{z_1}{p}, \ldots, \frac{z_N}{p} \right) : z_j \in \mathbb{Z}, -Rp \leq z_j \leq Rp \ (j = 1, \ldots, N) \right\}$$

(s. Abb. 2.6) ist dann endlich; wir zeigen, dass E ein ε-Netz für M ist. Dazu wählen wir

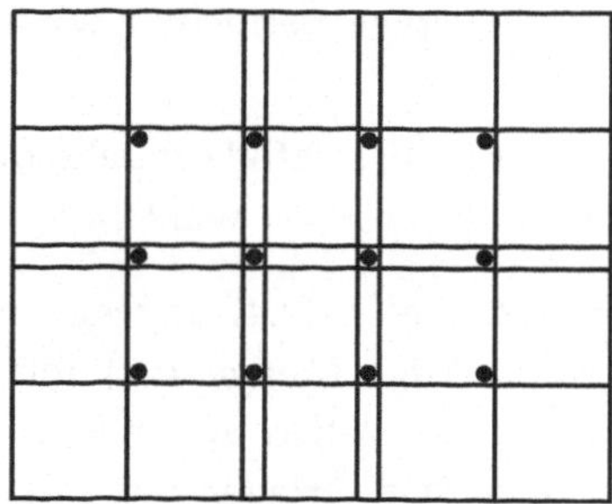

Abbildung 2.6: Endliches ε-Netz in $(\mathbb{R}^N, \|\cdot\|_\infty)$

zu gegebenem $x = (\xi_1, \ldots, \xi_N) \in M$ – also $|\xi|_j \leq R$ für $j = 1, \ldots, N$ – einfach ein N-tupel $z = (z_1, \ldots, z_N) \in \mathbb{Z}^N$ mit $\left|\xi_j - \frac{z_j}{p}\right| \leq \frac{1}{p}$ $(j = 1, \ldots, N)$. Wegen $\frac{1}{p} < \varepsilon$ ist dann $\left\|x - \frac{1}{p}z\right\|_\infty < \varepsilon$. ■

Lemma 2.3 enthält eine Reihe bekannter Sätze der Analysis. Kombiniert man dieses Lemma mit Satz 2.1 (c), so folgt, dass *im $\mathbb{R}^N$ jede beschränkte Folge eine konvergente Teilfolge enthält* (Satz von Bolzano-Weierstraß). Die Kombination mit Lemma 2.1 ergibt dagegen, dass *im $\mathbb{R}^N$ die kompakten Mengen genau mit den abgeschlossenen beschränkten Mengen übereinstimmen* (Satz von Heine-Borel).

2.4 Eine Charakterisierung endlichdimensionaler Räume

Es ist bemerkenswert, dass *die Übereinstimmung von relativkompakten und beschränkten Mengen den Raum $\mathbb{R}^N$ sogar charakterisiert*, d. h. in jedem unendlichdimensionalen Banachraum sind die Sätze von Bolzano-Weierstraß und Heine-Borel falsch! Um das zu beweisen, brauchen wir noch ein technisches Ergebnis, welches besagt, dass man zu jedem abgeschlossenen Unterraum Z eines Banachraums X ein Element der Einheitssphäre $S_1(X)$ findet, das „fast orthogonal" zu Z ist:

Lemma 2.4 (Riesz). *Sei X normierter linearer Raum, $Z \subset X$ ein echter abgeschlossener Unterraum von X, und $0 < \tau < 1$. Dann gibt es ein Element $\hat{x} \in X$ mit $\|\hat{x}\| = 1$ und*

$$\operatorname{dist}(\hat{x}, Z) := \inf_{z \in Z} \|\hat{x} - z\| \geq \tau.$$

□ Wir wählen zunächst ein beliebiges Element $x \in X \setminus Z$ und setzen $d := \operatorname{dist}(x, Z)$ (s. Abb. 2.7).[3] Wegen der Definition von d als Infimum aller möglichen Abstände $\|x - z\|$ $(z \in Z)$ finden wir ein $\hat{z} \in Z$ mit $d \leq \|x - \hat{z}\| \leq \frac{d}{\tau}$. Setzen wir jetzt $\hat{x} := (x - \hat{z}) / \|x - \hat{z}\|$,

[3] In Abb. 2.7 ist $X := \mathbb{R}^2$; zeichnet man ein entsprechendes Bild im Raum $X := \mathbb{R}^3$, so versteht man, warum Lemma 2.4 umgangssprachlich als „Käseglockenlemma" bezeichnet wird.

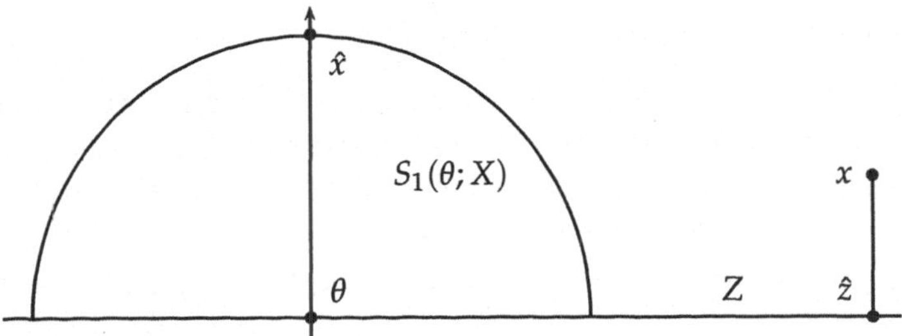

Abbildung 2.7: Rieszsche „Käseglocke" in $X := \mathbb{R}^2$ mit $Z := \mathbb{R} \times \{0\}$

so erfüllt $\hat{x}$ sicher die Forderung $\|\hat{x}\| = 1$. Außerdem gilt für beliebiges $z \in Z$

$$\|\hat{x} - z\| = \left\| \frac{x - \hat{z}}{\|x - \hat{z}\|} - z \right\| = \frac{1}{\|x - \hat{z}\|} \|x - \hat{z} - \|x - \hat{z}\| z\| .$$

Da aber auch das Element $\hat{z} + \|x - \hat{z}\| z$ zum Unterraum Z gehört, ist $\|x - \hat{z} - \|x - \hat{z}\| z\| \geq d$. Andererseits ist $\|x - \hat{z}\| \leq \frac{d}{\tau}$, also insgesamt $\|\hat{x} - z\| \geq \tau$, wie behauptet. ■

Man könnte sich vorstellen (und Abb. 2.7 legt dies nahe), dass man in Lemma 2.4 sogar $\tau := 1$ wählen kann. Dies ist aber in unendlichdimensionalen Räumen im allgemeinen falsch (vgl. die Aufgaben 2.3–2.4).

Mittels Lemma 2.4 können wir nun die angekündigte Charakterisierung der Endlichdimensionalität eines Banachraums durch den Satz von Heine-Borel beweisen:

Satz 2.2 (Riesz). *Ein normierter X ist genau dann endlichdimensional, wenn seine abgeschlossene Einheitskugel $K_1(X)$ kompakt ist.*

□ Wie oben bemerkt, ist in $(\mathbb{R}^N, \|\cdot\|_\infty)$ (dem „einzigen" endlichdimensionalen reellen normierten Raum, wie wir in Lemma 2.5 zeigen werden) die abgeschlossene Einheitskugel kompakt nach dem Satz von Heine-Borel. Sei umgekehrt X unendlichdimensional. Wir zeigen, dass es eine Folge $(x_n)_n$ in der Einheitskugel $K_1(X)$ von X ohne konvergente Teilfolge gibt; die Nichtkompaktheit von $K_1(X)$ folgt dann aus Satz 2.1 (c).

Sei $x_1 \in S_1(X)$ beliebig, und sei $Z_1 := \operatorname{span}\{x_1\}$ der durch x_1 erzeugte eindimensionale Unterraum von X. Nach Lemma 2.4 finden wir ein $x_2 \in S_1(X)$ mit

$$\|x_2 - x_1\| \geq \operatorname{dist}(x_2, Z_1) \geq \tfrac{1}{2}.$$

Bezeichnen wir dann mit $Z_2 := \operatorname{span}\{x_1, x_2\}$ den durch x_1 und x_2 erzeugten zweidimensionalen Unterraum von X, so finden wir wieder nach Lemma 2.4 ein $x_3 \in S_1(X)$ mit

$$\min\{\|x_3 - x_1\|, \|x_3 - x_2\|\} \geq \operatorname{dist}(x_3, Z_2) \geq \tfrac{1}{2}.$$

Die Fortsetzung dieses Verfahrens liefert eine Folge $(x_n)_n$ in $S_1(X)$ ohne konvergente

Teilfolge, und damit ist $K_1(X)$ nicht kompakt. ∎

Man mag sich fragen, warum wir in Lemma 2.3 eine spezielle Norm (nämlich die „Maximumsnorm" $\|\cdot\|_\infty$) im $\mathbb{R}^N$ benutzt haben. Dies hatte nur technische Gründe, um die Abb. 2.6 einfacher zu gestalten. In Wirklichkeit sind *im* $\mathbb{R}^N$ *nämlich alle Normen äquivalent,* und dies charakterisiert wieder den endlichdimensionalen Raum $\mathbb{R}^N$:

Lemma 2.5. *Ein normierter Raum X ist genau dann endlichdimensional, wenn alle Normen auf X äquivalent sind.*

□ Wir zeigen zunächst, dass auf dem Raum $X := \mathbb{R}^N$ jede beliebige Norm $\|\cdot\|^*$ zur Maximumsnorm $\|\cdot\|_\infty$ äquivalent ist. Sei $\{e_1, \ldots, e_N\}$ die Standardbasis des $\mathbb{R}^N$. Dann gilt für jeden Vektor $x = (\xi_1, \ldots, \xi_N) \in \mathbb{R}^N$

$$\|x\|^* = \left\| \sum_{n=1}^N \xi_n e_n \right\|^* \leq \sum_{n=1}^N |\xi_n| \, \|e_n\|^* \leq \left(\sum_{n=1}^N \|e_n\|^* \right) \|x\|_\infty ,$$

d. h. es gilt die rechte Abschätzung in (1.33) mit $b := \|e_1\|^* + \cdots + \|e_N\|^*$. Es ist also nur zu zeigen, dass $\|x\|^* \geq a \, \|x\|_\infty$ für eine geeignete Konstante $a > 0$ ist. Äquivalent hierzu ist die Forderung, dass

$$\left\| \sum_{n=1}^N \xi_n e_n \right\|^* \geq a \tag{2.8}$$

für jedes $x = (\xi_1, \ldots, \xi_N)$ mit $\|x\|_\infty = \max \{|\xi_1|, \ldots, |\xi_N|\} = 1$ ist. Die Abschätzung (2.8) folgt aber aus der Tatsache, dass die Einheitssphäre $S_1(\mathbb{R}^N)$ im Raum $(\mathbb{R}^N, \|\cdot\|_\infty)$ kompakt ist (Lemma 2.3) und die durch

$$\varphi(\xi_1, \ldots, \xi_N) := \left\| \sum_{n=1}^N \xi_n e_n \right\|^*$$

definierte Abbildung $\varphi\colon \mathbb{R}^N \to \mathbb{R}$ stetig und strikt positiv auf $S_1(\mathbb{R}^N)$ ist. Die Stetigkeit ist hierbei bzgl. der Norm $\|\cdot\|_\infty$ zu überprüfen: Sie folgt aus

$$\begin{aligned} |\varphi(\xi_1, \ldots, \xi_N) - \varphi(\eta_1, \ldots, \eta_N)| &\leq \left\| \sum_{n=1}^N (\xi_n - \eta_n) e_n \right\|^* \leq \sum_{n=1}^N |\xi_n - \eta_n| \, \|e_n\|^* \\ &\leq \left(\sum_{n=1}^N \|e_n\|^* \right) \|(\xi_1, \ldots, \xi_n) - (\eta_1, \ldots, \eta_n)\|_\infty . \end{aligned}$$

Wir beweisen nun noch, dass auf einem unendlichdimensionalen normierten Raum X stets zwei nicht-äquivalente Normen existieren. Sei also $(X, \|\cdot\|)$ unendlichdimensional, und sei $\{e_1, e_2, e_3, \ldots\}$ eine abzählbar unendliche linear unabhängige Menge normierter Vektoren in X. Wir wählen eine bijektive lineare Abbildung $\omega\colon X \to X$ mit $\omega(e_n) = n e_n$ – dies können wir, da sich die Menge $\{e_1, e_2, \ldots\}$ nach dem Auswahlaxiom zu einer (algebraischen) Basis von X fortsetzen lässt – und setzen $\|x\|^* := \|\omega(x)\|$. Es gilt dann insbesondere $\|e_n\|^* = n\,\|e_n\| = n$, so dass die Abschätzung (1.33) schon auf dem Unterraum $U := \operatorname{span}\{e_1, e_2, e_3, \dots\}$ nicht erfüllt sein kann. ■

Wir bemerken noch, dass der gerade konstruierte Raum $(X, \|\cdot\|^*)$ sogar vollständig ist, falls auch $(X, \|\cdot\|)$ ein Banachraum ist.

Die Definition der nicht zu $\|\cdot\|$ äquivalenten Norm $\|\cdot\|^*$ in Lemma 2.5 ist nur auf dem Unterraum U konstruktiv. Dies ist kein Zufall: Es lässt sich nämlich zeigen, dass es ohne Benutzung des Auswahlaxioms nicht möglich ist, eine Norm $\|\cdot\|^*$ auf *ganz* X anzugeben, die keine Abschätzung der Form $\|x\|^* \leq b\,\|x\|$ erfüllt.[4] Insbesondere bedeutet dies, dass es bis auf Äquivalenz auf jedem linearen Raum X *höchstens eine* „natürliche" (d. h. explizit angebbare) Norm $\|\cdot\|$ gibt, so dass $(X, \|\cdot\|)$ ein Banachraum ist. Die Normen in den Beispielen 1.1–1.5, 1.7, 1.9 und 1.10 sind also „die" Normen zu den angegebenen linearen Räumen.

2.5 Nichtkompaktheitsmaße

Wir kehren noch einmal zurück zum zentralen Satz 2.1. Nach Satz 2.1 (d) gibt es für eine Menge $M \subset X$, die zwar beschränkt, aber nicht relativkompakt ist, für gewisse („große") Radien $\varepsilon > 0$ ein endliches ε-Netz, für andere („kleine") Radien $\varepsilon > 0$ aber nicht. Damit ist es interessant zu untersuchen, wie weit man für eine gegebene Menge M das ε „herunterschrauben" kann, so dass „gerade noch" ein endliches ε-Netz für M existiert. Dies führt auf die folgende Definition.

Für $M \subseteq X$ nennt man die Zahl

$$\gamma(M) := \inf\{\varepsilon : \varepsilon > 0,\ M \text{ besitzt ein endliches } \varepsilon\text{-Netz in } X\} \tag{2.9}$$

das *Nichtkompaktheitsmaß* der Menge M. Da $\gamma(M) = 0$ genau für präkompaktes M gilt, misst die Zahl (2.9) sozusagen, wie weit sich M von der (Prä-)Kompaktheit entfernt.[5] Etwas Vorsicht ist bei der Berechnung von (2.9) geboten: Im Gegensatz zur Definition der Präkompaktheit kann man in (2.9) nicht äquivalent X durch M ersetzen: Die Größe (2.9) hängt i. a. nicht nur von M (und dessen Metrik) sondern auch vom umgebenden Raum X ab (siehe auch Aufgabe 2.12).

Lemma 2.6. *Sei X normierter Raum, $M, N \subseteq X$, $\lambda \in \mathbb{R}$ und $x_0 \in X$. Dann gilt:*

(a) $\gamma(M) < \infty$ *gilt genau für beschränktes M;*

(b) $\gamma(M) = 0$ *gilt genau für präkompaktes M;*

(c) $\gamma(\overline{M}) = \gamma(M)$;

(d) $\gamma(M \cup N) = \max\{\gamma(M), \gamma(N)\}$;

(e) $\gamma(M + N) \leq \gamma(M) + \gamma(N)$;

---

[4] Allerdings kann man in den meisten Banachräumen eine Norm $\|\cdot\|^*$ konstruieren, die keine Abschätzung der Form $\|x\|^* \geq a\,\|x\|$ erfüllt. In $X := \ell_p$ beispielsweise hat $\|(\xi_n)_n\|^* := \|(\xi_n/n)_n\|$ diese Eigenschaft.

[5] Suggestiv ausgedrückt: je größer die Zahl $\gamma(M)$, desto „weniger kompakt" die Menge M.

(f) $\gamma(\lambda M) = |\lambda|\,\gamma(M)$;

(g) $\gamma(M + x_0) = \gamma(M)$;

(h) $\gamma(\operatorname{conv} M) = \gamma(M)$.

Den Beweis von Lemma 2.6 überlassen wir dem Leser (Aufgabe 2.9); nur der Beweis von (h) ist etwas schwieriger.

Es ist aufschlussreich, das genaue Nichtkompaktheitsmaß $\gamma(M)$ der in den Beispielen 2.1–2.6 betrachteten Mengen M zu berechnen:

Beispiel 2.10. Für die Einheitskugel $M := B_1(X)$ in einem normierten Raum X gilt

$$\gamma(B_1(X)) = \begin{cases} 0 & \text{falls } X \text{ endlichdimensional,} \\ 1 & \text{falls } X \text{ unendlichdimensional.} \end{cases} \tag{2.10}$$

Die Tatsache, dass $\gamma(B_1(X)) = 0$ genau für endlichdimensionale Räume X gilt, ist einfach eine Umformulierung von Satz 2.2. Ist X unendlichdimensional, so ist trivialerweise $\gamma(B_1(X)) \leq 1$, da ja die einpunktige Menge $\{\theta\}$ ein endliches 1-Netz für $B_1(X)$ ist. Wäre nun $\gamma(B_1(X)) < 1$, so könnten wir eine Zahl q mit $\gamma(B_1(X)) < q < 1$ und ein endliches q-Netz $\{z_1, \ldots, z_m\}$ für $B_1(X)$ wählen. Nach Lemma 2.6 (f) und (g) wäre dann $\gamma(B_q(X; z_j)) = q\gamma(B_1(X)) < q^2$, so dass wir weiter für jede der Kugeln $B_q(X; z_j)$ ein endliches q^2-Netz $\left\{z_1^j, \ldots, z_{k_j}^j\right\}$ wählen könnten ($j = 1, \ldots, m$). Die Vereinigung $\left\{z_1^1, \ldots, z_{k_1}^1, z_1^2, \ldots, z_{k_2}^2, \ldots, z_1^m, \ldots, z_{k_m}^m\right\}$ wäre dann eine endliches q^2-Netz für $B_1(X)$. Die Fortsetzung dieses Verfahrens liefert im k-ten Schritt ein (zwar immer größeres, aber stets endliches) q^k-Netz für $B_1(X)$. Da $q^k \to 0$ für $k \to \infty$ gilt, folgt $\gamma(B_1(X)) = 0$ im Widerspruch zu Satz 2.2. ☺

Einen alternativen Beweis von (2.10) im unendlichdimensionalen Fall können wir mit Lemma 2.4 geben: Wäre $\gamma(B_1(X)) < 1$, so wäre natürlich auch $\gamma(S_1(X)) < 1$. Dann könnten wir eine Zahl q mit $\gamma(S_1(X)) < q < 1$ und ein endliches q-Netz $\{z_1, \ldots, z_m\}$ für $S_1(X)$ wählen. Da $Z := \operatorname{span}\{z_1, \ldots, z_m\}$ ein echter abgeschlossener Unterraum von X ist, finden wir nach Lemma 2.4 ein $\hat{x} \in S_1(X)$ mit $\operatorname{dist}(\hat{x}, Z) > q$. Dann kann $\{z_1, \ldots, z_m\}$ aber kein q-Netz für $S_1(X)$ sein.

Beispiel 2.11. In $X := \mathbb{R}$ gilt $\gamma((0,1)) = 0$ wegen Lemma 2.6 (b) und $\gamma(\mathbb{N}) = \infty$ wegen Lemma 2.6 (a). ☺

Beispiel 2.12. In $X := C$ sei M wie in (2.4) definiert. Die in Beispiel 2.8 gegebene Überlegung zeigt, dass $\gamma(M) = \frac{1}{2}$ ist. ☺

Beispiel 2.13. In $X := \ell_1$ sei M wie in (2.6) definiert. Da M nicht beschränkt ist, gilt $\gamma(M) = \infty$. Definieren wir dagegen M in $X := \ell_2$ wie in (2.7), so gilt $\gamma(M) = 0$. ☺

2.6 Aufgaben

Aufgabe 2.1. Sei X normierter Raum und $M \subseteq X$. Beweisen Sie die Beziehungen

$$\overline{X \setminus M} = X \setminus \mathring{M}, \qquad (X \setminus M)^{\circ} = X \setminus \overline{M}.$$

Schließen Sie hieraus, dass eine Menge M genau dann abgeschlossen in X ist, wenn ihr Komplement $X \setminus M$ offen in X ist.

Aufgabe 2.2. Im Beweis von Satz 2.2 wurde stillschweigend benutzt, dass endlichdimensionale Unterräume eines normierten Raums abgeschlossen sind. Beweisen Sie dies.

Aufgabe 2.3. Zeigen Sie anhand des Beispiels $X := C$ und

$$Z := \left\{ x : x \in C, \int_0^{1/2} x(t)\, dt = \int_{1/2}^1 x(t)\, dt \right\},$$

dass man in Lemma 2.4 nicht $\tau := 1$ wählen kann.

Aufgabe 2.4. Beweisen Sie, dass man im Fall eines endlichdimensionalen Raums X in Lemma 2.4 $\tau := 1$ wählen darf. Schließen Sie hieraus, dass es in jedem unendlichdimensionalen Raum X eine Folge $(x_n)_n$ mit $\|x_n\| = 1$ und $\|x_n - x_k\| \geq 1$ $(k \neq n)$ gibt.

Aufgabe 2.5. Finden Sie in der Menge (2.4) eine Folge $(x_n)_n$ ohne konvergente Teilfolge.

Aufgabe 2.6. Beweisen Sie, dass die in (2.5) gegebene Folge keine konvergente Teilfolge besitzt.

Aufgabe 2.7. Sei X Banachraum und $(K_n)_n$ eine Folge abgeschlossener Mengen in X mit

$$K_1 \supseteq K_2 \supseteq \cdots \supseteq K_n \supseteq \cdots, \qquad \lim_{n\to\infty} \operatorname{diam} K_n = 0.$$

Hierbei bezeichnet $\operatorname{diam} M$ den *Durchmesser* von K_n, d. h. das das Supremum aller Abstände von Elementen aus M, also

$$\operatorname{diam} M := \sup \{\|x - y\| : x, y \in M\}.$$

Beweisen Sie, dass dann $\bigcap_{n=1}^{\infty} K_n \neq \emptyset$ ist.

Aufgabe 2.8. Beweisen Sie die folgende Umkehrung von Aufgabe 2.7: Ist X ein normierter linearer Raum mit der Eigenschaft, dass jede monoton fallende Folge $(K_n)_n$ abgeschlossener Mengen mit $\operatorname{diam} K_n \to 0$ für $n \to \infty$ einen nichtleeren Durchschnitt besitzt, so ist X Banachraum.

Aufgabe 2.9. Beweisen Sie die Eigenschaften (c)–(h) aus Lemma 2.6.

Aufgabe 2.10. Zeigen Sie, dass man in der Definition (2.9) des Nichtkompaktheitsmaßes $\gamma(M)$ das Wort „endliches“ durch „präkompaktes“ ersetzen kann.

Aufgabe 2.11. Sei X Banachraum, $K \subset X$ kompakt und $A \subseteq K$ abgeschlossen in X. Zeigen Sie, dass dann auch A kompakt ist.

Aufgabe 2.12. Das *innere Nichtkompaktheitsmaß* einer beschränkten Menge M in einem Banachraum wird definiert durch

$$\gamma_{\text{inn}}(M) := \inf\{\varepsilon : \varepsilon > 0,\, M \text{ besitzt ein endliches } \varepsilon\text{-Netz in } M\}.$$

Zeigen Sie, dass stets $\gamma_{\text{inn}}(M) \geq \gamma(M)$ gilt, und finden Sie ein Beispiel für strikte Ungleichheit. Welche der Eigenschaften (a)–(h) aus Lemma 2.6 hat das Nichtkompaktheitsmaß γ_{inn}?

Aufgabe 2.13. Berechnen Sie den paarweisen Abstand $\|e_m - e_n\|_X$ der Einheitsfolgen $e_k := (\delta_{kj})_j$ in $X := \ell_p$ $(1 \leq p \leq \infty)$.

Aufgabe 2.14. Zeigen Sie, dass es in der Einheitskugel $K(X)$ des Raums $X := L_\infty[0,1]$ eine überabzählbare Menge gibt, deren Elemente paarweise den Abstand 1 voneinander haben. Folgern Sie hieraus, dass es keine abzählbare Teilmenge $A \subseteq K(X)$ mit $\overline{A} = K(X)$ geben kann.

Aufgabe 2.15. Sei X Banachraum und $M, N \subseteq X$ und

$$M + N := \{x + y : x \in M, y \in N\}.$$

Beweisen oder widerlegen Sie die folgenden Aussagen:

(a) Sind M und N kompakt, so ist auch $M + N$ kompakt.

(b) Ist M kompakt und N abgeschlossen, so ist auch $M + N$ abgeschlossen.

(c) Sind M und N abgeschlossen, so ist auch $M + N$ abgeschlossen.

Hinweis. Sei $X := \ell_p$, und sei $e_n := (\delta_{nj})_j$ die n-te Einheitsfolge. Seien M und N definiert durch

$$M := \overline{\operatorname{span}\{e_{2n-1} : n = 1,2,3,\dots\}},\, N := \overline{\operatorname{span}\{2^n e_{2n-1} + e_{2n} : n = 1,2,3,\dots\}}.$$

Betrachten Sie nun das Element $x := (0, 1, 0, \frac{1}{2}, 0, \frac{1}{4}, 0, \frac{1}{8}, \dots) \in X$.

Aufgabe 2.16. Sei X Banachraum, $K \subset X$ kompakt und $x \in X \setminus K$. Beweisen Sie, dass es ein $z \in K$ gibt derart, dass

$$\|x - z\| = \operatorname{dist}(x, K) := \inf\{\|x - y\| : y \in K\}$$

gilt. Ist dieses Element z stets eindeutig? Gilt die Aussage auch, wenn K nur abgeschlossen ist?

Aufgabe 2.17. Sei X Banachraum, $K \subset X$ kompakt und $A \subset X$ abgeschlossen. Beweisen Sie, dass genau dann $K \cap A = \emptyset$ ist, wenn

$$\operatorname{dist}(A,K) := \inf\{\|x-y\| : x \in K, y \in A\} > 0$$

gilt. Ist A kompakt oder X endlichdimensional, so ist das Infimum sogar ein Minimum.
Hinweis. Benutzen Sie Aufgabe 2.16 und die Stetigkeit der Abbildung $x \mapsto \operatorname{dist}(x, A)$.

Aufgabe 2.18. Zeigen Sie mit einem Beispiel, dass die Aussage aus Aufgabe 2.17 falsch wird, falls auch K nur abgeschlossen ist. Ist die dort angegebene Bedingung dann wenigstens noch hinreichend oder notwendig für $K \cap A = \emptyset$?

Aufgabe 2.19. Zeigen Sie durch Beispiele, dass unendliche Durchschnitte offener Mengen nicht wieder offen und unendliche Vereinigungen abgeschlossener Mengen nicht wieder abgeschlossen sein müssen.

Aufgabe 2.20. Sei X Banachraum, M offen in X und N Teilmenge von X mit $M \cap N = \emptyset$. Zeigen Sie, dass dann sogar $M \cap \overline{N} = \emptyset$ ist.

Aufgabe 2.21. Sei $M \subset \mathbb{R}^N$ kompakt. Für $\tilde{N} > N$ sei $\mathbb{R}^N$ eingebettet in $\mathbb{R}^{\tilde{N}}$ durch $(\xi_1, \ldots, \xi_N) \mapsto (\xi_1, \ldots, \xi_N, 0, \ldots, 0)$. Zeigen Sie, dass dann M auch kompakt in $\mathbb{R}^{\tilde{N}}$ ist.

Aufgabe 2.22. Finden Sie ein Beispiel eines (unvollständigen!) normierten Raums X und einer Menge $M \subset X$, für die die Bedingung (d) aus Satz 2.1 gilt, aber nicht die Bedingung (a).

Aufgabe 2.23. Sei X normierter Raum und $Z \subset X$ ein (echter) Unterraum von X. Beweisen Sie, dass Z keine inneren Punkte hat.

Aufgabe 2.24. Das *Kuratowskische Nichtkompaktheitsmaß* einer beschränkten Menge M in einem Banachraum X wird definiert durch

$$\delta(M) := \inf\{d : d > 0, M \text{ besitzt ein endliche Überdeckung mit Mengen vom Durchmesser} \le d\}.$$

Zeigen Sie, dass δ alle Eigenschaften (c)–(h) aus Lemma 2.6 hat.

Aufgabe 2.25. Beweisen Sie die Abschätzung

$$\gamma(M) \le \delta(M) \le 2\gamma(M) \qquad (M \subset X \text{ beschränkt})$$

für das Hausdorffsche und Kuratowskische Nichtkompaktheitsmaß. Finden Sie ein Beispiel für eine Menge M mit $\gamma(M) = \delta(M) > 0$.
Hinweis. Suchen Sie in $X := c_0$.

Aufgabe 2.26. Zeigen Sie, dass im Raum $X := \ell_p$ $(1 \le p < \infty)$ sogar die schärfere Abschätzung

$$2^{1/p}\gamma(M) \le \delta(M)$$

gilt.

Aufgabe 2.27. Sei X normierter Raum und $M \subset X$. Es gebe eine Folge $(x_n)_n$ in M derart, dass $\|x_k - x_j\| \geq \varepsilon_0 > 0$ für $k \neq j$ ist. Zeigen Sie, dass M dann nicht präkompakt sein kann. Zeigen Sie auch umgekehrt, dass es eine solche Folge (und ein $\varepsilon_0 > 0$) gibt, falls M nicht präkompakt ist.

Aufgabe 2.28. Beweisen Sie, dass die Menge $M := \left\{\chi_{[\frac{1}{2},1)}, \chi_{[\frac{1}{4},\frac{1}{2})}, \chi_{[\frac{1}{8},\frac{1}{4})}, \dots\right\}$ nicht relativkompakt in L_∞ ist.

Aufgabe 2.29. Zeigen Sie die folgenden Aussagen für (2.1):

(a) Die Menge (2.1) ist stets konvex.

(b) Falls M konvex ist, so ist (2.1) vollständig in M enthalten.

Hinweis. Induktion nach n.

(c) Schließen Sie für beliebiges M, dass jede konvexe Menge $N \supseteq M$ die Menge (2.1) enthält, und dass folglich (2.1) die kleinste konvexe Menge ist, die M enthält.

Aufgabe 2.30. Beweisen Sie, dass der Abschluss $\overline{M}$ einer konvexen Menge M in einem normierten Raum X wieder konvex ist. Schließen Sie, dass

$$\overline{\operatorname{conv}}\, M := \overline{\operatorname{conv} M}$$

die kleinste abgeschlossene konvexe Menge ist, die M enthält.

Aufgabe 2.31. Zeigen Sie durch ein Beispiel, dass die konvexe Hülle $\operatorname{conv} M$ einer abgeschlossenen Menge M in einem normierten Raum X nicht wieder abgeschlossen zu sein braucht.

Hinweis. Wählen Sie $X := \mathbb{R}^2$ und beachten Sie Aufgabe 2.32.

Aufgabe 2.32. Beweisen Sie:

(a) Ist X Banachraum und $M \subseteq X$ präkompakt, so ist $\overline{\operatorname{conv}}\, M$ kompakt.

(b) Ist $X := \mathbb{R}^N$ und $M \subseteq X$ kompakt, so ist $\operatorname{conv} M$ kompakt.

Hinweis. Zeigen Sie für $M \subseteq \mathbb{R}^N$ zunächst

$$\operatorname{conv} M = \left\{ \sum_{k=1}^{N+1} \lambda_k x_k : x_k \in M, \lambda_k \in [0,1], \sum_{k=1}^{N+1} \lambda_k = 1 \right\}.$$

(c) In normierten Räumen X kann es passieren, dass eine Menge $M \subseteq X$ kompakt ist, $\overline{\operatorname{conv}}\, M$ hingegen nicht.

Hinweis. Sei $X := c_e$ (Aufgabe 1.15) und $M := \left\{0, e_1, \frac{1}{2}e_2, \frac{1}{3}e_3, \dots\right\}$, wobei e_n der n-te kanonische Einheitsvektor sei. Zeigen Sie zunächst (z. B. unter Benutzung von Aufgabe 2.39), dass im größeren Raum c_0 das Element $\sum_{n=1}^{\infty} 2^{-n} \frac{1}{n} e_n$ in $\overline{\operatorname{conv}}\, M$ liegt.

(d) In einem Banachraum X kann es passieren, dass eine Menge $M \subseteq X$ kompakt ist, $\operatorname{conv} M$ hingegen nicht.

Hinweis. Benutzen Sie (c) und beachten Sie, dass der dort betrachtete Raum X in einem Banachraum enthalten ist (siehe auch Aufgabe 2.41).

Aufgabe 2.33. Ist das Innere $\mathring{M}$ einer konvexen Menge M in einem Banachraum X wieder konvex?

Aufgabe 2.34. Sei $X := c_0$ und

$$U := \left\{ (\xi_n)_n : (\xi_n)_n \in c_0, \sum_{n=1}^{\infty} 2^{-n}\xi_n = 0 \right\}.$$

Zeigen Sie:

(a) U ist abgeschlossener Unterraum von c_0;

(b) zu $x \in X \setminus U$ gibt es *kein* $u \in U$ mit $\operatorname{dist}(x, U) = \|x - u\|$.

Aufgabe 2.35. Sei X Banachraum und $U \subseteq X$ abgeschlossener Unterraum.

(a) Beweisen Sie, dass die natürliche Abbildung $x \mapsto [x]$ die offene Einheitskugel von X *auf* die offene Einheitskugel von X/U abbildet.

(b) Zeigen Sie, dass eine analoge Aussage für die abgeschlossene Einheitskugel i. a. nicht stimmt.

Hinweis. Aufgabe 2.34.

Aufgabe 2.36. Sei $X := C[0,1]$ und $U := C_0[0,1] := \{x : x \in X, x(0) = 0\}$. Zeigen Sie, dass es zu $x_0(t) \equiv 1$ ein (nichteindeutiges) $u \in U$ gibt mit

$$\operatorname{dist}(x_0, U) = \|x_0 - u\|.$$

Bestimmen Sie die Menge aller $u \in U$ mit dieser Eigenschaft.

Aufgabe 2.37. Eine Teilmenge M eines normierten Raums X heißt *σ-konvex*, falls gilt: Ist $(x_n)_n$ eine beschränkte Folge in M und $(\lambda_n)_n$ eine Folge in $[0,1]$ mit $\sum_{n=1}^{\infty} \lambda_n = 1$, so konvergiert die Reihe $\sum_{n=1}^{\infty} \lambda_n x_n$ gegen ein Element aus M.

Beweisen Sie, dass jede σ-konvexe Menge konvex ist.

Aufgabe 2.38. Sei $M \subseteq \mathbb{R}$. Beweisen Sie:

$$M \text{ konvex} \iff M\ \sigma\text{-konvex} \iff M \text{ Intervall}.$$

Aufgabe 2.39. Zeigen Sie, dass jede abgeschlossene konvexe Menge in einem Banachraum auch σ-konvex ist.

Aufgabe 2.40. Sei $X := c_e$ (Aufgabe 1.15) und

$$M := \left\{ (\xi_n)_n : (\xi_n)_n \in c_e, \sum_{n=1}^{\infty} \xi_n = 0 \right\}.$$

Zeigen Sie, dass M konvex ist, aber nicht σ-konvex.

Aufgabe 2.41. Zeigen Sie, dass es zu jedem normierten Raum X einen Banachraum Y gibt, so dass X ein Unterraum von Y ist. Schließen Sie hieraus, dass die Aussagen (a)–(c) aus Satz 2.1 in beliebigen normierten Räumen äquivalent sind.

Hinweis. Definieren Sie eine Äquivalenzrelation von Cauchyfolgen in X durch

$$(x_n)_n \sim (y_n)_n \iff \lim_{n\to\infty} (x_n - y_n) = \theta.$$

Definieren Sie Y als die Menge aller Äquivalenzklassen (und identifizieren Sie $x \in X$ mit der Äquivalenzklasse der konstanten Folge $x_n = x$).

Aufgabe 2.42. Folgern Sie aus Aufgabe 2.41, dass die Implikation (c) $\Rightarrow$ (a) aus Satz 2.1 in beliebigen normierten Räumen X gilt.

3 Kompaktheitskriterien

Wie wir im letzten Kapitel gesehen haben, ist jede relativkompakte Menge in einem Banachraum beschränkt, und die Umkehrung gilt nur im endlichdimensionalen Raum $\mathbb{R}^N$. Umgekehrt bedeutet dies, dass in einem unendlichdimensionalen Raum einer abgeschlossenen und beschränkten Menge stets (mindestens) eine Zusatzeigenschaft fehlt, um kompakt zu sein. Symbolisch können wir dies im Schema

$$M \text{ kompakt} \iff \left\{ \begin{array}{ll} M \text{ abgeschlossen} & \text{und} \\ M \text{ beschränkt} & \text{und} \\ ????? & \end{array} \right\}$$

darstellen. Leider kann man diese Zusatzeigenschaft „?????" nicht *universell* (als eine „handliche" Eigenschaft) für alle Räume charakterisieren (wie Abgeschlossenheit oder Beschränktheit), sondern man muss sie *individuell* für jeden konkreten Raum neu finden.[1] Solche *Kompaktheitskriterien* wollen wir in diesem Kapitel für einige wichtige Räume studieren. Unter diesen Kompaktheitskriterien sind das von *Arzelà-Ascoli* (im Raum $C[0,1]$) und das von *Kolmogorov-Riesz* (im Raum $L_p[0,1]$) besonders wichtig und nützlich im Hinblick auf Anwendungen.

3.1 Der Satz von Arzelà-Ascoli

Wir beginnen mit dem Raum $C = C[0,1]$ der stetigen Funktionen. Eine Menge $M \subset C$ heißt *gleichgradig stetig* in $t_0 \in [0,1]$, falls es zu jedem $\varepsilon > 0$ ein $\delta > 0$ gibt derart, dass $|x(t) - x(t_0)| \leq \varepsilon$ ausfällt für alle $x \in M$ und alle $t \in [0,1]$ mit $|t - t_0| \leq \delta$. Die „Gleichgradigkeit" bedeutet also Unabhängigkeit der Zahl δ von $x \in M$, ähnlich wie gleichmäßige Stetigkeit einer Funktion x auf $[0,1]$ Unabhängigkeit der Zahl δ von $t_0 \in [0,1]$ bedeutet. Ist eine Menge M stetiger Funktionen gleichgradig stetig in jedem Punkt $t_0 \in [0,1]$, so nennen wir M einfach gleichgradig stetig auf $[0,1]$.

Der nächste Satz zeigt, dass die gleichgradige Stetigkeit genau die (oben mit „?????" bezeichnete) Eigenschaft ist, die einer beschränkten Menge $M \subset C$ „fehlt", wenn sie nicht relativkompakt ist:

Satz 3.1 (Arzelà-Ascoli). *Eine Menge $M \subset C$ ist genau dann präkompakt, wenn sie beschränkt und gleichgradig stetig ist.*

[1]Mit anderen Worten bedeutet dies, dass jeder Banachraum sein eigenes („privates") *Kompaktheitskriterium* besitzt.

□ Sei M zunächst präkompakt, und seien $\varepsilon > 0$ und $t_0 \in [0,1]$ fest. Nach Satz 2.1 besitzt M ein endliches ε-Netz $\{z_1, \ldots, z_m\}$, d. h. es gilt

$$M \subseteq K_\varepsilon(C; z_1) \cup \ldots \cup K_\varepsilon(C; z_m).$$

Da jede Funktion z_j in t_0 stetig ist, finden wir ein $\delta > 0$ so, dass $|z_j(t) - z_j(t_0)| \leq \varepsilon$ für $|t - t_0| \leq \delta$ und $j = 1, \ldots, m$ ist. Zu gegebenem $x \in M$ finden wir nun ein z_j mit $\|x - z_j\|_C \leq \varepsilon$. Insgesamt gilt also

$$|x(t) - x(t_0)| \leq |x(t) - z_j(t)| + |z_j(t) - z_j(t_0)| + |z_j(t_0) - x(t_0)| \leq 3\varepsilon$$

für $|t - t_0| \leq \delta$. Da δ unabhängig von x gewählt war, haben wir die gleichgradige Stetigkeit von M in t_0 bewiesen.

Sei nun umgekehrt $M \subset C$ gleichgradig stetig und beschränkt durch ein $c > 0$. Zu $\varepsilon > 0$ wählen wir $\delta > 0$ so klein, dass $|x(s) - x(t)| \leq \varepsilon$ für $|s - t| \leq \delta$ und alle $x \in M$ ist.[2] Wir zeigen, dass M ein präkompaktes ε-Netz besitzt. Nach Aufgabe 2.10 ist dann $\gamma(M) = 0$, also M präkompakt.

Das Netz bestehe aus allen Funktionen $y \in C$, die auf jedem Teilintervall $[t_{i-1}, t_i]$ linear sind, und die $\|y\| \leq c$ erfüllen. Dieses Netz liegt offensichtlich in einem endlichdimensionalen Teilraum (der Dimension $(n+1)$) und ist beschränkt, also präkompakt nach Satz 2.2. Ist nun $x \in M$ gegeben, so wählen wir y aus dem Netz mit $y(t_i) = x(t_i)$ $(i = 0, \ldots, n)$. Wir behaupten, dass $\|x - y\|_C \leq \varepsilon$, also $|x(s) - y(s)| \leq \varepsilon$ für alle $s \in [0,1]$ gilt. Sei also ein s gegeben, etwa $s \in [t_{i-1}, t_i]$. Nach Wahl der Zerlegung ist dann $|x(s) - x(t_i)| \leq \varepsilon$ und $|x(s) - x(t_{i-1})| \leq \varepsilon$. Da $y(s)$ nach Konstruktion „zwischen" $x(t_{i-1})$ und $x(t_i)$ liegt, gibt es ein $\lambda_s \in [0,1]$ mit

$$y(s) = x(t_{i-1}) + \lambda_s(x(t_i) - x(t_{i-1})).$$

Es folgt

$$|x(s) - y(s)| = \left|\lambda_s\left(x(s) - x(t_i)\right) + (1 - \lambda_s)\left(x(s) - x(t_{i-1})\right)\right| \leq \lambda_s\varepsilon + (1 - \lambda_s)\varepsilon = \varepsilon,$$

wie behauptet. ■

Beispiel 3.1. Sei M die Einheitskugel $K_1(C^1)$ des Raums C^1, aufgefasst als Teilmenge des Raums C. Dann ist M präkompakt. In der Tat, wegen

$$\|x\|_C \leq \|x\|_C + \|x'\|_C = \|x\|_{C^1} \leq 1$$

ist M beschränkt in X. Außerdem ist nach dem Mittelwertsatz der Differentialrechnung

$$|x(s) - x(t)| \leq \|x'\|_C |s - t| \leq |s - t|$$

[2] Dass δ auch unabhängig von $t = t_0$ gewählt werden kann, folgt aus der Kompaktheit von $[0,1]$; man zeigt dies ähnlich wie die Tatsache, dass eine auf einem Kompaktum stetige Funktion dort schon gleichmäßig stetig ist.

für alle $x \in M$, so dass M gleichgradig stetig ist (wähle $\delta = \varepsilon$). ☺

Beispiel 3.2. Aus derselben Überlegung folgt, dass die Einheitskugel $M = K_1(C^\alpha)$ des Hölderraums C^α ($0 < \alpha < 1$, s. Beispiel 1.9) eine beschränkte und gleichgradig stetige, also präkompakte Teilmenge des Raums C ist. ☺

Beispiel 3.3. Sei M die in (2.4) definierte Teilmenge von $X := C$. Dann ist M zwar beschränkt, aber nicht gleichgradig stetig in $t_0 := 1$. Gäbe es nämlich z. B. zu $\varepsilon := \frac{1}{2}$ ein $\delta > 0$ derart, dass $|x(t) - 1| = |x(t) - x(1)| \leq \frac{1}{2}$ ausfiele für $|t - 1| \leq \delta$, so gelangt man zu einem Widerspruch, indem man $x(t) := t^n$ mit $n \in \mathbb{N}$ so wählt, dass $(1 - \delta)^n < \frac{1}{2}$ ist (s. Abb. 3.1). Wir erhalten damit wieder das (schon auf verschiedene Weise bewiesene) Ergebnis, dass M nicht präkompakt ist.

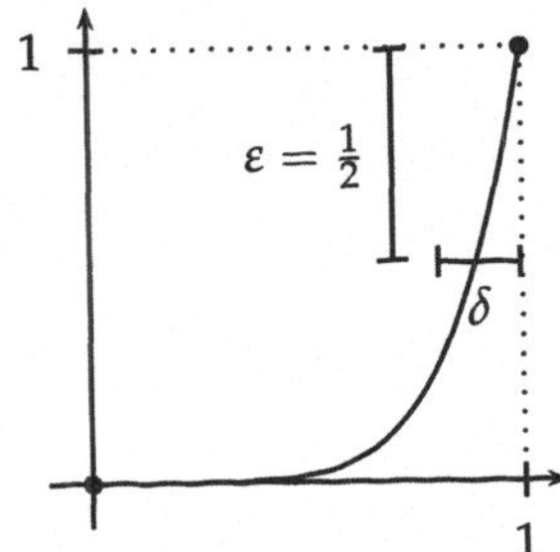

Abbildung 3.1: Die Menge der Monome $x_n(t) = t^n$ ist nicht gleichgradig stetig.

3.2 Der Satz von Kolmogorov-Riesz

Bevor wir ein Kompaktheitskriterium für den Lebesgueraum L_p ($1 \leq p < \infty$) herleiten, benötigen wir noch ein Verfahren, welches aus integrierbaren Funktionen stetige Funktionen „macht" und *Steklov-Mittelung* genannt wird.

Für $x \in L_p$ und $h > 0$ setzen wir

$$x_h(t) := \frac{1}{2h} \int_{t-h}^{t+h} x(s)\, ds, \tag{3.1}$$

wobei wir uns x über das Intervall $[0, 1]$ hinaus als Nullfunktion fortgesetzt denken. Offenbar ist x_h eine stetige Funktion auf $[0, 1]$. Außerdem approximiert x_h die Funktion x im Sinne der L_p-Norm, wie das folgende Lemma zeigt:

Lemma 3.1. *Für jedes $x \in L_p$ ($1 \leq p < \infty$) gilt*

$$\|x - x_h\|_{L_p} \to 0 \qquad (h \to 0). \tag{3.2}$$

□ Wir haben für $h > 0$ nach der Hölderschen Ungleichung (1.17)

$$
\begin{aligned}
|x(t) - x_h(t)| &\le \frac{1}{2h} \int_{t-h}^{t+h} |x(t) - x(s)|\, ds = \frac{1}{2h} \int_{-h}^{h} |x(t) - x(t+\tau)|\, d\tau \\
&\le \frac{(2h)^{1/p'}}{2h} \left(\int_{-h}^{h} |x(t) - x(t+\tau)|^p\, d\tau \right)^{1/p} \qquad (3.3)\\
&= \frac{1}{(2h)^{1/p}} \left(\int_{-h}^{h} |x(t) - x(t+\tau)|^p\, d\tau \right)^{1/p}
\end{aligned}
$$

($\frac{1}{p} + \frac{1}{p'} = 1$). Integrieren wir die p-te Potenz von (3.3) über das Intervall $(0, 1)$, so erhalten wir mit dem Satz von Fubini

$$
\begin{aligned}
\int_0^1 |x(t) - x_h(t)|^p\, dt &\le \frac{1}{2h} \int_0^1 \int_{-h}^{h} |x(t) - x(t+\tau)|^p\, d\tau\, dt \\
&= \frac{1}{2h} \int_{-h}^{h} \int_0^1 |x(t) - x(t+\tau)|^p\, dt\, d\tau.
\end{aligned}
$$

Nun beachten wir, dass man für jedes $x \in L_p$ und $\varepsilon > 0$ ein $\delta > 0$ derart wählen kann, dass

$$
\int_0^1 |x(t) - x(t+\tau)|^p\, dt \le \varepsilon^p \qquad (3.4)
$$

für $|\tau| \le \delta$ gilt (Aufgabe 3.28). Insgesamt erhalten wir also für $|h| \le \delta$

$$
\int_0^1 |x(t) - x_h(t)|^p\, dt \le \frac{1}{2h} \int_{-h}^{h} \varepsilon^p\, d\tau = \varepsilon^p,
$$

also $\|x - x_h\| \le \varepsilon$. ■

Nun beweisen wir das angekündigte Kompaktheitskriterium im Raum L_p.

Satz 3.2 (Kolmogorov-Riesz). *Eine Menge $M \subset L_p$ $(1 \le p < \infty)$ ist genau dann präkompakt, wenn sie beschränkt ist und wenn*

$$
\lim_{h \to 0} \sup_{x \in M} \int_0^1 |x(t+h) - x(t)|^p\, dt = 0 \qquad (3.5)
$$

gilt.[3]

□ Sei M zunächst präkompakt, und sei $\{z_1, \ldots, z_m\}$ ein endliches ε-Netz für M in L_p.

[3]Hierbei sei wieder $x(t+h) := 0$ gesetzt, falls $t + h$ nicht mehr in $[0, 1]$ liegt. Die Bedingung (3.5) bedeutet, dass (3.4) *gleichmäßig* bzgl. $x \in M$ gilt.

Wegen (3.4) ist zunächst

$$\int_0^1 |z_j(t+h) - z_j(t)|^p \, dt \le \varepsilon^p$$

für $j = 1, \ldots, m$, falls wir $|h| \le \delta$ ($\delta > 0$ geeignet) wählen.

Sei nun $x \in M$ beliebig; zu diesem x finden wir ein z_j mit $\|x - z_j\|_{L_p} \le \varepsilon$. Insgesamt gilt also

$$\left(\int_0^1 |x(t+h) - x(t)|^p \, dt\right)^{1/p} \le \left(\int_0^1 |x(t+h) - z_j(t+h)|^p \, dt\right)^{1/p}$$
$$+ \left(\int_0^1 |z_j(t+h) - z_j(t)|^p \, dt\right)^{1/p} + \left(\int_0^1 |z_j(t) - x(t)|^p \, dt\right)^{1/p} \le \varepsilon + \varepsilon + \varepsilon = 3\varepsilon,$$

d. h. es gilt (3.5), da $\delta > 0$ unabhängig von x gewählt war.

Sei nun umgekehrt $M \subset L_p$ beschränkt und gelte (3.5). Für $h > 0$ betrachten wir die „gemittelte" Funktion (3.1). Nach der Hölderschen Ungleichung (1.17) gilt

$$|x_h(t)| \le \frac{1}{2h} \int_{t-h}^{t+h} |x(s)| \, ds \le \frac{1}{2h} \left(\int_{t-h}^{t+h} 1 \, ds\right)^{1/p'} \left(\int_{t-h}^{t+h} |x(s)|^p \, ds\right)^{1/p}$$
$$= \frac{(2h)^{1/p'}}{2h} \left(\int_{t-h}^{t+h} |x(s)|^p \, ds\right)^{1/p} \le \frac{\|x\|_{L_p}}{(2h)^{1/p}},$$

wobei wie üblich $\frac{1}{p} + \frac{1}{p'} = 1$ sei. Damit ist die Menge $M_h := \{x_h : x \in M\}$ beschränkt in C, da die Menge M beschränkt in L_p ist. Weiter ist

$$|x_h(t+\tau) - x_h(t)| = \frac{1}{2h} \left| \int_{t+\tau-h}^{t+\tau+h} x(s) \, ds - \int_{t-h}^{t+h} x(s) \, ds \right|$$
$$= \frac{1}{2h} \left| \int_{t-h}^{t+h} x(s+\tau) \, ds - \int_{t-h}^{t+h} x(s) \, ds \right| \le \frac{1}{2h} \int_{t-h}^{t+h} |x(s+\tau) - x(s)| \, ds$$
$$\le \frac{1}{(2h)^{1/p}} \left(\int_0^1 |x(s+\tau) - x(s)|^p \, ds\right)^{1/p}.$$

Seien nun $\varepsilon > 0$ und $h > 0$ fest. Nach (3.4) finden wir ein $\delta > 0$ so, dass

$$|x_h(t+\tau) - x_h(t)| \le \frac{\varepsilon}{(2h)^{1/p}}$$

für $|\tau| \le \delta$ ausfällt. Dies besagt aber nichts anderes, als dass die Menge M_h (für festes $h > 0$) gleichgradig stetig im Raum C ist. Nach Satz 3.1 besitzt M_h also ein endliches ε-Netz $\left\{z_1^h, \ldots, z_m^h\right\}$ in C.

Sei nun $x \in M$ beliebig. Nach (3.2) haben wir dann

$$\|x - x_h\|_{L_p} \leq \varepsilon \tag{3.6}$$

für $|h| \leq \delta$ ($\delta > 0$ geeignet). Da x_h in M_h liegt, können wir wiederum z_j^h ($j \in \{1, \ldots, m\}$) wählen mit

$$\|x_h - z_j^h\|_C \leq \varepsilon. \tag{3.7}$$

Die Kombination von (3.6) und (3.7) ergibt

$$\|x - z_j^h\|_{L_p} \leq \|x - x_h\|_{L_p} + \|x_h - z_j^h\|_{L_p} \leq 2\varepsilon,$$

d. h. die Menge $\{z_1^h, \ldots, z_m^h\}$ ist ein endliches 2ε-Netz für M in L_p. Damit ist die Präkompaktheit von M in L_p bewiesen. ∎

Beispiel 3.4. Sei $M := \{x_\delta : 0 < \delta \leq \frac{1}{2}\}$ mit

$$x_\delta(t) := \begin{cases} \delta^{-1/p} & \text{falls } \frac{1}{2} \leq t \leq \frac{1}{2} + \delta, \\ 0 & \text{sonst} \end{cases} \tag{3.8}$$

(s. Abb. 3.2). Dann ist M beschränkt in L_p, da $\|x_\delta\|_{L_p} = 1$ ist, aber nicht präkompakt,

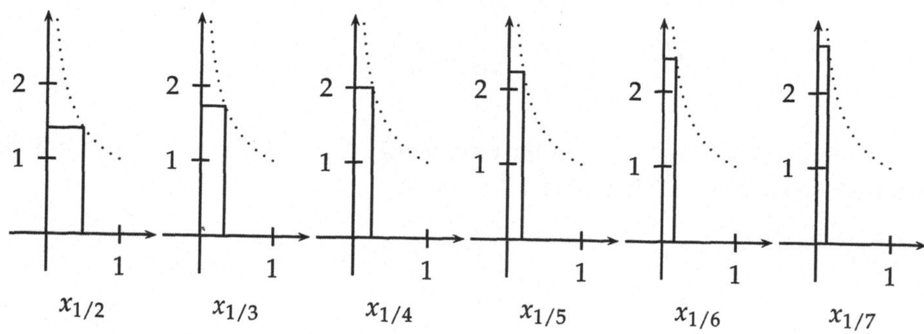

Abbildung 3.2: Funktionen aus Beispiel 3.4 für $p := 2$

denn für den Grenzwert (3.5) erhalten wir hier

$$\limsup_{h \to 0} \sup_{0 < \delta \leq \frac{1}{2}} \int_0^1 |x(t+h) - x(t)|^p \, dt = 2. \tag{3.9}$$

☺

Beispiel 3.5. Sei M die in (2.5) definierte Teilmenge von $X := L_2$. Dann ist M zwar beschränkt, aber (3.5) ist nicht erfüllt, weil

$$\limsup_{h \to 0} \sup_{n} \int_0^1 |\sin n\pi(t+h) - \sin n\pi t|^2 \, dt = 1 \tag{3.10}$$

ist.

☺

3.3 Weitere Kompaktheitskriterien

Im Hinblick auf die Wichtigkeit der Hölderräume $C^\alpha = C^\alpha[0,1]$ in Anwendungen wäre es wünschenswert, auch Kompaktheitskriterien für diese Räume zu kennen. Leider sind solche Kriterien nicht bekannt (nur für spezielle Unterräume, s. Aufgabe 3.2). Allerdings kann man Bedingungen angeben, die nur *hinreichend* für die Relativkompaktheit einer Menge M in C^α sind, aber nicht notwendig. Die einfachste solche Bedingung ist die Beschränktheit von M in einem „kleineren" Raum C^β, d.h. für $\beta > \alpha$. Der einfache Beweis des folgenden Satzes wird dem Leser überlassen (Aufgabe 3.16):

Satz 3.3. *Ist $M \subset C^\alpha$ beschränkt in C^β für ein $\beta > \alpha$, so ist M relativkompakt in C^α.*

Natürlich ist die in Satz 3.3 angegebene Bedingung nur hinreichend, aber nicht notwendig, wie man am Beispiel $M := \{x\}$ mit $x \in C^\alpha \setminus C^\beta$ sieht.

Wir bringen nun noch ein Kompaktheitskriterium im Folgenraum $X := \ell_p$ $(1 \le p < \infty)$. Dazu definieren wir für jedes $n \in \mathbb{N}$ die (kanonische) *Projektion* $P_n\colon \ell_p \to \ell_p$ durch

$$P_n(\xi_1, \xi_2, \xi_3, \dots) := (\xi_1, \dots, \xi_n, 0, \dots). \tag{3.11}$$

Satz 3.4. *Eine Menge $M \subseteq \ell_p$ $(1 \le p < \infty)$ ist genau dann präkompakt, wenn sie beschränkt ist und wenn*

$$\lim_{N\to\infty} \sup_{x\in M} \|x - P_N x\|_{\ell_p} = \lim_{N\to\infty} \sup_{(\xi_n)_n \in M} \sum_{n=N}^{\infty} |\xi_n|^p = 0 \tag{3.12}$$

gilt.[4]

□ Sei M zunächst präkompakt, und sei $\{z_1, \dots, z_m\}$ ein endliches ε-Netz für M in ℓ_p. Da jede der Folgen z_j in ℓ_p liegt, finden wir ein $N \in \mathbb{N}$ derart, dass $\|z_j - P_{N-1} z_j\| \le \varepsilon$ $(j = 1, \dots, N)$ gilt. Zu $x \in M$ finden wir ein z_j mit $\|x - z_j\| \le \varepsilon$. Insgesamt gilt also

$$\|x - P_N x\| = \|(x - z_j) + (z_j - P_N z_j) + P_N(x - z_j)\| \le 3\varepsilon$$

Da $N \in \mathbb{N}$ unabhängig von x gewählt war, ist (3.12) bewiesen.

Sei nun umgekehrt $M \subset \ell_p$ beschränkt und gelte (3.12). Zu $\varepsilon > 0$ finden wir dann ein $N \in \mathbb{N}$ derart, dass

$$\sup_{x\in M} \|x - P_{N-1} x\| < \varepsilon$$

ist. Wir betrachten die Menge

$$E := \{P_{N-1} x : x \in M\}.$$

Als beschränkte Teilmenge eines endlichdimensionalen Unterraums ist E präkompakt.

[4] Die Bedingung (3.12) bedeutet, dass die „Reihenreste" $|\xi_N|^p + |\xi_{N+1}|^p + \cdots$ *gleichmäßig* bzgl. $x \in M$ gegen Null gehen.

Außerdem ist E ein ε-Netz für M, denn für jedes $x \in M$ ist $P_{N-1}x \in E$ mit $\|x - P_{N-1}x\| < \varepsilon$. Nach Aufgabe 2.10 folgt $\gamma(M) = 0$, d. h. M ist präkompakt. ■

Beispiel 3.6. Sei $X := \ell_1$ und M wie in (2.6) definiert. Wie schon bemerkt, ist M nicht relativkompakt in ℓ_1, weil M nicht einmal beschränkt ist. In der Tat gilt für die Elemente $x_k := (1, \frac{1}{2}, \ldots, \frac{1}{k}, 0, 0, \ldots) \in M$ offenbar

$$\sup_k \|x_k - P_{N-1}x_k\| \geq \sum_{n=N}^{\infty} \frac{1}{n} = \infty$$

für jedes $N \in \mathbb{N}$. Definieren wir dagegen M wie in (2.7) als Teilmenge von ℓ_2, so erhalten wir

$$\lim_{N\to\infty} \sup_{x\in M} \sum_{n=N}^{\infty} |\xi_n|^2 \leq \lim_{N\to\infty} \sum_{n=N}^{\infty} \frac{1}{n^2} = 0 \tag{3.13}$$

wegen der Konvergenz der rechtsstehenden Reihe in (3.13). Daher ist die Menge M aus (2.7) relativkompakt. ☺

Satz 3.5. *Eine Menge $M \subset c$ oder $M \subset c_0$ ist genau dann relativkompakt, wenn sie beschränkt ist und wenn*

$$\lim_{N\to\infty} \sup_{(\xi_n)_n\in M} |\xi_N - \hat{\xi}| = 0 \tag{3.14}$$

gilt, wobei $\hat{\xi} := \lim_{n\to\infty} \xi_n$ sei.[5]

□ Wir beweisen den Satz nur für $X := c_0$. Sei $M \subset c_0$ relativkompakt, und sei $\{z_1, \ldots, z_m\}$ ein endliches ε-Netz für M in c_0. Es gibt also ein $N \in \mathbb{N}$ mit $|\zeta_n^j| \leq \varepsilon$ für $n \geq N$, wobei wir $z_j = (\zeta_n^j)_n$ gesetzt haben $(j = 1, \ldots, m)$. Zu $x = (\xi_n)_n \in M$ wählen wir ein z_j mit $\|x - z_j\| \leq \varepsilon$. Dann bekommen wir für $n \geq N$

$$|\xi_n| \leq |\xi_n - \zeta_n^j| + |\zeta_n^j| \leq \|x - z_j\| + |\zeta_n^j| \leq 2\varepsilon,$$

womit (3.14) wegen $\hat{\xi} = 0$ bewiesen ist.

Sei umgekehrt $M \subset c_0$ beschränkt und gelte (3.14). Zu $\varepsilon > 0$ finden wir dann ein $N \in \mathbb{N}$ derart, dass für $n \geq N$

$$\sup_{(\xi_n)_n\in M} |\xi_n| \leq \varepsilon$$

ist. Wir betrachten die Menge

$$E := \{y : y = (\eta_n)_n \in \ell_p, \eta_N = \eta_{N+1} = \cdots = 0, \|y\| \leq c\},$$

[5] Die Bedingung (3.14) bedeutet, dass die Folgen $x \in M$ *gleichgradig* gegen ihre jeweiligen Grenzwerte konvergieren.

wobei $c := \sup\{\|x\| : x \in M\}$ sei. Als beschränkte Teilmenge eines endlichdimensionalen Unterraums ist E präkompakt. Wir zeigen wieder, dass E ein ε-Netz für M ist: Für jedes $x = (\xi_n)_n \in c_0$ liegt die Folge $y := (\xi_1, \dots, \xi_{N-1}, 0, 0, \dots)$ in E und erfüllt

$$\|y - x\| = \sup_{n \geq N} |\xi_n| \leq \varepsilon.$$

Nach Aufgabe 2.10 folgt wieder $\gamma(M) = 0$, d. h. M ist präkompakt. ∎

3.4 Äquivalente Nichtkompaktheitsmaße

In den vorangegangenen Sätzen haben wir Kompaktheitskriterien für die Banachräume C, L_p, ℓ_p $(1 \leq p \leq \infty)$, c und c_0 gegeben. Bewiesen haben wir diese Kriterien dadurch, dass wir zu $\varepsilon > 0$ effektiv die Existenz eines endlichen ε-Netzes nachgewiesen haben. Dabei haben wir die Relativkompaktheit einer Menge $M \subset X$ dadurch charakterisiert, dass eine gewisse Mengenfunktion auf M (etwa (3.5) oder (3.12)) Null ist. Dies können wir insofern präzisieren, als solche Mengenfunktionen in einem gewissen Sinn *äquivalent* zum jeweiligen Nichtkompaktheitsmaß (2.9) auf X sind (welches ja auch genau auf den relativkompakten Teilmengen von X verschwindet).

Sei X ein Banachraum und γ das Nichtkompaktheitsmaß (2.9) auf X. Eine nichtnegative Funktion γ^*, die auf allen beschränkten Teilmengen $M \subset X$ definiert und endlich ist, nennen wir *äquivalent* zu γ, falls es Konstanten $a, b > 0$ gibt mit

$$a\gamma(M) \leq \gamma^*(M) \leq b\gamma(M) \qquad (M \subset X \text{ beschränkt}). \tag{3.15}$$

Die Äquivalenz (3.15) spielt also hier eine ähnliche Rolle wie die Äquivalenz (1.33) zweier Normen auf X. Aus (3.15) folgt insbesondere, dass $\gamma^*(M) = 0$ genau für relativkompaktes $M \subset X$ gilt.

Wir geben nun solche Mengenfunktionen γ^* auf den Räumen C, L_p, ℓ_p, c und c_0 an. Zunächst definieren wir für eine Funktion x auf $[0,1]$ ihren *Stetigkeitsmodul* durch

$$\omega(x, \sigma) := \sup\{|x(s) - x(t)| : |s - t| \leq \sigma\}. \tag{3.16}$$

Es gilt

$$\lim_{\sigma \to 0} \omega(x, \sigma) = 0 \tag{3.17}$$

genau dann, wenn x (gleichmäßig) stetig auf $[0,1]$ ist, und allgemeiner

$$\lim_{\sigma \to 0} \sup_{x \in M} \omega(x, \sigma) = 0$$

genau dann, wenn M gleichgradig stetig auf $[0,1]$ ist. Das folgende Resultat ist daher nicht überraschend:

Satz 3.6. *Auf dem Raum $X := C$ ist das Nichtkompaktheitsmaß (2.9) äquivalent zur Funktion*

$$\gamma^*(M) := \limsup_{\sigma \to 0} \sup_{x \in M} \omega(x, \sigma).$$

□ Sei $\varepsilon > \gamma(M)$, und sei $\{z_1, \ldots, z_m\}$ ein endliches ε-Netz für M in C. Zu $x \in M$ finden wir ein $j \in \{1, \ldots, m\}$ mit $\|x - z_j\| \leq \varepsilon$. Ferner sei $0 < \sigma < 1$. Für $|s - t| \leq \sigma$ haben wir dann

$$|x(s) - x(t)| \leq |x(s) - z_j(s)| + |z_j(s) - z_j(t)| + |z_j(t) - x(t)| \leq 2\varepsilon + \omega(z_j, \sigma).$$

Hieraus folgt

$$\sup_{x \in M} \omega(x, \sigma) \leq 2\varepsilon + \max\{\omega(z_1, \sigma), \ldots, \omega(z_m, \sigma)\},$$

und nach Grenzübergang $\sigma \to 0$ bekommen wir

$$\gamma^*(M) \leq 2\gamma(M) \tag{3.18}$$

wegen der gleichgradigen Stetigkeit von $\{z_1, \ldots, z_m\}$ und der Beliebigkeit von $\varepsilon > \gamma(M)$.

Um die umgekehrte Abschätzung zu beweisen, definieren wir x_h wie in (3.1), wobei wir uns x jetzt über das Intervall $[0, 1]$ hinaus konstant fortgesetzt denken. Außerdem setzen wir für $h > 0$

$$R_h x(t) := \frac{1}{2} \max\{x(s) : |s - t| \leq h\} + \frac{1}{2} \min\{x(s) : |s - t| \leq h\}.$$

Die Menge $E := \{(R_h x)_h : x \in M\}$ ist dann gleichgradig stetig in C und beschränkt (für beschränktes M), also relativkompakt; wir zeigen, dass sie ein ε-Netz mit $\varepsilon := \frac{1}{2}\omega(x, 2h)$ für M bildet. Zunächst gilt

$$\begin{aligned} \|(R_h x)_h - x\| &= \max_{0 \leq t \leq 1} \left| \frac{1}{2h} \int_{t-h}^{t+h} (R_h x)(s)\, ds - \frac{1}{2h} \int_{t-h}^{t+h} x(t)\, ds \right| \\ &\leq \frac{1}{2h} \max_{0 \leq t \leq 1} \int_{t-h}^{t+h} |(R_h x)(s) - x(t)|\, ds. \end{aligned} \tag{3.19}$$

Für $|s - t| \leq h$ gilt aber

$$|R_h x(s) - x(t)| \leq \frac{1}{2}\omega(x, 2h). \tag{3.20}$$

Einsetzen von (3.20) in (3.19) liefert $\|(R_h x)_h - x\| \leq \frac{1}{2}\omega(x, 2h)$, und damit nach Grenzübergang $h \to 0$

$$\gamma(M) \leq \frac{1}{2}\gamma^*(M). \tag{3.21}$$

Damit ist Satz 3.6 bewiesen. ■

Ein Vergleich von (3.18) und (3.21) zeigt, dass im Raum $X := C$ statt der Äquivalenz (3.15) sogar die *Gleichheit*

(3.22) $$\gamma^*(M) = 2\gamma(M) \qquad (M \subset C \text{ beschränkt})$$

gilt. Ein analoges Ergebnis ist im Raum C^m richtig:

Satz 3.7. *Auf dem Raum $X := C^m[0,1]$ $(m = 0, 1, \dots)$ ist das Nichtkompaktheitsmaß (2.9) äquivalent zur Funktion*

$$\gamma_m(M) := \limsup_{\sigma \to 0} \sup_{x \in M} \omega(x^{(m)}, \sigma).$$

Falls wir X mit der Norm $\|x\| := |x(0)| + \cdots + |x^{m-1}(0)| + \|x^{(m)}\|$ versehen (s. Beispiel 1.17), gilt sogar

$$\gamma_m(M) = 2\gamma(M) \qquad (M \subset C^m \textit{ beschränkt}).$$

□ Wir beweisen die Behauptung durch Induktion nach m. Der Fall $m = 0$ ist gerade (3.22). Sei die Behauptung für ein m bereits gezeigt und $M \subseteq C^{m+1}$ beschränkt. Für die Menge $M' := \{x' : x \in M\} \subseteq C^m$ ist dann $\gamma_m(M') = \gamma_{m+1}(M)$. Nach Induktionsannahme ist also $\gamma(M') = \frac{1}{2}\gamma_{m+1}(M)$. Wir müssen daher $\gamma(M') = \gamma(M)$ beweisen.

Sei nun einerseits $\varepsilon > \gamma(M)$. Wir finden dann ein endliches ε-Netz $\{y_1, \dots, y_n\} \subset C^{m+1}$ für M. Dann ist $\{y_1', \dots, y_n'\}$ ein endliches ε-Netz für M', also $\gamma(M') \le \varepsilon$. Es folgt $\gamma(M') \le \gamma(M)$.

Sei nun andererseits $\varepsilon > \gamma(M')$. Wir finden dann ein endliches ε-Netz $\{z_1, \dots, z_N\} \subset C^m$ für M'. Da M beschränkt ist, gibt es ein $K > 0$ mit $\|x\|_C \le K$ für alle $x \in M$. Wir definieren ein Netz als die Menge aller Funktionen der Gestalt $s \mapsto c + \int_0^s z_n(t)\,dt$, wobei $|c| \le K$ sei. Dieses Netz ist eine beschränkte Teilmenge eines endlichdimensionalen Teilraums von C^{m+1} und daher präkompakt. Wir zeigen, dass es ein ε-Netz für M bildet. In der Tat, zu $x \in X$ setzen wir einfach $c := x(0)$ und wählen ein n mit $\|x' - z_n\|_{C^m} \le \varepsilon$; dann hat die entsprechende Funktion aus dem Netz von x maximal den Abstand ε. Nach Aufgabe 2.10 ist also $\gamma(M) \le \varepsilon$. Dies zeigt $\gamma(M) \le \gamma(M')$. ■

Im Raum L_p gilt der folgende zu Satz 3.2 analoge Satz:

Satz 3.8. *Auf dem Raum L_p $(1 \le p < \infty)$ ist das Nichtkompaktheitsmaß (2.9) äquivalent zur Funktion*

(3.23) $$\gamma^*(M) := \limsup_{h \to 0} \sup_{x \in M} \left(\int_0^1 |x(t+h) - x(t)|^p \, dt \right)^{1/p}.$$

Der Beweis von Satz 3.8 ist derselbe wie der von Satz 3.2. Analysiert man diesen Beweis, so sieht man, dass man als Äquivalenzkonstanten hier $a := 1$ und $b := 2$ wählen darf. Interessanterweise erfüllen das Nichtkompaktheitsmaß (2.9) in L_p und die Funktion (3.23) allerdings *nicht* die Gleichheit (3.22) (Aufgabe 3.31).

Die nächsten beiden Sätze verallgemeinern die Sätze 3.4 und 3.5 und werden wie diese bewiesen:

Satz 3.9. *Auf dem Raum ℓ_p $(1 \le p < \infty)$ ist das Nichtkompaktheitsmaß* (2.9) *äquivalent zur Funktion*

$$\gamma^*(M) := \limsup_{N\to\infty} \sup_{(\xi_n)_n\in M} \left(\sum_{n=N}^{\infty} |\xi_n|^p\right)^{1/p}.$$

Satz 3.10. *Auf den Räumen c und c_0 ist das Nichtkompaktheitsmaß* (2.9) *äquivalent zur Funktion*

$$\gamma^*(M) := \limsup_{N\to\infty} \sup_{(\xi_n)_n\in M} |\xi_N - \hat{\xi}|,$$

wobei $\hat{\xi} := \lim_{n\to\infty} \xi_n$ sei.

3.5 Aufgaben

Aufgabe 3.1. Beweisen Sie, dass eine Menge $M \subset C^k$ genau dann relativkompakt ist, wenn M beschränkt und die Menge $M^{(k)} := \left\{x^{(k)} : x \in M\right\}$ gleichgradig stetig ist.

Aufgabe 3.2. Sei $\hat{C}^\alpha$ der in Aufgabe 1.11 eingeführte „kleine" Hölderraum. Beweisen Sie, dass eine Menge $M \subset \hat{C}^\alpha$ genau dann präkompakt ist, wenn sie beschränkt ist und

$$\lim_{|s-t|\to 0} \sup_{x\in M} \frac{|x(s)-x(t)|}{|s-t|^\alpha} = 0$$

gilt.

Aufgabe 3.3. Zeigen Sie, dass das Nichtkompaktheitsmaß

$$\gamma^*(M) := \lim_{|s-t|\to 0} \sup_{x\in M} \frac{|x(s)-x(t)|}{|s-t|^\alpha}$$

in $\hat{C}^\alpha$ zum Hausdorffschen Nichtkompaktheitsmaß (2.9) äquivalent ist.

Aufgabe 3.4. Sei $M \subset C^{k+\beta}$ beschränkt. Zeigen Sie, dass M dann für $\alpha < \beta$ relativkompakt in $C^{k+\alpha}$ ist.

Aufgabe 3.5. Zeigen Sie, dass die Einheitskugel von L_p $(p > 1)$ nicht relativkompakt in L_1 ist.

Hinweis. Beispiel 2.5.

Aufgabe 3.6. Zeigen Sie, dass die Einheitskugel von ℓ_1 nicht relativkompakt in ℓ_p $(p > 1)$ ist.

Aufgabe 3.7. Sei $M := \{(\xi_n)_n : (\xi_n)_n \in \ell_1, 0 \leq \xi_n \leq a_n\}$. Für welche Folgen $(a_n)_n$ ist M beschränkt in ℓ_1, für welche relativkompakt?

Aufgabe 3.8. Sei $M := \{x : x \in L_1, 0 \leq x(t) \leq a(t)\}$. Für welche Funktionen a ist M beschränkt in L_1, für welche relativkompakt?

Aufgabe 3.9. Sei $M := \{x : x \in C, 0 \leq x(t) \leq a(t)\}$. Für welche Funktionen a ist M beschränkt in C, für welche relativkompakt?

Aufgabe 3.10. Sei $M := \left\{(\xi_n)_n : \xi_n \geq 0, \sum_{n=1}^{\infty} \alpha_n \xi_n \leq 1\right\}$. Für welche Folgen $(\alpha_n)_n$ ist M beschränkt in ℓ_1, für welche relativkompakt?

Aufgabe 3.11. Untersuchen Sie die folgenden Mengen M auf Relativkompaktheit und Kompaktheit in $L_2[0,1]$:

(a) $M := \left\{t^\alpha : \alpha > -\frac{1}{2}\right\}$;

(b) $M := \left\{\int_0^s z(t)\,dt : \|z\|_{L_2} \leq 1\right\}$;

(c) $M := \{(\log t)^n : n = 1, 2, \ldots\}$;

(d) $M := \{x : x \in L_\infty[0,1], \|x\|_{L_\infty} \leq 1\}$.

Aufgabe 3.12. Untersuchen Sie die folgenden Mengen M auf Relativkompaktheit und Kompaktheit in $C[0,1]$:

(a) $M := \{x : x \in C, |x(t)| \leq 1\}$;

(b) $M := \{x : x \in C^2, |x(t)| \leq 1, |x''(t)| \leq 1\}$;

(c) $M := \{x : x \in C^1, |x'(t)| \leq 1\}$;

(d) $M := \{x : x \in C^2, |x'(t)| \leq 1, |x''(t)| \leq 1\}$;

(e) $M := \{x : x \in C, |x(t)| \leq 1, x \in \mathrm{Lip}\}$;

(f) $M := \{x : x \in C^1, |x(t)| \leq 1, x' \in \mathrm{Lip}\}$.

Aufgabe 3.13. Berechnen Sie die Steklov-Mittlung (3.1) für die charakteristische Funktion $x := \chi_{(a,b)}$ $(0 < a < b < 1)$.

Aufgabe 3.14. Beweisen Sie die Gleichheit (3.9).

Aufgabe 3.15. Beweisen Sie die Gleichheit (3.10).

Aufgabe 3.16. Zeigen Sie unter Benutzung von Aufgabe 1.11 und Aufgabe 3.2, dass die Einheitskugel von C^β für $\alpha < \beta$ relativkompakt in C^α ist.

Aufgabe 3.17. Beweisen Sie Satz 3.9.

Aufgabe 3.18. Beweisen Sie Satz 3.10 für $X := c$.

Aufgabe 3.19. Ist die Menge

$$M := \{x : x \in c_e, \|x\|_{\ell_\infty} \leq 1\}$$

(vgl. Aufgabe 1.15) relativkompakt in c?

Aufgabe 3.20. Eine Menge $M \subseteq X$ heißt *dicht* in X, wenn $\overline{M} = X$ gilt. Zeigen Sie:

(a) L_∞ liegt dicht in L_p (also $\overline{L_\infty} = L_p$, wobei der Abschluss in der L_p-Norm zu verstehen ist).

Hinweis. Satz von Lebesgue über die majorisierte Konvergenz.

(b) Die Menge M der *einfachen* Funktionen (d. h. M bestehe aus allen messbaren Funktionen, die nur endlich viele Werte annehmen) liegt dicht in L_∞.

(c) Folgern Sie, dass die Menge M der einfachen Funktionen dicht in jedem L_p $(1 \leq p \leq \infty)$ liegt.

Warnung. Passen Sie genau auf, dass Sie stets die *gleiche* Norm benutzen!

Aufgabe 3.21. Beweisen Sie, dass eine beschränkte Menge $M \subset L_\infty$ genau dann relativkompakt ist, wenn es zu jedem $\varepsilon > 0$ eine Zerlegung $D_1 \cup \ldots \cup D_n = [0, 1]$ des Intervalls $[0, 1]$ gibt derart, dass für alle $x \in M$ die Abschätzung $|x(t) - x(s)| \leq \varepsilon$ $(t, s \in D_j)$ gilt.

Hinweis. Aufgabe 3.20.

Aufgabe 3.22. Eine Menge $M \subset L_p$ $(1 \leq p \leq \infty)$ heißt *absolutstetig*, falls

$$\lim_{\operatorname{mes} D \to 0} \sup_{x \in M} \|P_D x\|_{L_p} = 0$$

gilt, wobei

$$P_D x(s) := \begin{cases} x(s) & \text{falls } s \in D, \\ 0 & \text{falls } s \notin D \end{cases}$$

sei. Zeigen Sie, dass $M := \{\theta\}$ die einzige absolutstetige Menge in L_∞ ist.

Aufgabe 3.23. Sei $M \subset L_q$ beschränkt. Zeigen Sie, dass M dann für $p < q$ absolutstetig in L_p ist.

Hinweis. Höldersche Ungleichung für $y := \chi_D$.

Aufgabe 3.24. Sei $x \in L_p$ $(1 \leq p < \infty)$. Zeigen Sie, dass die einpunktige Menge $\{x\}$ in L_p absolutstetig ist, d. h. es gilt

$$\lim_{\operatorname{mes} D \to 0} \int_D |x(t)|^p \, dt = 0.$$

Hinweis. Satz von Lebesgue über die majorisierte Konvergenz.

Aufgabe 3.25. Beweisen Sie den *Satz von Vitali*: Eine Folge $(x_n)_n$ in L_p konvergiert genau dann im Raum L_p $(1 \leq p < \infty)$, wenn die Menge $M := \{x_1, x_2, x_3, \dots\}$ in L_p absolutstetig ist, und wenn $(x_n)_n$ im Maß gegen eine Funktion x konvergiert (s. (1.20)). In diesem Fall ist $x \in L_p$ und $\|x - x_n\|_{L_p} \to 0$.

Hinweis. Benutzen Sie Aufgabe 3.24 für die Grenzfunktion $x \in L_p$, um im Falle $\|x - x_n\|_{L_p} \to 0$ zu zeigen, dass M in L_p absolutstetig ist. Zeigen Sie für den Beweis der umgekehrten Implikation zunächst, dass für alle $\varepsilon > 0$ für genügend große $n, m \in \mathbb{N}$ die Abschätzung

$$\text{mes}\,\{t : |x_n(t) - x_m(t)| \geq \varepsilon\} < \varepsilon$$

gilt, und folgern Sie zusammen mit der Absolutstetigkeit von M, dass $(x_n)_n$ eine Cauchyfolge in L_p ist, mithin gegen ein y konvergiert. Benutzen Sie nun die umgekehrte Implikation.

Aufgabe 3.26. Eine Menge $M \subset L_p$ heißt *kompakt im Maß*, falls man aus jeder Folge $(x_n)_n$ in M eine Teilfolge $(x_{n_k})_k$ auswählen kann, die im Maß gegen ein $x \in M$ konvergiert (s. Aufgabe 3.25).

(a) Zeigen Sie, dass eine Menge M messbarer Funktionen (auf $[0, 1]$) genau dann kompakt im Maß ist, wenn man aus jeder Folge $(x_n)_n$ in M eine Teilfolge $(x_{n_k})_k$ auswählen kann, die fast überall gegen ein $x \in M$ konvergiert.

    Hinweis. Satz 1.2.

(b) Beweisen Sie das *Kompaktheitskriterium von Krasnosel'skij*: Eine Menge $M \subset L_p$ $(1 \leq p < \infty)$ ist genau dann kompakt, wenn sie absolutstetig (vgl. Aufgabe 3.22) und kompakt im Maß ist.

    Hinweis. Aufgabe 3.25.

Aufgabe 3.27. Zeigen Sie, dass C dicht in L_p $(1 \leq p < \infty)$ liegt, d. h. es gilt $\overline{C} := L_p$ (wobei der Abschluss in der L_p-Norm zu verstehen ist).

Hinweis. Benutzen Sie Aufgabe 3.20 und den Satz von Vitali (Aufgabe 3.25) sowie den *Satz von Luzin*: Zu jeder messbaren Funktion x und jedem $\varepsilon > 0$ gibt es ein kompaktes $A \subseteq [0, 1]$, so dass $x|_A$ stetig und $\text{mes}([0, 1] \setminus A) < \varepsilon$ ist. Benutzen Sie weiter den Fortsetzungssatz von Tietze-Uryson (Satz A.14).

Aufgabe 3.28. Sei $x \in L_p$ $(1 \leq p < \infty)$. Zeigen Sie, dass

$$\lim_{\tau \to 0} \int_0^1 |x(t) - x(t + \tau)|^p \, dt = 0$$

gilt.

Hinweis. Aufgabe 3.27.

Aufgabe 3.29. Ist die Menge M aus Aufgabe 2.28 relativkompakt in L_p?

Aufgabe 3.30. Für welche Funktionen a ist die Menge M aus Aufgabe 3.8 absolutstetig in L_1, für welche kompakt im Maß?

Aufgabe 3.31. Sei M die in (3.8) definierte Teilmenge von L_p. Beweisen Sie die Gleichheiten

$$\gamma(M) = 1, \qquad \gamma^*(M) = 2^{1/p},$$

wobei $\gamma(M)$ wie in (2.9) und $\gamma^*(M)$ wie in (3.23) definiert sei.

4 Beschränkte lineare Operatoren

Nachdem wir in den ersten drei Abschnitten normierte $\mathbb{R}$-Vektorräume und ihre (insbesondere kompakten) Teilmengen studiert haben, wollen wir uns nun den linearen Operatoren zwischen solchen Räumen zuwenden. Bekanntlich heißt ein Operator $A\colon X \to Y$ *linear*, falls

$$A(\lambda x + \mu y) = \lambda Ax + \mu Ay$$

für $x, y \in X$ und $\lambda, \mu \in \mathbb{R}$ gilt.

In diesem Kapitel betrachten wir *beschränkte lineare Operatoren* zwischen normierten Räumen. Das sind solche, die beschränkte Mengen in beschränkte Mengen überführen. Überraschenderweise ist dies zu *Stetigkeit* des Operators (auf dem ganzen Raum) äquivalent. Außerdem geben wir (in verschiedenen äquivalenten Formulierungen) Bedingungen dafür an, wann die *Inverse* eines invertierbaren stetigen linearen Operators selbst stetig ist, und illustrieren dies mit zahlreichen Beispielen und Gegenbeispielen.

4.1 Beschränkte lineare Operatoren

Ein linearer Operator A heißt *beschränkt*, falls es ein $c \geq 0$ gibt derart, dass

$$\|Ax\|_Y \leq c\,\|x\|_X \qquad (x \in X) \tag{4.1}$$

gilt. Da die Beschränktheit offensichtlich von den benutzten Normen in X und Y abhängt, schreiben wir manchmal eindrucksvoller $A\colon (X, \|\cdot\|_X) \to (Y, \|\cdot\|_Y)$, um dies zum Ausdruck zu bringen.

Die Abschätzung (4.1) besagt nichts anderes, als dass *ein beschränkter Operator beschränkte Mengen in beschränkte Mengen überführt* (denn wenn A die Einheitskugel in eine durch eine Konstante c beschränkte Menge überführt, dann gilt (4.1) mit dieser Konstanten wegen $A(\lambda K_1(X)) = \lambda A(K_1(X))$). Es wäre natürlich nicht sinnvoll, die Beschränktheit eines linearen Operators auf dem ganzen Raum X zu fordern (ähnlich wie man in der Analysis beschränkte Funktionen auf der ganzen reellen Achse betrachtet), da dann nur der Nulloperator beschränkt wäre.

Wenn (4.1) gibt, dann gibt es immer auch eine kleinste Konstante $c \geq 0$ mit (4.1) (warum?). Diese nennen wir die *Norm* des Operators A, also

$$\|A\|_{X\to Y} := \min\{c : c \geq 0,\ \|Ax\|_Y \leq c\,\|x\|_X\ (x \in X)\}.$$

Diese Bezeichnung wird gerechtfertigt durch das folgende Lemma.

Lemma 4.1. *Die Menge $\mathscr{L}(X,Y)$ aller beschränkten linearen Operatoren von X in Y ist mit der oben definierten Norm ein normierter linearer Raum. Falls Y ein Banachraum ist, so ist auch $\mathscr{L}(X,Y)$ ein Banachraum.*

□ Eine einfache Überlegung zeigt, dass die oben definierte Norm auch in der Form

$$\|A\|_{X\to Y} = \sup\{\|Ax\|_Y : \|x\|_X \leq 1\} \tag{4.2}$$

ausgedrückt werden kann. Aus der Darstellung (4.2) folgen leicht alle Eigenschaften einer Norm.[1]

Sei nun Y ein Banachraum und $(A_n)_n$ eine Cauchyfolge in $\mathscr{L}(X,Y)$, d. h. es gilt $\|A_m - A_n\| \leq \varepsilon$ für $m,n \geq N$ ($N = N(\varepsilon) \in \mathbb{N}$ geeignet). Dann ist die Folge $(A_n x)_n$ für jedes $x \in X$ eine Cauchyfolge in Y, also existiert $Ax := \lim_{n\to\infty} A_n x$ für jedes $x \in X$. Man überlegt sich leicht, dass A linear ist. Als Cauchyfolge ist $(A_n)_n$ beschränkt, d. h. es gilt $\|A_n x\| \leq c\,\|x\|$ für ein von n unabhängiges $c > 0$, und damit auch $\|Ax\| \leq c\,\|x\|$. Dies zeigt, dass auch A beschränkt, also $A \in \mathscr{L}(X,Y)$ ist. Gehen wir in der Abschätzung

$$\|A_m x - A_n x\| \leq \varepsilon\,\|x\| \qquad (m,n \in \mathbb{N})$$

zum Grenzwert $m \to \infty$ über, so erhalten wir

$$\|Ax - A_n x\| \leq \varepsilon\,\|x\|,$$

und die Behauptung $A_n \to A$ folgt durch Übergang zum Supremum über die Einheitskugel in X. ■

In der Literatur werden lineare Operatoren, die eine Bedingung (4.1) erfüllen, auch als *stetig* bezeichnet. Dies ist insofern sinnvoll, als die Beschränktheit (im obigen Sinn) und die Stetigkeit (im üblichen Sinn, d. h. aus $x_n \to x$ folgt $Ax_n \to Ax$) für einen linearen Operator A tatsächlich äquivalent sind:

Lemma 4.2. *Sei $A\colon X \to Y$ ein linearer Operator. Dann sind die folgenden drei Aussagen äquivalent:*

(a) *A ist beschränkt;*

(b) *A ist stetig auf ganz X;*

(c) *A ist stetig in $x_0 \in X$.*

□ Beweis (a) ⇒ (b): Gilt $x_n \to x$ in X, so folgt aus (4.1) sofort $\|Ax_n - Ax\| = \|A(x_n - x)\| \leq c\,\|x_n - x\| \to 0$, d. h. A ist stetig in $x \in X$.

Beweis (b) ⇒ (c): Trivial.

Beweis (c) ⇒ (a): Ist A stetig in x_0, so finden wir zu $\varepsilon := 1$ ein $\delta > 0$ derart, dass $\|Az - Ax_0\| \leq 1$ für $\|z - x_0\| \leq \delta$ ist. Ist nun $x \in X$ ein beliebiges Element (o. B. d. A.

[1] Im folgenden werden wir die Indizes X, Y und $X \to Y$ an der Norm weglassen, wenn dies nicht zu Missverständnissen führt.

$x \neq \theta$), so erfüllt das Element $z := x_0 + \delta x / \|x\|$ die Gleichheit $\|z - x_0\| = \delta$. Damit haben wir

$$1 \geq \|Az - Ax_0\| = \left\| A\left(\frac{\delta}{\|x\|}x\right)\right\| = \frac{\delta}{\|x\|}\|Ax\|,$$

d. h. (4.1) gilt mit $c := 1/\delta$. ■

Aus Lemma 4.2 folgt ein bemerkenswertes Ergebnis: *Ein linearer Operator ist entweder in jedem Punkt stetig oder in jedem Punkt unstetig.*

Sei $A\colon X \to Y$ ein linearer Operator. Ein zentrales Thema wird für uns die Lösbarkeit der Gleichung

$$Ax = y \tag{4.3}$$

sein, d. h. die Aufgabe, bei gegebenem $y \in Y$ eine Lösung $x \in X$ der Gleichung (4.3) zu finden. Die Gleichung (4.3) hat bekanntlich für jede rechte Seite y *mindestens* eine Lösung x, wenn A *surjektiv* ist, d. h. der *Wertebereich*

$$R(A) := \{y : y \in Y, y = Ax \text{ für ein } x \in X\} \tag{4.4}$$

von A ist der ganze Raum Y. Andererseits hat die Gleichung (4.3) für jede rechte Seite y *höchstens* eine Lösung x, wenn A *injektiv* ist. Wegen der Linearität ist bedeutet letzteres, dass der *Nullraum*

$$N(A) := \{x : x \in X, Ax = \theta\} \tag{4.5}$$

nur aus dem Nullvektor $\theta \in X$ besteht. Ist A sogar *bijektiv* (d. h. surjektiv und injektiv), so existiert der *Umkehroperator* $A^{-1}\colon Y \to X$. Fassen wir (4.3) als Zuordnung einer Wirkung zu einer Ursache auf, so besagt die Injektivität, dass *gleiche Wirkungen stets gleiche Ursachen haben* und die Surjektivität, dass *jede Wirkung eine Ursache hat.*

Selbst wenn $A\colon X \to Y$ beschränkt (also auch stetig) ist und $A^{-1}\colon Y \to X$ existiert, muss A^{-1} nicht beschränkt sein; Beispiele hierfür geben wir später. Ist allerdings auch A^{-1} beschränkt, so kann man dies in der obigen Interpretation so deuten, dass *ähnliche Wirkungen auch ähnliche Ursachen haben.* Einen bijektiven beschränkten linearen Operator mit beschränkter Inverser nennt man auch einen *Isomorphismus.* Für einen Isomorphismus $A\colon X \to Y$ gilt also

$$a\|x\|_X \leq \|Ax\|_Y \leq b\|x\|_X \qquad (x \in X)$$

mit geeigneten Konstanten $a, b > 0$. Im Falle $a := b := 1$ nennt man einen solchen Operator auch eine *Isometrie.* Wir nennen zwei Räume X und Y *isomorph* (Schreibweise: $X \cong Y$), falls es einen Isomorphismus von X auf Y gibt, und *isometrisch isomorph,* falls es sogar eine Isometrie von X auf Y gibt.

In der Linearen Algebra lernt man, dass die Inverse eines linearen Operators (falls sie existiert) stets wieder linear ist. Das Problem zu entscheiden, wann sich auch die *Be-*

schränktheit eines bijektiven linearen Operators A auf den inversen Operator A^{-1} überträgt, hat eine überraschend einfache Lösung (s. Satz 4.2 unten).

4.2 Beispiele beschränkter linearer Operatoren

Wir bringen jetzt einige Beispiele beschränkter linearer Operatoren, auf die wir in den folgenden Kapiteln immer wieder zurückgreifen werden.

Beispiel 4.1. Mit $I = I_X \colon X \to X$ bezeichnen wir den *identischen Operator* $Ix := x$ im Raum X. Versehen wir X mit zwei Normen $\|\cdot\|$ und $\|\cdot\|^*$, so sind diese Normen genau dann äquivalent (s. (1.33)), wenn sowohl $I \colon (X, \|\cdot\|) \to (X, \|\cdot\|^*)$ als auch $I \colon (X, \|\cdot\|^*) \to (X, \|\cdot\|)$ beschränkt ist, I also ein Isomorphismus ist. Hieraus folgt beispielsweise, dass die Identität von $(C, \|\cdot\|_{L_1})$ in $(C, \|\cdot\|_C)$ *nicht* beschränkt ist! ☺

Beispiel 4.2. Falls Y ein normierter Raum und $X \subseteq Y$ ein linearer Unterraum von Y ist, bezeichnen wir den Operator $I = I_{X,Y} \colon X \to Y$ mit $Ix := x$ als *Einbettung* von X in Y. Falls $I \colon (X, \|\cdot\|_X) \to (Y, \|\cdot\|_Y)$ beschränkt ist, so nennen wir X *stetig eingebettet* in Y und schreiben $X \hookrightarrow Y$. Beispielsweise sind alle Inklusionen in (1.28) und (1.30) stetige Einbettungen, wie man an der Definition der entsprechenden Normen sieht. ☺

Beispiel 4.3. Sei $X := Y := \mathbb{R}^N$ versehen mit der Euklidischen Norm $\|x\|_2 = (|\xi_1|^2 + \cdots + |\xi_N|^2)^{1/2}$. Durch $Ax := y = (\eta_1, \ldots, \eta_N)$ mit

$$\eta_i := \sum_{j=1}^{N} \alpha_{ij}\xi_j \qquad (i = 1, \ldots, N) \tag{4.6}$$

ist ein linearer Operator $A \colon X \to Y$ definiert, den wir mit der $N \times N$-Matrix

$$A \equiv \begin{pmatrix} \alpha_{11} & \alpha_{12} & \cdots & \alpha_{1N} \\ \alpha_{21} & \alpha_{22} & \cdots & \alpha_{2N} \\ \vdots & \vdots & \ddots & \vdots \\ \alpha_{N1} & \alpha_{N2} & \cdots & \alpha_{NN} \end{pmatrix} \tag{4.7}$$

identifizieren können. Nach einem bekannten Satz („Dimensionssatz“) der Linearen Algebra ist

$$\dim N(A) + \dim R(A) = N$$

(vgl. Abb. 4.1), d. h. A ist entweder *sowohl surjektiv als auch injektiv* oder *weder surjektiv noch injektiv*. Der erste Fall tritt genau dann ein, wenn die Determinante der Matrix (4.7) nicht verschwindet.

Durch Anwendung der Cauchy-Schwarzschen Ungleichung (1.9) erhalten wir

$$\|Ax\|_2^2 = \sum_{i=1}^{N} \eta_i^2 = \sum_{i=1}^{N} \left[\sum_{j=1}^{N} \alpha_{ij}\xi_j\right]^2$$

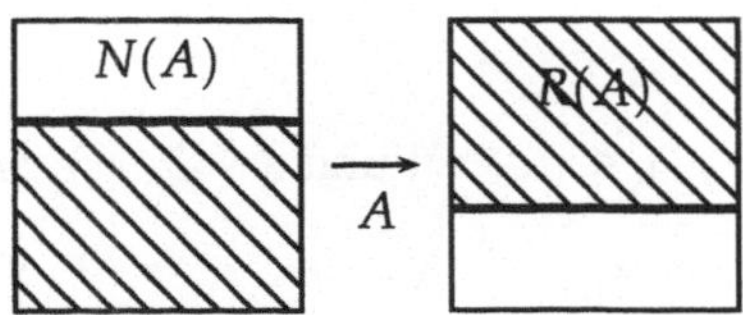

Abbildung 4.1: Dimensionssatz der Linearen Algebra

$$\leq \sum_{i=1}^{N} \left(\left(\sum_{j=1}^{N} \alpha_{ij}^2 \right)^{1/2} \left(\sum_{k=1}^{N} \xi_k^2 \right)^{1/2} \right)^2 = \|x\|_2^2 \sum_{i=1}^{N} \sum_{j=1}^{N} \alpha_{ij}^2.$$

Daher ist $A\colon (\mathbb{R}^N, \|\cdot\|_2) \to (\mathbb{R}^N, \|\cdot\|_2)$ beschränkt mit

$$\|A\| \leq \left(\sum_{i,j} \alpha_{ij}^2 \right)^{1/2}. \tag{4.8}$$

Das einfache Beispiel $A = I$ zeigt allerdings, dass die rechte Seite von (4.8) nicht genau die Norm von A ist (vgl. aber Aufgabe 4.28). ☺

Beispiel 4.4. Sei $X := \mathbb{R}^N$ mit der Euklidischen Norm versehen und $Y := \mathbb{R}$. Für festes $a = (\alpha_1, \ldots, \alpha_N) \in \mathbb{R}^N$ ist durch

$$Ax := \sum_{i=1}^{N} \alpha_i \xi_i \tag{4.9}$$

ein linearer Operator definiert, den wir mit dem Vektor a identifizieren können. Nach der Cauchy-Schwarzschen Ungleichung ist wieder

$$|Ax| = \left| \sum_{i=1}^{N} \alpha_i \xi_i \right| \leq \|a\|_2 \, \|x\|_2,$$

also $\|A\| \leq \|a\|_2$. Speziell für $e := a/\,\|a\|_2$ ergibt sich wegen $\|e\|_2 = 1$

$$\|A\| = \sup\{|Ax| : \|x\|_2 \leq 1\} \geq |Ae| = \frac{|Aa|}{\|a\|_2} = \|a\|_2,$$

also $\|A\| = \|a\|_2$. Der Operator A ist im Fall $N > 1$ nie injektiv, da $N(A)$ aus allen zu a orthogonalen Vektoren $x \in \mathbb{R}^N$ besteht. Andererseits ist A im Fall $a \neq \theta$ stets surjektiv.

Es ist leicht einzusehen, dass jeder lineare Operator $A\colon (\mathbb{R}^N, \|\cdot\|_2) \to (\mathbb{R}, |\cdot|)$ die Form (4.9) mit geeignetem $a = (\alpha_1, \ldots, \alpha_N) \in \mathbb{R}^N$ besitzt. Sind nämlich

$$e_1 = (1, 0, 0, \ldots, 0),\ e_2 = (0, 1, 0, \ldots, 0),\ \ldots,\ e_N = (0, 0, 0, \ldots, 1)$$

die kanonischen Basisvektoren im $\mathbb{R}^N$, so kann man $\alpha_k := Ae_k$ setzen; der Operator A hat dann die Form (4.9). Dies lässt sich auch auf den Folgenraum ℓ_2 übertragen (Aufgabe 4.24 und 4.25). ☺

Beispiel 4.5. Sei $X := Y := \ell_p$ $(1 \leq p \leq \infty)$ und $A\colon X \to Y$ die *Linksverschiebung*

$$A(\xi_1, \xi_2, \xi_3, \dots) := (\xi_2, \xi_3, \xi_4, \dots). \tag{4.10}$$

Dann ist A beschränkt mit $\|A\| = 1$, denn für $1 \leq p < \infty$ gilt

$$\|A(\xi_1, \xi_2, \xi_3, \dots)\|_{\ell_p}^p = \sum_{n=2}^{\infty} |\xi_n|^p \leq \sum_{n=1}^{\infty} |\xi_n|^p = \|x\|_{\ell_p}^p,$$

und für $p = \infty$ gilt

$$\|A(\xi_1, \xi_2, \xi_3, \dots)\|_{\ell_\infty} = \sup_{n \geq 2} |\xi_n| \leq \sup_{n \geq 1} |\xi_n| = \|x\|_{\ell_\infty};$$

für die Folge $e := (0, 1, 0, \dots)$ ergibt sich weiter $\|Ae\| = \|e\|$. Die Linksverschiebung (4.10) ist surjektiv, denn $y = (\eta_1, \eta_2, \eta_3, \dots) \in \ell_2$ hat z. B. das Urbild $x = (0, \eta_1, \eta_2, \dots)$, aber nicht injektiv, denn es ist

$$N(A) = \{(\xi, 0, 0, \dots) : \xi \in \mathbb{R}\} \neq \{\theta\}.$$

☺

Beispiel 4.6. Sei wieder $X := Y := \ell_p$ $(1 \leq p \leq \infty)$ und $A\colon X \to Y$ die *Rechtsverschiebung*

$$A(\xi_1, \xi_2, \xi_3, \dots) := (0, \xi_1, \xi_2, \dots). \tag{4.11}$$

Dann ist A beschränkt mit $\|A\| = 1$ wegen

$$\|A(\xi_1, \xi_2, \xi_3, \dots)\|_{\ell_p}^p = \sum_{n=1}^{\infty} |\xi_n|^p = \|x\|_{\ell_p}^p$$

für $1 \leq p < \infty$ und

$$\|A(\xi_1, \xi_2, \xi_3, \dots)\|_{\ell_\infty} = \sup_{n \geq 1} |\xi_n| = \|x\|_{\ell_\infty}$$

für $p = \infty$. Aus diesen Gleichheiten ersieht man, dass A sogar eine *Isometrie* ist. Als solche ist die Rechtsverschiebung (4.11) natürlich injektiv; sie ist aber nicht surjektiv, denn es ist

$$R(A) = \{(\eta_1, \eta_2, \eta_3, \dots) : \eta_1 = 0\} \neq \ell_2.$$

Man beachte, dass (4.10) *linksinvers* zu (4.11) (und daher (4.11) *rechtsinvers* zu (4.10)) ist, aber nicht umgekehrt. Wenden wir nämlich auf ein Element $x = (\xi_1, \xi_2, \xi_3, \dots) \in \ell_p$ zuerst die Rechtsverschiebung (4.11) und danach die Linksverschiebung (4.10) an, so erhalten wir wieder das Element x. Wenden wir dagegen auf $x = (\xi_1, \xi_2, \xi_3, \dots) \in \ell_p$ zuerst die Linksverschiebung (4.10) und danach die Rechtsverschiebung (4.11) an, so erhalten wir das Element $(0, \xi_2, \xi_3, \dots) \neq x$. ☺

Beispiel 4.7. Sei $X := Y := \ell_p$ $(1 \le p \le \infty)$ und $A\colon X \to Y$ definiert durch

$$A(\xi_1, \xi_2, \xi_3, \dots) := (\alpha_1\xi_1, \alpha_2\xi_2, \alpha_3\xi_3, \dots), \tag{4.12}$$

wobei $a = (\alpha_n)_n$ eine gegebene *beschränkte* Folge sei. Dann ist A für $1 \le p < \infty$ wegen

$$\|Ax\|_{\ell_p}^p = \sum_{n=1}^{\infty} |\alpha_n\xi_n|^p \le \sup_k |\alpha_k|^p \sum_{n=1}^{\infty} |\xi_n|^p = \|a\|_{\ell_\infty}^p \, \|x\|_{\ell_p}^p$$

und für $p = \infty$ wegen

$$\|Ax\|_{\ell_\infty} = \sup_n |\alpha_n\xi_n| \le \sup_n |\alpha_n| \sup_n |\xi_n| = \|a\|_{\ell_\infty} \|x\|_{\ell_\infty}$$

beschränkt mit $\|A\| \le \|a\|_{\ell_\infty}$. Betrachten wir nun die speziellen Folgen

$$e_k := (\delta_{kn})_n = (0, \dots, 0, 1, 0, \dots) \tag{4.13}$$

(mit der 1 an der k-ten Stelle), so ergibt sich wegen $\|e_k\|_{\ell_p} = 1$ und $Ax_k = (0, \dots, 0, \alpha_k, 0, \dots)$

$$\|A\| = \sup\left\{\|Ax\|_{\ell_p} : \|x\|_{\ell_p} \le 1\right\} \ge \sup_k \|Ae_k\|_{\ell_p} = \sup_k |\alpha_k| = \|a\|_{\ell_\infty},$$

also $\|A\| = \|a\|_{\ell_\infty}$. ☺

Beispiel 4.8. Sei $X := Y := L_p$ $(1 \le p \le \infty)$ und $A\colon X \to Y$ definiert durch

$$Ax(t) := a(t)x(t), \tag{4.14}$$

wobei $a \in L_\infty$ gegeben sei.[2] In Analogie zum vorigen Beispiel ergibt sich für $1 \le p < \infty$

$$\|Ax\|_{L_p}^p = \int_0^1 |a(t)x(t)|^p \, dt \le \operatorname*{ess\,sup}_{t \in [0,1]} |a(t)|^p \int_0^1 |x(t)|^p \, dt = \|a\|_{L_\infty}^p \, \|x\|_{L_p}^p,$$

und für $p = \infty$

$$\|Ax\|_{L_\infty} = \operatorname*{ess\,sup}_{t \in [0,1]} |a(t)x(t)| \le \operatorname*{ess\,sup}_{t \in [0,1]} |a(t)| \operatorname*{ess\,sup}_{t \in [0,1]} |x(t)| = \|a\|_{L_\infty} \|x\|_{L_\infty},$$

also $\|A\| \le \|a\|_{L_\infty}$. Zu $\varepsilon > 0$ gibt es nach Definition des wesentlichen Supremums eine Menge $D_\varepsilon \subseteq [0,1]$ positiven Maßes mit $|a(t)| \ge \|a\|_{L_\infty} - \varepsilon$ für alle $t \in D_\varepsilon$. Für die

[2] Die Schreibweise $Ax(t)$ hat man hier und überall im folgenden als $(Ax)(t)$ zu verstehen, d. h. der Operator A wird auf die Funktion x angewandt, und anschließend wird der Wert der neuen Funktion Ax an der Stelle t angegeben. Die manchmal in der Literatur anzutreffende Schreibweise $A(x(t))$ ist unsinnig, denn $x(t)$ ist eine reelle Zahl, und der Operator A wird auf Funktionen x angewandt, wobei die Bildfunktion Ax i. a. nicht nur vom Wert $x(t)$ abhängt, sondern auch von den Werten von x an anderen Stellen.

charakteristische Funktion χ_{D_ε} ergibt sich für $1 \leq p < \infty$

$$\|A\chi_{D_\varepsilon}\|_{L_p}^p \geq \int_0^1 \left|(\|a\|_{L_\infty} - \varepsilon)\, \chi_{D_\varepsilon}(t)\right|^p dt = \left|\|a\|_{L_\infty} - \varepsilon\right|^p \|\chi_{D_\varepsilon}\|_{L_p}^p$$

und für $p = \infty$ ebenfalls

$$\|A\chi_{D_\varepsilon}\|_{L_\infty} \geq \left|\|a\|_{L_\infty} - \varepsilon\right| \|\chi_{D_\varepsilon}\|_{L_\infty},$$

also (für $1 \leq p \leq \infty$)

$$\|A\| \geq \left|\|a\|_{L_\infty} - \varepsilon\right|.$$

Für $\varepsilon \to 0$ bekommen wir hieraus $\|A\| = \|a\|_{L_\infty}$. ☺

Beispiel 4.9. Sei diesmal $X := Y := C$ und $A\colon X \to Y$ definiert wie in (4.14), wobei $a \in C$ gegeben sei. Zunächst gilt

$$\|Ax\|_C = \max_{0\leq t\leq 1} |a(t)x(t)| \leq \max_{0\leq t\leq 1} |a(t)| \max_{0\leq t\leq 1} |x(t)| = \|a\|_C \|x\|_C,$$

also $\|A\| \leq \|a\|_C$. Wählt man wieder speziell $e(t) \equiv 1$, so erhält man

$$\|A\| = \sup\{\|Ax\|_C : \|x\|_C \leq 1\} \geq \|Ae\|_C = \|a\|_C,$$

also $\|A\| = \|a\|_C$. ☺

Beispiel 4.10. Sei $X := C, Y := C^1$ (beide Räume mit der C-Norm (1.21) versehen), und sei $J\colon X \to Y$ definiert durch

$$Jx(s) := \int_0^s x(t)\, dt, \tag{4.15}$$

d. h. J ist ein *Integraloperator*[3] erster Ordnung. Dann ist J beschränkt mit $\|J\| = 1$, denn einerseits gilt

$$\|Jx\|_C = \max_{0\leq s\leq 1} \left|\int_0^s x(t)\, dt\right| \leq \max_{0\leq s\leq 1} (s \cdot \|x\|_C) = \|x\|_C,$$

und andererseits für $e(t) \equiv 1$ wieder $\|Je\|_C = 1$. Nach dem „Hauptsatz der Differential- und Integralrechnung" bildet J den Raum C tatsächlich in den Raum C^1 ab. Allerdings ist J zwar offensichtlich injektiv, aber nicht surjektiv, denn es ist

$$R(J) = \left\{y : y \in C^1, y(0) = 0\right\} \neq C^1.$$

Mit verschiedenen Verallgemeinerungen des Operators (4.15) werden wir uns noch in

[3] Dieser Operator trägt in der Analysis manchmal die sehr unglückliche Bezeichnung „unbestimmtes Integral".

den Kapiteln 6 und 8 ausführlich beschäftigen. ☺

Beispiel 4.11. Sei $X := C^1$ (mit der C-Norm (1.21)), $Y := C$, und sei $L\colon X \to Y$ definiert durch

$$Lx(t) := x'(t), \tag{4.16}$$

d. h. L ist ein *Differentialoperator* erster Ordnung. Dieser Operator ist wiederum surjektiv, aber nicht injektiv, denn es ist

$$N(L) = \left\{x : x \in C^1, x(t) \equiv const\right\} \neq \{\theta\}.$$

Man beachte wieder, dass (4.15) *rechtsinvers* zu (4.16) (und daher (4.16) *linksinvers* zu (4.15)) ist, aber nicht umgekehrt: In der Tat gilt für alle $x \in C$

$$LJx(s) = \frac{d}{ds}\int_0^s x(t)\,dt = x(s),$$

d. h. $LJ = I_C$, aber für alle $y \in C^1$ nur

$$JLy(s) = \int_0^s y'(t)\,dt = y(s) - y(0),$$

d. h. $JL \neq I_{C^1}$.[4]

Der Differentialoperator L ist der erste *unbeschränkte* Operator, der uns begegnet. In der Tat, für die Funktionen $x_n(t) := t^n$ $(n = 1, 2, 3, \ldots)$ gilt einerseits

$$\|x_n\|_C = \max_{0\le t\le 1} |t^n| \equiv 1,$$

aber andererseits

$$\|Lx_n\|_C = \max_{0\le t\le 1} \left|nt^{n-1}\right| = n \to \infty,$$

so dass niemals eine Abschätzung der Form (4.1) gelten kann. Die Unbeschränktheit des Operators L liegt allerdings daran, dass wir eine „unpassende" Norm auf dem Ausgangsraum $X = C^1$ betrachtet haben, nämlich die C-Norm. Legen wir auf X stattdessen die natürliche C^1-Norm (1.25) zugrunde, wird auch der Operator L beschränkt, denn dann ist

$$\|Lx\|_C = \|x'\|_C \le \|x\|_C + \|x'\|_C = \|x\|_{C^1}. \tag{4.17}$$

Dies und die spezielle Wahl $e(t) := t$ zeigen, dass $\|L\| = 1$ ist, wenn man L von $(C^1, \|\cdot\|_{C^1})$ in $(C, \|\cdot\|_C)$ betrachtet. ☺

[4] Aus diesem Grund ist es auch nicht korrekt, die Integration als die „Umkehrung der Differentiation" zu bezeichnen, wie es in manchen Schulbüchern geschieht.

4.3 Der Satz von der beschränkten Inversen

Wir können die Operatoren (4.15) und (4.16) natürlich bijektiv „machen“, wenn wir sie zwischen den Räumen $X := C$ und

$$Y := C_0^1 := \left\{ y : y \in C^1, y(0) = 0 \right\}$$

betrachten. Es gilt dann $LJ = I_X$ und $JL = I_Y$. Legen wir beiden Räumen die C-Norm (1.21) zugrunde, so gilt, wie wir gesehen haben, zwar $J \in \mathscr{L}(X,Y)$, aber $L = J^{-1} \notin \mathscr{L}(Y,X)$. Legen wir dem Raum Y dagegen die „natürlichere“ C^1-Norm (1.25) zugrunde, so gilt nach wie vor $J \in \mathscr{L}(X,Y)$, aber auch $L = J^{-1} \in \mathscr{L}(Y,X)$. Wie wir jetzt zeigen werden, ist der Grund hierfür einfach der folgende: $(Y, \|\cdot\|_{C^1})$ ist ein Banachraum, $(Y, \|\cdot\|_C)$ aber nicht!

Zunächst benötigen wir noch eine technische Definition. Sei X ein normierter linearer Raum und $M \subseteq X$. Wir nennen ein Element $x \in M$ *algebraisch-inneren Punkt* von M, falls es zu jedem $y \in X$ ein $\varepsilon > 0$ gibt derart, dass $x + \varepsilon y \in M$ ist. Anschaulich gesprochen bedeutet dies, dass man jeden Punkt des Raums X von x aus in die Menge M „hineinziehen“ kann (Abb. 4.2). Die Menge M^a aller algebraisch-inneren Punkte von M nennen

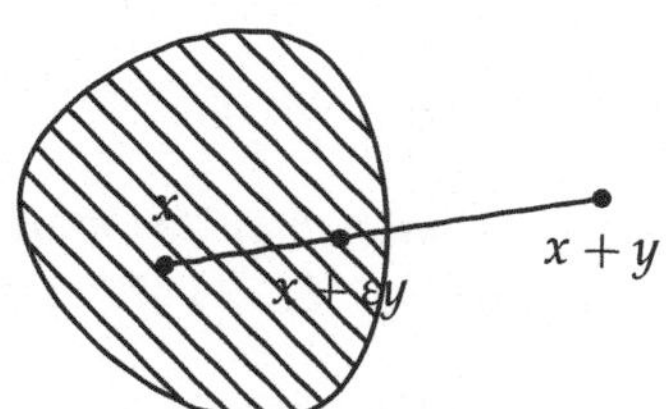

Abbildung 4.2: Algebraisch innerer Punkt

wir das *algebraische Innere* von M. Es gilt immer die Inklusion

$$\mathring{M} \subseteq M^a, \tag{4.18}$$

denn ist $x \in \mathring{M}$ und $B_\delta(X;x) \subseteq M$ für ein $\delta > 0$, so kann man zu $y \in X$ (o. B. d. A. $y \neq \theta$) einfach $\varepsilon < \delta / \|y\|$ wählen und erhält $x + \varepsilon y \in B_\delta(X;x) \subseteq M$, also $x \in M^a$. Einfache Beispiele zeigen (Aufgabe 4.29), dass die Inklusion (4.18) strikt sein kann. Es gibt allerdings eine Klasse von Mengen M, für die in (4.18) immer Gleichheit steht:

Lemma 4.3. *Ist X Banachraum und $M \subseteq X$ abgeschlossen und konvex, so ist*

$$\mathring{M} = M^a.$$

□ Wir müssen nur die Inklusion $M^a \subseteq \mathring{M}$ beweisen. Sei also $x \in M^a$; dann gibt es zu jedem $y \in X$ ein $n \in \mathbb{N}$ mit $x + \frac{1}{n}y \in M$ und $x - \frac{1}{n}y \in M$. Dies bedeutet, dass wir X als

Vereinigung

$$X = \bigcup_{n=1}^{\infty} n\left((M - x) \cap (-M + x)\right)$$

darstellen können. Da die Mengen $M - x$ und $-M + x$ abgeschlossen in X sind, gibt es nach dem Baireschen Kategoriensatz (s. Anhang A.2) ein $n_0 \in \mathbb{N}$ mit

$$\left(n_0\left((M - x) \cap (-M + x)\right)\right)^{\circ} \neq \emptyset.$$

Wir können also ein $z \in X$ und ein $\varepsilon > 0$ finden mit $B_\varepsilon(X; z) \subseteq (M - x) \cap (-M + x)$, also $B_\varepsilon(X; z) + x \subseteq M$ und $-B_\varepsilon(X; z) + x \subseteq M$. Aus der Konvexität von M folgt weiter, dass

$$B_\varepsilon(X; x) = \tfrac{1}{2}\left(B_\varepsilon(X; z) + x\right) + \tfrac{1}{2}\left(-B_\varepsilon(X; z) + x\right) \subseteq M$$

gilt. Dies besagt aber nichts anderes als $x \in \mathring{M}$. ■

Ist $A\colon X \to Y$ ein linearer (nicht notwendig beschränkter) Operator, so nennen wir die Menge

$$\Gamma(A) := \{(x, Ax) : x \in X\}$$

den *Graphen* von A. Versehen wir den Produktraum $X \times Y$ mit einer der (äquivalenten) Normen (1.35) oder (1.36), so können wir von der Abgeschlossenheit der Menge $\Gamma(A)$ reden. Der folgende bemerkenswerte Satz wird *Satz vom abgeschlossenen Graphen* genannt. Er besagt, dass im Fall zweier *Banachräume* X und Y die Abgeschlossenheit des Graphen $\Gamma(A)$ äquivalent zur Beschränktheit von A ist:

Satz 4.1 (Banach). *Seien X und Y Banachräume. Ein linearer Operator $A\colon X \to Y$ ist genau dann beschränkt, wenn aus $x_n \to \theta$ und $Ax_n \to y$ folgt, dass $y = \theta$ ist.*

□ Nach Lemma 4.2 ist nur noch zu zeigen, dass die angegebene Bedingung hinreichend für die Beschränktheit von A ist. Sei

$$M := \{x : x \in X, \|Ax\| \leq 1\}.$$

Wegen der Linearität von A ist M konvex. Weiterhin ist θ algebraisch-innerer Punkt von M, denn für beliebiges $x \in X$ ist $\varepsilon x \in M$, falls $\varepsilon \|Ax\| \leq 1$ ist. Da der Abschluss konvexer Mengen konvex ist (Aufgabe 2.30), folgt mit Lemma 4.3

$$\theta \in (\overline{M})^a = \mathring{\overline{M}}.$$

Es gibt also ein $\delta > 0$ mit $K_\delta(X) \subseteq \overline{M}$. Wegen der Linearität von A bedeutet dies für jedes $x_0 \in X$

$$K_\rho(X; x_0) \subseteq \overline{\{x : x \in X, \|Ax - Ax_0\| \leq \rho/\delta\}} \qquad (\rho \geq 0). \tag{4.19}$$

Sei nun $x \in X$ beliebig. Wir definieren eine Folge $(x_n)_n$ rekursiv wie folgt: Wir setzen

$x_1 := x$; ist x_n bereits bestimmt, so gibt es wegen $\theta \in K_{\|x_n\|}(X; x_n)$ nach (4.19) ein $x_{n+1} \in X$ mit $\|Ax_{n+1} - Ax_n\| \leq \|x_n\| / \delta$ und $\|x_{n+1} - \theta\| \leq 2^{-n}$.

Für $m < n$ folgt

$$(4.20) \qquad \|Ax_n - Ax_m\| = \left\| \sum_{k=m}^{n-1} (Ax_{k+1} - Ax_k) \right\| \leq \sum_{k=m}^{n-1} \|Ax_{k+1} - Ax_k\| \leq \frac{\|x\|}{\delta} \sum_{k=m}^{n-1} 2^{1-k}.$$

Daher ist $(Ax_n)_n$ eine Cauchyfolge, mithin $Ax_n \to y$ für ein $y \in Y$. Wegen $x_n \to \theta$ folgt aus der Voraussetzung $y = \theta$. Insbesondere gilt $\|Ax_n - Ax_1\| \to \|Ax_1\| = \|Ax\|$. Wegen (4.20) ist aber $\|Ax_n - Ax_1\| \leq 2\delta^{-1} \|x\|$, mithin $\|Ax\| \leq 2\delta^{-1} \|x\|$. Aus der Beliebigkeit von x folgt die Beschränktheit von A mit $\|A\| \leq 2/\delta$. ■

Der große Vorteil von Satz 4.1 gegenüber Lemma 4.2 ist, dass man zur Überprüfung der Beschränktheit von A nicht mehr zeigen muss, dass im Fall $x_n \to \theta$ auch die Folge $(Ax_n)_n$ gegen θ konvergiert, sondern man darf die Konvergenz dieser Folge *voraussetzen* und muss nur zeigen, dass der Grenzwert der „richtige" ist.

Beispiel 4.12. Sei $X := Y := L_p$ $(1 \leq p \leq \infty)$ und $A\colon X \to Y$ der Multiplikationsoperator (4.14), wobei wir nun nur die Messbarkeit (und nicht die Beschränktheit) des Multiplikators a voraussetzen. Wir zeigen, dass A die Bedingung aus Satz 4.1 erfüllt und daher beschränkt ist; hieraus *folgt* dann die in Beispiel 4.8 vorausgesetzte Bedingung $a \in L_\infty$.

In der Tat, gilt $x_n \to \theta$ und $Ax_n \to y$ in L_p, so konvergiert eine Teilfolge von $(x_n)_n$ fast überall auf $(0,1)$ gegen 0. Also konvergiert auch die entsprechende Bildfolge fast überall gegen 0, d. h. $y = \theta$ ist der einzig mögliche Grenzwert der Folge $(Ax_n)_n$. ☺

Nun können wir den angekündigten *Satz von der beschränkten Inversen* beweisen:

Satz 4.2 (Banach). *Seien X und Y Banachräume und $A \in \mathscr{L}(X,Y)$ bijektiv. Dann gilt $A^{-1} \in \mathscr{L}(Y,X)$, d. h. A^{-1} ist beschränkt.*

□ Da $A^{-1}\colon Y \to X$ linear ist, können wir Satz 4.1 anwenden. Gelte also $y_n \to \theta$ und $x_n := A^{-1}y_n \to x$ für ein $x \in X$. Wegen der Stetigkeit von A gilt dann $Ax_n \to Ax$. Andererseits gilt aber auch $Ax_n \to \theta$, also $Ax = \theta$. Da A injektiv ist, folgt hieraus $x = \theta$. ■

Man kann übrigens auch Satz 4.1 leicht aus Satz 4.2 folgern; diese Sätze sind also *äquivalent*. Um dies einzusehen, sei $A\colon X \to Y$ ein linearer Operator mit abgeschlossenem Graphen $\Gamma(A) \subseteq X \times Y$. Sind X und Y Banachräume, so auch $\Gamma(A)$ als abgeschlossener Unterraum des Banachraums $X \times Y$ (Lemma 1.1 und Aufgabe 1.28). Da der durch $B(x, Ax) := x$ definierte lineare Operator B beschränkt und bijektiv zwischen $\Gamma(A)$ und X ist, hat er nach Satz 4.2 eine beschränkte Inverse, und damit ist auch A beschränkt, da $A = PB^{-1}$ mit $P(x, Ax) := Ax$ gilt.

Die Sätze 4.1 und 4.2 haben weitreichende Anwendungen in vielen Gebieten der Analysis. Wir beschränken uns hier darauf, sie durch einige Beispiele zu illustrieren. Insbesondere zeigen die Beispiele 4.13 und 4.14, dass die Sätze 4.1 und 4.2 falsch werden, wenn wir die Räume X und Y nicht als vollständig voraussetzen.

Zunächst kommen wir zurück zum Problem der Äquivalenz von Normen auf einem Raum. In Kapitel 1 hatten wir den folgenden Sachverhalt bewiesen: *Ist* $(X, \|\cdot\|)$ *Banachraum und* $\|\cdot\|^*$ *eine zu* $\|\cdot\|$ *äquivalente Norm auf* X, *so ist auch* $(X, \|\cdot\|^*)$ *Banachraum.* Hiervon gilt nun eine gewisse Umkehrung:

Satz 4.3. *Seien* $\|\cdot\|$ *und* $\|\cdot\|^*$ *zwei Normen auf einem linearen Raum* X *derart, dass sowohl* $(X, \|\cdot\|)$ *als auch* $(X, \|\cdot\|^*)$ *Banachraum ist. Gilt dann eine der beiden Abschätzungen in* (1.33), *so gilt auch die andere, d. h.* $\|\cdot\|$ *und* $\|\cdot\|^*$ *sind äquivalent.*

□ Gelte o. B. d. A. die rechte Abschätzung in (1.33) mit einem $b > 0$. Dies bedeutet, dass die Identität $I\colon (X, \|\cdot\|) \to (X, \|\cdot\|^*)$ beschränkt ist. Nach Satz 4.2 ist dann aber auch $I\colon (X, \|\cdot\|^*) \to (X, \|\cdot\|)$ beschränkt, d. h. es gilt auch die linke Abschätzung in (1.33). ■

Auf die Voraussetzung, dass mindestens eine der beiden Abschätzungen in (1.33) gilt, kann man nicht verzichten, wenn man das Auswahlaxiom annimmt: Dies zeigt die Bemerkung nach Lemma 2.5.

Beispiel 4.13. Sei $X := Y := c_e$ (Aufgabe 1.15) und $A\colon X \to Y$ definiert durch

$$A(\xi_1, \xi_2, \ldots, \xi_n, 0, \ldots) = (\xi_1, \tfrac{1}{2}\xi_2, \ldots, \tfrac{1}{n}\xi_n, 0, \ldots).$$

Dann ist A beschränkt (mit $\|A\| = 1$) und bijektiv mit dem Umkehroperator

$$A^{-1}(\xi_1, \xi_2, \ldots, \xi_n, 0, \ldots) = (\xi_1, 2\xi_2, \ldots, n\xi_n, 0, \ldots).$$

Der Operator A^{-1} ist aber nicht beschränkt, da $A^{-1}e_k = ke_k$ für die Folge (4.13) ist. Dies widerspricht natürlich nicht Satz 4.2, denn c_e ist kein Banachraum! ☺

Beispiel 4.14. Die Identität $I\colon (C, \|\cdot\|_C) \to (C, \|\cdot\|_{L_1})$ ist beschränkt mit $\|I\| = 1$. Ihre Umkehrung $I\colon (C, \|\cdot\|_{L_1}) \to (C, \|\cdot\|_C)$ ist dagegen nicht beschränkt, wie die Folge $(x_n)_n$ aus Beispiel 1.6 zeigt. Die Erklärung liegt natürlich wieder darin, dass $(C, \|\cdot\|_{L_1})$ kein Banachraum ist.

Der unbeschränkte Operator $I\colon (C, \|\cdot\|_{L_1}) \to (C, \|\cdot\|_C)$ hat übrigens einen abgeschlossenen Graphen. In der Tat, ist $(x_n)_n$ eine Folge stetiger Funktionen, die in der L_1-Norm gegen Null konvergiert und in der C-Norm (d. h. gleichmäßig auf $[0, 1]$) gegen eine Funktion y konvergiert, so muss natürlich $y \equiv 0$ sein. ☺

Ein weiteres wichtiges Beispiel findet man in den Aufgaben 4.4 und 4.5.

4.4 Neumannsche Reihe und Spektralradius

Im letzten Abschnitt haben wir gezeigt, dass die Inverse eines beschränkten Operators zwischen zwei Banachräumen (falls sie existiert!) wieder beschränkt ist. Es stellt sich die Frage nach einfachen Kriterien für die Existenz einer Inversen. Das bekannteste und gleichzeitig „bequemste" Kriterium wird durch den nächsten Satz gegeben.

Satz 4.4. *Sei X Banachraum und $A \in \mathscr{L}(X,X)$ mit $\|A\| < 1$. Dann ist der Operator $I - A$ invertierbar und es gilt*

$$(I-A)^{-1} = \sum_{n=0}^{\infty} A^n = I + A + A^2 + A^3 + \cdots, \tag{4.21}$$

wobei die Reihe in der Operatornorm auf $\mathscr{L}(X,X)$ konvergiert.

Dasselbe gilt, falls nur

$$\limsup_{n\to\infty} \sqrt[n]{\|A^n\|} < 1 \tag{4.22}$$

ist. Letzteres ist genau dann der Fall, wenn $\|A^N\| < 1$ für ein $N \in \mathbb{N}$ gilt, und diese Bedingung ist sogar notwendig und hinreichend für die Konvergenz der Reihe (4.21) in der Operatornorm.

□ Zunächst gelte (4.22). Dann konvergiert die Reihe $1 + \|A^1\| + \|A^2\| + \|A^3\| + \cdots$ in $\mathbb{R}$ aufgrund des bekannten Wurzelkriteriums. Da mit X auch $\mathscr{L}(X,X)$ vollständig ist (Lemma 4.1), konvergiert auch die in (4.21) angegebene Reihe in $\mathscr{L}(X,X)$. Bezeichnen wir den Grenzwert (in $\mathscr{L}(X,X)$) dieser Reihe mit B, so gilt

$$AB = BA = \sum_{n=0}^{\infty} A^{n+1} = A + A^2 + A^3 + \cdots,$$

also $(I-A)B = B(I-A) = I$.

Wir nehmen nun an, es gebe ein N mit $q := \|A^N\| < 1$ und setzen $C := \max\{1, \|A\|, \|A^2\|, \ldots, \|A^{N-1}\|\}$. Wir können jedes $n \in \mathbb{N}$ eindeutig in der Form $n = kN + m$ mit $k = 0, 1, \ldots$ und $m \in \{0, \ldots, N-1\}$ schreiben. Es folgt

$$\sqrt[n]{\|A^n\|} = \sqrt[n]{\|A^{kN+m}\|} = \sqrt[n]{\|(A^k)^N A^m\|} \le \sqrt[n]{q^k C} \le q^{k/n} \sqrt[n]{C} = q^{N+(m/n)} \sqrt[n]{C}$$

Für $n \to \infty$ gilt $\sqrt[n]{C} \to 1$ und $\frac{m}{n} \to 0$, also

$$\limsup_{n\to\infty} \sqrt[n]{\|A^n\|} \le q^N < 1,$$

d. h. es gilt (4.22).

Falls es umgekehrt kein N mit $\|A^N\| < 1$ gibt, d. h. für alle n ist $\|A^n\| \ge 1$, dann kann (4.22) natürlich nicht gelten, und ebenso kann auch die Reihe (4.21) nicht konvergieren, da ihre Partialsummen $s_n := I + A + A^2 + \cdots + A^n$ keine Cauchyfolge bilden können: Es ist dann ja stets $\|s_{n+1} - s_n\| = \|A^{n+1}\| \ge 1$. ■

Satz 4.4 zeigt, dass mit dem (trivialerweise invertierbaren) identischen Operator I auch alle beschränkten Operatoren invertierbar sind, die „genügend nahe" bei I liegen. Die in (4.21) angegebene Reihe wird im allgemeinen die *Neumannsche Reihe* von A genannt. Man beachte die formale Analogie zur reellen *geometrischen Reihe*

$$(4.23) \qquad (1-q)^{-1} = \sum_{n=0}^{\infty} q^n = 1 + q + q^2 + q^3 + \cdots,$$

die ja auch für $|q| < 1$ konvergiert. Der Zusatz zu Satz 4.4 zeigt allerdings, dass die Analogie an einem wichtigen Punkt verlorengeht: Während die geometrische Reihe (4.23) *genau* für $|q| < 1$ konvergiert, kann die Neumannsche Reihe (4.21) auch für $\|A\| \geq 1$ konvergieren; es reicht ja, dass $\|A^n\| < 1$ für ein $n \in \mathbb{N}$ ist. Der Grund hierfür liegt natürlich darin, dass für eine Zahl $q \in \mathbb{R}$ immer $|q^n| = |q|^n$ gilt, für einen Operator $A \in \mathscr{L}(X,X)$ aber durchaus $\|A^n\| < \|A\|^n$ sein kann (s. Beispiel 4.18 unten).

Ist $A\colon X \to X$ ein beschränkter Operator, so setzen wir

$$(4.24) \qquad r(A) := \limsup_{n\to\infty} \sqrt[n]{\|A^n\|}$$

und nennen die Zahl $r(A)$ den *Spektralradius*[5] von A. Ist $r(A) < 1$, so ist auch $\|A^n\| < 1$ für genügend große n. Wir können aus Satz 4.4 folgern:

Satz 4.5. *Sei X Banachraum und $A \in \mathscr{L}(X,X)$. Es gilt*

$$(4.25) \qquad r(A) = \lim_{n\to\infty} \sqrt[n]{\|A^n\|} = \inf_n \sqrt[n]{\|A^n\|},$$

und falls diese Zahl kleiner als 1 ist, dann ist der Operator $I - A$ invertierbar und es gilt (4.21). *(Letzteres gilt sogar genau dann wenn $r(A) < 1$ ist).*

□ Nur (4.25) folgt nicht unmittelbar aus Satz 4.4. Die Abschätzung $r(A) \geq \inf_n \sqrt[n]{\|A^n\|}$ ist trivial. Für jedes $\alpha > \inf_n \sqrt[n]{\|A^n\|}$ gibt es ein n mit $\|A^n\| < \alpha^n$. Es gilt dann $\|(\alpha^{-1}A)^n\| < 1$, und aus Satz 4.4 folgt $r(\alpha^{-1}A) < 1$. Wegen $r(\alpha^{-1}A) = \alpha^{-1}r(A)$ ist also $r(A) < \alpha$. Wegen der Beliebigkeit von α erhalten wir $r(A) \leq \inf_n \sqrt[n]{\|A^n\|}$. Damit haben wir $r(A) = \inf_n \sqrt[n]{\|A^n\|}$ bewiesen. Es folgt

$$r(A) = \limsup_{n\to\infty} \sqrt[n]{\|A^n\|} \geq \liminf_{n\to\infty} \sqrt[n]{\|A^n\|} \geq \inf_n \sqrt[n]{\|A^n\|} = r(A);$$

daher muss $\sqrt[n]{\|A^n\|}$ gegen $r(A)$ konvergieren, und (4.25) ist bewiesen. ■

Wir illustrieren die Sätze 4.4 und 4.5 mit einigen Beispielen.

Beispiel 4.15. Wir betrachten wie in Beispiel 4.3 den durch $A(\xi_1,\ldots,\xi_N) := (\eta_1,\ldots,\eta_N)$ mit (4.6) definierten Operator A von $(\mathbb{R}^N, \|\cdot\|_2)$ in sich. Der Operator (d. h. die Matrix) $I - A$ ist dann invertierbar, falls

$$\sum_{i,j} |\alpha_{ij}|^2 < 1$$

[5] Woher diese Bezeichnung kommt, können wir erst später erklären; s. Satz 7.5 und die daran anschließenden Bemerkungen.

gilt. Wir können analoge Invertierbarkeitskriterien auch für den Fall des Operators $A(\xi_1,\xi_2,\dots) := (\eta_1,\eta_2,\dots)$ mit (4.17) im Raum $X := Y := \ell_2$ bekommen, wobei die Indizes i und j natürlich ganz $\mathbb{N}$ durchlaufen. Dies stellen wir bis zum Kapitel 6 zurück. ☺

Beispiel 4.16. Sei $X := \ell_\infty$ und $A\colon X \to X$ die Linksverschiebung (4.10). Am Beispiel der Folge $e := (1,1,1,\dots)$ sieht man, dass die Reihe

$$\sum_{n=0}^{\infty} A^n e = (1,1,1,\dots) + (1,1,1,\dots) + (1,1,1,\dots) + \cdots$$

nicht konvergiert. In der Tat kann $(I-A)^{-1}$ wegen

$$N(I-A) = \{(\xi,\xi,\xi,\dots) : \xi \in \mathbb{R}\} \neq \{\theta\}$$

gar nicht existieren. Satz 4.4 ist natürlich deswegen nicht anwendbar, weil $\|A^n\| = 1$ für alle $n \in \mathbb{N}$ gilt, also auch $r(A) = 1$. ☺

Beispiel 4.17. Sei $X := Y := C$ und $Ax(t) := a(t)x(t)$ mit $a \in C$ wie in Beispiel 4.9. Die Forderung $\|A\| < 1$ bedeutet hier, dass $|a(t)| \leq \|a\| < 1$ für alle $t \in [0,1]$ ist. In diesem Fall ist dann der Operator

$$(I-A)^{-1}y(t) = \frac{y(t)}{1-a(t)}$$

in der Tat auf dem ganzen Raum Y definiert und beschränkt mit

$$\|(I-A)^{-1}\| = \max_{0\leq t\leq 1} \frac{1}{|1-a(t)|} = \frac{1}{\min\limits_{0\leq t\leq 1} |1-a(t)|}.$$

In diesem Beispiel liefert auch Satz 4.5 nichts Neues, da für eine stetige Funktion a stets $\|a^n\| = \|a\|^n$ gilt; insbesondere ist hier $r(A) = \|A\| = \|a\|_C$. ☺

Beispiel 4.18. Im Gegensatz hierzu betrachten wir nun einen Operator A, auf den Satz 4.4 nur für $N > 1$ anwendbar ist. Sei $X := Y := C$ und J der in (4.15) definierte Integraloperator. Wir wissen schon, dass in diesem Fall $\|J\| = 1$ ist, d. h. Satz 4.4 ist auf J nicht direkt anwendbar. Andererseits gilt

$$\begin{aligned} J^2x(s) &= \int_0^s \int_0^t x(\tau)\,d\tau\,dt = \int_0^s \int_0^s \chi_{[0,t]}(\tau)x(\tau)\,d\tau\,dt \\ &= \int_0^s \int_0^s \chi_{[0,t]}(\tau)x(\tau)\,dt\,d\tau = \int_0^s (s-\tau)x(\tau)\,d\tau, \end{aligned}$$

also

$$\|J^2x\|_C \leq \|x\|_C \max_{0\leq s\leq 1} \int_0^s (s-\tau)\,d\tau = \|x\|_C \max_{0\leq s\leq 1} \frac{s^2}{2} = \frac{1}{2}\,\|x\|_C\,.$$

Satz 4.4 ist daher schon für $N = 2$ anwendbar. Durch Induktion kann man analog zeigen, dass allgemein

$$J^n x(s) = \int_0^s \frac{(s-t)^{n-1}}{(n-1)!} x(t)\,dt \tag{4.26}$$

gilt und daher

$$\|J^n x\|_C \leq \frac{\|x\|_C}{(n-1)!} \max_{0\leq s\leq 1} \int_0^s (s-t)^{n-1}\,dt = \frac{1}{n!}\,\|x\|_C\,.$$

Hieraus folgt, dass *der Integraloperator J den Spektralradius $r(J) = 0$ hat.* ☺

An diesem Beispiel kann man auch illustrieren, dass man im Fall $r(A) < \|A\|$ durch Übergang zu einer geeigneten äquivalenten Norm auf X die Operatornorm $\|A\|$ „näher" an den Spektralradius bringen kann. Ein allgemeines Ergebnis dieses Typs werden wir in Satz 4.6 unten kennenlernen.

Sei $X := C$ mit der gewichteten Norm (1.34) versehen; mit $\|J\|_\gamma$ bezeichnen wir die Operatornorm von $J\colon (C, \|\cdot\|_\gamma) \to (C, \|\cdot\|_\gamma)$. Wir haben dann

$$\begin{aligned}\|Jx\|_\gamma &= \max_{0\leq s\leq 1} e^{-\gamma s} \left|\int_0^s x(t)\,dt\right| \leq \max_{0\leq s\leq 1} e^{-\gamma s} \int_0^s e^{\gamma t}\left|e^{-\gamma t}x(t)\right|\,dt \\ &\leq \|x\|_\gamma \max_{0\leq s\leq 1} e^{-\gamma s}\frac{e^{\gamma s}-1}{\gamma} = \|x\|_\gamma \max_{0\leq s\leq 1} \frac{1-e^{-\gamma s}}{\gamma} = \frac{1-e^{-\gamma}}{\gamma}\,\|x\|_\gamma\,.\end{aligned}$$

Wegen $1 - e^{-\gamma} < \gamma$ für $\gamma > 0$ ist also

$$\|J\|_\gamma \leq \frac{1-e^{-\gamma}}{\gamma} < 1 = \|J\| \qquad (\gamma > 0),$$

d. h. im Raum $(C, \|\cdot\|_\gamma)$ können wir Satz 4.4 unmittelbar anwenden, ohne Iterierte von J zu betrachten. Wegen $(1 - e^{-\gamma})/\gamma \to 0$ für $\gamma \to \infty$ können wir $\|J\|_\gamma$ sogar „beliebig klein machen".

Beispiel 4.19. Dieses Beispiel zeigt, dass Satz 4.4 falsch wird, wenn der zugrundeliegende Raum X kein Banachraum ist. Sei $X := c_e$ (Aufgabe 1.15) und $A\colon X \to X$ definiert durch

$$A(\xi_1, \ldots, \xi_n, 0, 0, \ldots) := \frac{1}{2}(0, \xi_1, \ldots, \xi_n, 0, 0, \ldots).$$

Man sieht leicht, dass A beschränkt ist mit $\|A\| = \frac{1}{2}$. Wäre der Operator $I - A$ invertierbar auf X mit der Reihendarstellung (4.21), so müsste insbesondere für $e = (1, 0, 0, \ldots) \in X$ das Element

$$(A - I)^{-1}e = \sum_{n=0}^{\infty} A^n e = (1, \tfrac{1}{2}, \tfrac{1}{4}, \ldots, \tfrac{1}{2^n}, \ldots)$$

in X liegen, ein Widerspruch. ☺

Das folgende Beispiel zeigt, dass die Folge $(\sqrt[n]{\|A^n\|})_n$ nicht *monoton* gegen $r(A)$ konvergieren muss.

Beispiel 4.20. Sei $X := \ell_1$ und $A\colon X \to X$ definiert durch

$$A(\xi_1, \xi_2, \xi_3, \dots) := (0, \xi_1, 2\xi_2, \xi_3, 2\xi_4, \xi_5, \dots).$$

Offensichtlich ist A beschränkt mit $\|A\| = 2$. Allgemein gilt

$$A^{2k}(\xi_1, \xi_2, \xi_3, \dots) = (0, \dots, 0, 2^{k-1}\xi_1, 2^{k-1}\xi_2, 2^{k-1}\xi_3, 2^{k-1}\xi_4, \dots)$$

(mit 2^k Nullen) und

$$A^{2k-1}(\xi_1, \xi_2, \xi_3, \dots) = (0, \dots, 0, 2^{k-1}\xi_1, 2^{k}\xi_2, 2^{k-1}\xi_3, 2^{k}\xi_4, \dots)$$

(mit $2^k - 1$ Nullen). Hieraus folgt, dass

$$\|A^{2k}\| = \|A^{2k-1}\| = 2^k$$

ist, also $(\sqrt[n]{\|A^n\|})_n = (2, \sqrt{2}, \sqrt[3]{4}, 2, \sqrt[5]{8}, 2\sqrt[3]{2}, \dots)$. Diese Folge konvergiert gegen $r(A) = \sqrt{2}$, aber nicht monoton. ☺

Wie wir in Beispiel 4.18 gesehen haben, kann der Spektralradius eines Operators erheblich kleiner als seine Norm sein. Andererseits kann man diese Diskrepanz durch Übergang zu einer geeigneten äquivalenten Norm „fast beheben":

Satz 4.6. *Sei $(X, \|\cdot\|)$ Banachraum und $A \in \mathscr{L}(X, X)$. Dann kann man zu jedem $\varepsilon > 0$ eine äquivalente Norm $\|\cdot\|_\varepsilon$ auf X einführen derart, dass A in beiden Normen denselben Spektralradius hat und zusätzlich*

$$r(A) \le \|A\|_\varepsilon \le r(A) + \varepsilon \tag{4.27}$$

gilt, wobei $\|A\|_\varepsilon$ die Operatornorm von A in $(X, \|\cdot\|_\varepsilon)$ bezeichne.

□ Zu $\varepsilon > 0$ wählen wir $n \in \mathbb{N}$ so groß, dass $\|A^n\| \le r_\varepsilon^n$ gilt, wobei $r_\varepsilon := r(A) + \varepsilon$ sei. Wir definieren die Norm $\|\cdot\|_\varepsilon$ auf X durch

$$\|x\|_\varepsilon := r_\varepsilon^{n-1}\|x\| + r_\varepsilon^{n-2}\|Ax\| + \dots + r_\varepsilon\|A^{n-2}x\| + \|A^{n-1}x\|. \tag{4.28}$$

Wir zeigen zunächst, dass $\|\cdot\|_\varepsilon \sim \|\cdot\|$ ist. Trivialerweise gilt $r_\varepsilon^{n-1}\|x\| \le \|x\|_\varepsilon$; wir müssen also nur $\|x\|_\varepsilon \le b\|x\|$ für ein $b > 0$ zeigen. Aus der Definition (4.28) folgt aber

$$\|x\|_\varepsilon = \sum_{j=1}^n r_\varepsilon^{n-j}\|A^{j-1}x\| \le \sum_{j=1}^n r_\varepsilon^{n-j}\|A\|^{j-1}\|x\|,$$

so dass wir $b := r_\varepsilon^{n-1} + r_\varepsilon^{n-2}\|A\| + \dots + \|A\|^{n-1}$ wählen können.

Die linke Abschätzung in (4.27) ist klar, da der Spektralradius nach (4.25) stets kleiner oder gleich der Norm ist. Die Invarianz des Spektralradius' beim Übergang zu einer äquivalenten Norm ist ebenfalls leicht einzusehen (Aufgabe 4.44). Die Abschätzung

$$\|A\|_\varepsilon = \sup_{\|x\|_\varepsilon \leq 1} \|Ax\|_\varepsilon \leq r(A) + \varepsilon$$

sieht man wie folgt. Aus der Definition der Norm $\|\cdot\|_\varepsilon$ und aus $\|A^n x\| \leq r_\varepsilon^n \|x\|$ bekommen wir

$$\begin{aligned}\|Ax\|_\varepsilon &= r_\varepsilon^{n-1}\|Ax\| + r_\varepsilon^{n-2}\|A^2x\| + \cdots + r_\varepsilon\|A^{n-1}x\| + \|A^n x\| \\ &\leq r_\varepsilon(r_\varepsilon^{n-1}\|x\| + r_\varepsilon^{n-2}\|Ax\| + \cdots + \|A^{n-1}x\|) = r_\varepsilon\|x\|_\varepsilon,\end{aligned}$$

und dies zeigt, dass $\|A\|_\varepsilon \leq r_\varepsilon = r(A) + \varepsilon$ ist, wie behauptet. ■

Aus Satz 4.6 folgt für $A \in \mathscr{L}(X, X)$ die interessante Beziehung

$$r(A) = \inf\left\{\|A\|^* : \|\cdot\|^* \sim \|\cdot\|\right\},$$

wobei das Infimum über alle zur Ausgangsnorm $\|\cdot\|$ äquivalenten Normen $\|\cdot\|^*$ genommen wird und $\|A\|^*$ die Operatornorm von A in $(X, \|\cdot\|^*)$ bezeichne.

4.5 Konvergenz von Operatorfolgen

Wir wollen nun noch Folgen $(A_n)_n$ in $\mathscr{L}(X, Y)$ untersuchen, die in einem näher zu präzisierenden Sinn gegen einen Operator A konvergieren. Wir nennen eine Folge $(A_n)_n$ beschränkter linearer Operatoren $A_n \colon X \to Y$ *norm-konvergent* gegen A und schreiben dafür[6] $A_n \rightrightarrows A$, falls

$$\lim_{n\to\infty} \|A_n - A\|_{X\to Y} = 0$$

gilt. Andererseits nennen wir $(A_n)_n$ *stark konvergent* gegen A (und schreiben dafür $A_n \to A$), falls die Folge $(A_n x)_n$ für jedes $x \in X$ in Y gegen Ax konvergiert, also

$$\lim_{n\to\infty} \|A_n x - Ax\|_Y = 0 \qquad (x \in X).$$

Nach Definition (4.2) der Norm ist natürlich jede norm-konvergente Folge auch stark konvergent (gegen denselben Grenzoperator). Die Umkehrung gilt nicht:

Beispiel 4.21. Sei $X := Y := \ell_1$ und P_n die in (3.11) eingeführte kanonische Projektion. Für jedes $x = (\xi_n)_n \in \ell_1$ gilt dann

$$\lim_{n\to\infty} \|x - P_n x\| = \lim_{n\to\infty} \sum_{j=n+1}^{\infty} |\xi_j| = 0, \tag{4.29}$$

[6] Diese Schreibweise wird häufig in der Literatur verwendet; da wir den Implikationspfeil „⇒" nur sehr sparsam verwenden, besteht keine Verwechslungsgefahr.

also konvergiert die Folge $(P_n)_n$ stark gegen die Identität $I = I_{\ell_1}$. Gälte andererseits $P_n \rightrightarrows I$, so hätten wir statt (4.29) sogar

$$\lim_{n\to\infty} \sup_{\|x\|\le 1} \|x - P_n x\| = \lim_{n\to\infty} \sup_{\|x\|\le 1} \sum_{j=n+1}^{\infty} |\xi_j| = 0.$$

Für $x = e_k$ wie in (4.13) hat die Reihe jedoch den Wert 1, falls wir $k \ge n+1$ wählen. ☺

Beispiel 4.22. Sei $X := Y := L_1$ und $A_n \in \mathscr{L}(X,Y)$ definiert durch

$$A_n x(t) := \begin{cases} x(t+\frac{1}{n}) & \text{falls } t+\frac{1}{n} < 1, \\ 0 & \text{falls } t+\frac{1}{n} \ge 1. \end{cases}$$

Im Beweis von Lemma 3.1 (s. auch Aufgabe 3.28) haben wir schon benutzt, dass für alle $x \in L_1$

$$\lim_{\tau\to 0} \int_0^1 |x(t) - x(t+\tau)|\, dt = 0$$

gilt; dies bedeutet aber gerade $A_n \to I$. Um zu zeigen, dass $(A_n)_n$ nicht norm-konvergent gegen I ist, betrachten wir die Funktionenfolge

$$x_n(t) := \begin{cases} n & \text{falls } 0 \le t < \frac{1}{n}, \\ 0 & \text{falls } \frac{1}{n} \le t \le 1. \end{cases}$$

Dann gilt $\|x_n\| = 1$ und

$$\|x_n - A_n x_n\| = \int_0^1 |x_n(t) - x_n(t+\tfrac{1}{n})|\, dt = \int_0^1 |x_n(t)|\, dt = 1,$$

also $\|I - A_n\| \ge 1$. ☺

In Lemma 4.1 haben wir gezeigt, dass sich die Beschränktheit der Operatoren A_n *bei Norm-Konvergenz* auf den Grenzoperator A überträgt. Einfache Beispiele zeigen (Aufgabe 4.34 und 4.35), dass die Beschränktheit verlorengehen kann, wenn die Konvergenz nur stark ist. Wie der folgende Satz zeigt, sind solche Beispiele aber nur dann möglich, wenn der Ausgangsraum X *kein Banachraum* ist!

Satz 4.7. *Sei X Banachraum und Y normierter Raum, und sei $(A_n)_n$ eine Folge in $\mathscr{L}(X,Y)$, die stark gegen einen Operator $A\colon X \to Y$ konvergiert. Dann gilt auch $A \in \mathscr{L}(X,Y)$.*

Satz 4.7 ist klar, falls

$$C := \sup_n \|A_n\|_{X\to Y} < \infty \tag{4.30}$$

ist. In diesem Fall folgt nämlich für jedes $x \in X$ wegen $A_n x \to Ax$, dass $C\|x\| \ge \|A_n x\| \to \|Ax\|$ und daher $\|Ax\| \le C\|x\|$ gilt. Die Endlichkeit des Supremums in (4.30) wiederum folgt aus dem folgenden wichtigen *Prinzip der gleichmäßigen Beschränktheit:*

Satz 4.8 (Banach-Steinhaus). *Sei X Banachraum und Y normierter Raum, und* $\{A_i : i \in I\}$ *eine Familie beschränkter linearer Operatoren* $A_i \in \mathscr{L}(X, Y)$, *wobei I eine beliebige Indexmenge sei. Gilt dann*

$$(4.31) \qquad \sup_{i \in I} \|A_i x\| = c_x < \infty \qquad (x \in X),$$

so haben die A_i *sogar gleichmäßig beschränkte Normen, d. h. es gilt*

$$(4.32) \qquad \sup_{i \in I} \|A_i\|_{X \to Y} \leq c < \infty.$$

□ Sei

$$M_i := \{x : x \in X, \|A_i x\| \leq 1\}$$

und

$$M := \bigcap_{i \in I} M_i.$$

Da alle Mengen M_i abgeschlossen und konvex sind, ist auch M abgeschlossen und konvex. Wir behaupten, dass

$$(4.33) \qquad \theta \in M^a$$

gilt, wobei M^a das algebraische Innere von M bezeichne.

Sei $x \in X$ fest. Wählen wir $0 < \varepsilon \leq 1/c_x$, so bekommen wir $\|A_i(\varepsilon x)\| = \varepsilon \|A_i x\| \leq 1$ für alle $i \in I$, also $\varepsilon x \in M$, womit (4.33) bewiesen ist.

Nach Lemma 4.3 haben wir dann auch $\theta \in \mathring{M}$, d. h. wir finden ein $\delta > 0$ mit $K_\delta(X) \subseteq M$. Dies bedeutet, dass aus $\|x\| \leq \delta$ stets $\|A_i x\| \leq 1$ folgt, also

$$\|A_i\| = \sup_{\|x\| \leq 1} \|A_i x\| \leq \frac{1}{\delta} \qquad (i \in I).$$

Daher gilt (4.32) mit $c := 1/\delta$. ■

Wir weisen ausdrücklich darauf hin, dass es zur Anwendung von Satz 4.8 nicht genügt, die Bedingung (4.31) zu überprüfen: Man muss zusätzlich noch nachweisen, dass jedes A_i selbst ein beschränkter Operator ist. Grob gesprochen: Weiß man, dass die Abbildung $(i, x) \mapsto A_i x$ in jeder der beiden einzelnen Variablen $i \in I$ und $x \in K_1(X)$ beschränkt ist, so ist sie sogar auf dem Produkt $(i, x) \in I \times K_1(X)$ beschränkt.[7]

Beispiel 4.23. Dieses Beispiel zeigt, dass Satz 4.8 für nicht-vollständige Räume X falsch

[7] Dies ist für beliebige Funktionen natürlich falsch, wie man etwa am Beispiel $f(x, y) := xy/(x^2 + y^2)$ sieht.

wird. Sei $X := c_e$ (Aufgabe 1.15), $Y := \mathbb{R}$ und A_k $(k = 1, 2, \dots)$ definiert durch

$$A_k(\xi_1, \xi_2, \xi_3, \dots, \xi_n, 0, 0, \dots) := \xi_1 + \xi_2 + \dots + \xi_k.$$

Dann gilt $A_k \in \mathscr{L}(c_e, \mathbb{R})$ und

$$\sup_k |A_k(\xi_1, \xi_2, \xi_3, \dots, \xi_n, 0, 0, \dots)| \leq |\xi_1| + |\xi_2| + \dots + |\xi_k| < \infty.$$

Andererseits gilt für $x_k := (1, 1, \dots, 1, 0, 0, \dots)$ (mit k Einsen) $\|x_k\| = 1$ und $|A_k x_k| = k$, also kann (4.32) nicht gelten. ☺

Wir können Satz 4.7 benutzen, um den Anwendungsbereich der Neumannschen Reihe (4.21) etwas zu erweitern. Manchmal kann man die Neumannsche Reihe nämlich auch dann benutzen, um $I - A$ zu invertieren, wenn $r(A) \geq 1$ ist. In diesem Fall kann die Neumannsche Reihe natürlich nicht in der Operatornorm konvergieren; tatsächlich genügt es aber schon, dass sie nur *stark* konvergiert:

Satz 4.9. *Sei X Banachraum und $A \in \mathscr{L}(X, X)$. Für jedes $x \in X$ sei die Reihe*

$$Bx := \sum_{n=0}^{\infty} A^n x \tag{4.34}$$

konvergent. Dann ist $I - A$ bijektiv, und $(I - A)^{-1} = B$ ist beschränkt.

□ Sei $B_k x := x + Ax + A^2 x + \dots + A^k x$. Dann ist $AB_k x = B_k Ax = B_{k+1} x - x$. Da nach Voraussetzung $B_k x \to Bx$ und folglich auch $B_k Ax \to BAx$ gilt, folgt aufgrund der Stetigkeit von A, dass $ABx = BAx = Bx - x$ ist, d. h. $(I - A)Bx = B(I - A)x = x$. Da dies für alle $x \in X$ gilt, ist B die Inverse zu $I - A$. Die Beschränktheit von B folgt aus Satz 4.7 (oder natürlich auch aus Satz 4.2). ■

Aus dem Beweis von Satz 4.9 lässt sich sogar noch mehr ablesen: Konvergiert die Reihe nicht für alle $x \in X$, so muss der Operator $I - A$ zwar nicht bijektiv sein, aber immerhin enthält der Wertebereich $R(I - A)$ von $I - A$ zumindest alle diejenigen Punkte x, für die die Reihe (4.34) konvergiert. In der Tat, in diesem Fall ist Bx ein Urbild für x unter $I - A$ (d. h. $(I - A)Bx = x$); außerdem enthält $N(I - A)$ alle diese Punkte mit $x \neq \theta$ *nicht*, da $B(I - A)x = x \neq \theta$ ist.

Beispiel 4.24. Sei $X := L_\infty$ und

$$Ax(s) := \frac{1}{s} \int_0^s x(t)\, dt.$$

Für $e(t) \equiv 1$ ist $Ae = e$, also ist $I - A$ nicht injektiv. Insbesondere ist $r(A) \geq 1$, und auch Satz 4.9 kann nicht anwendbar sein. Dennoch besitzt etwa die Gleichung

$$x(s) = \frac{1}{s} \int_0^s x(t)\, dt + s \tag{4.35}$$

eine Lösung, die mit Hilfe der Neumannschen Reihe ermittelt werden kann. Setzen wir nämlich $x_0(s) := s$, so ist $Ax_0 = \frac{1}{2}x_0$, allgemeiner $A^n x_0 = 2^{-n}x_0$, und somit

$$\sum_{n=0}^{\infty} A^n x_0 = \sum_{n=0}^{\infty} 2^{-n} x_0 = 2x_0.$$

Nach der obigen Bemerkung muss daher $x := 2x_0$ eine Lösung der Gleichung (4.35) sein, wie man leicht durch Einsetzen bestätigt. ☺

4.6 Projektionen

Wir wollen nun noch eine besonders einfache Klasse linearer Operatoren untersuchen, die wir in speziellen Räumen schon benutzt haben. Ein linearer Operator $P\colon X \to X$ heißt *Projektion*, falls $P^2 = P$ gilt, d. h. P ist *idempotent*. Mit P ist dann auch $Q := I - P$ eine Projektion; hierbei gilt $N(P) = R(Q)$ und $R(P) = N(Q)$. Die Darstellung $x = (x - Px) + Px$ liefert zu jeder Projektion P eine Zerlegung von X als *direkte Summe* $X = N(P) \oplus R(P)$: In der Tat, aus $y \in N(P) \cap R(P)$ folgt $Py = \theta$ und $y = Px$ für ein $x \in X$, also $\theta = Py = P^2x = Px = y$.

Diese Argumentation können wir auch umkehren. Ist nämlich $X = U \oplus V$ mit zwei Unterräumen $U, V \subseteq X$, so können wir eine Projektion P folgendermaßen definieren: Ist $x = u + v$ mit $u \in U$ und $v \in V$, so setzen wir $Px = v$. Die Abbildung $P\colon X \to X$ ist offensichtlich linear und erfüllt $U = N(P)$ und $V = R(P)$ sowie $P^2 = P$. Wir nennen P die *Projektion von X auf V längs U*. Offensichtlich ist dann $Q := I - P$ die Projektion von X auf U längs V.

Beispielsweise sind die in (3.11) eingeführten Operatoren P_n Projektionen in $X := \ell_p$. Analog erzeugt jede messbare Menge $D \subseteq [0,1]$ eine Projektion P_D in $X := L_p$, nämlich (vgl. Aufgabe 3.22)

$$P_D x(s) := \chi_D(s) x(s) = \begin{cases} x(s) & \text{falls } s \in D, \\ 0 & \text{falls } s \notin D. \end{cases} \tag{4.36}$$

In beiden Beispielen gilt $P \in \mathscr{L}(X, X)$ mit $\|P\| \leq 1$, und sowohl $N(P)$ als auch $R(P)$ sind abgeschlossen. Dies ist kein Zufall, wie der folgende wichtige Satz zeigt:

Satz 4.10. *Sei $X := U \oplus V$ Banachraum und P die Projektion von X auf V längs U. Dann ist P genau dann beschränkt, wenn U und V beide abgeschlossen in X sind.*

□ Ist P beschränkt, so ist $U = N(P)$ als Nullraum einer stetigen Abbildung abgeschlossen. Ebenso ist $V = R(P)$ als Nullraum des beschränkten Operators $Q := I - P$ abgeschlossen.

Seien nun umgekehrt U und V beide abgeschlossen. Wir zeigen mit Satz 4.1, dass P stetig ist. Sei also $(x_n)_n$ eine Nullfolge in X und gelte $v_n := Px_n \to v$; wir müssen zeigen, dass $v = \theta$ ist. Wegen $v_n \in V$ und der Abgeschlossenheit von V gilt einerseits $v \in V$. Andererseits liegt aber $u_n := v_n - x_n$ in U, denn $Pu_n = P^2x_n - Px_n = \theta$; wegen

$u_n = v_n - x_n \to v$ gilt also auch $v \in U$. Nach Voraussetzung ist also $v = \theta$, und damit gilt $P \in \mathscr{L}(X, X)$ nach Satz 4.1. ∎

Wir diskutieren kurz einen Zusammenhang zwischen Projektionen und Quotientenräumen. Satz 4.10 beantwortet nämlich die Frage, ob es bei gegebenem Banachraum X und abgeschlossenem Unterraum $U \subseteq X$ immer eine stetige Projektion von X auf U gibt. Nach Satz 4.10 ist dies genau dann der Fall, wenn ein weiterer abgeschlossener Unterraum $V \subseteq X$ mit $X = U \oplus V$ existiert. In diesem Fall gilt dann $V \cong X/U$, wobei ein natürlicher Isomorphismus $A\colon V \to X/U$ durch $Av = [v]$ gegeben ist.[8] Im Sinne der Isomorphie $([v], u) \mapsto v + u$ gilt dann also die „Kürzungsregel"

$$(X/U) \times U = X \tag{4.37}$$

die wir schon in (1.39) kennengelernt haben.

Umgekehrt gilt aber auch: Falls es einen Isomorphismus A von X auf $(X/U) \times U$ mit $Au = ([\theta], u)$ für $u \in U$ gibt, so gibt es natürlich auch eine beschränkte Projektion von X auf U, nämlich die Abbildung P, die das Element x auf die zweite Komponente von Ax abbildet. In diesem Sinne *ist die „Kürzungsregel"* (4.37) *also genau dann richtig, wenn es eine stetige Projektion von X auf U gibt.*

Wir betonen ausdrücklich, dass es tatsächlich Fälle gibt, in denen (4.37) falsch wird: So kann man z. B. zeigen, dass es für $X := \ell_\infty$ und $U := c_0$ *keine* stetige Projektion von X auf U gibt. Ein „positives" Ergebnis ist das folgende: Ist X Banachraum und $U \subseteq X$ ein *endlichdimensionaler* Unterraum, so gibt es stets eine stetige Projektion P von X auf U. Daher gibt es dann auch immer einen abgeschlossenen Unterraum $V \subseteq X$ mit $X = U \oplus V$ (nämlich $V := N(P)$).

Wir wollen den Beweis hier nur kurz skizzieren. Sei $\{e_1, e_2, \ldots, e_N\}$ eine Basis von U. Wir definieren N lineare Abbildungen $\ell_1, \ell_2, \ldots, \ell_N\colon U \to \mathbb{R}$ durch die Festsetzung $\ell_i(e_i) = 1$ und $\ell_i(e_j) = 0$ für $i \neq j$. Als Abbildungen zwischen endlichdimensionalen Räumen sind die ℓ_i alle beschränkt. Wir können $\ell_1, \ell_2, \ldots, \ell_N$ nun zu beschränkten linearen Abbildungen $\tilde{\ell}_1, \tilde{\ell}_2, \ldots, \tilde{\ell}_N\colon X \to \mathbb{R}$ fortsetzen.[9] Der durch

$$Px := \tilde{\ell}_1(x)e_1 + \tilde{\ell}_2(x)e_2 + \cdots + \tilde{\ell}_n(x)e_n$$

definierte Operator ist dann die gewünschte Projektion.

4.7 Aufgaben

Aufgabe 4.1. Beweisen Sie, dass man in der Definition (4.2) der Norm $\|A\|$ die Bedingung $\|x\|_X \leq 1$ durch die Bedingung $\|x\|_X = 1$ oder die Bedingung $\|x\|_X < 1$ ersetzen

[8] Man beachte, dass A beschränkt und nach Satz 4.2 daher tatsächlich ein Isomorphismus ist!

[9] Dass eine solche Fortsetzung tatsächlich möglich ist, folgt aus einem tiefliegenden Satz der Funktionalanalysis, den wir im Rahmen dieses Buches nicht behandeln, nämlich dem sog. *Fortsetzungssatz von Hahn-Banach.*

kann. Zeigen Sie ebenfalls, dass

$$\|A\|_{X\to Y} = \sup_{x\neq\theta} \frac{\|Ax\|_Y}{\|x\|_X}$$

gilt.

Aufgabe 4.2. Welche der folgenden Operatoren A sind linear auf dem Raum $C[0,1]$? (a) $Ax(s) := x(0)$; (b) $Ax(s) := \int_0^1 x(t)\,dt$; (c) $Ax(s) := |x(0)|$; (d) $Ax(s) := \int_0^1 x(t)^2\,dt$; (e) $Ax(s) := s^2x(s)$; (f) $Ax(s) := \int_0^1 x(t^2)\,dt$; (g) $Ax(s) := \int_0^1 |x(t)|\,dt$; (h) $Ax(s) := \int_0^1 x(t)\sin t\,dt$; (i) $Ax(s) := \int_0^1 t^3x(t^2)\,dt$; (j) $Ax(s) := \max_{0\leq t\leq 1} x(t)$.

Aufgabe 4.3. Zeigen Sie, dass der in Aufgabe 4.2 (a) definierte Operator A zu $\mathscr{L}(C,\mathbb{R})$ gehört, und berechnen Sie seine Norm. Zeigen Sie weiter, dass es keine stetige Funktion a geben kann mit $Ax(s) := \int_0^1 a(t)x(t)\,dt$.

Aufgabe 4.4. Seien X und Y normierte Räume und $A\colon X \to Y$ ein linearer Operator mit abgeschlossenem Graphen $\Gamma(A) := \{(x, Ax) : x \in X\} \subset X \times Y$. Die *Graphennorm* bzgl. A ist dann auf X definiert durch $\|x\|_A := \|x\|_X + \|Ax\|_Y$. Beweisen Sie, dass dann $A\colon (X, \|\cdot\|_A) \to (Y, \|\cdot\|_Y)$ stets beschränkt ist. Wann sind die ursprüngliche Norm und die Graphennorm auf X äquivalent?

Aufgabe 4.5. Sei $L\colon (C^1, \|\cdot\|_C) \to (C, \|\cdot\|_C)$ definiert durch $Lx := x'$. Wie sieht die Graphennorm auf C^1 bzgl. L aus?

Aufgabe 4.6. Sei $\mathbb{R}^2$ mit der Norm aus Aufgabe 1.33 (a) versehen. Berechnen Sie die Norm eines linearen Operators $A\colon \mathbb{R}^2 \to \mathbb{R}^2$ in dieser Norm.

Aufgabe 4.7. Berechnen Sie die Norm der Linksverschiebung (4.10) und der Rechtsverschiebung (4.11) in den Räumen c und c_0.

Aufgabe 4.8. Seien X und Y Banachräume, und $A \in \mathscr{L}(X,Y)$ bijektiv mit $\delta := 1/\|A^{-1}\|$. Beweisen Sie, dass dann jeder Operator $B \in \mathscr{L}(X,Y)$ mit $\|B - A\| < \delta$ auch ein Isomorphismus ist. Schließen Sie hieraus, dass die Menge

$$\mathrm{GL}(X,Y) := \{A \in \mathscr{L}(X,Y) : A \text{ ist ein Isomorphismus}\}$$

offen in $\mathscr{L}(X,Y)$ ist.

Aufgabe 4.9. Zeigen Sie, dass die durch $A \mapsto A^{-1}$ auf $\mathrm{GL}(X,Y)$ (vgl. Aufgabe 4.8) gegebene Abbildung stetig ist.

Schließen Sie hieraus, dass auch die durch $(A,y) \mapsto A^{-1}y$ auf $\mathrm{GL}(X,Y) \times Y$ gegebene Abbildung stetig ist, d. h. die (eindeutige) Lösung $x \in X$ der Gleichung $Ax = y$ hängt stetig von $(A,y) \in \mathrm{GL}(X,Y) \times Y$ ab.

Aufgabe 4.10. Für welche Folgen $(\alpha_n)_n$ ist der durch

$$A(\xi_1, \xi_2, \xi_3, \dots) := (\alpha_1\xi_1, \alpha_2, \xi_2, \alpha_3\xi_3, \dots)$$

gegebene Operator A beschränkt von c in sich? Was ist in diesem Fall seine Norm?

Aufgabe 4.11. Sei $a \in C^\gamma$ (s. Beispiel 1.9) und $Ax(t) := a(t)x(t)$. Finden Sie eine Beziehung zwischen α, β, γ, die die Beschränktheit von A zwischen C^α und C^β sichert. Finden Sie auch eine Schranke für die Norm von A.

Aufgabe 4.12. Wann ist der Operator (4.12) injektiv/surjektiv/bijektiv in ℓ_p? Wann ist dann A^{-1} beschränkt?

Aufgabe 4.13. Zeigen Sie, dass für $A \in \mathscr{L}(X, X)$ stets die Abschätzung $\|A^n\| \leq \|A\|^n$ gilt, und geben Sie ein Beispiel für strikte Ungleichheit.

Aufgabe 4.14. Sei $Ax(t) := (1-t)x(0) + tx(1)$. Berechnen Sie die Norm von A in C, C^1 und Lip.

Aufgabe 4.15. Seien $A, B\colon C \to C$ definiert durch

$$Ax(s) := s \int_0^1 x(t)\, dt$$

und $Bx(t) := tx(t)$. Berechnen Sie $\|A\|$, $\|B\|$, $\|AB\|$ und $\|BA\|$. Für welche $x \in C$ gilt $ABx = BAx$?

Aufgabe 4.16. Zeigen Sie, dass der durch $Ax(t) := a(t)x(t)$ definierte Operator A von L_p in L_q $(p \geq q \geq 1)$ beschränkt ist, falls $a \in L_{pq/(p-q)}$ ist. Wie groß ist in diesem Fall die Norm von A?

Aufgabe 4.17. Seien X und Y normierte Räume, $A \in \mathscr{L}(X, Y)$ und $U \subseteq X$, $V \subseteq Y$ abgeschlossene Unterräume von X bzw. Y mit $A(U) \subseteq V$. Zeigen Sie, dass der durch $A_{U,V}[x] := [Ax]$ erklärte Operator $A_{U,V}\colon X/U \to Y/V$ wohldefiniert ist. Ist dieser Operator beschränkt?

Aufgabe 4.18. Was ergibt sich, wenn man Aufgabe 4.17 auf die Unterräume $U := N(A)$ und $V := \{\theta\}$ (also $Y/V \cong Y$) anwendet? Zeigen Sie insbesondere, dass der Operator $A_0x := A[x]$ injektiv ist, und berechnen Sie seine Norm.

Aufgabe 4.19. Finden Sie beschränkte lineare Operatoren A in $X := Y := C$ die den Unterraum $U := V := \hat{C}$ aus Aufgabe 1.24 invariant lassen. Wie sehen in diesen Fällen die Operatoren $A_{U,V}$ aus?

Aufgabe 4.20. Für welche $\alpha > 0$ ist der Operator $Ax(t) := x(t^\alpha)$ beschränkt in C? Finden Sie dann seine Norm.

Aufgabe 4.21. Zeigen Sie, dass der durch

$$Ax(s) := \frac{1}{s} \int_0^s x(t)\,dt$$

gegebene Operator auf L_2 beschränkt ist mit $\|A\| \leq 2$.

Hinweis. Integrieren Sie die Funktion $t \mapsto (Ax(t))^2$ partiell und wenden Sie die Höldersche Ungleichung an.

Aufgabe 4.22. Beweisen Sie durch Betrachtung der Folge $x_n(t) := \frac{1}{\sqrt{n}} t^{-\frac{1}{2}(1-\frac{1}{n})}$, dass für den Operator aus Aufgabe 4.21 sogar $\|A\| = 2$ gilt.

Aufgabe 4.23. Für welche α, β ist der Operator $Ax(t) := t^\beta x(t^\alpha)$ beschränkt in L_2? Finden Sie dann seine Norm.

Aufgabe 4.24. Sei $a = (\alpha_n)_n \in \ell_2$. Zeigen Sie, dass der Operator

$$A(\xi_1, \xi_2, \xi_3, \dots) := \sum_{n=1}^{\infty} \alpha_n \xi_n$$

zu $\mathscr{L}(\ell_2, \mathbb{R})$ gehört mit $\|A\| = \|a\|_{\ell_2}$.

Aufgabe 4.25. Zeigen Sie, dass umgekehrt jeder Operator $A \in \mathscr{L}(\ell_2, \mathbb{R})$ die in Aufgabe 4.24 angegebene Form mit einer geeigneten Folge $a \in \ell_2$ hat.

Aufgabe 4.26. Für welche Paare (X, Y) gilt $X \hookrightarrow Y$? (a) (C^1, C); (b) (C, L_1); (c) (L_∞, L_1); (d) (C^α, C); (e) (C^1, Lip); (f) (Lip, L_∞); (g) (c_0, c); (h) (ℓ_1, c_0); (i) (ℓ_1, ℓ_2); (j) (c_e, c_0); (k) (P, C).

Aufgabe 4.27. Für $\tau \in \mathbb{R}$ sei $A_\tau \colon C \to C$ definiert durch

$$A_\tau x(t) := (t - \tau) x(t).$$

Zeigen Sie:

(a) A_τ ist injektiv;

(b) A_τ ist für $\tau \notin [0, 1]$ surjektiv;

(c) A_τ^{-1} ist beschränkt für $\tau \notin [0, 1]$.

Wie sieht der Wertebereich $R(A_\tau)$ für $\tau \in [0, 1]$ aus? Welche Norm hat A_τ für $\tau \notin [0, 1]$?

Aufgabe 4.28. Sei $A \colon (\mathbb{R}^N, \|\cdot\|_2) \to (\mathbb{R}^M, \|\cdot\|_2)$ definiert durch die Matrix (4.7). Seien $\lambda_1, \dots, \lambda_M$ die Eigenwerte der (symmetrischen!) Matrix AA^T, und sei $\alpha := \max\{|\lambda_j| : j = 1, \dots, M\}$. Zeigen Sie, dass $\|A\| = \sqrt{\alpha}$ ist.

Aufgabe 4.29. Sei $X := \mathbb{R}$ und $M := \mathbb{Q}$. Berechnen Sie $\mathring{M}$ und M^a.

Aufgabe 4.30. Sei $A\colon (\mathbb{R}^N, \|\cdot\|_1) \to (\mathbb{R}^M, \|\cdot\|_1)$ definiert durch die Matrix (4.7). Zeigen Sie, dass

$$\|A\| = \sup_j \sum_i |\alpha_{ij}|$$

ist.

Aufgabe 4.31. Sei $A\colon (\mathbb{R}^N, \|\cdot\|_\infty) \to (\mathbb{R}^M, \|\cdot\|_\infty)$ definiert durch die Matrix (4.7). Zeigen Sie, dass

$$\|A\| = \sup_i \sum_j |\alpha_{ij}|$$

ist.

Aufgabe 4.32. Berechnen Sie unter Benutzung der Aufgaben 4.28, 4.30 und 4.31 die Norm der Matrix

$$A := \begin{pmatrix} 1 & 0 & 2 \\ 0 & 3 & 0 \\ 4 & 0 & 5 \end{pmatrix}$$

aufgefasst als Operator in $(\mathbb{R}^3, \|\cdot\|_p)$ für $p = 1, 2, \infty$.

Aufgabe 4.33. Berechnen Sie die Norm (4.28) für $\varepsilon := 1/10$ und den Operator J aus Beispiel 4.18. Illustrieren Sie Satz 4.6 an diesem Beispiel.

Aufgabe 4.34. Seien $X := C^1$ und $Y := C$ mit der C-Norm (1.21) versehen, und sei L der (unbeschränkte!) Differentialoperator aus Beispiel 4.11. Sei $L_n\colon X \to Y$ definiert durch

$$L_n x(t) := \frac{x(t) - x(t - 1/n)}{1/n} \qquad (n \in \mathbb{N}).$$

Zeigen Sie:

(a) Die Operatoren L_n sind beschränkt von $(C^1, \|\cdot\|_C)$ in $(C, \|\cdot\|_C)$;

(b) Es gilt $L_n \to L$;

(c) Es gilt *nicht* $L_n \rightrightarrows L$.

Aufgabe 4.35. Sei $X := c_e$ (Aufgabe 1.15) und $Y := \mathbb{R}$. Eine Operatorfolge $(A_n)_n$ in $\mathscr{L}(X, Y)$ sei definiert durch

$$A_n(\xi_1, \xi_2, \ldots, \xi_k, 0, \ldots) := \xi_1 + \xi_2 + \cdots + \xi_n.$$

Zeigen Sie, dass die Folge $(A_n)_n$ stark konvergent, aber nicht norm-konvergent ist. Ist die Grenzfunktion beschränkt auf c_e?

Aufgabe 4.36. Beweisen Sie, dass ein Operator $A\colon X \to Y$ genau dann surjektiv ist, wenn er eine Rechtsinverse besitzt. Illustrieren Sie dies an zwei Beispielen.

Aufgabe 4.37. Beweisen Sie, dass ein Operator $A\colon X \to Y$ genau dann injektiv ist, wenn er eine Linksinverse besitzt. Illustrieren Sie dies an zwei Beispielen.

Aufgabe 4.38. Für welche $\lambda \in \mathbb{R}$ ist der Operator

$$Ax(s) := \int_0^s x(t)\,dt + \lambda x(s)$$

invertierbar? Geben Sie in diesem Fall A^{-1} an.

Aufgabe 4.39. Sind die Räume P (Beispiel 1.11) und c_e (Aufgabe 1.15) isomorph oder gar isometrisch isomorph? Beantworten Sie die Frage sowohl für der Norm (1.31) als auch für die Norm (1.32).

Aufgabe 4.40. Finden Sie alle Projektionen in $X := \mathbb{R}^2$.

Aufgabe 4.41. Zeigen Sie, dass der durch (3.11) gegebene Operator P_n eine Projektion in $X := \ell_p$ ist, und der durch (4.36) gegebene Operator P_D eine Projektion in $X := L_p$.

Aufgabe 4.42. Sei $A_n \in \mathscr{L}(C,C)$ definiert durch

$$A_n x(t) := x(t^{1+1/n}) \qquad (n \in \mathbb{N}).$$

Zeigen Sie, dass die Folge $(A_n)_n$ stark gegen die Identität auf C konvergiert, aber nicht in der Norm von $\mathscr{L}(C,C)$.

Aufgabe 4.43. Berechnen Sie den Spektralradius der Matrix A aus Aufgabe 4.32.

Aufgabe 4.44. Beweisen Sie, dass sich der Spektralradius eines Operators $A \in \mathscr{L}(X,X)$ beim Übergang zu einer äquivalenten Norm auf X nicht ändert.

Aufgabe 4.45. Sei X Banachraum, Y normierter Raum und $A \in \mathscr{L}(X,Y)$. Es gelte

$$\|Ax\| \geq c\,\|x\| \qquad (x \in X)$$

für ein $c > 0$. Zeigen Sie, dass der Operator $A\colon X \to R(A)$ ein Isomorphismus ist. Folgern Sie hieraus, dass $R(A)$ abgeschlossen in Y ist.

Aufgabe 4.46. Illustrieren Sie das Ergebnis aus Aufgabe 4.45 anhand des Operators A_τ aus Aufgabe 4.27.

Aufgabe 4.47. Zeigen Sie anhand eines Beispiels, dass Satz 4.1 für einen Operator $A\colon X \to X$ falsch sein kann, falls X kein Banachraum ist.

Aufgabe 4.48. Seien X und Y Banachräume und $A \in \mathscr{L}(X,Y)$. Zeigen Sie, dass der Nullraum (4.5) abgeschlossen in X ist, aber der Wertebereich (4.4) i. a. nicht abgeschlossen in Y ist.

Aufgabe 4.49. Sei $Z := \ell_2 \times \ell_2$ mit der Norm $\|(x,y)\|_Z := \|x\|_{\ell_2} + \|y\|_{\ell_2}$ versehen und $A \in \mathscr{L}(Z,Z)$ definiert durch $A(x,y) := (2y, \frac{1}{4}x)$. Berechnen Sie die Norm von A^n ($n \in \mathbb{N}$) und den Spektralradius $r(A)$ von A.

Aufgabe 4.50. Sei A definiert durch

$$Ax(s) := \int_0^1 a(s)b(t)x(t)\,dt$$

mit $a \in L_q$ und $b \in L_{p'}$ ($1 \le p,q \le \infty$, $\frac{1}{p} + \frac{1}{p'} = 1$). Zeigen Sie, dass dann $A \in \mathscr{L}(L_p, L_q)$ ist mit $\|A\| = \|a\|_{L_q}\,\|b\|_{L_{p'}}$.

Aufgabe 4.51. Seien X und Y normierte Räume. Zeigen Sie, dass die Menge $\{A : A \in \mathscr{L}(X,Y),\ A^{-1} \text{ existiert}\}$ *nicht* offen in $\mathscr{L}(X,Y)$ sein muss (vgl. Aufgabe 4.8).

Hinweis. Wählen Sie $X := (C^1, \|\cdot\|_{C^1})$, $Y := (C^1, \|\cdot\|_C)$, $A := I$ und $A_n x(t) := x(t) - t^n x'(1)/n$.

Aufgabe 4.52. Der Raum $X := \mathbb{R}^2$ sei mit den Normen $\|\cdot\|_1$, $\|\cdot\|_2$ und $\|\cdot\|_\infty$ versehen (s. Beispiel 1.1). Sei $a, b > 0$ und

$$A := \begin{pmatrix} a & a \\ b & b \end{pmatrix}.$$

Beweisen Sie die Gleichheiten

$$\|A\|_{1\to 1} = a + b, \quad \|A\|_{2\to 2} = \sqrt{2}\sqrt{a^2+b^2}, \quad \|A\|_{\infty\to\infty} = 2\max\{a,b\}.$$

Berechnen Sie A^n und $r(A)$.

Aufgabe 4.53. Berechnen Sie die Operatornorm der Matrix aus Aufgabe 4.52, wenn der $\mathbb{R}^2$ mit den Normen aus Aufgabe 1.33 versehen ist.

Aufgabe 4.54. Seien X und Y Banachräume, und sei $A \in \mathscr{L}(X,Y)$ surjektiv. Beweisen Sie mit Satz 4.2, dass A dann *offen* ist, d. h. offene Mengen in offene Mengen abbildet.

Hinweis. Aufgabe 4.18.

Aufgabe 4.55. Sei $X = U_1 \oplus V_1 = U_2 \oplus V_2$ Banachraum mit abgeschlossenen Unterräumen $U_1, U_2, V_1, V_2 \subseteq X$. Der Unterraum U_1 sei isomorph zum Unterraum U_2. Zeigen Sie:

(a) Es kann passieren, dass V_1 und V_2 nicht isomorph sind, selbst wenn sie beide endliche Dimension haben.

(b) Ist allerdings $U_1 = U_2$, so sind V_1 und V_2 isomorph.

Hinweis. Sei P_i die Projektion von X auf V_i längs U_i ($i = 1,2$). Zeigen Sie, dass $P_2|_{V_1} = (P_1|_{V_2})^{-1}$ ist.

(c) Haben U_1 und U_2 endliche Dimension, so sind V_1 und V_2 ebenfalls isomorph.

Hinweis. Zeigen Sie, dass es im Falle $V_1 \neq V_2$ einen Vektor $x \in X$ gibt mit $x \notin V_1 \cup V_2$. Finden Sie Unterräume $W_1, W_2 \subseteq X$ mit $X = V_1 \oplus \operatorname{span}\{x\} \oplus W_1 = V_2 \oplus \operatorname{span}\{x\} \oplus W_2$ und folgern Sie per Induktion, dass es einen endlichdimensionalen Unterraum $U \subseteq X$ gibt mit $X = V_1 \oplus U = V_2 \oplus U$. Benutzen Sie nun (b).

Aufgabe 4.56. Sei X Banachraum, und seien $U, V \subseteq X$ Unterräume gleicher endlicher Dimension. Zeigen Sie, dass es einen Isomorphismus $A\colon X \to X$ mit $A(U) = V$ gibt.

Hinweis. Zeigen Sie die Behauptung zunächst für $X = U + V$. Für den allgemeinen Fall benutzen Sie Satz 4.10, um ein abgeschlossenes W mit $X = (U + V) \oplus W$ zu finden.

Aufgabe 4.57. Sei X Banachraum, und seien $U, V \subseteq X$ abgeschlossene Unterräume. Zeigen Sie:

(a) Selbst wenn $U \cap V = \{\theta\}$ ist, muss $U + V = U \oplus V$ nicht abgeschlossen sein.

Hinweis. Siehe Hinweis zu Aufgabe 2.15.

(b) Hat aber einer der beiden Unterräume endliche Dimension, so ist $U + V$ abgeschlossen.

Hinweis. Sei etwa V endlichdimensional und $I = I_{X,X/U}\colon X \to X/U$ die kanonische Einbettung von X in X/U. Dann ist $V + U = I^{-1}(I(V))$.

5 Kompakte Operatoren

Kompakte Operatoren sind solche, die beschränkte Mengen in relativkompakte Mengen überführen. In endlichdimensionalen Räumen haben alle stetigen linearen Operatoren diese Eigenschaft, aber in unendlichdimensionalen Räumen ist dies eine starke Zusatzforderung zur Stetigkeit. Dies sieht man auch daran, dass ein invertierbarer kompakter Operator zwischen unendlichdimensionalen Räumen keine stetige Inverse besitzen kann.

5.1 Kompakte lineare Operatoren

Im vorigen Kapitel haben wir *beschränkte Operatoren* definiert als solche, die beschränkte Mengen in beschränkte Mengen abbilden. Überführt ein Operator beschränkte Mengen sogar in relativkompakte Mengen, so nennen wir diesen Operator *kompakt*.[1] Im folgenden schreiben wir $\mathscr{K}(X,Y)$ für die Menge aller kompakten Operatoren von X in Y. Aus der Definition, Lemma 2.2 und Satz 2.2 folgt unmittelbar, dass stets $\mathscr{K}(X,Y) \subseteq \mathscr{L}(X,Y)$ ist und $\mathscr{K}(X,Y) = \mathscr{L}(X,Y)$ für endlichdimensionales Y gilt.[2] Andererseits gilt $\mathscr{K}(X,X) \neq \mathscr{L}(X,X)$ falls X unendlichdimensional ist, wie man anhand des identischen Operators I sieht. Mit anderen Worten: *In jedem unendlichdimensionalen Raum gibt es beschränkte Operatoren, die nicht kompakt sind.* Zusammen mit Lemma 4.2 erhalten wir also das Schema aus Tabelle 5.1.

A kompakt	$\overset{\Rightarrow}{\not\Leftarrow}$	A beschränkt	$\Leftrightarrow$	A stetig

Tabelle 5.1: Eigenschaften linearer Operatoren

Die Kompaktheit eines Operators kann man auch mit Folgen charakterisieren, ähnlich wie wir die Beschränktheit eines Operators als äquivalent zu seiner Stetigkeit erkannt haben (Lemma 4.2).

Lemma 5.1. *Ein linearer Operator $A\colon X \to Y$ ist genau dann kompakt, wenn folgendes gilt: Ist $(x_n)_n$ irgendeine beschränkte Folge in X, so enthält $(Ax_n)_n$ eine konvergente Teilfolge.*

[1] Korrekterweise müsste ein solcher Operator „relativkompakt" genannt werden, es hat sich aber die Bezeichnung „kompakt" eingebürgert.

[2] Allerdings sind durch diese Gleichheit *nicht* die endlichdimensionalen Räume Y charakterisiert, wie man vermuten könnte (vgl. Aufgabe 5.10).

□ Die Aussage folgt unmittelbar aus Satz 2.1. ■

Wir bemerken noch, dass es wegen der Homogenität linearer Operatoren für den Beweis der Kompaktheit eines Operators genügt zu zeigen, dass er die Einheitskugel $K_1(X)$ in eine relativkompakte Teilmenge von Y überführt.

Das folgende Lemma ist parallel zu Lemma 4.1:

Lemma 5.2. *Ist Y Banachraum, so ist $\mathscr{K}(X,Y)$ ein abgeschlossener Unterraum von $\mathscr{L}(X,Y)$. Insbesondere folgt aus $A_n \in \mathscr{K}(X,Y)$ und $A_n \Rightarrow A$ auch $A \in \mathscr{K}(X,Y)$. Im Fall $X = Y$ ist $\mathscr{K}(X,X)$ ein Ideal in $\mathscr{L}(X,X)$.*

□ Die Tatsache, dass mit $A, B \in \mathscr{K}(X,Y)$ auch $\lambda A + \mu B \in \mathscr{K}(X,Y)$ gilt ist klar. Wir zeigen die Abgeschlossenheit (bzgl. der Operatornorm (4.2)) von $\mathscr{K}(X,Y)$ in $\mathscr{L}(X,Y)$. Sei also $(A_n)_n$ eine Folge in $\mathscr{K}(X,Y)$ und $A \in \mathscr{L}(X,Y)$ mit

$$\|A_n - A\| = \sup\{\|A_n x - Ax\| : \|x\| \leq 1\} \to 0 \qquad (n \to \infty).$$

Wir zeigen, dass die Menge $A(K_1(X))$ für jedes $\varepsilon > 0$ ein endliches 2ε-Netz besitzt. Für genügend großes $n \in \mathbb{N}$ ist $\|A_n - A\| \leq \varepsilon$, und $A_n(K_1(X))$ besitzt ein endliches ε-Netz $\{z_1, \ldots, z_m\}$. Zu $x \in K_1(X)$ gibt es also stets ein z_j mit $\|A_n x - z_j\| \leq \varepsilon$, und damit

$$\|Ax - z_j\| \leq \|Ax - A_n x\| + \|A_n x - z_j\| \leq 2\varepsilon,$$

d. h. $\{z_1, \ldots, z_m\}$ ist ein endliches 2ε-Netz für $A(K_1(X))$.

Wir zeigen nun, dass $\mathscr{K}(X,X)$ ein (beidseitiges) Ideal in $\mathscr{L}(X,X)$ ist. Dies bedeutet, dass für $A \in \mathscr{K}(X,X)$ und $B \in \mathscr{L}(X,X)$ sowohl $AB \in \mathscr{K}(X,X)$ als auch $BA \in \mathscr{K}(X,X)$ gilt.

Ist $M \subset X$ beschränkt, so ist $B(M) \subset X$ ebenfalls beschränkt. Als kompakter Operator überführt A dann $B(M)$ in eine relativkompakte Menge $A(B(M)) \subset X$, d. h. es gilt $AB \in \mathscr{K}(X,X)$.

Zum Beweis der Kompaktheit von BA benutzen wir Lemma 5.1. Ist $(x_n)_n$ beschränkte Folge in X, so besitzt $(Ax_n)_n$ wegen der Kompaktheit von A eine konvergente Teilfolge $(Ax_{n_k})_k$. Nach Lemma 4.2 konvergiert dann aber auch die Folge $(BAx_{n_k})_k$ in X, d. h. es gilt $BA \in \mathscr{K}(X,X)$. ■

Natürlich gilt ein entsprechendes Ergebnis auch für Operatoren zwischen verschiedenen Räumen: Beispielsweise folgt aus $A \in \mathscr{K}(X,Y)$ und $B \in \mathscr{L}(Y,Z)$ stets $BA \in \mathscr{K}(X,Z)$. Für diesen Teil der Aussage von Lemma 5.2 wird die Vollständigkeit der Räume auch nicht benötigt.

5.2 Beispiele kompakter Operatoren

Unter Ausnutzung der Abgeschlossenheit von $\mathscr{K}(X,Y)$ in $\mathscr{L}(X,Y)$ können wir viele neue kompakte Operatoren aus bekannten kompakten Operatoren durch „Grenzwertbildung" erzeugen[3]. Sei etwa $(A_n)_n$ eine Folge *endlichdimensionaler Operatoren* $A_n \in \mathscr{L}(X,Y)$, d. h. $\dim R(A_n)$ ist endlich für alle $n \in \mathbb{N}$; solche Operatoren sind offensichtlich immer kompakt. Falls die Folge $(A_n)_n$ in der Operatornorm (4.2) gegen einen Operator A konvergiert, so können wir aus Lemma 5.2 schließen, dass A kompakt ist.

Beispiel 5.1. Sei $X := Y := \ell_1$ und $A\colon X \to Y$ definiert durch

$$A(\xi_1,\xi_2,\xi_3,\dots) := \left(\xi_1, \tfrac{1}{2}\xi_2, \tfrac{1}{3}\xi_3,\dots\right). \tag{5.1}$$

Neben A betrachten wir die Operatoren

$$A_n(\xi_1,\xi_2,\xi_3,\dots) := \left(\xi_1, \tfrac{1}{2}\xi_2, \tfrac{1}{3}\xi_3,\dots,\tfrac{1}{n}\xi_n,0,\dots\right),$$

die offensichtlich endlichdimensional (und beschränkt) und damit kompakt sind. Wegen

$$\|Ax - A_nx\|_{\ell_1} = \sum_{k=n+1}^{\infty} \frac{1}{k}|\xi_k| \leq \frac{1}{n+1}\sum_{k=n+1}^{\infty}|\xi_k| \leq \frac{1}{n+1}\|x\|_{\ell_1}$$

ist $\|A - A_n\| \leq (n+1)^{-1}$, d. h. $(A_n)_n$ ist norm-konvergent gegen A. Daher ist der Operator (5.1) kompakt in ℓ_1. Dies kann man mit Satz 3.4 natürlich auch direkt zeigen. Für $x \in K_1(\ell_1)$ erhalten wir nämlich

$$\sup_{\|x\|_{\ell_1}\leq 1} \|Ax - P_{N-1}Ax\|_{\ell_1} \leq \frac{1}{(N-1)+1} = \frac{1}{N} \to 0 \qquad (N\to\infty).$$ ☺

Beispiel 5.2. Sei $X := Y := C$ und $A\colon X \to Y$ definiert durch

$$Ax(s) := \int_0^1 e^{st}x(t)\,dt. \tag{5.2}$$

Offensichtlich bildet A den Raum C in sich ab, da die Kernfunktion $k(s,t) := e^{st}$ stetig ist. Wir zeigen, dass A kompakt ist.

Dazu definieren wir für $n = 1,2,\dots$ Operatoren A_n durch

$$A_nx(s) := \int_0^1 k_n(s,t)x(t)\,dt$$

wobei

$$k_n(s,t) := 1 + st + \frac{s^2t^2}{2!} + \dots + \frac{s^nt^n}{n!} \tag{5.3}$$

sei. Da jede Funktion $y \in R(A_n)$ eine Linearkombination der Funktionen $1,s,s^2,\dots,s^n$

[3] Hierbei ist es wichtig, dass die Grenzwertbildung im Sinne der Normkonvergenz erfolgt, s. Aufgabe 5.1!

ist, ist A_n endlichdimensional, also auch kompakt. Wegen

$$\|Ax - A_n x\|_C \leq \max_{0\leq s\leq 1} \int_0^1 |e^{st} - k_n(s,t)|\,|x(t)|\,dt \leq \|x\|_C \max_{0\leq s\leq 1} \sum_{k=n+1}^{\infty} \frac{s^k}{k!} \int_0^1 t^k\,dt$$

gilt $\|A - A_n\| \to 0$ für $n \to \infty$. Daher ist der Operator (5.2) kompakt in C. Dies kann man auch wieder direkt mit Satz 3.1 zeigen. ☺

Wir werden im nächsten Kapitel Operatoren der Form (5.1) und (5.2) systematisch auf Beschränktheit und Kompaktheit untersuchen und insbesondere zeigen (Satz 6.8), dass Integraloperatoren mit stetiger Kernfunktion *immer* kompakt im Raum C sind.

Wir untersuchen jetzt noch einige der in Kapitel 4 eingeführten beschränkten Operatoren auf Kompaktheit.

Beispiel 5.3. Der identische Operator $I_X\colon X \to X$ auf einem normierten linearen Raum X ist genau dann kompakt, wenn X endlichdimensional ist: Wenden wir I nämlich auf die Einheitskugel $B_1(X)$ an, so erhalten wir wieder die Einheitskugel, und diese ist nach Satz 2.2 genau für endlichdimensionales X relativkompakt. ☺

Beispiel 5.4. Sei $X \subseteq Y$, und bezeichne $I_{X,Y}\colon X \to Y$ die Einbettung von X in Y. Ist diese Einbettung kompakt, so nennen wir X *kompakt eingebettet* in Y und schreiben $X \overset{\text{komp}}{\hookrightarrow} Y$. Beispielsweise gilt $C^1 \overset{\text{komp}}{\hookrightarrow} C$ (Beispiel 3.1), aber *nicht* $L_2 \overset{\text{komp}}{\hookrightarrow} L_1$ (Aufgabe 3.5). ☺

Beispiel 5.5. Der in Beispiel 4.3 betrachtete Operator $A(\xi_1,\ldots,\xi_N) = (\eta_1,\ldots,\eta_N)$ mit (4.6) ist kompakt, da in endlichdimensionalen Räumen jeder lineare Operator kompakt ist. ☺

Beispiel 5.6. Die Linksverschiebung (4.10) und Rechtsverschiebung (4.11) sind beide keine kompakten Operatoren. Der Operator (4.10) etwa bildet die Einheitskugel $K_1(\ell_p)$ $(1 \leq p < \infty)$ *auf* sich ab und kann daher nicht kompakt sein. Der Operator (4.11) überführt diese Einheitskugel in die Menge

$$A(K_1(\ell_p)) = \left\{ (0, \eta_2, \eta_3, \ldots) : \sum_{n=2}^{\infty} |\eta_n|^p \leq 1 \right\}$$

und kann daher nach Satz 3.4 auch nicht kompakt sein. ☺

Beispiel 5.7. Sei $X := Y := \ell_1$ und A der durch eine Folge $a = (\alpha_n)_n \in \ell_\infty$ erzeugte Operator (4.12). Dieser Operator ist genau dann kompakt, wenn das Bild $A(M)$ der Einheitskugel $M := K_1(\ell_1)$ relativkompakt in ℓ_1 ist. Hierfür ist wiederum die Bedingung

$$\lim_{n\to\infty} |\alpha_n| = 0 \tag{5.4}$$

hinreichend: Nach Satz 3.4 haben wir dann nämlich

$$\lim_{N\to\infty} \sup_{x\in M} \sum_{n=N}^{\infty} |\alpha_n \xi_n| \leq \lim_{N\to\infty} \sup_{n\geq N} |\alpha_n| = 0.$$

Die Bedingung (5.4) ist aber auch notwendig für die Kompaktheit des Operators A: Betrachtet man nämlich ähnlich wie in (4.13) die Elemente

$$x_k := \begin{cases} (0,\dots,0,+1,0,\dots) & \text{falls } \alpha_k \geq 0, \\ (0,\dots,0,-1,0,\dots) & \text{falls } \alpha_k < 0, \end{cases} \tag{5.5}$$

(mit der Eins an der k-ten Stelle), so ergibt sich wegen $\|x_k\| = 1$ und $Ax_k := (0,\dots,0,|\alpha_k|,0,\dots)$ wiederum aus Satz 3.4 die Bedingung (5.4). Später (Beispiel 5.11) werden wir eine Verallgemeinerung dieses Ergebnisses beweisen. ☺

Beispiel 5.8. Sei $X := Y := C$ und $A\colon X \to Y$ der Multiplikationsoperator aus Beispiel 4.9. Wir wissen schon, dass A beschränkt ist mit $\|A\| = \|a\|_C$. Im allgemeinen ist A aber kein kompakter Operator; z. B. ergibt sich für $a(t) \equiv 1$ die Identität $A = I$. Es stellt sich heraus, dass A überhaupt *nur im Fall* $a(t) \equiv 0$ ein kompakter Operator sein kann: Ist nämlich $a(t_0) \neq 0$ für ein $t_0 \in [0,1]$, so betrachten wir die Folge $(x_n)_n$ in $K_1(C)$ mit $x_n(t) := \sin n(t-t_0)$. Die Bildfolge $(ax_n)_n$ kann dann nach Satz 3.1 keine konvergente Teilfolge enthalten. ☺

Man kann die Nichtkompaktheit dieses Operators im Fall, dass die erzeugende Funktion a überhaupt keine Nullstellen hat, auch wie folgt beweisen: Ist $a(t) \neq 0$ für alle $t \in [0,1]$, so gilt $|a(t)| \geq c > 0$ auf $[0,1]$. Dann ist A aber *umkehrbar* auf C, und der Umkehroperator

$$By(t) = \frac{y(t)}{a(t)} \tag{5.6}$$

ist *beschränkt* (durch $1/c$). Wie wir später sehen werden (Satz 5.1), folgt hieraus die Nichtkompaktheit von A. Eine Verallgemeinerung dieses Ergebnisses findet man in Aufgabe 5.11.

Beispiel 5.9. Der in (4.15) definierte Integraloperator J ist kompakt im Raum C. Für $x \in K_1(C)$ ergibt sich nämlich

$$|Jx(s_1) - Jx(s_2)| = \left| \int_{s_2}^{s_1} x(t)\,dt \right| \leq \|x\|_C\, |s_1 - s_2| \leq |s_1 - s_2|\,,$$

d. h. die Menge $J(K_1(C))$ ist gleichgradig stetig und daher nach Satz 3.1 relativkompakt in C. ☺

5.3 Zur Umkehrung kompakter Operatoren

Wir kommen nun zu dem in Beispiel 5.8 angekündigten Satz über die Umkehrung kompakter Operatoren.

Satz 5.1. *Seien X und Y unendlichdimensionale normierte Räume, und sei $A\colon X \to Y$ kompakt und injektiv. Dann ist der Umkehroperator $B = A^{-1}\colon R(A) \to X$ unbeschränkt.*

□ Wäre B beschränkt, so wäre $I_X = BA$ nach Lemma 5.2 kompakt, also X endlichdimensional. ■

Beispiel 5.8 brachte eine Anwendung von Satz 5.1. Wir illustrieren diesen Satz noch an einem weiteren wichtigen Beispiel. In Beispiel 4.10 haben wir gesehen, dass der Integraloperator $A := J$ bijektiv vom Raum $X := C$ in den Raum

$$Y := R(J) = \left\{y : y \in C^1, y(0) = 0\right\}$$

ist. Der inverse Operator ist hierbei der Differentialoperator $J^{-1} = L$ mit $Ly = y'$.

Seien nun X und Y beide mit der C-Norm (1.21) versehen. Dann ist J *kompakt* (Beispiel 5.9), aber der Umkehroperator L ist *unbeschränkt* (Beispiel 4.11).

Sei andererseits X mit der C-Norm (1.21) versehen, aber Y mit der C^1-Norm (1.25). Dann ist zwar der Umkehroperator L von J *beschränkt* zwischen $(Y, \|\cdot\|_{C^1})$ und $(X, \|\cdot\|_C)$. Andererseits kann dann nach Satz 5.1 der Integraloperator J *nicht kompakt* zwischen $(X, \|\cdot\|_C)$ und $(Y, \|\cdot\|_{C^1})$ sein! In der Tat ist das Bild der Folge $(x_n)_n$ mit $x_n(t) := t^n$ dann die Folge $(y_n)_n$ mit $y_n(t) := (n+1)^{-1}t^{n+1}$, und diese Folge enthält keine in C^1 konvergente Teilfolge!

Im Fall vollständiger Räume X und Y können wir Satz 5.1 folgendermaßen interpretieren: Seien X und Y unendlichdimensionale Banachräume und $A\colon X \to Y$ bijektiv. Ist A *beschränkt* auf X, so bekommen wir nach Satz 4.2 die Beschränktheit des Umkehroperators „geschenkt". Ist dagegen A sogar *kompakt*, kann der Umkehroperator niemals beschränkt sein.[4] Das müsste er nach Satz 4.2 aber sein, da jeder kompakte Operator beschränkt ist. Mit anderen Worten: *Zwischen unendlichdimensionalen Banachräumen kann es keine bijektiven kompakten Operatoren geben.*

5.4 γ-beschränkte lineare Operatoren

In Kapitel 2 haben wir das Nichtkompaktheitsmaß einer Teilmenge M eines Banachraums X definiert durch

(5.7) $$\gamma(M) := \inf\{\varepsilon : \varepsilon \geq 0, M \text{ besitzt ein endliches } \varepsilon\text{-Netz in } X\}.$$

Es gilt dann $\gamma(M) = 0$ genau für präkompakte Mengen M. Ein derartiges Nichtkompaktheitsmaß können wir auch für Operatoren $A \in \mathscr{L}(X, Y)$ einführen. Wir nennen einen Operator A *γ-beschränkt*, falls es ein $c \geq 0$ gibt derart, dass

(5.8) $$\gamma_Y(A(M)) \leq c\gamma_X(M)$$

für alle beschränkten Teilmengen M von X gilt, wobei γ_X das Nichtkompaktheitsmaß in X und γ_Y das Nichtkompaktheitsmaß in Y bezeichne. Die Bedingung (5.8) spielt also für das Nichtkompaktheitsmaß (5.7) dieselbe Rolle wie die Bedingung (4.1) für die Norm.

[4] Das ist sozusagen der Preis, den wir dafür zahlen müssen, dass wir sehr viel vom Operator A selbst verlangen.

Ähnlich wie wir die Norm eines Operators als kleinste Konstante $c \geq 0$ in (4.1) erklärt haben, bezeichnen wir die kleinste Konstante $c \geq 0$, für die (5.8) gilt, als *Nichtkompaktheitsmaß des Operators A*; wir schreiben hierfür $\gamma(A)$. In Analogie zu (4.2) gilt dann für beschränktes A

$$\gamma(A) = \sup\{\gamma_Y(A(M)) : \gamma_X(M) \leq 1\} \tag{5.9}$$

(wir benutzen hierbei, dass aus der Stetigkeit von A und der Vollständigkeit von X folgt, dass (5.8) im Falle $\gamma_X(M) = 0$ automatisch erfüllt ist).

Offensichtlich gilt $\gamma(A) = 0$ genau dann, wenn $A \in \mathscr{K}(X,Y)$ ist; dies erklärt auch den Namen „Nichtkompaktheitsmaß" für (5.9). Aus der Linearität von A erhalten wir das folgende Lemma.

Lemma 5.3. *Es gelten die Gleichheiten*

$$\gamma(A) = \gamma_Y(A(K_1(X))) = \gamma_Y(A(B_1(X))) = \gamma_Y(A(S_1(X))). \tag{5.10}$$

□ In der Tat, ist $M \subseteq X$ irgendeine Menge mit $\gamma_X(M) \leq 1$, so gibt es zu jedem $r > 1$ ein endliches r-Netz $\{x_1, \dots, x_n\} \subseteq X$ für M, d. h. $M \subseteq K_r(X;x_1) \cup \dots \cup K_r(X;x_n)$. Mit Anwendung der Rechenregeln aus Lemma 2.6 folgt

$$\begin{aligned}
\gamma(A(M)) &\leq \gamma(A(K_r(X;x_1) \cup \dots \cup K_r(X;x_n))) \\
&= \gamma(A(x_1 + K_r(X)) \cup \dots \cup A(x_n + K_r(X))) \\
&= \gamma((Ax_1 + A(K_r(X))) \cup \dots \cup (Ax_n + A(K_r(X)))) \\
&= \max\{\gamma(Ax_1 + A(K_r(X))), \dots, \gamma(Ax_n + A(K_r(X)))\} \\
&= \gamma(A(K_r(X))) = \gamma(rA(K_1(X))) = r\gamma(A(K_1(X))).
\end{aligned}$$

Da $r > 1$ beliebig war, folgt $\gamma(A(M)) \leq \gamma(A(K_1(X)))$. Da dies für alle $M \subseteq X$ mit $\gamma_X(M) \leq 1$ gilt, folgt mit (5.9), dass $\gamma(A) \leq \gamma(A(K_1(X)))$ ist; die umgekehrte Abschätzung erhält man durch Betrachtung von $M := K_1(X)$. Da für alle $r > 1$ natürlich $B_r(X) \supseteq K_1(X)$ gilt, erhalten wir

$$\gamma_Y(A(K_1(X))) \leq \gamma_Y(A(B_r(X))) = \gamma_Y(rA(B_1(X))) = r\gamma_Y(B_1(X)),$$

was die zweite Gleichheit in (5.10) impliziert. Die dritte Gleichheit folgt aus der Tatsache, dass wegen der Linearität von A

$$\gamma(A(K_1(X))) = \gamma(A(\operatorname{conv} S_1(X))) = \gamma(\operatorname{conv} A(S_1(X))) = \gamma(A(S_1(X)))$$

gilt. Damit ist (5.10) bewiesen. ■

Weitere Eigenschaften von (5.9) stellen wir im folgenden Lemma zusammen.

Lemma 5.4. *Seien X und Y Banachräume, $A, B \in \mathscr{L}(X,Y)$ und $\lambda \in \mathbb{R}$. Dann gilt:*

(a) $\gamma(A) \leq \|A\|$;

(b) $\gamma(A) = 0$ *gilt genau für kompakte Operatoren A;*

(c) $\gamma(A+B) \leq \gamma(A) + \gamma(B)$;

(d) $\gamma(\lambda A) = |\lambda| \, \gamma(A)$;

(e) *Aus* $A_n \Rightarrow A$ *folgt* $\gamma(A_n) \to \gamma(A)$.

□ Die Eigenschaft (a) sieht man wie folgt ein: Ist $M \subset X$ beschränkt, $\varepsilon > \gamma(M)$, und $\{z_1, \ldots, z_m\}$ ein endliches ε-Netz für M in X, so ist $\{Az_1, \ldots, Az_m\}$ ein endliches $\|A\| \, \varepsilon$-Netz für $A(M)$ in Y. Damit ist sicher $\gamma(A(M)) \leq \|A\| \, \varepsilon$, also auch $\gamma(A(M)) \leq \|A\| \, \gamma(M)$. Die Eigenschaften (b)–(d) folgen unmittelbar aus der Definition von γ, und (e) wird ähnlich wie Lemma 5.2 bewiesen. ■

In den Beispielen 5.6, 5.7 und 5.8 haben wir nichtkompakte Operatoren betrachtet, also solche mit positivem Nichtkompaktheitsmaß. Es ist erhellend, das Nichtkompaktheitsmaß eines solchen Operators explizit auszurechnen und es insbesondere mit seiner Norm zu vergleichen.

Beispiel 5.10. Die Linksverschiebung (4.10) und Rechtsverschiebung (4.11) sind beide nichtkompakt auf $X := \ell_p$ $(1 \leq p \leq \infty)$. Wegen $\|A\| = 1$ haben wir für beide Operatoren $\gamma(A) \leq 1$. Durch Betrachtung von $A(K_1(\ell_p))$ sieht man leicht, dass beide Operatoren (4.10) und (4.11) genau das Nichtkompaktheitsmaß 1 haben. ☺

Beispiel 5.11. Sei $X := \ell_1$ und $A\colon X \to X$ wieder der Multiplikationsoperator (4.12), erzeugt durch eine Folge $a = (\alpha_n)_n \in \ell_\infty$. Wir behaupten, dass

$$\gamma(A) = \limsup_{n \to \infty} |\alpha_n| \tag{5.11}$$

gilt; im Fall $\gamma(A) = 0$ erhalten wir dann genau das Ergebnis aus Beispiel 5.7.

Wir bezeichnen die rechte Seite von (5.11) mit $\gamma^*(A)$. Für die Einheitssphäre $M := S_1(\ell_1)$ gilt nach (5.10) die Gleichheit $\gamma(A) = \gamma(A(M))$, und weiter ist nach Satz 3.9

$$\gamma(A(M)) = \lim_{N \to \infty} \sup_{(\xi_n)_n \in M} \sum_{n=N}^{\infty} |\alpha_n \xi_n| \, .$$

Wegen

$$\sum_{n=N}^{\infty} |\alpha_n \xi_n| \leq \sup_{n \geq N} |\alpha_n| \sum_{n=N}^{\infty} |\xi_n| \leq \sup_{n \geq N} |\alpha_n|$$

folgt hieraus $\gamma(A(M)) \leq \gamma^*(A)$. Für die in (5.5) definierte Folge $(x_k)_k$ gilt andererseits

$$\gamma(\{Ax_k : k \in \mathbb{N}\}) = \gamma(\{(0, \ldots, 0, |\alpha_k|, 0, \ldots) : k \in \mathbb{N}\}) = \gamma^*(A),$$

womit (5.11) bewiesen ist. ☺

Beispiel 5.12. Sei $X := Y := C$ und $Ax(t) := a(t)x(t)$ mit $a \in C$. In Beispiel 5.8 haben wir gesehen, dass A genau dann kompakt ist, wenn $a(t) \equiv 0$ gilt. Wir präzisieren dies jetzt, indem wir zeigen, dass

$$\gamma(A) = \|a\|_C \ (= \|A\|) \tag{5.12}$$

gilt. Wir betrachten also den Fall $a(t) \not\equiv 0$ und wählen zu $\varepsilon > 0$ ein offenes Intervall $I \subseteq [0,1]$ mit $|a(t)| \geq \|a\|_C - \varepsilon$ für $t \in I$. Auf I setzen wir $b(t) := 1/a(t)$; wir können dann einen Multiplikationsoperator

$$Bx(t) := b(t)x(t)$$

definieren, indem wir b auf $[0,1] \setminus I$ konstant fortsetzen.

Die Menge M aller $x \in X$ mit $\|x\|_C \leq 1$ und $x|_{[0,1]\setminus I} \equiv 0$ ist offensichtlich nicht relativkompakt; folglich gilt $0 < \gamma(M) \leq 1$. Für $x \in M$ ist $BAx = x$, also nach Lemma 5.4 (a)

$$\gamma(M) = \gamma(B(A(M))) \leq \|B\| \, \gamma(A(M)) = \|b\|_C \, \gamma(A(M)) \leq \frac{\gamma(A(M))}{\|a\|_C - \varepsilon}.$$

Dies bedeutet, dass $\gamma(A) \geq \|a\|_C - \varepsilon$ ist. Andererseits folgt wiederum aus Lemma 5.4 (a)

$$\gamma(A) \leq \|A\| = \|a\|_C,$$

womit wir (5.12) bewiesen haben. Beispielsweise bekommen wir für den Operator

$$Ax(t) := tx(t)$$

die Gleichheit $\gamma(A) = \|A\| = \|a\| = 1$. ☺

Beispiel 5.13 (Gokhberg). In den vorigen beiden Beispielen hatten wir $\gamma(A) = \|A\|$. Interessanter sind diejenigen Operatoren, für die strikte Ungleichheit in Lemma 5.4 (a) eintritt. Beispiele solcher Operatoren findet man leicht, etwa erfüllt dies jeder kompakte Operator $A \neq \theta$. Es gibt aber auch *nichtkompakte* Operatoren A mit

$$\gamma(A) < \|A\|; \tag{5.13}$$

wir konstruieren ein Beispiel eines solchen Operators, auf welches wir später noch einmal zurückkommen werden. Sei $Z := \ell_2 \times c$ mit der Produktnorm

$$\|(x,y)\|_Z = (\|x\|_{\ell_2}^2 + \|y\|_c^2)^{1/2} = \left(\sum_{n=1}^{\infty} |\xi_n|^2 + \sup_n |\eta_n|^2 \right)^{1/2}$$

versehen (vgl. (1.35)), und sei $A \colon Z \to Z$ definiert durch

$$A(x,y) := (\theta, x).$$

Offensichtlich gilt $A \in \mathscr{L}(Z,Z)$ mit $\|A\| = 1$. Zur Berechnung von $\gamma(A)$ bemerken wir, dass wegen (5.10) die Gleichheit $\gamma(A) = \gamma(M)$ für

$$M := A(K_1(Z)) = \left\{(\theta, y) : y \in c, \|y\|_{\ell_2} \leq 1\right\}$$

gilt. Sei $\{z_1, \ldots, z_n\} \subseteq Z$ eine endliche Menge, etwa $z_k = (x_k, y_k)$ mit $y_k \in c$ $(k = 1, \ldots, n)$. Sei y_k gegeben durch die Folge $(\eta_{k,n})_n$ mit Grenzwert c_k. Zu jedem $\varepsilon > 0$ gibt es dann ein N, so dass die Abschätzung

$$(5.14) \qquad \left|\eta_{k,n} - c_k\right| \leq \varepsilon \qquad (n \geq N)$$

gilt. Wir betrachten nun das Element $z := (\theta, (\eta_n)_n) \in M$, das gegeben ist durch die Folge

$$\eta_n := \begin{cases} \frac{1}{\sqrt{2}} & \text{falls } n = N, \\ -\frac{1}{\sqrt{2}} & \text{falls } n = N+1, \\ 0 & \text{sonst.} \end{cases}$$

Für alle k ist dann entweder $|c_k - \eta_N| \geq \frac{1}{\sqrt{2}}$ oder $|c_k - \eta_{N+1}| \geq \frac{1}{\sqrt{2}}$, woraus wegen (5.14) folgt, dass

$$\|z_k - z\| \geq \max\left\{\left|\eta_{k,N} - \eta_n\right|, \left|\eta_{k,N+1} - \eta_n\right|\right\} \geq \frac{1}{\sqrt{2}} - \varepsilon$$

ist. Falls $\{z_1, \ldots, z_n\} \subseteq Z$ also ein endliches δ-Netz für M ist, muss $\delta \geq \frac{1}{\sqrt{2}} - \varepsilon$ sein. Es folgt $\gamma(A) = \gamma(M) \geq \frac{1}{\sqrt{2}}$.

Umgekehrt ist die Menge

$$N := \{(\theta, (\eta_n)_n) : \eta_n = C \in [-1, 1] \text{ für alle } n\}$$

ein präkompaktes $\frac{1}{\sqrt{2}}$-Netz für M.

In der Tat, für jedes $y = (\theta, (\eta_n)_n) \in M$ ist $\left|\eta_i - \eta_j\right|$ maximal, falls nur zwei Komponenten von $y = (\eta_k)_k$ von Null verschieden sind und entgegengesetztes Vorzeichen haben, also etwa $0 < \eta_1 \leq 1$ und $\eta_2 = -\sqrt{1 - \eta_1}$. Daher ist

$$\sup_{i,j} \left|\eta_i - \eta_j\right| \leq \sup_{0 \leq t \leq 1} \left(t + (1 - t^2)^{1/2}\right) = \sqrt{2}.$$

Insbesondere unterscheiden sich die Zahlen $\sup_n \eta_n$ und $\inf_n \eta_n$ maximal um $\sqrt{2}$. Wählen wir C als arithmetisches Mittel dieser Zahlen, so gilt für $z = (0, (C)_n) \in N$ also $\|y - z\| \leq \frac{1}{2}\sqrt{2}$.

Nach Aufgabe 2.10 haben wir also auch die umgekehrte Abschätzung $\gamma(A) = \gamma(M) \leq$

$\frac{1}{\sqrt{2}}$ bewiesen. Damit haben wir insgesamt

$$\gamma(A) = \frac{1}{\sqrt{2}} < 1 = \|A\|,$$

d. h. (5.13) gilt mit $\gamma(A) > 0$. ☺

Wir beschließen diesen Abschnitt, indem wir uns in Tabelle 5.2 eine Übersicht über die Beschränktheits- und Kompaktheitseigenschaften der verschiedenen Multiplikationsoperatoren $x \mapsto ax$ verschaffen, die wir bisher untersucht haben. Es sind dies die Operatoren

$$A(\xi_1, \ldots, \xi_N) := (\alpha_1\xi_1, \ldots, \alpha_N\xi_N)$$

in $X := \mathbb{R}^N$ (Beispiel 4.3),

$$A(\xi_1, \xi_2, \xi_3, \ldots) := (\alpha_1\xi_1, \alpha_2\xi_2, \alpha_3\xi_3, \ldots)$$

in $X := \ell_p$ oder $X := c$ (Beispiel 4.7 und Aufgabe 4.10), und

$$Ax(t) := a(t)x(t)$$

in $X := L_p$ oder $X := C$ (Beispiele 4.8 und 4.9).

X	Kriterium für $A \in \mathscr{L}(X,X)$	$\gamma(A)$	Kriterium für $A \in \mathscr{K}(X,X)$
$\mathbb{R}^N$	$a = (\alpha_1, \ldots, \alpha_N) \in \mathbb{R}^N$	0	$a = (\alpha_1, \ldots, \alpha_N) \in \mathbb{R}^N$
ℓ_1	$a = (\alpha_n)_n \in \ell_\infty$	$\limsup\limits_{n\to\infty} \lvert\alpha_n\rvert$	$a = (\alpha_n)_n \in c_0$
L_1	$a = a(\cdot) \in L_\infty$	$\|a\|_{L_\infty}$	$a(t) \equiv 0$ f. ü.
C	$a = a(\cdot) \in C$	$\|a\|_C$	$a(t) \equiv 0$

Tabelle 5.2: Kompaktheit einiger Operatoren

5.5 Die wesentliche Norm eines linearen Operators

Im Zusammenhang mit dem letzten Beispiel erhebt sich die Frage, wie man (obere) Abschätzungen für das Nichtkompaktheitsmaß $\gamma(A)$ eines nichtkompakten Operators A finden kann, die genauer sind als die Normabschätzung aus Lemma 5.4 (a). Eine wichtige solche Abschätzung geben wir in diesem Abschnitt.

Seien X und Y Banachräume. Nach Lemma 5.2 ist der Unterraum $\mathscr{K}(X,Y)$ dann abgeschlossen in $\mathscr{L}(X,Y)$, so dass wir den Quotientenraum

$$[X,Y] := \mathscr{L}(X,Y)/\mathscr{K}(X,Y)$$

bilden können, der als *Calkin-Algebra* (bzgl. X und Y) bezeichnet wird. Mit der natürlichen Norm

$$\|[A]\| = \operatorname{dist}(A, \mathscr{K}(X,Y)) = \inf\{\|A - K\| : K \in \mathscr{K}(X,Y)\} \tag{5.15}$$

versehen (s. (1.37)) ist $[X, Y]$ dann ein Banachraum. Die Norm (5.15) wird auch die *wesentliche Norm* des Operators A genannt. Aus Lemma 5.4 (c)/(d) folgt, dass auch das Nichtkompaktheitsmaß (5.9) eine Norm auf $[X, Y]$ definiert. Offenbar gilt immer die Abschätzung

$$\gamma(A) \leq \|[A]\| \leq \|A\| \qquad (A \in \mathscr{L}(X,Y)). \tag{5.16}$$

Zu jedem $\varepsilon > 0$ können wir nämlich ein $K \in \mathscr{K}(X,Y)$ finden mit $\|A - K\| \leq \|[A]\| + \varepsilon$; hieraus folgt mit Lemma 5.4

$$\gamma(A) \leq \gamma(A-K) + \gamma(K) = \gamma(A-K) \leq \|A - K\| \leq \|[A]\| + \varepsilon,$$

was die linke Abschätzung in (5.16) beweist. Die zweite Abschätzung folgt aus der trivialen Tatsache, dass $K := \theta$ kompakter Operator ist.

Es ist nun ein interessantes Problem, Beispiele von Banachräumen X und Y zu finden, für die auch

$$\|[A]\| \leq c\gamma(A) \qquad (A \in \mathscr{L}(X,Y)) \tag{5.17}$$

mit einer Konstanten $c > 0$ gilt, für die also die Normen (5.9) und (5.15) auf $[X, Y]$ *äquivalent* sind. Eine einfache Bedingung hierfür kann man wie folgt finden. Sei Y ein Banachraum mit einer *Schauder-Basis* $(e_n)_n$ (s. Anhang A.3), und sei $P_n : Y \to \operatorname{span}\{e_1, \ldots, e_n\}$ die kanonische Projektion von Y auf den von $\{e_1, \ldots, e_n\}$ aufgespannten Unterraum. Als Beispiel können die Räume ℓ_p für $1 \leq p < \infty$ mit den Basiselementen $e_k := (\delta_{kn})_n$ und den kanonischen Projektionen (3.11) dienen, die wir schon mehrfach benutzt haben.

Lemma 5.5. *Sei Y Banachraum mit Basis $(e_n)_n$ und zugehörigen kanonischen Projektionen P_n ($n \in \mathbb{N}$). Dann gilt (5.17) mit*

$$c := \lim_{n\to\infty} \|I - P_n\|.$$

□ Als endlichdimensionaler Operator gehört P_nA zu $\mathscr{K}(X,Y)$, also ist

$$\|[A]\| = \inf\{\|A - K\| : K \in \mathscr{K}(X,Y)\} \leq \inf_n \|A - P_nA\| = \inf_n \|Q_nA\|, \tag{5.18}$$

wobei wir $Q_n := I - P_n$ gesetzt haben. Sei nun $S_1(X)$ die Einheitssphäre in X und $\varepsilon > \gamma(A(S_1(X)))$ ($= \gamma(A)$ nach (5.10)), und sei $\{z_1, \ldots, z_m\}$ ein endliches ε-Netz für $A(S_1(X))$ in Y. Ordnen wir jedem $x \in S_1(X)$ ein $z_j(x)$ mit $\|Ax - z_j(x)\| \leq \varepsilon$ zu, so erhalten wir

$$\|Q_nA\| = \sup\{\|Q_nAx\| : \|x\| = 1\}$$

$$\leq \sup \{ \|Q_n Ax - Q_n z_j(x)\| + \|Q_n z_j(x)\| : \|x\| = 1 \},$$

also mit (5.18)

$$\|[A]\| \leq \lim_{n\to\infty} \|Q_n\| \, \varepsilon.$$

Da $\varepsilon > \gamma(A)$ beliebig gewählt war, ist die Behauptung bewiesen. ■

Falls man also in einem Banachraum Y eine Basis finden kann derart, dass sogar

$$\lim_{n\to\infty} \|I - P_n\| = 1$$

ist, so gilt für jeden Operator $A \in \mathscr{L}(X,Y)$ die Gleichheit $\gamma(A) = \|[A]\|$ (Aufgabe 5.21). Wir geben jetzt ein Beispiel eines Operators, für den die strikte Ungleichheit

$$\gamma(A) < \|[A]\|$$

gilt.

Beispiel 5.14 (Gokhberg). Seien Z und A wie in Beispiel 5.13 gewählt; wir wissen schon, dass in diesem Beispiel $\|A\| = 1$ und $\gamma(A) = 1/\sqrt{2}$ ist, und behaupten, dass auch $\|[A]\| = 1$ ist. Da der Raum Z eine Basis besitzt (s. Anhang A.3), genügt es zu zeigen, dass $\|A - K\| \geq 1$ für jeden *endlichdimensionalen* Operator K gilt. Für das Basiselement $e_k := (\delta_{kn})_n \in \ell_2$ gilt

$$\|A(e_k, \theta)\|_Z = \|(\theta, e_k)\|_Z = \|e_k\|_c = 1.$$

Daher reicht es zum Beweis von $\|A - K\| \geq 1$ zu zeigen, dass $\|K(e_k, \theta)\| \to 0$ $(k \to \infty)$ für jeden *eindimensionalen* Operator K gilt. Nach Aufgabe 4.25 hat ein solcher Operator K die Form

$$K((\xi_1, \xi_2, \xi_3, \ldots), \theta) = \left(\sum_{n=1}^{\infty} \alpha_n \xi_n \right) z_0$$

mit festem $a = (\alpha_n)_n \in \ell_2$ und $z_0 \in Z$. Damit haben wir

$$\lim_{k\to\infty} \|K(e_k, \theta)\|_Z = \|z_0\|_Z \lim_{k\to\infty} |\alpha_k| = 0$$

wie behauptet. ☺

Im vorigen Beispiel gilt $\gamma(A) < \|[A]\| = \|A\|$. Ein Beispiel eines Operators A mit $\gamma(A) = \|[A]\| < \|A\|$ zu finden ist leicht: dies wird etwa durch den kompakten Integraloperator J aus Beispiel 5.9 erfüllt. Damit haben wir Beispiele für alle möglichen Konstellationen zwischen den Zahlen $\gamma(A)$, $\|[A]\|$ und $\|A\|$ gefunden; sie sind in der Tabelle 5.3 zusammengestellt.

A aus	$\gamma(A)$		$\|[A]\|$		$\|A\|$
Beispiel 5.12	1	=	1	=	1
Beispiel 5.14	$\frac{1}{\sqrt{2}}$	<	1	=	1
Beispiel 5.9	0	=	0	<	1
Aufgabe 5.22	$\frac{1}{\sqrt{2}}$	<	1	<	2

Tabelle 5.3: Nichtkompaktheitsmaße spezieller Operatoren

5.6 Aufgaben

Aufgabe 5.1. Seien $P_n\colon \ell_2 \to \ell_2$ die in (3.11) definierten Projektionen. Dann gilt $P_n \in \mathscr{K}(\ell_2,\ell_2)$ und $\|P_n - I\| \to 0$ $(n \to \infty)$, also auch $I \in \mathscr{K}(\ell_2,\ell_2)$ im Widerspruch zur unendlichen Dimension von ℓ_2. Wo steckt der Fehler in dieser Argumentation?

Aufgabe 5.2. Zeigen Sie, dass der Operator (5.1) in jedem ℓ_p mit $1 \leq p < \infty$ kompakt ist. Ist er auch in ℓ_∞ kompakt?

Aufgabe 5.3. Ist der in Aufgabe 4.14 definierte Operator A kompakt in C oder C^1?

Aufgabe 5.4. Für welche γ ist der in Aufgabe 4.11 definierte Operator $A\colon C^\alpha \to C^\beta$ kompakt?

Aufgabe 5.5. Für welche Paare (X,Y) aus Aufgabe 4.26 gilt $X \overset{\text{komp}}{\hookrightarrow} Y$?

Aufgabe 5.6. Sei A_0 definiert wie in Aufgabe 4.18. Ist dann $A \in \mathscr{K}(X,Y)$, so ist auch $A_0 \in \mathscr{K}(X/U,Y)$.

Aufgabe 5.7. Entscheiden Sie, welche der folgenden Operatoren $A\colon C \to C$ kompakt sind:

(a) $Ax(s) := x(\sqrt{s})$;

(b) $Ax(s) := \displaystyle\int_0^s x(\sqrt{t})\,dt$;

(c) $Ax(s) := x(s^2)$;

(d) $Ax(s) := \displaystyle\int_0^s x(t^2)\,dt$.

Aufgabe 5.8. Sei

$$Ax(s) := \int_0^1 \frac{x(t)}{|s-t|^\tau}\,dt.$$

Beweisen Sie, dass $A \in \mathscr{K}(C,C)$ für $\tau < 1$ und $A \in \mathscr{K}(L_2,L_2)$ für $\tau < \frac{1}{2}$ ist.

Aufgabe 5.9. Beweisen Sie, dass der Operator

$$Ax(s) := \int_0^1 x(t^2)\,dt$$

in C kompakt ist.

Aufgabe 5.10. Beweisen Sie die Gleichheit $\mathscr{L}(\ell_2, \ell_1) = \mathscr{K}(\ell_2, \ell_1)$.

Aufgabe 5.11. Sei $a \in C$, $a(t) \not\equiv 0$. Sei I ein offenes Intervall mit $|a(t)| \geq \delta > 0$ für alle $t \in I$. Wir setzen

$$C_a := \{x : x \in C, x(t) = 0 \text{ außerhalb von } I\}.$$

Zeigen Sie, dass C_a ein unendlichdimensionaler Unterraum von C ist, und dass der Multiplikationsoperator $Ax(t) := a(t)x(t)$ eine Bijektion auf C_a ist (mit Inverser (5.6)). Schließen Sie hieraus noch einmal, dass dieser Operator nur im Fall $a(t) \equiv 0$ kompakt sein kann. Warum funktioniert diese Argumentation nicht für $I := \{t : a(t) \neq 0\}$?

Aufgabe 5.12. Sei $a = (\alpha_n)_n \in \ell_\infty$ und $A\colon \ell_\infty \to \ell_\infty$ der Multiplikationsoperator (4.12). Berechnen Sie $\gamma(A)$.

Aufgabe 5.13. Ist der durch $Ax(t) := (1-t)x(0) + tx(1)$ definierte Operator A (vgl. Aufgabe 4.14) kompakt in C? In C^1?

Aufgabe 5.14. Ist der durch $Ax(t) := \frac{1}{2}(x(t) + x(1-t))$ definierte Operator A beschränkt in C oder sogar kompakt in C?

Aufgabe 5.15. Zeigen Sie, dass der Operator J aus (4.15) kompakt in L_2 ist.

Aufgabe 5.16. Sei $A\colon \ell_p \to \ell_p$ definiert durch

$$A(\xi_1, \xi_2, \xi_3, \xi_4, \xi_5, \dots) := (0, \xi_1, 0, \xi_3, 0, \dots).$$

Zeigen Sie, dass $A \notin \mathscr{K}(\ell_p, \ell_p)$ ist, aber $A^2 \in \mathscr{K}(\ell_p, \ell_p)$.

Aufgabe 5.17. Sei $A \in \mathscr{K}(X, X)$, $A \neq \theta$. Beweisen Sie, dass dann $N(I - \mu A)$ für jedes $\mu \in \mathbb{R} \setminus \{0\}$ endlichdimensional ist.

Hinweis. Benutzen Sie Satz 2.2.

Aufgabe 5.18. Berechnen Sie das Nichtkompaktheitsmaß $\gamma(L)$ des durch $Lx := x'$ definierten Operators $L\colon X \to Y$ für

(a) $X := C^1, Y := C$;

(b) $X := C^2, Y := C^1$;

(c) $X := C^2, Y := C$.

Aufgabe 5.19. Sei X Banachraum, $A \in \mathscr{L}(X, X)$ und A_0 wie in Aufgabe 4.18 definiert. Drücken Sie $\gamma(A_0)$ durch $\gamma(A)$ aus. Vergleichen Sie dies mit Aufgabe 5.6.

Aufgabe 5.20. Berechnen Sie $\gamma(A)$ für A aus Aufgabe 5.16.

Aufgabe 5.21. Beweisen Sie, dass für $A \in \mathscr{L}(\ell_p, \ell_p)$ $(1 \leq p \leq \infty)$ stets die Gleichheit $\gamma(A) = \|[A]\|$ gilt, wobei $\|[A]\|$ wie in (5.15) definiert sei.

Hinweis. Lemma 5.5.

Aufgabe 5.22. Finden Sie einen Banachraum Z und einen Operator $A \in \mathscr{L}(Z, Z)$ mit $\gamma(A) = 1/\sqrt{2}$, $\|[A]\| = 1$ und $\|A\| = 2$.

Hinweis. Modifizieren Sie den Operator A aus Beispiel 5.13.

Aufgabe 5.23. Sei $X := \ell_2$, $A \in \mathscr{L}(X, X)$ und P_n die Projektion (3.11). Zeigen Sie, dass

$$\|[A]\| = \lim_{n\to\infty} \|(I - P_n)A\|$$

gilt. Wie lautet ein entsprechendes Ergebnis in $X := L_2[0,1]$?

Aufgabe 5.24. Seien Z und A wie in Aufgabe 4.49 definiert. Berechnen Sie $\gamma(A^n)$ für $n \in \mathbb{N}$.

Aufgabe 5.25. Sei X ein Banachraum mit Basis $\{e_1, e_2, e_3, \dots\}$ und zugehörigen Projektionen (3.11). Zeigen Sie, dass jeder Operator $A \in \mathscr{K}(X, X)$ als Grenzwert einer norm-konvergenten Folge $(A_n)_n$ endlichdimensionaler Operatoren A_n dargestellt werden kann.

Hinweis. Definieren Sie $A_n\colon \operatorname{span}\{e_1, \dots, e_n\} \to \operatorname{span}\{e_1, \dots, e_n\}$ durch $A_n := AP_n$.

Aufgabe 5.26. Zeigen Sie, dass eine Teilmenge M eines Banachraums X genau dann relativkompakt ist, wenn sie beschränkt ist und es eine Folge $(A_n)_n$ in $\mathscr{K}(X, X)$ gibt mit

$$\lim_{n\to\infty} \sup_{x\in M} \|A_n x - x\| = 0.$$

Aufgabe 5.27. Kann ein kompakter Operator eine Linksinverse besitzen? Eine beschränkte Linksinverse?

Aufgabe 5.28. Kann ein kompakter Operator eine Rechtsinverse besitzen? Eine beschränkte Rechtsinverse?

Aufgabe 5.29. Finden Sie ein einfaches hinreichendes und notwendiges Kriterium für die Kompaktheit eines Projektionsoperators.

Aufgabe 5.30. Sei $A\colon \ell_2 \to \ell_2$ definiert durch

$$A(\xi_1, \xi_2, \xi_3, \dots) := \left(0, \xi_1, \tfrac{1}{2}\xi_2, \tfrac{1}{3}\xi_3, \dots\right),$$

d. h. A ist die Komposition der Operatoren (4.11) und (5.1). Zeigen Sie, dass A kompakt ist, und berechnen Sie $\|A^n\|$ $(n \in \mathbb{N})$ und $r(A)$.

Aufgabe 5.31. Sei $p \geq q \geq 1$ und $a \in L_{pq/(p-q)}$. Zeigen Sie, dass der Multiplikationsoperator (4.14) nur im Fall $a(t) \equiv 0$ kompakt zwischen L_p und L_q ist (vgl. Aufgabe 4.16).

6 Matrixoperatoren und Integraloperatoren

In diesem Kapitel betrachten wir einige Klassen beschränkter linearer Operatoren etwas genauer, nämlich Operatoren auf den Folgenräumen ℓ_p oder c und auf den Funktionenräumen L_p oder C. In vielen Fällen lassen sich die ersteren als (unendliche) Matrizen und die letzteren als Integraloperatoren schreiben.

Für solche Klassen von Operatoren sind viele hinreichende (und zum Teil notwendige) Bedingungen bekannt, unter denen sie beschränkt oder sogar kompakt sind. Besonderes Augenmerk legen wir in den letzten beiden Abschnitten auf *singuläre Integraloperatoren*, die eine wichtige Klasse von Beispielen liefern.

6.1 Matrixoperatoren

Seien X und Y zwei Folgenräume (z. B. $X := \ell_p$ und $Y := \ell_q$ für $1 \leq p, q \leq \infty$) und $A\colon X \to Y$ ein linearer Operator, den wir in der Form $A(\xi_1, \xi_2, \xi_3, \dots) := (\eta_1, \eta_2, \eta_3, \dots)$ mit

$$\eta_i := \sum_{j=1}^{\infty} \alpha_{ij}\xi_j \qquad (i = 1, 2, \dots) \tag{6.1}$$

darstellen. Einen solchen Operator A können wir dann mit der „unendlichen Matrix"

$$A \equiv \begin{pmatrix} \alpha_{11} & \alpha_{12} & \alpha_{13} & \cdots \\ \alpha_{21} & \alpha_{22} & \alpha_{23} & \cdots \\ \alpha_{31} & \alpha_{32} & \alpha_{33} & \cdots \\ \vdots & \vdots & \vdots & \ddots \end{pmatrix} \tag{6.2}$$

identifizieren; daher nennen wir ihn einen *Matrixoperator*. Hier ist aber – im Gegensatz zum endlichdimensionalen Fall $X := Y := \mathbb{R}^N$ – überhaupt nicht klar, ob und gegebenenfalls unter welchen Zusatzvoraussetzungen an die Matrix (6.2) dieser Operator den Raum X in den Raum Y abbildet. Es ist klar, dass dies nur unter geeigneten „Kleinheitsbedingungen" an die Elemente α_{ij} der Matrix zu erwarten ist.

Zur Vereinfachung der Schreibweise vereinbaren wir die folgende Abkürzung: Für

$1 \leq p, q \leq \infty$ setzen wir

$$
(6.3) \qquad [\alpha]_{p,q} := \begin{cases} \left(\sum_i \sup_j |\alpha_{ij}|^q \right)^{1/q} & \text{falls } p = 1 \text{ und } 1 \leq q < \infty, \\ \sup_i \sup_j |\alpha_{ij}| & \text{falls } p = 1 \text{ und } q = \infty, \\ \left(\sum_i \left(\sum_j |\alpha_{ij}|^{p'} \right)^{q/p'} \right)^{1/q} & \text{falls } 1 < p \leq \infty \text{ und } 1 \leq q < \infty, \\ \sup_i \left(\sum_j |\alpha_{ij}|^{p'} \right)^{1/p'} & \text{falls } 1 < p \leq \infty \text{ und } q = \infty \end{cases}
$$

und

$$
(6.4) \qquad [\alpha]^*_{p,q} := \begin{cases} \sup_j \left(\sum_i |\alpha_{ij}|^q \right)^{1/q} & \text{falls } p = 1 \text{ und } 1 \leq q < \infty, \\ \sup_j \sup_i |\alpha_{ij}| & \text{falls } p = 1 \text{ und } q = \infty, \\ \left(\sum_j \left(\sum_i |\alpha_{ij}|^q \right)^{p'/q} \right)^{1/p'} & \text{falls } 1 < p \leq \infty \text{ und } 1 \leq q < \infty, \\ \left(\sum_j \sup_i |\alpha_{ij}|^{p'} \right)^{1/p'} & \text{falls } 1 < p \leq \infty \text{ und } q = \infty. \end{cases}
$$

Hierbei sei $\frac{1}{p} + \frac{1}{p'} = 1$, wobei wie üblich $\infty' = 1$ zu setzen ist. Diese Größen können wir wie folgt interpretieren: Bei $[\alpha]_{p,q}$ betrachten wir für festes i zunächst die $\ell_{p'}$-Norm der Folge $(\alpha_{ij})_j$, anschließend die ℓ_q-Norm der entstehenden Zahlenfolge; bei $[\alpha]^*_{p,q}$ dagegen ist alles dual. Mit anderen Worten, wir können (6.3) kompakter als

$$[\alpha]_{p,q} = \|(\|(\alpha_{ij})_j\|_{p'})_i\|_q$$

und (6.4) kompakter als

$$[\alpha]^*_{p,q} = \|(\|(\alpha_{ij})_i\|_q)_j\|_{p'}$$

schreiben. Sinnvollerweise nennt man die Größen $[\alpha]_{p,q}$ und $[\alpha]^*_{p,q}$ daher auch *gemischte Normen* der Matrix (6.2).[1]

Einige Beziehungen zwischen den gemischten Normen (6.3) und (6.4) sind offensicht-

[1]Es ist leicht einzusehen, dass dies tatsächlich Normen im üblichen Sinne sind.

lich, z. B.

$$[\alpha]_{1,\infty} = [\alpha]^*_{1,\infty} = \sup_{i,j} |\alpha_{ij}|$$

oder

$$[\alpha]_{\infty,1} = [\alpha]^*_{\infty,1} = \sum_{i,j} |\alpha_{ij}| .$$

Um einen allgemeinen Zusammenhang zwischen $[\alpha]_{p,q}$ und $[\alpha]^*_{p,q}$ herzustellen, benutzen wir die *Minkowskische Ungleichung*

$$\|(\sum_{j=1}^{\infty} |\alpha_{ij}|)_i\|_{\ell_p} \le \sum_{j=1}^{\infty} \|(|\alpha_{ij}|)_i\|_{\ell_p} \qquad (1 \le p \le \infty), \tag{6.5}$$

die man durch Grenzübergang aus der Dreiecksungleichung für die ℓ_p-Norm gewinnen kann, vgl. (1.6). Ersetzen wir p in (6.5) durch q/p' bzw. p'/q, so erhalten wir

$$[\alpha]_{p,q} \begin{cases} \le [\alpha]^*_{p,q} & \text{falls } q \ge p', \\ \ge [\alpha]^*_{p,q} & \text{falls } q \le p'. \end{cases} \tag{6.6}$$

Im Falle $p' \ne q$ (d. h. $\frac{1}{p} + \frac{1}{q} \ne 1$) gilt i. a. strikte Ungleichheit.

Satz 6.1. *Der durch die Matrix (6.2) dargestellte Operator A bildet den Raum $X := \ell_p$ in den Raum $Y := \ell_q$ ab und ist beschränkt, falls $[\alpha]_{p,q}$ oder $[\alpha]^*_{p,q}$ endlich ist. In diesem Fall gilt*

$$\|A\|_{\ell_p \to \ell_q} \le \min \left\{ [\alpha]_{p,q}, [\alpha]^*_{p,q} \right\} .$$

□ Sei zunächst $[\alpha]_{p,q} < \infty$. Für $x = (\xi_j)_j$ und $Ax = y = (\eta_i)_i$ ist nach der Hölderschen Ungleichung

$$|\eta_i| \le \sum_{j=1}^{\infty} |\alpha_{ij}\xi_j| \le \|(\alpha_{ij})_j\|_{\ell_{p'}} \|(\xi_j)_j\|_{\ell_p} ,$$

also

$$\|y\|_{\ell_q} \le \|(\|(\alpha_{ij})_j\|_{\ell_{p'}} \|(\xi_j)_j\|_{\ell_p})_i\|_{\ell_q} = [\alpha]_{p,q} \|x\|_{\ell_p} .$$

Folglich ist $A \in \mathscr{L}(\ell_p, \ell_q)$ mit $\|A\| \le [\alpha]_{p,q}$.

Sei nun $[\alpha]^*_{p,q} < \infty$. Für $x = (\xi_j)_j$ haben wir nach der Minkowskischen Ungleichung (6.5)

$$\|(\sum_{j=1}^{\infty} |\alpha_{ij}\xi_j|)_i\|_{\ell_q} \le \sum_{j=1}^{\infty} \|(\alpha_{ij}\xi_j)_i\|_{\ell_q} = \sum_{j=1}^{\infty} \|(\alpha_{ij})_i\|_{\ell_q} |\xi_j| .$$

Nach der Hölderschen Ungleichung lässt sich der letzte Term abschätzen durch

$$\sum_{j=1}^{\infty} \|(\alpha_{ij})_i\|_{\ell_q} |\xi_j| \leq \|(\|(\alpha_{ij})_i\|_{\ell_q})_j\|_{\ell_{p'}} \|(\xi_j)_j\|_{\ell_p} = [\alpha]^*_{p,q} \|x\|_{\ell_p} .$$

Folglich ist wieder $A \in \mathscr{L}(\ell_p, \ell_q)$ mit $\|A\| \leq [\alpha]^*_{p,q}$. ■

Wir machen einige Bemerkungen zu Satz 6.1. Da unter allen ℓ_p-Räumen ℓ_1 der kleinste und ℓ_∞ der größte ist, ist die Forderung $A \in \mathscr{L}(\ell_1, \ell_\infty)$ die schwächste; dies entspricht der (sehr schwachen) Forderung

$$[\alpha]_{1,\infty} = [\alpha]^*_{1,\infty} = \sup_{i,j} |\alpha_{ij}| < \infty$$

an die Matrix (6.2). Entsprechend ist die Forderung $A \in \mathscr{L}(\ell_\infty, \ell_1)$ die stärkste; dies entspricht der (sehr starken) Forderung

$$[\alpha]_{\infty,1} = [\alpha]^*_{\infty,1} = \sum_{i,j} |\alpha_{ij}| < \infty$$

an die Matrix (6.2).

Im Beweis von Satz 6.1 haben wir nur die oberen Abschätzungen $\|A\| \leq [\alpha]_{p,q}$ bzw. $\|A\| \leq [\alpha]^*_{p,q}$ für die Norm von $A \in \mathscr{L}(\ell_p, \ell_q)$ erhalten. Leider sind diese Abschätzungen im allgemeinen nicht scharf: Beispielsweise ist natürlich $\|I\|_{\ell_p \to \ell_p} = 1$ für jedes p, aber $[\alpha]_{p,p} = [\alpha]^*_{p,p} = \infty$ für die Einheitsmatrix (d. h. $\alpha_{ij} = \delta_{ij}$) und $1 < p < \infty$. In einigen Fällen gilt aber sogar die Gleichheit $\|A\| = [\alpha]_{p,q}$ bzw. $\|A\| = [\alpha]^*_{p,q}$. Um das einzusehen, erinnern wir uns daran, wie wir in den Beispielen 4.5 und 4.7 die Norm eines Operators ausgerechnet haben: Nach Angabe einer Abschätzung $\|A\| \leq c$ haben wir entweder ein Element $e \in X$ mit $\|e\| = 1$ und $\|Ae\| = c$ gefunden (etwa in Beispiel 4.5), oder eine Folge $(e_k)_k$ in X mit $\|e_k\| = 1$ und $\sup\{\|Ae_k\| : k = 1, 2, \dots\} = c$ (etwa in Beispiel 4.7). Dasselbe Verfahren führt auch hier zum Ziel, zumindest falls alle Elemente α_{ij} in der Matrix (6.2) *nichtnegativ* sind.

Für $p = \infty$ wählen wir $e = (1, 1, 1, \dots)$ und erhalten im Fall $1 \leq q < \infty$

$$\|Ae\|^q_{\ell_q} = \left\| \left(\sum_j \alpha_{1j}, \sum_j \alpha_{2j}, \dots \right) \right\|^q_{\ell_q} = \sum_i \left(\sum_j \alpha_{ij} \right)^q = [\alpha]^q_{\infty,q}$$

und im Fall $q = \infty$

$$\|Ae\|_{\ell_\infty} = \left\| \left(\sum_j \alpha_{1j}, \sum_j \alpha_{2j}, \dots \right) \right\|_{\ell_\infty} = \sup_i \sum_j \alpha_{ij} = [\alpha]_{\infty,\infty} .$$

Für $p = 1$ wählen wir dagegen $e_k = (\delta_{kn})_n$ wie in (4.13) und erhalten im Fall $1 \leq q < \infty$

$$\sup_k \|Ae_k\|^q_{\ell_q} = \sup_k \|(0, \dots, 0, \alpha_{ik}, 0, \dots)\|^q_{\ell_q} = \sup_k \sum_i \alpha^q_{ik} = [\alpha]^q_{1,q}$$

und im Fall $q = \infty$

$$\sup_k \|Ae_k\|_{\ell_\infty} = \sup_k \|(0,\dots,0,\alpha_{ik},0,\dots)\|_{\ell_\infty} = \sup_k \sup_i \alpha_{ik} = [\alpha]_{1,\infty}\,.$$

Man kann zeigen (Aufgabe 6.4 und 6.5), dass auch im Fall $1 < p < \infty$ und $q = \infty$ oder $q = 1$ die Gleichheit $\|A\| = [\alpha]^*_{p,1}$ bzw. $\|A\| = [\alpha]_{p,\infty}$ gilt. Außerdem lassen sich die Überlegungen in einigen Fällen so modifizieren (Aufgabe 6.6), dass man Gleichheit auch ohne die Voraussetzung $\alpha_{ij} \geq 0$ erhält.

Schematisch können wir Satz 6.1 und die daran anschließenden Überlegungen in Tabelle 6.1 wiedergeben; wir geben dort jeweils die „stärkere" Abschätzung an.

$A \in \mathscr{L}(\ell_p,\ell_q)$	$q=1$	$1<q<\infty$	$q=\infty$
$p=1$	$\|A\| = [\alpha]^*_{1,1}$	$\|A\| = [\alpha]^*_{1,q}$	$\|A\| = [\alpha]_{1,\infty} = [\alpha]^*_{1,\infty}$
$1<p<\infty$	$\|A\| \underset{=1}{\leq} [\alpha]^*_{p,1}$	$\|A\| \leq \min\left\{[\alpha]_{p,q}, [\alpha]^*_{p,q}\right\}$	$\|A\| = [\alpha]_{p,\infty}$
$p=\infty$	$\|A\| \underset{=1}{\leq} [\alpha]_{\infty,1} = [\alpha]^*_{\infty,1}$	$\|A\| \underset{=1}{\leq} [\alpha]_{\infty,q}$	$\|A\| = [\alpha]_{\infty,\infty}$

[1] Im Falle $\alpha_{ij} \geq 0$ gilt stets Gleichheit

Tabelle 6.1: Normabschätzungen für Matrixoperatoren in ℓ_p

Bisher sind keine brauchbaren Kriterien bekannt, die notwendig und hinreichend dafür sind, dass ein Matrixoperator den Raum ℓ_p in den Raum ℓ_q abbildet. Benötigt man für eine spezielle Matrix ein anderes Kriterium als Satz 6.1, ist es daher nützlich zu wissen, dass man von vornherein versuchen kann nachzuweisen, dass $A\colon \ell_p \to \ell_q$ sogar beschränkt ist. Es gilt nämlich der folgende überraschende Satz:

Satz 6.2 (Banach). *Ist $A\colon \ell_p \to \ell_q$ ein Matrixoperator $(1 \leq p,q \leq \infty)$, so ist $A \in \mathscr{L}(\ell_p,\ell_q)$.*

□ Wir wenden Satz 4.1 auf $X := \ell_p$ und $Y := \ell_q$ an. Gelte also $\|x_n\|_{\ell_p} \to 0$ und $\|Ax_n - y\|_{\ell_q} \to 0$ für ein $y \in \ell_q$; wir müssen $y = \theta$ zeigen. Durch Übergang zu einer Teilfolge können wir annehmen, dass die Reihe über $\|x_n\|_{\ell_p}$ konvergiert. Die Folge

$$\zeta_j := \sum_{n=1}^{\infty} |\xi_j^n| \qquad (x_n = (\xi_j^n)_j)$$

liegt nach der Minkowskischen Ungleichung in ℓ_p. Ist nun A durch die Matrix (6.2) gegeben, so gilt für festes i

$$\sum_{j=1} |\alpha_{ij}\zeta_j| < \infty, \tag{6.7}$$

denn mit $(\zeta_j)_j$ gehört auch $x := (\zeta_j \operatorname{sign} \alpha_{ij})_j$ zu ℓ_p, und die Voraussetzung $Ax \in \ell_q$ impliziert dann (6.7).

Sei nun $Ax_n = y_n = (\eta_i^n)_i$, also

$$\eta_i^n := \sum_{j=1}^{\infty} \alpha_{ij}\zeta_j^n.$$

Für jedes j gilt $\alpha_{ij}\zeta_j^n \to 0$ $(n \to \infty)$ sowie $|\alpha_{ij}\zeta_j^n| \le |\alpha_{ij}\zeta_j|$. Der letzte Term ist nach (6.7) summierbar über j. Nach dem Lebesgueschen Satz über die dominierte Konvergenz gilt also $\eta_i^n \to 0$ für $n \to \infty$. Dies bedeutet, dass die Folge $(y_n)_n$ komponentenweise gegen Null konvergiert. Also muss $y = \theta$ sein. ■

Satz 6.2 ist auch in der umgekehrten Richtung praktisch: Möchte man nachweisen, dass A den Raum ℓ_p *nicht* in den Raum ℓ_q abbildet, so muss man nicht ein $x \in \ell_p$ mit $Ax \notin \ell_q$ suchen. Es genügt, eine beschränkte ℓ_p-Folge $(x_n)_n$ zu finden mit $\|Ax_n\|_{\ell_q} \to \infty$. Dies illustrieren wir an einem Beispiel.

Beispiel 6.1. Wir behaupten, dass es zu jeder unbeschränkten nichtnegativen Folge $(\alpha_n)_n$ eine summierbare nichtnegative Folge $(\zeta_n)_n$ gibt derart, dass die Produktfolge $(\alpha_n\zeta_n)_n$ nicht summierbar ist.

Elementar ist dies nicht ganz leicht einzusehen. Man sieht aber sehr leicht, dass der Diagonaloperator (4.12) nicht zu $\mathscr{L}(\ell_1, \ell_1)$ gehören kann, denn er überführt die beschränkte Folge (4.13) in die unbeschränkte Folge $(\alpha_n)_n$. Nach Satz 6.2 gibt es daher ein $x = (\zeta_n)_n \in \ell_1$ mit $Ax \notin \ell_1$, und das war gerade unsere Behauptung. ☺

Beispiel 6.1 zeigt, dass die Beschränktheit der Multiplikatorfolge $(\alpha_n)_n$ nicht nur hinreichend, sondern auch notwendig dafür ist, dass der Operator (4.12) den Raum ℓ_1 in sich abbildet. Selbstverständlich gilt Analoges auch für den Raum ℓ_p.

Wir wollen nun untersuchen, unter welchen zusätzlichen Bedingungen an die Matrix (6.2) der Operator (6.1) sogar *kompakt* zwischen ℓ_p und ℓ_q ist. Der folgende Satz gibt hierüber Auskunft:

Satz 6.3. *Der durch die Matrix (6.2) dargestellte Operator A bildet den Raum* $X := \ell_p$ *in den Raum* $Y := \ell_q$ *ab und ist kompakt, falls* $[\alpha]_{p,q}$ *oder* $[\alpha]_{p,q}^*$ *endlich ist und zusätzlich eine der folgenden vier Bedingungen erfüllt ist:*

(a) $1 < p \le \infty$ *und* $1 \le q < \infty$;

(b) $p = 1, 1 \le q < \infty$ *und* $\inf_{k,m} \sup_{j \ge m} \sum_{i=k}^{\infty} |\alpha_{ij}|^q = 0$;

(c) $p = 1, q = \infty$ *und* $\inf_{k,m} \sup_{j \ge m} \sup_{i \ge k} |\alpha_{ij}| = 0$;

(d) $1 < p \le \infty, q = \infty$ *und* $\inf_{k,m} \sup_{i \ge k} \sum_{j=m}^{\infty} |\alpha_{ij}|^{p'} = 0$.

□ Seien k_n und m_n so gewählt, dass die Terme hinter dem Infimum in (b), (c) bzw. (d) für $n \to \infty$ gegen 0 konvergieren; im Falle (a) sei $k_n := m_n := n$.

Mit A_n bezeichnen wir den Operator, der entsteht, wenn wir in der Matrix (6.2) alle Einträge α_{ij} mit $i \ge k_n$ oder $j \ge m_n$ auf 0 setzen. Dann ist A_n ein kompakter Operator, da er beschränkt ist (Satz 6.1) und sein Bild in einem endlichdimensionalen Raum liegt (nämlich in dem $(k_n + m_n - 2)$-dimensionalen Raum, der von den ersten $m_n - 1$ Spalten von A und den ersten $k_n - 1$ Einheitsvektoren aufgespannt wird). Wir zeigen jetzt die Norm-Konvergenz der Operatorfolge $(A_n)_n$ gegen A; nach Lemma 5.2 ist dann auch A kompakt.

Dem Operator $B_n := A - A_n$ entspricht eine Matrix mit Elementen β^n_{ij}, die aus (6.2) entsteht, wenn wir $\alpha_{ij} = 0$ für $i < k_n$ und $j < m_n$ setzen. Nach Satz 6.2 gilt

$$\|B_n\| \leq \min\left\{[\beta^n]_{p,q}, [\beta^n]^*_{p,q}\right\}.$$

Es genügt also zu zeigen, dass entweder $([\beta^n]_{p,q})_n$ oder $([\beta^n]^*_{p,q})_n$ eine Nullfolge ist. Für $([\beta^n]_{p,q})_n$ ist dies aber gerade die Voraussetzung (c) oder (d), und für $([\beta^n]^*_{p,q})_n$ gerade die Voraussetzung (b) (oder (c)). Es bleibt also noch der Fall (a) zu betrachten. Für die dort angegebenen Werte von p und q haben wir aber

$$\left([\beta^n]_{p,q}\right)^q \leq \sum_{i=n}^{\infty}\left(\sum_{j=1}^{\infty}|\alpha_{ij}|^{p'}\right)^{q/p'} \to 0 \qquad (n \to \infty)$$

im Fall $[\alpha]_{p,q} < \infty$, und

$$\left([\beta^n]^*_{p,q}\right)^{p'} \leq \sum_{j=n}^{\infty}\left(\sum_{i=1}^{\infty}|\alpha_{ij}|^{q}\right)^{p'/q} \to 0 \qquad (n \to \infty)$$

im Fall $[\alpha]^*_{p,q} < \infty$. Damit gilt in allen Fällen $A_n \Rightarrow A$, und Satz 6.3 ist bewiesen. ∎

Beispiel 6.2. Sei A der in (4.12) definierte Multiplikationsoperator, der durch die Matrix

$$A \equiv \begin{pmatrix} \alpha_1 & 0 & 0 & \cdots \\ 0 & \alpha_2 & 0 & \cdots \\ 0 & 0 & \alpha_3 & \cdots \\ \vdots & \vdots & \vdots & \ddots \end{pmatrix} \tag{6.8}$$

dargestellt werden kann. Nach Tabelle 6.1 erhalten wir als *hinreichendes* Kriterium für $A \in \mathscr{L}(\ell_p, \ell_p)$ $(1 < p < \infty)$ die Bedingung

$$\min\left\{[\alpha]_{p,p}, [\alpha]^*_{p,p}\right\} = \min\left\{\|(\alpha_n)_n\|_{\ell_{p'}}, \|(\alpha_n)_n\|_{\ell_p}\right\} < \infty,$$

also $a = (\alpha_n)_n \in \ell_p \cup \ell_{p'}$. In Beispiel 4.7 haben wir aber gesehen, dass A schon im Fall $a \in \ell_\infty$ beschränkt in $X := \ell_p$ ist (mit $\|A\| = \|a\|_{\ell_\infty}$). ☺

Nach Satz 6.3 ist die Bedingung $a = (\alpha_n)_n \in \ell_p \cup \ell_{p'}$ auch hinreichend für die Kompaktheit des Operators (6.8) in ℓ_p $(1 < p < \infty)$. Man kann aber zeigen, dass auch hier die Bedingung $a = (\alpha_n)_n \in c_0$ ausreicht (Aufgabe 6.11).

Beispiel 6.3. Auch die Linksverschiebung (4.10) und die Rechtsverschiebung (4.11) lassen sich natürlich unter Satz 6.1 einordnen. Offenbar entspricht die Linksverschiebung der Matrix

$$A \equiv \begin{pmatrix} 0 & 1 & 0 & 0 & \cdots \\ 0 & 0 & 1 & 0 & \cdots \\ 0 & 0 & 0 & 1 & \cdots \\ 0 & 0 & 0 & 0 & \ddots \\ \vdots & \vdots & \vdots & \vdots & \ddots \end{pmatrix} \tag{6.9}$$

und die Rechtsverschiebung der Matrix

$$A \equiv \begin{pmatrix} 0 & 0 & 0 & 0 & \cdots \\ 1 & 0 & 0 & 0 & \cdots \\ 0 & 1 & 0 & 0 & \cdots \\ 0 & 0 & 1 & 0 & \cdots \\ \vdots & \vdots & \vdots & \ddots & \ddots \end{pmatrix} \tag{6.10}$$

in jedem Raum ℓ_p. Im Fall $p = 1$ oder $p = \infty$ ersehen wir aus Tabelle 6.1, dass

$$\|A\| = [\alpha]^*_{1,1} = [\alpha]_{\infty,\infty} = 1$$

ist. Dagegen gibt Tabelle 6.1 z. B. im Fall $p = 2$ die Bedingung

$$[\alpha]^2_{2,2} = \sum_{i,j} |\alpha_{ij}|^2 < \infty,$$

die weder für die Matrix (6.9) noch für die Matrix (6.10) erfüllt ist. In den Beispielen 4.5 und 4.6 haben wir aber schon festgestellt, dass sowohl die Links- als auch die Rechtsverschiebung in ℓ_p die Norm 1 haben. Dieses Beispiel zeigt noch einmal, dass wir nicht überall Gleichheiten in der mittleren Zeile oder Spalte von Tabelle 6.1 erwarten können. ☺

Aus Beispiel 5.6 wissen wir schon, dass weder die Links- noch die Rechtsverschiebung kompakt in irgendeinem Raum ℓ_p $(1 \le p \le \infty)$ ist. In der Tat ist keine der Bedingungen (b)–(d) aus Satz 6.3 für die Matrizen (6.9) und (6.10) erfüllt. Aus der Bedingung (a) von Satz 6.3 kann man aufgrund der Nichtkompaktheit schließen, dass für die betreffenden Werte $1 < p \le \infty$ und $1 \le q < \infty$ keine der beiden Größen $[\alpha]_{p,q}$ oder $[\alpha]^*_{p,q}$ endlich sein kann (für die Matrizen (6.9) und (6.10)).

Neben den Räumen ℓ_p sind noch die Folgenräume c und c_0 von besonderem Interesse (Beispiel 1.3). Wir bringen eine zu Satz 6.1 parallele Bedingung dafür, dass der Operator (6.1) beschränkt in c_0 ist; entsprechende Bedingungen für $\mathscr{L}(c,c)$, $\mathscr{L}(c,c_0)$ und $\mathscr{L}(c_0,c)$ sind in den Aufgaben 6.2 und 6.3 enthalten.

Satz 6.4. *Der durch die Matrix* (6.2) *dargestellte Operator A bildet den Raum $X := c_0$ in sich* *ab und ist beschränkt, falls $[\alpha]_{\infty,\infty}$ endlich ist und zusätzlich*

$$\lim_{i\to\infty} \alpha_{ij} = 0 \qquad (j = 1,2,3,\ldots) \tag{6.11}$$

gilt. Hierbei gilt die Gleichheit $\|A\| = [\alpha]_{\infty,\infty}$.

□ Sei $x = (\xi_n)_n \in c_0$, also $\xi_n \to 0$ für $n \to \infty$. Für $y = (\eta_n)_n$ wie in (6.1) haben wir dann

$$|\eta_i| \leq \sum_{j=1}^{N} |\alpha_{ij}\xi_j| + \sum_{j=N+1}^{\infty} |\alpha_{ij}\xi_j| \leq \|x\| \sum_{j=1}^{N} |\alpha_{ij}| + \max_{j\geq N+1} |\xi_j| \, [\alpha]_{\infty,\infty} .$$

Nun wählen wir N so groß, dass $|\xi_j| \leq \varepsilon$ für $j \geq N+1$ ist, und anschließend i so groß, dass $|\alpha_{i1}| + \cdots + |\alpha_{iN}| \leq \varepsilon$ ist, was wegen (6.11) möglich ist. Damit haben wir $|\eta_i| \leq (\|x\| + [\alpha]_{\infty,\infty})\varepsilon$ für diese i, d. h. $y \in c_0$.

Wir zeigen nun, dass $A \in \mathscr{L}(c_0, c_0)$ mit $\|A\| = [\alpha]_{\infty,\infty}$ ist. Da $\|A\|_{\ell_\infty \to \ell_\infty} \leq [\alpha]_{\infty,\infty}$ ist, gilt erst recht $\|A\|_{c_0 \to c_0} \leq [\alpha]_{\infty,\infty}$. Zum Beweis der Gleichheit nehmen wir wieder o. B. d. A. $\alpha_{ij} \geq 0$ an. Zu $\varepsilon > 0$ wählen wir ein $k = k(\varepsilon) \in \mathbb{N}$ mit

$$[\alpha]_{\infty,\infty} - \varepsilon \leq \sum_{j=1}^{\infty} \alpha_{kj} \leq [\alpha]_{\infty,\infty} ,$$

und weiter $N \in \mathbb{N}$ mit

$$\sum_{j=N+1}^{\infty} \alpha_{kj} \leq \varepsilon,$$

was wegen der Konvergenz der Reihe möglich ist. Für $e := (1,1,\ldots,1,0,0,\ldots)$ mit N Einsen haben wir dann $\|e\| = 1$ und

$$\|Ae\| = \left\| \left(\sum_{j=1}^{N} \alpha_{1j}, \sum_{j=1}^{N} \alpha_{2j}, \ldots \right) \right\| = \sup_i \sum_{j=1}^{N} \alpha_{ij} \geq \sum_{j=1}^{N} \alpha_{kj} \geq [\alpha]_{\infty,\infty} - 2\varepsilon,$$

womit die Behauptung bewiesen ist. ■

Beispiel 6.4. Sei A der durch (6.8) gegebene Multiplikationsoperator. Die Bedingung

$$[\alpha]_{\infty,\infty} = \sup_i |\alpha_i| < \infty$$

gilt dann genau für $a = (\alpha_n)_n \in \ell_\infty$, und die Zusatzbedingung (6.11) ist stets erfüllt. Also gilt $A \in \mathscr{L}(c_0, c_0)$ mit $\|A\| = \|(\alpha_n)_n\|_{\ell_\infty}$. ☺

Beispiel 6.5. Die durch die Matrizen (6.9) und (6.10) dargestellte Links- und Rechtsverschiebung erfüllen nicht nur die Bedingung $[\alpha]_{\infty,\infty} = 1$, sondern auch die Bedingung (6.11). Daher haben beide Operatoren in $X := c_0$ die Norm $\|A\| = 1$. Dies folgt natürlich auch direkt aus der Tatsache, dass wir auf c_0 die ℓ_∞-Norm betrachten. ☺

6.2 Integraloperatoren

Wir wollen jetzt eine parallele Untersuchung für Integraloperatoren der Form

$$Kx(s) := \int_0^1 k(s,t)x(t)\,dt \qquad (0 \le s \le 1) \tag{6.12}$$

zwischen $X := L_p$ und $Y := L_q$ $(1 \le p, q \le \infty)$ durchführen. Operatoren der Form (6.12) werden in der Literatur oft als (reguläre) *Fredholmsche Integraloperatoren* bezeichnet. Wir werden grundsätzlich voraussetzen, dass k messbar auf $[0,1] \times [0,1]$ ist.[2] In Analogie zu (6.3) und (6.4) betrachten wir dann die gemischten Normen

$$[k]_{p,q} := \begin{cases} \left(\int_0^1 \operatorname*{ess\,sup}_{0\le t\le 1} |k(s,t)|^q \, ds \right)^{1/q} & \text{falls } p=1 \text{ und } 1 \le q < \infty, \\ \operatorname*{ess\,sup}_{0\le s\le 1} \operatorname*{ess\,sup}_{0\le t\le 1} |k(s,t)| & \text{falls } p=1 \text{ und } q=\infty, \\ \left(\int_0^1 \left(\int_0^1 |k(s,t)|^{p'} \, dt \right)^{q/p'} ds \right)^{1/q} & \text{falls } 1 < p \le \infty \text{ und } 1 \le q < \infty, \\ \operatorname*{ess\,sup}_{0\le s\le 1} \left(\int_0^1 |k(s,t)|^{p'} \, dt \right)^{1/p'} & \text{falls } 1 < p \le \infty \text{ und } q = \infty \end{cases} \tag{6.13}$$

und

$$[k]^*_{p,q} := \begin{cases} \operatorname*{ess\,sup}_{0\le t\le 1} \left(\int_0^1 |k(s,t)|^q \, ds \right)^{1/q} & \text{falls } p=1 \text{ und } 1 \le q < \infty, \\ \operatorname*{ess\,sup}_{0\le t\le 1} \operatorname*{ess\,sup}_{0\le s\le 1} |k(s,t)| & \text{falls } p=1 \text{ und } q=\infty, \\ \left(\int_0^1 \left(\int_0^1 |k(s,t)|^{q} \, ds \right)^{p'/q} dt \right)^{1/p'} & \text{falls } 1 < p \le \infty \text{ und } 1 \le q < \infty, \\ \left(\int_0^1 \operatorname*{ess\,sup}_{0\le s\le 1} |k(s,t)|^{p'} \, dt \right)^{1/p'} & \text{falls } 1 < p \le \infty \text{ und } q = \infty, \end{cases} \tag{6.14}$$

Da k messbar ist, sind die Größen (6.13) und (6.14) stets definiert (aber nicht notwendigerweise endlich). Etwas kompakter geschrieben ist also

$$[k]_{p,q} = \left\| \|s \mapsto k(s,\cdot)\|_{L_{p'}} \right\|_{L_q}$$

[2]Ein tiefliegender Satz besagt, dass diese Voraussetzung in Wirklichkeit sogar nicht einmal eine Einschränkung ist, da man k sonst „geeignet" zu einer messbaren Funktion abändern kann ohne den Operator zu verändern.

und

$$[k]^*_{p,q} = \left\| \|t \mapsto k(\cdot\,,t)\|_{L_q} \right\|_{L_{p'}} .$$

Das „kontinuierliche Analogon" zur Minkowskischen Ungleichung (6.5) ist etwas schwerer zu beweisen:

Lemma 6.1. *Für* $1 \le p \le \infty$ *gilt*

$$\left\| \int_0^1 |k(\cdot\,,t)|\, dt \right\|_{L_p} \le \int_0^1 \|k(\cdot\,,t)\|_{L_p}\, dt. \tag{6.15}$$

□ Für $p = \infty$ ist die Behauptung trivial; sei also $1 \le p < \infty$. Sei zunächst k beschränkt. Wenden wir den Satz von Fubini-Tonelli und die Höldersche Ungleichung auf die Funktionen

$$x(s) := \int_0^1 |k(s,t)|\, dt, \qquad y(s) := \|x\|_{L_p}^{1-p}\, x(s)^{p-1}$$

an (mit $y(t) \equiv 1$ falls $p = 1$ oder $x \equiv 0$ ist), so erhalten wir

$$\|x\|_{L_p} = \int_0^1 x(s)y(s)\, ds = \int_0^1 \int_0^1 |k(s,t)|\, y(s)\, ds\, dt \le \int_0^1 \|k(\cdot\,,t)\|_{L_p} \|y\|_{L_{p'}}\, dt.$$

Wegen $\|y\|_{L_{p'}} = 1$ ist dies gerade (6.15). Ist k unbeschränkt, so setzen wir $k_n(s,t) := \min\{|k(s,t)|\,, n\}$. Nach dem eben Gezeigten ist dann

$$\left\| \int_0^1 |k_n(\cdot\,,t)|\, dt \right\|_{L_p} \le \int_0^1 \|k_n(\cdot\,,t)\|_{L_p}\, dt \le \int_0^1 \|k(\cdot\,,t)\|_{L_p}\, dt,$$

und (6.15) folgt aus dem Satz von Levi über die monotone Konvergenz. ■

Ersetzen wir p in (6.15) durch q/p' bzw. p'/q, so erhalten wir in Analogie zu (6.6) die Abschätzungen

$$[k]_{p,q} \begin{cases} \le [k]^*_{p,q} & \text{falls } q \ge p', \\ \ge [k]^*_{p,q} & \text{falls } q \le p'. \end{cases} \tag{6.16}$$

Wieder ist die Ungleichheit (6.16) i. a. strikt für $p' \ne q$. Vollkommen analog zu Satz 6.1 lässt sich folgender Satz beweisen:

Satz 6.5. *Der durch die Kernfunktion k definierte Operator* (6.12) *bildet den Raum* $X := L_p$ *in den Raum* $Y := L_q$ *ab und ist beschränkt, falls* $[k]_{p,q}$ *oder* $[k]^*_{p,q}$ *endlich ist. In diesem Fall gilt*

$$\|K\|_{L_p \to L_q} \le \min\left\{ [k]_{p,q}\,, [k]^*_{p,q} \right\}.$$

Kernfunktionen, die die Bedingung von Satz 6.5 erfüllen, nennt man im Fall $p = q = 2$ *Hilbert-Schmidt-Kerne* und im allgemeinen Fall *Hille-Tamarkin-Kerne*.

Auch der Beweis von Satz 6.2 lässt sich ohne größere Schwierigkeiten übertragen und liefert den folgenden

Satz 6.6 (Banach). *Ist $K\colon L_p \to L_q$ ein Integraloperator ($1 \leq p,q \leq \infty$), so ist $K \in \mathscr{L}(L_p, L_q)$.*

Beispiel 6.6. Sei y eine messbare Funktion mit der Eigenschaft, dass für alle $x \in L_p$ die Produktfunktion xy integrierbar ist. Wir behaupten, dass dann

$$\sup\left\{\int_0^1 |x(t)y(t)|\,dt : \|x\|_{L_p} \leq 1\right\} < \infty \tag{6.17}$$

ist. Ein elementarer Nachweis dieser Tatsache ist nichttrivial; mit Satz 6.6 ist (6.17) aber offensichtlich: Der (eindimensionale) Operator

$$Kx(s) := \int_0^1 |y(t)|\,x(t)\,dt$$

bildet nämlich L_p in L_∞ ab. Nach Satz 6.6 ist er beschränkt, und dies ist gerade (6.17). ☺

An dieser Stelle können wir dieselben Bemerkungen machen wie im Anschluss an Satz 6.1. Der schwächsten Forderung $K \in \mathscr{L}(L_\infty, L_1)$ entspricht hier die schwächste Bedingung

$$[k]_{\infty,1} = [k]^*_{\infty,1} = \int_0^1 \int_0^1 |k(s,t)|\,dt\,ds < \infty,$$

und der stärksten Forderung $K \in \mathscr{L}(L_1, L_\infty)$ entspricht die stärkste Bedingung

$$[k]_{1,\infty} = [k]^*_{1,\infty} = \operatorname*{ess\,sup}_{0\leq s,t\leq 1} |k(s,t)| < \infty \tag{6.18}$$

In einigen Fällen sind auch hier die angegebenen Bedingungen nicht nur hinreichend, sondern auch notwendig, und es gilt sogar die Gleichheit $\|K\| = [k]_{p,q}$ oder $\|K\| = [k]^*_{p,q}$. Sei etwa k nichtnegativ und $X := L_\infty$. Für $e(t) \equiv 1$ erhalten wir dann im Fall $1 \leq q < \infty$

$$\|Ke\|^q_{L_q} = \left\|\int_0^1 k(\,\cdot\,,t)\,dt\right\|^q_{L_q} = \int_0^1 \left(\int_0^1 k(s,t)\,dt\right)^q ds = [k]^q_{\infty,q}$$

und im Fall $q = \infty$

$$\|Ke\|_{L_\infty} = \left\|\int_0^1 k(\,\cdot\,,t)\,dt\right\|_{L_\infty} = \operatorname*{ess\,sup}_{s\in[0,1]} \int_0^1 k(s,t)\,dt = [k]_{\infty,\infty}\,.$$

Wir geben auch hier die Bedingungen von Satz 6.5 schematisch in einer Tabelle wieder, wobei wir wieder nur die „stärkere" Abschätzung wählen (Tabelle 6.2).

$K \in \mathscr{L}(L_p, L_q)$	$q = 1$	$1 < q < \infty$	$q = \infty$
$p = 1$	$\|K\| \leq [k]^*_{1,1}$	$\|K\| \leq [k]^*_{1,q}$	$\|K\| \underset{=^1}{\leq} [k]_{1,\infty} = [k]^*_{\infty,\infty}$
$1 < p < \infty$	$\|K\| \leq [k]^*_{p,1}$	$\|K\| \leq \min\left\{[k]_{p,q}, [k]_{p,q}\right\}$	$\|K\| \underset{=^1}{\leq} [k]_{p,\infty}$
$p = \infty$	$\|K\| \leq [k]_{\infty,1} = [k]^*_{\infty,1}$	$\|K\| \leq [k]_{\infty,q}$	$\|K\| \underset{=^1}{\leq} [k]_{\infty,\infty}$

[1] Im Falle $k \geq 0$ gilt stets Gleichheit

Tabelle 6.2: Normabschätzungen für Integraloperatoren in L_p

In Satz 6.3 hatten wir gezeigt, dass der Matrixoperator (6.2) im Fall $p > 1$ und $q < \infty$ kompakt zwischen $X := \ell_p$ und $Y := \ell_q$ ist, falls $[\alpha]_{p,q}$ oder $[\alpha]^*_{p,q}$ endlich ist. Beim Integraloperator (6.12) ist die Situation ähnlich:

Satz 6.7. *Unter den Voraussetzungen von Satz 6.5 ist der Integraloperator* (6.12) *im Fall* $1 < p \leq \infty$ *und* $1 \leq q < \infty$ *sogar kompakt.*

□ Wir zeigen die Behauptung zunächst für beschränktes k. Dazu setzen wir $r := \max\{p', q\}$ $(<\infty)$ und $Z := L_r([0,1] \times [0,1])$. Ist nun $h \in Z$ und H der von h erzeugte Integraloperator, so bekommen wir nach der Hölderschen Ungleichung $[h]_{p,q} \leq \|h\|_Z < \infty$, also $H \in \mathscr{L}(L_p, L_q)$ und

$$\|H\|_{L_p \to L_q} \leq \|h\|_Z \tag{6.19}$$

nach Satz 6.5. Zu jedem $\varepsilon > 0$ gibt es nun eine beschränkte Kernfunktion der Form

$$k_\varepsilon(s,t) := \sum_{j=1}^{m} a_j(s) b_j(t)$$

mit $\|k - k_\varepsilon\|_Z \leq \varepsilon$ (Satz A.11).[3] Der von k_ε erzeugte Integraloperator

$$K_\varepsilon x(s) := \sum_{j=1}^{m} a_j(s) \int_0^1 b_j(t) x(t)\, dt$$

hat einen endlichdimensionalen Wertebereich (nämlich $R(K_\varepsilon) \subseteq \operatorname{span}\{a_1, \ldots, a_m\}$), ist also kompakt. Betrachten wir nun zu $\varepsilon := 1/n$ eine entsprechende Folge entarteter Kernfunktionen k_n und kompakter Integraloperatoren K_n, so erhalten wir aus (6.19)

$$\|K - K_n\|_{L_p \to L_q} \leq \|k - k_n\|_Z \leq \frac{1}{n} \to 0 \qquad (n \to \infty),$$

d. h. $K_n \rightrightarrows K$. Nach Lemma 5.2 ist K also kompakt.

[3] Kernfunktionen dieser Form werden oft als *entartet* bezeichnet; sie werden uns noch in Kapitel 8 beschäftigen.

Sei nun k eine beliebige Kernfunktion. Wir setzen

$$k_n(s,t) := \min\{|k(s,t)|, n\} \operatorname{sign} k(s,t) = \begin{cases} k(s,t) & \text{falls } |k(s,t)| \le n, \\ n \operatorname{sign} k(s,t) & \text{falls } |k(s,t)| > n. \end{cases}$$

Ist $[k]_{p,q}$ endlich, so auch $[k_n]_{p,q}$, und eine zweimalige Anwendung des Satzes von Lebesgue über die dominierte Konvergenz zeigt, dass $[k - k_n]_{p,q} \to 0$ gilt. Analog folgt aus der Endlichkeit von $[k]^*_{p,q}$ auch $[k - k_n]^*_{p,q} \to 0$. Ist K_n der von der Kernfunktion k_n erzeugte Integraloperator, so folgt in beiden Fällen

$$\|K - K_n\|_{L_p \to L_q} \le \min\left\{[k - k_n]_{p,q}, [k - k_n]^*_{p,q}\right\} \to 0 \qquad (n \to \infty)$$

nach Satz 6.5. Nach dem oben Gezeigten ist K_n aber kompakt, also nach Lemma 5.2 auch K. ■

Für $p = 1$ oder $q = \infty$ ist (6.12) nur unter Zusatzvoraussetzungen ein kompakter Operator, die sich allerdings nicht so einfach beschreiben lassen, wie wir es in Satz 6.3 bei Matrixoperatoren getan haben. Als wichtigen Spezialfall erwähnen wir nur, dass (6.12) im Fall einer *stetigen* Kernfunktion k auch für $p = 1$ und $q = \infty$ kompakt ist; dann gilt sogar $K \in \mathscr{K}(L_p, C)$ (Aufgabe 6.15; siehe auch Aufgabe 6.16).

Wir illustrieren die Sätze 6.5 und 6.7 wieder mit einigen Beispielen. Insbesondere zeigen die Beispiele 6.8 und 6.9, dass Satz 6.7 im Fall $p = 1$ oder $q = \infty$ falsch ist. Nach dem eben Bemerkten müssen die Kernfunktionen in solchen Beispielen notwendigerweise unstetig sein.

Beispiel 6.7. Sei $k(s,t) := st$, d. h. wir betrachten den Integraloperator

$$Kx(s) := s \int_0^1 tx(t)\,dt. \tag{6.20}$$

Da die Maximalbedingung (6.18) hier erfüllt ist, bildet der Operator (6.20) jeden Raum L_p in jeden Raum L_q ab. Eine einfache Rechnung zeigt, dass hier gilt

$$[k]_{p,q} = [k]^*_{p,q} = \begin{cases} (q+1)^{-1/q} & \text{falls } p = 1 \text{ und } 1 \le q < \infty, \\ 1 & \text{falls } p = 1 \text{ und } q = \infty, \\ (q+1)^{-1/q}(p'+1)^{-1/p'} & \text{falls } 1 < p \le \infty \text{ und } 1 \le q < \infty, \\ (p'+1)^{-1/p'} & \text{falls } 1 < p \le \infty \text{ und } q = \infty. \end{cases}$$

Da der Wertebereich des Operators (6.20) eindimensional ist, ist dies auch für jeden Wert von p und q die Norm von K in $\mathscr{L}(L_p, L_q)$ (Aufgabe 4.50). ☺

Beispiel 6.8. Sei $p = 1, q = 2$ und $K\colon L_1 \to L_2$ definiert durch die Kernfunktion

$$k(s,t) := \sum_{n=1}^{\infty} \chi_n(t)\,(1 + \sin \pi s)$$

mit

$$\chi_n(t) := \begin{cases} 1 & \text{falls } 2^{-n} \leq t < 2^{-n+1}, \\ 0 & \text{sonst.} \end{cases}$$

Da $|k(s,t)| \leq 2$ für alle $(s,t) \in [0,1] \times [0,1]$ ist, gilt auch

$$[k]_{1,2}^* = \operatorname*{ess\,sup}_{t\in[0,1]} \left(\int_0^1 |k(s,t)|^2 \, ds \right)^{1/2} \leq 2,$$

also $K \in \mathscr{L}(L_1, L_2)$ nach Satz 6.5. Für die Funktionenfolge $x_k(t) := 2^k \chi_k(t)$ gilt nun einerseits

$$\|x_k\|_{L_1} = 2^k 2^{-k} = 1.$$

Andererseits ist die Bildfolge $Kx_k(s) = 1 + \sin k\pi s$ *nicht* relativkompakt in L_2 (s. Beispiel 2.5). ☺

Beispiel 6.9. Sei $p = 2$, $q = \infty$ und $K\colon L_2 \to L_\infty$ definiert durch die Kernfunktion

$$k(s,t) := \begin{cases} 2^{n/2} & \text{falls } 2^{-n} \leq s,t < 2^{-n+1}, \\ 0 & \text{sonst.} \end{cases}$$

Wegen

$$[k]_{2,\infty} = \operatorname*{ess\,sup}_{s\in[0,1]} \left(\int_0^1 |k(s,t)|^2 \, dt \right)^{1/2} = \sup_n \left(\int_{2^{-n}}^{2^{-n+1}} 2^n \, dt \right)^{1/2} = 1$$

gilt dann $K \in \mathscr{L}(L_2, L_\infty)$ nach Satz 6.5. Für die Funktionenfolge

$$x_k(t) := \begin{cases} 2^{k/2} & \text{falls } 2^{-k} \leq t < 2^{-k+1}, \\ 0 & \text{sonst} \end{cases}$$

gilt nun einerseits

$$\|x_k\|_{L_2}^2 = 2^k 2^{-k} = 1.$$

Andererseits ist die Bildfolge

$$Kx_k(s) = \begin{cases} 1 & \text{falls } 2^{-k} \leq s < 2^{-k+1}, \\ 0 & \text{sonst} \end{cases}$$

nicht relativkompakt in L_∞ (Aufgabe 3.21). ☺

Wir untersuchen den Integraloperator (6.12) nun im Raum C. In Analogie zu (6.8) setzen wir

$$[k]_C = \sup_{0\leq s\leq 1} \int_0^1 |k(s,t)|\, dt. \tag{6.21}$$

Satz 6.8. *Ist $k\colon [0,1]\times[0,1] \to \mathbb{R}$ stetig, so bildet der Integraloperator (6.12) den Raum $X := C$ in sich ab und ist kompakt mit $\|K\| = [k]_C$.*

□ Einerseits gilt für $x \in C$

$$\|Kx\|_C = \max_{0\leq s\leq 1} \left| \int_0^1 k(s,t)x(t)\, dt \right| \leq [k]_C\, \|x\|_C,$$

also $\|K\| \leq [k]_C$. Da k eine stetige Funktion ist, können wir ein $s_0 \in [0,1]$ finden mit

$$[k]_C = \int_0^1 |k(s_0,t)|\, dt.$$

Sei x_0 definiert durch

$$x_0(t) := \begin{cases} 1 & \text{falls } k(s_0,t) > 0, \\ 0 & \text{falls } k(s_0,t) = 0, \\ -1 & \text{falls } k(s_0,t) < 0. \end{cases}$$

Falls nun $k(s_0,\cdot\,)$ nicht das Vorzeichen auf $[0,1]$ wechselt, ist x_0 sogar eine stetige (weil konstante) Funktion; es gilt dann $\|x_0\|_C = 1$ und

$$\|Kx_0\|_C = \max_{0\leq s\leq 1} \int_0^1 |k(s_0,t)|\, dt = [k]_C.$$

Falls $k(s_0,\cdot\,)$ das Vorzeichen auf $[0,1]$ wechselt, ersetzen wir x_0 durch die in (3.1) (mit $h := 1/n;\ n = 1,2,\ldots$) eingeführte Steklov-Mittelung x_n. Da x_n punktweise gegen x_0 konvergiert und $|x_n(t)| \leq 1$ ist, erhalten wir nach dem Satz von Lebesgue über die dominierte Konvergenz, dass

$$Kx_n(s_0) = \int_0^1 k(s_0,t)x_n(t)\, dt \to \int_0^1 k(s_0,t)x_0(t)\, dt = \int_0^1 |k(s_0,t)|\, dt = [k]_C$$

gilt. Wegen $\|x_n\|_C \leq 1$ können wir hieraus folgern, dass auch in diesem Fall die Gleichheit $\|K\| = [k]_C$ gelten muss.

Wir zeigen nun, dass der Operator (6.12) sogar kompakt im Raum C ist. Wegen der gleichmäßigen Stetigkeit der Kernfunktion k auf $[0,1]\times[0,1]$ können wir zu jedem $\varepsilon > 0$

ein $\delta > 0$ wählen derart, dass

$$\int_0^1 |k(s_1,t) - k(s_2,t)|\, dt \leq \varepsilon$$

ausfällt für $|s_1 - s_2| \leq \delta$. Für $x \in M = K_1(C)$ gilt dann

$$|Kx(s_1) - Kx(s_2)| \leq \int_0^1 |k(s_1,t) - k(s_2,t)|\, |x(t)|\, dt \leq \varepsilon \|x\|_C \leq \varepsilon.$$

Das bedeutet, dass die Menge $K(M) \subset C$ gleichgradig stetig ist, und damit folgt die Kompaktheit des Operators K aus Satz 3.1. ∎

Wir betonen ausdrücklich, dass die *Stetigkeit der Kernfunktion* $k\colon [0,1] \times [0,1] \to \mathbb{R}$ *nur hinreichend, aber nicht notwendig* für die Beschränktheit (und Kompaktheit) des zugehörigen Operators K ist. Beispielsweise erzeugt die unstetige Kernfunktion

$$k(s,t) := \begin{cases} 1 & \text{falls } t \leq s, \\ 0 & \text{falls } t > s \end{cases} \tag{6.22}$$

den Integraloperator (4.15), dessen Kompaktheit im Raum C wir schon in Beispiel 5.9 nachgewiesen haben. Man kann den Beweis von Satz 6.8 so modifizieren, dass wir ein stärkeres Ergebnis erhalten, nämlich das folgende:

Satz 6.9. *Der durch eine messbare Kernfunktion k definierte Operator* (6.12) *bildet den Raum C in den Raum L_∞ ab und ist beschränkt, falls $[k]_C$ endlich ist; es gilt dann $\|K\|_{C \to L_\infty} = [k]_C$. Weiter gilt $K \in \mathscr{K}(C,C)$ genau dann, wenn die Abbildung $s \mapsto k(s,\cdot)$ stetig von $[0,1]$ in L_1 ist, d. h. wenn*

$$\lim_{s \to s_0} \int_0^1 |k(s,t) - k(s_0,t)|\, dt = 0 \tag{6.23}$$

für jedes $s_0 \in [0,1]$ gilt. In diesem Fall ist sogar $K \in \mathscr{K}(L_\infty, C)$.

Beispiel 6.10. Sei $k(s,t) := e^{st}$, also

$$Kx(s) := \int_0^1 e^{st} x(t)\, dt.$$

In Beispiel 5.2 hatten wir gesehen, dass $K \in \mathscr{K}(C,C)$ gilt. In der Tat ist hier

$$\|K\| = [k]_C = \sup_{0 \leq s \leq 1} \int_0^1 e^{st}\, dt = \sup_{0 \leq s \leq 1} \frac{1}{s}(e^s - 1) = e - 1,$$

und wegen der Stetigkeit von k auf $[0,1] \times [0,1]$ ist die Bedingung (6.23) erfüllt. ☺

Beispiel 6.11. Sei J der in (4.15) definierte Integraloperator, erzeugt durch die Kernfunktion (6.22). Aus Beispiel 5.9 wissen wir, dass $J \in \mathscr{K}(C,C)$ mit $\|J\| = 1$ ist. Für die

Kernfunktion (6.22) haben wir in der Tat $|k(s,t) - k(s_0,t)| > 0$ nur für $s < t \leq s_0$ oder $s_0 < t \leq s$; daher gilt (6.23). ☺

Beispiel 6.12. Sei $k(s,t) := 1/s$, also

$$Kx(s) := \frac{1}{s}\int_0^1 x(t)\,dt. \tag{6.24}$$

Für $x_0(s) \equiv 1$ ist

$$Kx_0(s) = \frac{1}{s},$$

und daher bildet der Operator (6.24) keinen einzigen Raum L_p in einen Raum L_q ab, und natürlich auch nicht den Raum C in sich. Ändern wir die Kernfunktion jedoch ab in

$$k(s,t) := \begin{cases} \dfrac{1}{s} & \text{falls } t \leq s, \\ 0 & \text{sonst,} \end{cases}$$

so ändert sich die Lage drastisch. Wir bekommen dann nämlich statt des Fredholmschen Integraloperators (6.24) den Volterraschen Integraloperator

$$Kx(s) := \frac{1}{s}\int_0^s x(t)\,dt. \tag{6.25}$$

Hier gilt

$$[k]_{p,q}^q = \int_0^1 \left(\int_0^s s^{-p'}\,dt\right)^{q/p'} ds = \int_0^1 s^{q(1-p')/p'}\,ds = \int_0^1 s^{-q/p}\,ds,$$

und dies ist endlich genau für $q < p$. Außerdem ist

$$[k]_{\infty,\infty} = \operatorname*{ess\,sup}_{s\in[0,1]} \int_0^s \frac{1}{s}\,dt = 1,$$

also $K \in \mathscr{L}(L_\infty, L_\infty)$. Man sieht leicht, dass $K \notin \mathscr{L}(L_p, L_q)$ für $q > p$ gilt. Es bleibt noch der Fall $p = q$ zu untersuchen (vgl. Aufgabe 4.21).

Sei $1 < p < \infty$, $x \in L_p$ mit (o. B. d. A.) $x \geq 0$ und $y = Kx$. Für $0 < \delta < s$ erhalten wir mit partieller Integration wegen $\frac{d}{dt}(ty(t)) = x(t)$ dann

$$\int_\delta^s y(t)^p\,dt = -\frac{1}{p-1}\int_\delta^s [ty(t)]^p \frac{d}{dt}(t^{1-p})\,dt$$
$$= \frac{1}{p-1}(\delta y(\delta)^p - sy(s)^p) + \frac{p}{p-1}\int_\delta^s y(t)^{p-1}x(t)\,dt \leq \frac{p}{p-1}\int_\delta^s y(t)^{p-1}x(t)\,dt.$$

Anwendung der Hölderschen Ungleichung liefert

$$\|y\|_{L_p}^p \leq \frac{p}{p-1} \|x\|_{L_p} \|y^{p-1}\|_{L_{p'}} = \frac{p}{p-1} \|x\|_{L_p} \|y\|_{L_p}^{p-1}.$$

Wir haben bewiesen, dass $K \in \mathscr{L}(L_p, L_p)$ für $p > 1$ gilt mit $\|K\| \leq p/(p-1)$. Diese Abschätzung nennt man auch die *Hardysche Ungleichung*. Für $p = 1$ gilt ein entsprechendes Ergebnis nicht: Definieren wir nämlich

$$y_0(t) := \frac{1}{1 - \log t}, \qquad x_0(t) := y_0'(t) = \frac{1}{t(1 - \log t)^2},$$

so gilt einerseits

$$\int_0^1 |x_0(t)| \, dt = y_0(1) - y_0(0) = 1,$$

also $x_0 \in L_1$, aber andererseits

$$\int_0^1 Kx_0(s) \, ds = \int_0^1 \frac{x_0(s) - x_0(0)}{s} \, ds = \infty,$$

also $Kx_0 \notin L_1$.

Insgesamt gilt also $K \in \mathscr{L}(L_p, L_q)$ für $1 \leq q < p \leq \infty$ oder $1 < p = q \leq \infty$. Allerdings ist K nicht kompakt für $p = q$ (Aufgabe 6.19). ☺

Beispiel 6.13. Sei

$$k(s,t) := \begin{cases} \dfrac{1}{t} & \text{falls } t \leq s, \\ 0 & \text{sonst,} \end{cases}$$

also

$$Kx(s) := \int_0^s \frac{x(t)}{t} \, dt.$$

Da wir für die konstante Funktion $x_0(t) \equiv 1$ hier

$$Kx_0(s) = \int_0^s \frac{dt}{t} = \infty$$

erhalten, bildet dieser Operator keinen einzigen Raum L_p in irgendeinen Raum L_q ab, und natürlich auch nicht den Raum C in sich. ☺

Beispiel 6.14. Sei $k(s,t) := s/\sqrt{t}$, also

$$Kx(s) := s \int_0^1 \frac{x(t)}{\sqrt{t}} \, dt.$$

Eine einfache Rechnung zeigt, dass $[k]^*_{p,q} = [k]_{p,q}$ genau für $p > 2$ endlich ist; genauer gilt

$$[k]^*_{p,q} = [k]_{p,q} = \begin{cases} (1+q)^{-1/q}(1-\frac{p'}{2})^{-1/p'} & \text{falls } p > 2 \text{ und } 1 \leq q < \infty, \\ (1-\frac{p'}{2})^{-1/p'} & \text{falls } p > 2 \text{ und } q = \infty. \end{cases}$$

In beiden Fällen ist K beschränkt. Man überzeugt sich leicht davon, dass K auf keinem L_p-Raum für $p \leq 2$ definiert ist. Da $[k]_C = 2$ ist und auch (6.23) gilt, ist K auch kompakt im Raum C. Der Operator K ist in allen Räumen kompakt, in denen er beschränkt ist, weil das Bild in einem eindimensionalen Raum liegt. ☺

6.3 Singuläre Integraloperatoren vom Fredholm-Typ

Betrachten wir nochmals die Bedingungen $[k]_{p,q} < \infty$ und $[k]^*_{p,q} < \infty$: Satz 6.5 besagt, dass in beiden Fällen der zugehörige Integraloperator K beschränkt von $X := L_p$ in $Y := L_q$ ist. Aus dem Beweis dieses Satzes ersehen wir, dass der Grund dafür im wesentlichen der folgende ist: Falls $[k]_{p,q} < \infty$ gilt, so ist die Höldersche Ungleichung auf das Integral

$$\int_0^1 |k(s,t)x(t)|\, dt$$

anwendbar; ist hingegen $[k]^*_{p,q} < \infty$, so kann man die Höldersche Ungleichung auf das Integral

$$\int_0^1 |k(s,t)y(s)|\, ds$$

anwenden.[4] Grob gesprochen liefert Satz 6.5 daher „scharfe" Abschätzungen, falls $k(s,t)$ im wesentlichen *nur* „gleichmäßig entlang der s-Achse" bzw. *nur* „gleichmäßig entlang der t-Achse" Singularitäten aufweist.

Falls die Singularitäten jedoch „entlang anderer Wege" auftauchen, ist das Kriterium aus Satz 6.5 ziemlich unbrauchbar. Ein prominentes Beispiel hierfür, das auch in Anwendungen eine wichtige Rolle spielt, ist die Klasse der sog. *schwach singulären Integraloperatoren*, die wir jetzt behandeln. Für $0 < \tau < 1$ sei

$$k_\tau(s,t) := \frac{1}{|s-t|^\tau} \qquad (0 < s,t < 1) \tag{6.26}$$

und K_τ der durch k_τ erzeugte Integraloperator, also

$$K_\tau x(s) := \int_0^1 \frac{x(t)}{|s-t|^\tau}\, dt. \tag{6.27}$$

[4]Dies geschah im Beweis implizit durch Anwendung der Minkowskischen Ungleichung (6.15).

Wir nennen den Operator (6.27) im folgenden einen *(schwach) singulären Fredholmschen Integraloperator*. Damit $[k_\tau]_{p,q}$ endlich ist, müsste insbesondere die Funktion $t \mapsto |t-s|^{-\tau p'}$ für fast alle s über $[0,1]$ integrierbar sein, also $\tau p' < 1$ und somit $p > 1/(1-\tau)$. Diese Bedingung ist aber viel zu restriktiv: Ist sie erfüllt, so gilt nämlich sogar viel schärfer $K_\tau \in \mathscr{L}(L_p, L_\infty)$.

Analog würde auch die Voraussetzung $[k_\tau]^*_{p,q} < \infty$ auf die viel zu restriktive Bedingung $q < 1/\tau$ führen, was sogar $K_\tau \in \mathscr{L}(L_1, L_q)$ implizieren würde.

Der Grund, weshalb Satz 6.5 so „schlecht" für unsere Kernfunktion k_τ ist, liegt darin, dass die Singularitäten nur auf der Diagonalen $t = s$ „gleichmäßig" sind. Zur „richtigen" Abschätzung für die Norm sollten wir diese Diagonale also zunächst drehen. Diese „Drehungs"-Idee lässt sich in der Ebene $\mathbb{R}^2$ viel einfacher in Formeln fassen. Wir zeigen sie exemplarisch im folgenden Beispiel.

Beispiel 6.15. Sei $\alpha \in L_1(\mathbb{R})$ und $x \in L_1(\mathbb{R})$; dann liegt auch die durch

$$y(s) := \int_{-\infty}^{\infty} \alpha(s-t)x(t)\,dt \tag{6.28}$$

definierte Funktion y in $L_1(\mathbb{R})$, und es gilt $\|y\|_{L_1} \leq \|\alpha\|_{L_1} \|x\|_{L_1}$. Um dies einzusehen, dürfen wir o. B. d. A. annehmen, dass α und x nichtnegative Borelfunktionen[5] sind. Dann ist die Funktion $(t,s) \mapsto \alpha(s-t)$ als Komposition von Borelfunktionen eine (nichtnegative) Borelfunktion und daher messbar. Wir dürfen daher den Satz von Fubini-Tonelli anwenden und erhalten

$$\int_{-\infty}^{\infty} y(s)\,ds = \int_{-\infty}^{\infty} \left(\int_{-\infty}^{\infty} \alpha(s-t)\,ds \right) x(t)\,dt.$$

Das innere Integral ist aber gleich dem Integral über α, also endlich. ☺

Für andere Räume als $L_1(\mathbb{R})$ genügt es allerdings nicht, wie im letzten Beispiel die gesamte Kernfunktion $k(t,s) := \alpha(t-s)$ um 45 Grad „nach rechts zu drehen": Ein anderer Teil der Kernfunktion muss auch entsprechend „nach links gedreht" werden. Dann können wir sowohl auf der s-Achse als auch auf der t-Achse „parallel" die Höldersche Ungleichung anwenden. Diese „parallele" Anwendung realisieren wir durch die Höldersche Ungleichung in der Form

$$\|xyz\|_{L_1} \leq \|x\|_{L_{p_1}} \|y\|_{L_{p_2}} \|z\|_{L_{p_3}}, \qquad \left(1 \leq p_1, p_2, p_3 \leq \infty,\ \frac{1}{p_1} + \frac{1}{p_2} + \frac{1}{p_3} = 1\right), \tag{6.29}$$

die man leicht aus der üblichen Hölderschen Ungleichung (1.17) gewinnen kann (Aufgabe 1.5).

Satz 6.10 (Young). *Sei $1 \leq p,q,r \leq \infty$ und $\frac{1}{r} = \frac{1}{p} + \frac{1}{q} - 1$. Sind dann $\alpha \in L_q(\mathbb{R})$ und*

[5] Eine Funktion $x\colon \mathbb{R}^n \to \mathbb{R}$ heißt Borelfunktion, wenn Urbilder offener Mengen Borelmengen sind, also in der kleinsten σ-Algebra liegen, die die offenen Mengen enthält. Man kann jede messbare Funktion geeignet auf einer Nullmenge abändern, so dass man eine Borelfunktion erhält. Im Unterschied zu messbaren Funktionen ist die Komposition von Borelfunktionen stets wieder eine Borelfunktion und daher messbar.

$x \in L_p(\mathbb{R})$, so wird durch (6.28) eine Funktion y aus $L_r(\mathbb{R})$ definiert, und es gilt

$$\|y\|_{L_r} \leq \|\alpha\|_{L_q} \|x\|_{L_p}. \tag{6.30}$$

□ O. B. d. A. seien α und x wieder nichtnegative Borelfunktionen. Im Fall $r = \infty$ (d. h. $q = p'$) ist die Behauptung nur eine direkte Anwendung der Hölderschen Ungleichung. Sei also $r < \infty$. Aus den Voraussetzungen folgt dann auch $p, q < \infty$. Seien wie üblich p' und q' zu p und q konjugiert, also $\frac{1}{p} + \frac{1}{p'} = 1$ und $\frac{1}{q} + \frac{1}{q'} = 1$. Jetzt dürfen wir die Höldersche Ungleichung (6.29) für $p_1 = p'$, $p_2 = q'$ und $p_3 = r$ anwenden und erhalten[6]

$$\begin{aligned} y(s) &= \int_{-\infty}^{\infty} \alpha(s-t)^{r/(p'+r)} x(t)^{r/(q'+r)} \left(\alpha(s-t)^{p'/(p'+r)} x(t)^{q'/(q'+r)}\right) dt \\ &\leq \|\alpha(s-\cdot)\|_{L_q}^{q/p'} \|x\|_{L_p}^{p/q'} \left(\int_{-\infty}^{\infty} \alpha(s-t)^q x(t)^p \, dt\right)^{1/r}. \end{aligned}$$

Durch Bilden der L_r-Norm erhalten wir nun

$$\|y\|_{L_r} \leq \|\alpha\|_{L_q}^{q/p'} \|x\|_{L_p}^{p/q'} \left(\int_{-\infty}^{\infty} \int_{-\infty}^{\infty} \alpha(s-t)^q x(t)^p \, dt \, ds\right)^{1/r}.$$

Für das Doppelintegral bekommen wir wie im letzten Beispiel den Wert $\|\alpha\|_{L_q}^q \|x\|_{L_p}^p$ und daher die gewünschte Abschätzung. ■

In diesem Beweis haben wir in gewissem Sinne zwischen den Anwendungen der Hölderschen Ungleichung auf der s-Achse und der t-Achse „interpoliert". Tatsächlich kann man die bewiesene Youngsche Ungleichung (6.30) als Spezialfall eines viel allgemeineren sog. *Interpolationssatzes* auffassen.

Um die Youngsche Ungleichung (6.30) auf den schwach singulären Integraloperator (6.27) anzuwenden, identifizieren wir Funktionen aus L_p mit Funktionen aus $L_p(\mathbb{R})$, indem wir sie außerhalb des Intervalls $[0,1]$ auf 0 setzen. Die Kernfunktion (6.26) können wir als $k_\tau(t,s) := \alpha(s-t)$ schreiben, wenn wir $\alpha(s) := s^{-\tau}$ für $s \in [-1,1]$ und $\alpha(s) := 0$ für $s \notin [-1,1]$ setzen. Dann ist $\alpha \in L_q(\mathbb{R})$ genau im Fall $q < 1/\tau$. Für alle $1 \leq p \leq \infty$ erfüllt die durch $\frac{1}{p} + \frac{1}{q} - 1 = \frac{1}{r}$ definierte Zahl r (wegen $q \geq 1$) die Abschätzung $1 \leq r \leq \infty$. Die Youngsche Ungleichung (6.30) ist dann anwendbar und impliziert, dass $K_\tau\colon L_p \to L_r$ beschränkt ist mit Norm $\|K_\tau\| \leq \|\alpha\|_q$. Wegen der stetigen Einbettung $L_p \hookrightarrow L_q$ für $p \geq q$ dürfen wir sogar p beliebig verkleinern und r beliebig vergrößern. Damit haben wir folgenden Satz bewiesen:

Satz 6.11. *Der singuläre Integraloperator (6.27) bildet den Raum $X := L_p$ in den Raum $Y := L_q$ ab und ist beschränkt, falls eine der folgenden beiden Bedingungen erfüllt ist:*

(a) $\dfrac{1}{1-\tau} < p \leq \infty$ *und* $1 \leq q \leq \infty$;

(b) $1 \leq p \leq \dfrac{1}{1-\tau}$ *und* $1 \leq q < \dfrac{1}{\frac{1}{p} - (1-\tau)}$.

[6]Für $p = 1$ oder $q = 1$ bleibt die Abschätzung sinngemäß gültig.

Vergleicht man dies mit den Bedingungen aus Satz 6.5, so sieht man, dass die Abschätzung $\|K_\tau\| \leq [k_\tau]_{p,q}$ nur den Fall (a) aus Satz 6.11 liefert. Unter der Voraussetzung dieses Falles gilt aber sogar noch viel mehr. Dies ist auch zu erwarten: Da der Raum L_p für wachsendes p immer kleiner wird, kann man vermuten, dass auch der Bildraum $R(K_\tau) = K_\tau(L_p)$ immer kleiner wird, also immer „bessere" Funktionen enthält; man sieht dies auch schön im zweiten Fall. In der Tat ist für $p > 1/(1-\tau)$ das Bild $K_\tau(L_p)$ nicht nur in L_∞ enthalten, sondern sogar in einem *Hölderraum* (s. Beispiel 1.9):

Satz 6.12 (Hardy-Littlewood). *Der singuläre Integraloperator (6.27) bildet den Raum $X := L_p$ in den Raum $Y := C^\beta$ ab und ist beschränkt, falls*

$$\frac{1}{1-\tau} < p \leq \infty, \quad 0 \leq \beta \leq 1 - \tau - \frac{1}{p} \tag{6.31}$$

ist. Insbesondere gilt auch $K_\tau \in \mathscr{L}(L_\infty, C^{1-\tau})$.

□ Wegen $C^\alpha \hookrightarrow C^\beta$ für $\alpha \geq \beta$ können wir $\beta = (p(1-\tau)-1)/p$ annehmen. Aufgrund des letzten Satzes genügt es also zu beweisen, dass es ein $c_{\tau,p} < \infty$ mit $[K_\tau x]_\beta \leq c_{\tau,p} \|x\|_{L_p}$ gibt. Zunächst ist

$$|K_\tau x(s) - K_\tau x(t)| \leq \int_0^1 \left| \frac{1}{|s-\sigma|^\tau} - \frac{1}{|t-\sigma|^\tau} \right| |x(\sigma)| \, d\sigma.$$

Wir nehmen o. B. d. A. $s < t$ an und integrieren getrennt über die Teilintervalle $[0,s]$, $[s,t]$ und $[t,1]$. Für das erste Teilintegral I_1 benutzen wir die Höldersche Ungleichung sowie die Abschätzung $(a-b)^{p'} \leq a^{p'} - b^{p'}$ für $a \geq b \geq 0$ und $p' \geq 1$ und erhalten

$$\begin{aligned} I_1 &= \int_0^s \left| \frac{1}{(s-\sigma)^\tau} - \frac{1}{(t-\sigma)^\tau} \right| |x(\sigma)| \, d\sigma \\ &\leq \|x\|_{L_p} \left\{ \int_0^s \left((s-\sigma)^{-\tau p'} - (t-\sigma)^{-\tau p'} \right) d\sigma \right\}^{1/p'} \\ &= \frac{\|x\|_{L_p}}{(1-\tau p')^{1/p'}} \left\{ (t-s)^{1-\tau p'} - (s^{1-\tau p'} - t^{1-\tau p'}) \right\}^{1/p'}. \end{aligned}$$

Aus der Rechnung ersehen wir, dass die geschweifte Klammer nichtnegativ ist. Da $\tau p' < 1$ und $s < t$ ist, folgt $s^{1-\tau p'} - t^{1-\tau p'} \geq 0$, so dass wir also zur Abschätzung diesen Term vernachlässigen können. Wir erhalten dann

$$I_1 \leq \frac{\|x\|_{L_p}}{(1-\tau p')^{1/p'}} (t-s)^{1/p'-\tau} = \frac{\|x\|_{L_p}}{(1-\tau p')^{1/p'}} |s-t|^\beta.$$

Aus Symmetriegründen gilt dieselbe Abschätzung auch für das dritte Teilintegral I_3. Es bleibt also das zweite Teilintegral I_2 abzuschätzen. Hierzu unterteilen wir das Integral erneut, nämlich in der Form

$$I_2 = \int_s^t \left| \frac{1}{(\sigma - s)^\tau} - \frac{1}{(t-\sigma)^\tau} \right| |x(\sigma)| \, d\sigma$$
$$\leq \int_s^t \frac{1}{(\sigma - s)^\tau} |x(\sigma)| \, d\sigma + \int_s^t \frac{1}{(t-\sigma)^\tau} |x(\sigma)| \, d\sigma =: I_{2,1} + I_{2,2}.$$

Für das erste dieser Integrale zeigt eine einfache Anwendung der Hölderschen Ungleichung, dass

$$I_{2,1} \leq \|x\|_{L_p} \left(\int_s^t (\sigma - s)^{-\tau p'} \, d\sigma \right)^{1/p'} = \frac{\|x\|_{L_p}}{(1 - \tau p')^{1/p'}} |s - t|^\beta$$

ist, und für das zweite Integral $I_{2,2}$ gilt eine analoge Abschätzung. Insgesamt bekommen wir also

$$[K_\tau x]_\beta \leq \frac{4}{(1 - \tau p')^{1/p'}} \|x\|_{L_p},$$

woraus die Behauptung folgt. ■

Wir untersuchen nun die Frage, in welchen Räumen der Operator K_τ kompakt ist. Wegen $C^\alpha \overset{\text{komp}}{\hookrightarrow} C$ (s. Beispiel 3.2) folgt aus Satz 6.12 im Falle $p > 1/(1-\tau)$ sogar $K_\tau \in \mathscr{K}(L_p, C)$, also insbesondere $K_\tau \in \mathscr{K}(C, C)$ sowie $K_\tau \in \mathscr{K}(L_p, L_q)$ $(1 \leq q \leq \infty)$. Um auch für andere Werte von p etwas aussagen zu können, beweisen wir nun einen allgemeinen Kompaktheitssatz. Wir benutzen dazu die Projektionen (4.36) für messbare Mengen $D \subseteq [0,1]$ und betrachten die Integraloperatoren

$$KP_D x(s) = \int_D k(s,t) x(t) \, dt$$

und

$$P_D K x(s) = \chi_D(s) \int_0^1 k(s,t) x(t) \, dt.$$

Lemma 6.2. *Sei $X := L_p$ $(1 \leq p \leq \infty)$, $Y := L_q$ $(1 \leq q < \infty)$, und $K \in \mathscr{L}(X,Y)$ ein Integraloperator, der die Bedingung*

(6.32)
$$\lim_{\text{mes}\, D \to 0} \|P_D K\| = \lim_{\text{mes}\, D \to 0} \|KP_D\| = 0$$

erfüllt. Dann ist $K\colon X \to Y$ kompakt.

□ Wir zeigen die Behauptung zunächst für $p = \infty$. Hierzu benötigen wir sogar nur die erste Voraussetzung in (6.32): Diese besagt nämlich, dass die Menge $M :=$

$\{Kx : x \in K_1(L_p)\}$ absolutstetig in L_q ist (Aufgabe 3.22). In der Tat, es gilt nämlich

$$\sup_{\|x\|\leq 1} \|P_D Kx\| = \|P_D K\| \to 0 \qquad (\operatorname{mes} D \to 0).$$

Nach Aufgabe 3.26 haben wir also nur noch zu zeigen, dass M kompakt im Maß ist. Sei also $(x_k)_k$ eine beliebige Folge mit $\|x_k\|_{L_\infty} \leq 1$. Wir zeigen, dass $(Kx_k)_k$ eine fast überall konvergente Teilfolge besitzt. Dazu setzen wir $D_n := \{(s,t) : |k(s,t)| \geq n\}$ $(n = 1, 2, \dots)$ und betrachten die durch

$$K_n x(s) := \int_0^1 \chi_{D_n}(s,t) k(s,t) x(t)\, dt$$

definierte Operatorfolge $(K_n)_n$. Der Operator $A_n := K - K_n$ ist ein Integraloperator mit einer (durch n) beschränkten Kernfunktion a_n; insbesondere ist $[a_n]_{p,q} < \infty$. Nach Satz 6.5 ist A_n also kompakt. Daher gibt es eine Teilfolge $(x_{1,k})_k$ von $(x_k)_k$, so dass $(A_1 x_{1,k})_k$ fast überall konvergiert. Davon gibt es eine weitere Teilfolge $(x_{2,k})_k$, so dass auch $(A_2 x_{2,k})_k$ fast überall konvergiert, und dies kann man fortsetzen. Die „Diagonalfolge" $y_k := x_{k,k}$ hat dann die Eigenschaft, dass $(A_n y_k)_k$ fast überall auf $[0,1]$ und für alle $n \in \mathbb{N}$ konvergiert. Nun beachten wir, dass für $e(t) \equiv 1$ das Bild Ke fast überall definiert ist. Dies bedeutet, dass die Funktion $t \mapsto f(t) := k(s,t)e(t)$ für fast alle $s \in [0,1]$ integrierbar ist und die durch $f_n(t) := \left|\chi_{D_n}(s,t)k(s,t)e(t)\right|$ definierte Funktionenfolge $(f_n)_n$ dominiert, die ihrerseits fast überall gegen 0 konvergiert. Nach dem Satz von Lebesgue gilt also

$$\sup_k |K_n y_k(s)| \leq \int_0^1 f_n(t)\, dt \to 0 \qquad (n \to \infty). \tag{6.33}$$

Zu gegebenem $\varepsilon > 0$ wählen wir n so groß, dass das Supremum in (6.33) kleiner ist als ε. Für alle genügend großen j und k gilt dann

$$\left|Ky_k(s) - Ky_j(s)\right| = \left|A_n y_k(s) - A_n y_j(s) + K_n y_k(s) - K_n y_j(s)\right| \leq 3\varepsilon.$$

Daher ist $(Ky_k(s))_k$ eine Cauchyfolge, also konvergent. Da dieser Schluss für fast alle s gültig war, ist die Funktionenfolge $(Ky_k)_k$ fast überall konvergent wie behauptet.

Jetzt betrachten wir den Fall $p < \infty$ und benutzen dafür auch die zweite Bedingung in (6.32). Wir führen dazu den „Abschneide"-Operator

$$T_n x(s) := \begin{cases} x(s) & \text{falls } |x(s)| \leq n, \\ 0 & \text{falls } |x(s)| > n \end{cases} \tag{6.34}$$

ein. Der Operator T_n ist zwar nicht linear, aber dennoch folgt ähnlich wie im Beweis von Lemma 5.2 aus der Beziehung

$$\lim_{n\to\infty} \sup_{\|x\|\leq 1} \|(K - KT_n)x\| = 0 \tag{6.35}$$

die Kompaktheit von K, falls KT_n kompakt ist. Da KT_n nach dem ersten Teil des Beweises kompakt ist,[7] genügt es also, (6.35) nachzuweisen. Setzen wir

$$D_n(x) := \{t : |x(t)| > n\},$$

so gilt $(K - KT_n)x = K(P_{D_n(x)}x) = K_{D_n(x)}x$. Aufgrund der zweiten Voraussetzung in (6.32) brauchen wir also nur noch die Bedingung

$$\lim_{n\to\infty} \sup_{\|x\|\leq 1} \operatorname{mes} D_n(x) = 0$$

zu überprüfen. Diese folgt aber unmittelbar aus (1.19). ∎

Wenn man für einen Integraloperator $K\colon L_p \to L_q$ die Beschränktheit mit Hilfe der Hölderschen Ungleichung nachgewiesen hat, hat man in der Regel auch eine Abschätzung für die Norm gefunden, die gegen 0 konvergiert, wenn die Kernfunktion k gegen 0 konvergiert (zumindest im Fall $p > 1$ und $q < \infty$). Insbesondere ist dann (6.32) erfüllt. Es gilt daher die folgende „Faustregel": *Wenn man den Nachweis der Abschätzung $K \in \mathscr{L}(L_p, L_q)$ $(1 < p \leq \infty,\ 1 \leq q < \infty)$ unter Benutzung lediglich der Hölderschen Ungleichung führen kann, d. h. ohne zusätzliche Abschätzungen zu benutzen, dann ist K auch kompakt.*[8]

Für unseren schwach singulären Integraloperator (6.27) ist also zu erwarten, dass er unter den Voraussetzungen von Satz 6.10 auch kompakt ist. Anstelle aber die Beziehung (6.32) direkt nachzurechnen, gehen wir einen etwas anderen Weg: Aus jedem Integraloperator $K \in \mathscr{L}(L_p, L_q)$ lässt sich nämlich ein kompakter Operator „machen", wenn man p vergrößert und zugleich q verkleinert:

Lemma 6.3. *Sei $1 \leq \underline{p} < p \leq \infty$ und $1 \leq q < \overline{q} \leq \infty$. Ist $K \in \mathscr{L}(L_{\underline{p}}, L_{\overline{q}})$ ein Integraloperator, so gilt $K \in \mathscr{K}(L_p, L_q)$.*

□ Wir definieren r durch $\frac{1}{r} + \frac{1}{p} = \frac{1}{\underline{p}}$. Nach der Hölderschen Ungleichung ist dann

$$\|P_D x\|_{L_{\underline{p}}} \leq \left\|\chi_D\right\|_{L_r} \|x\|_{L_p},$$

also $\|P_D K\|_{L_p \to L_q} \leq \|K\|_{L_{\underline{p}} \to L_q} (\operatorname{mes} D)^{1/r}$, woraus die erste Beziehung von (6.32) folgt. Die zweite folgt aus der Abschätzung

$$\|P_D K x\|_{L_q} \leq \left\|\chi_D\right\|_{L_s} \|Kx\|_{L_{\overline{q}}} \leq (\operatorname{mes} D)^{1/s} \|K\|_{L_p \to L_{\overline{q}}} \|x\|_{L_p},$$

wobei s durch $\frac{1}{s} + \frac{1}{\overline{q}} = \frac{1}{q}$ definiert sei. ∎

Die letzten Ergebnisse zeigen noch einmal sehr eindrucksvoll, warum Integraloperatoren in der Regel kompakt sind: Nach Lemma 6.3 sind sie höchstens für gewisse

[7] Man beachte, dass die erste Voraussetzung in (6.32) erst recht für $X := L_\infty$ erfüllt ist.

[8] Man kann diese Regel etwas salopp auch so formulieren: Sobald es „einfach" ist, $K \in \mathscr{L}(L_p, L_q)$ zu zeigen, bekommt man zusätzlich das Ergebnis $K \in \mathscr{K}(L_p, L_q)$ „geschenkt".

„Grenzfälle" von p und q nicht kompakt, und selbst in diesen Grenzfällen sind sie nach Lemma 6.2 kompakt, sobald man „natürliche" Abschätzungen für die Norm gefunden hat.

Für den schwach singulären Integraloperator (6.27) zeigt Lemma 6.3, dass K_τ kompakt ist, falls

$$1 < p \leq \frac{1}{1-\tau}, \quad 1 \leq q < \frac{p}{1-p(1-\tau)} \tag{6.36}$$

gilt; dann kann man p nämlich etwas verkleinern und q etwas vergrößern mit dem Effekt, dass nach wie vor dieselben Abschätzungen gelten und daher Satz 6.11 (für das verkleinerte p und das vergrößerte q) anwendbar ist. Aber auch im Falle $p = 1$ ist der Operator (6.27) kompakt:

Satz 6.13. *Unter den Voraussetzungen von Satz 6.11 ist* $K_\tau \in \mathscr{K}(L_p, L_q)$.

□ Nach den Bemerkungen oben und nach Satz 6.12 ist nur noch der Fall $p = 1$ und $1 \leq q < 1/\tau$ zu überprüfen. O. B. d. A. dürfen wir dabei $q > 1$ voraussetzen, da L_q stetig in L_1 eingebettet ist. Wir bezeichnen mit K_τ^* den Integraloperator zur „gespiegelten" Kernfunktion $k_\tau^*(s,t) = k_\tau(t,s)$. Zufälligerweise ist in unserem Fall $k_\tau^* = k_\tau$, aber dies ist für den folgenden Beweis nicht wichtig; entscheidend für uns ist nur, dass $K_\tau^* \colon L_{q'} \to L_\infty$ kompakt ist (Satz 6.12).

Ist also $\varepsilon > 0$ gegeben, so besitzt die Menge $\left\{K_\tau^* x : \|x\|_{L_{q'}} \leq 2^{q-1} \|K_\tau\|^{q-1}\right\}$ ein endliches ε-Netz $\{z_1, \ldots, z_m\}$ in L_∞. Wir versehen nun $\mathbb{R}^m$ mit der Maximumsnorm und betrachten die Menge

$$M := \left\{ \left(\int_0^1 z_1(s)x(s)\,ds, \ldots, \int_0^1 z_m(s)x(s)\,ds \right) : \|x\|_{L_1} \leq 1 \right\}.$$

Dann ist $M \subseteq \mathbb{R}^m$ beschränkt, also präkompakt. Es gibt daher ein endliches $\varepsilon/2$-Netz für M in $\mathbb{R}^m$, also auch ein endliches ε-Netz für M in M. Dies bedeutet, dass wir endlich viele Funktionen $x_1, \ldots, x_n \in K_1(L_1)$ finden können derart, dass zu jedem $x \in K_1(L_1)$ ein k existiert mit

$$\left| \int_0^1 z_j(s)x_k(s)\,ds - \int_0^1 z_j(s)x(s)\,ds \right| < \varepsilon \qquad (j = 1, \ldots, m). \tag{6.37}$$

Ist nun $x \in K_1(L_1)$ beliebig, so wählen wir ein solches k und definieren eine Funktion y durch

$$y(s) := |K_\tau(x - x_k)(s)|^{q-1} \operatorname{sign} K_\tau(x - x_k)(s).$$

Dann ist

$$\|y\|_{L_{q'}}^{q'} = \int_0^1 |K_\tau(x - x_k)(s)|^q\,ds = \|K_\tau(x - x_k)\|_{L_q}^q \leq 2^q \|K_\tau\|^q.$$

Es gibt also ein j mit $\|z_j - K_\tau^* y\|_{L_\infty} \leq \varepsilon$. Da nach dem Satz von Fubini-Tonelli

$$\begin{aligned}
\|K_\tau(x - x_k)\|_{L_q}^q &= \int_0^1 K_\tau(x - x_k)(s) y(s)\, ds = \int_0^1 \int_0^1 k_\tau(s,t) \left(x(t) - x_k(t)\right) y(s)\, dt\, ds \\
&= \int_0^1 \int_0^1 k_\tau(s,t) \left(x(t) - x_k(t)\right) y(s)\, ds\, dt = \int_0^1 \left(x(t) - x_k(t)\right) K_\tau^* y(t)\, dt \\
&= \int_0^1 \left(x(t) - x_k(t)\right) z_j(t)\, dt + \int_0^1 \left(x(t) - x_k(t)\right) \left(K_\tau^* y(t) - z_j(t)\right)\, dt
\end{aligned}$$

ist, erhalten wir aus (6.37) und $\|K_\tau^* y - z_j\|_{L_\infty} \leq \varepsilon$ die Abschätzung

$$\|K_\tau x - K_\tau x_k\|_{L_q}^q \leq \varepsilon + \|x - x_k\|_{L_1} \varepsilon \leq 3\varepsilon.$$

Da $x \in K_1(L_1)$ beliebig war, ist $\{K_\tau x_1, \dots, K_\tau x_n\}$ ein endliches $(3\varepsilon)^{1/q}$-Netz für die Menge $\{K_\tau x : x \in K_1(L_1)\}$. Daher ist K_τ ein kompakter Operator, und alles ist bewiesen. ■

Man kann sich jetzt die Frage stellen, wie „scharf" das gefundene Ergebnis ist: Gibt es noch mehr Werte q außer den in Satz 6.11 angegebenen, für die $K_\tau\colon L_p \to L_q$ kompakt ist? Die Antwort ist negativ: Schon im Falle $q := p/\left(1 - p(1-\tau)\right)$ ist der Operator $K_\tau\colon L_p \to L_q$ nicht mehr kompakt, wie das folgende Beispiel zeigt.

Beispiel 6.16 (Krasnosel'skij). Sei $1 < p < 1/(1-\tau)$, $q := p/\left(1 - p(1-\tau)\right)$, und $(x_k)_k$ die durch

$$x_k(t) := \begin{cases} k^{1/p} & \text{falls } 0 \leq t < \frac{1}{k}, \\ 0 & \text{falls } \frac{1}{k} \leq t \leq 1 \end{cases}$$

definierte Folge. Eine einfache Rechnung zeigt, dass $\|x_k\|_{L_p} \equiv 1$ und

$$K_\tau x_k(s) = \frac{k^{1/p}}{1-\tau}\left(s^{1-\tau} + \left(\tfrac{1}{k} - s\right)^{1-\tau}\right)$$

gilt. Für die Teilmengen $D_k := [0, 1/k]$ haben wir $\operatorname{mes} D_k \to 0$ $(k \to \infty)$. Die Funktion $\varphi(s) := s^{1-\tau} + (\frac{1}{k} - s)^{1-\tau}$ hat auf D_k ihr Minimum bei $s = 0$ mit $\varphi(0) = k^{\tau-1}$. Es gilt also (mit P_D wie in (4.36))

$$|P_{D_k} K_\tau x_k(s)| \geq \frac{k^{1/p}}{1-\tau} k^{\tau-1} \chi_{D_k}(s) = \frac{k^q}{1-\tau} \chi_{D_k}(s)$$

und damit

$$\|P_{D_k} K_\tau x_k\|_{L_q} \geq \frac{1}{1-\tau}\left(\int_0^{1/k} k^q\, dt\right)^{1/q} = \frac{1}{1-\tau}.$$

Dies zeigt, dass die Menge $\{K_\tau x_k : k = 1, 2, 3, \dots\}$ nicht absolutstetig in L_q ist, und damit auch nicht relativkompakt (Aufgabe 3.26). ☺

Das Beispiel 6.16 zeigt sogar noch mehr: Im Falle $1 \leq p < 1/(1-\tau)$ und $q > p/(1-p(1-\tau))$ kann K_τ keine Abbildung von L_p in L_q mehr sein: Andernfalls könnten wir nämlich p etwas vergrößern und q geeignet verkleinern und bekämen nach Lemma 6.3 einen kompakten Operator $K_\tau\colon L_p \to L_q$ mit $1 < p < 1/(1-\tau)$ und $q := p/(1-p(1-\tau))$ im Widerspruch zu Beispiel 6.16.

Es stellt sich nun noch die Frage, ob K_τ im Falle $q := p/(1-p(1-\tau))$ wenigstens L_p in L_q abbildet (also beschränkt ist). Falls dem so ist, muss der Beweis dieser Tatsache aufgrund unserer „Faustregel" „schwierig" sein, denn das letzte Beispiel zeigt, dass der Operator nicht kompakt sein kann. Tatsächlich lässt sich durch eine tiefliegende Verfeinerung der oben erwähnten Interpolationstheorie nachweisen, dass zumindest im Falle $1 < p < 1/(1-\tau)$ noch $K_\tau \in \mathscr{L}(L_p, L_q)$ gilt.[9] In den beiden Randfällen $p := 1$ und $p := 1/(1-\tau)$ ist dies nicht mehr richtig, wie wir bald sogar an einem „kleineren" Operator sehen werden (s. Beispiele 6.17 und 6.18).

Wir fassen unsere Diskussion in dem folgenden wichtigen Satz zusammen:

Satz 6.14 (Hardy-Littlewood). *Der schwach singuläre Integraloperator (6.27) bildet genau dann den Raum L_p in den Raum L_q ab, wenn eine der folgenden drei Bedingungen erfüllt ist:*

(a) $\dfrac{1}{1-\tau} < p \leq \infty$ *und* $1 \leq q \leq \infty$;

(b) $1 \leq p \leq \dfrac{1}{1-\tau}$ *und* $1 \leq q < \dfrac{1}{\frac{1}{p}-(1-\tau)}$;

(c) $1 < p < \dfrac{1}{1-\tau}$ *und* $q = \dfrac{1}{\frac{1}{p}-(1-\tau)}$.

In den ersten beiden Fällen ist K_τ sogar kompakt, im letzten ist K_τ beschränkt, aber nicht kompakt.

6.4 Singuläre Integraloperatoren vom Volterra-Typ

Wir wollen jetzt noch parallel zum Operator (6.27) den Integraloperator mit variabler oberer Grenze

$$K_\tau x(s) := \int_0^s \frac{x(t)}{(s-t)^\tau}\, d\tau \tag{6.38}$$

studieren. Da hier die Kernfunktion (6.26) nur auf dem Dreieck

$$\Delta := \{(s,t) : 0 \leq t \leq s \leq 1\}$$

gegeben ist, benötigen wir den Absolutbetrag im Nenner nicht. In Analogie zu (6.27) bezeichnen wir den Operator (6.38) als *(schwach) singulären Volterraschen Integraloperator.*

Alle für (6.27) bewiesenen Ergebnisse treffen natürlich auch auf den Operator (6.38) zu. Insbesondere ist der Operator (6.38) kompakt im Raum C und zwischen L_p und L_q,

[9] Der Nachweis dieser Tatsache würde den Rahmen dieses Buches sprengen.

falls die Parameter $\tau \in (0,1)$, $p \in (1,\infty)$ und $q \in [1,\infty)$ über die Bedingung (6.36) zusammenhängen. Weiterhin bildet K_τ im Fall $p = 1/(1-\tau)$ den Raum L_p in *jeden* Raum L_q mit $q < \infty$ ab.

Wir wissen auch, dass K_τ im Fall $1 < p < 1/(1-\tau)$ den Raum L_p sogar in den Raum $L_{p/(1-p(1-\tau))}$ abbildet, d. h. man kann die letzte Ungleichheit in (6.36) durch Gleichheit ersetzen. Die folgenden beiden Beispiele zeigen, dass dies im Fall $p := 1$ oder $p := 1/(1-\tau)$ nicht mehr so ist:

Beispiel 6.17. Sei $p := 1$ und $q := p/\,(1-p(1-\tau)) = 1/\tau$. Die positive Funktion

$$x(t) := \begin{cases} \dfrac{1}{t}\left(\log\dfrac{1}{t}\right)^{-1-\tau/2} & \text{falls } 0 < t < \frac{1}{2}, \\ 0 & \text{falls } \frac{1}{2} \le t < 1 \end{cases}$$

hat die Stammfunktion $z(t) := \frac{2}{\tau}(\log\frac{1}{t})^{-\tau/2}$, also gilt

$$\int_0^1 |x(t)|\,dt = \frac{2}{\tau}(\log 2)^{-\tau/2} < \infty,$$

d. h. $x \in L_1$. Andererseits ist (mit $\sigma := t/s$)

$$K_\tau x(s) = \int_0^s \frac{(\log\frac{1}{t})^{-1-\tau/2}}{t\,|s-t|^\tau}\,dt = \frac{1}{s^\tau}\int_0^1 \frac{(\log\frac{1}{\sigma s})^{-1-\tau/2}}{\sigma\,|1-\sigma|^\tau}\,d\sigma \ge \frac{2}{\tau s^\tau}\left(\log\frac{1}{s}\right)^{-\tau/2},$$

also

$$\|K_\tau x\|_{L_{1/\tau}}^{1/\tau} \ge \int_0^{1/2} |K_\tau x(s)|^{1/\tau}\,ds \ge \frac{2^{1/\tau}}{\tau^{1/\tau}}\int_0^{1/2}\frac{1}{s}\left(\log\frac{1}{s}\right)^{-1/2} ds = \infty,$$

d. h. $K_\tau x \notin L_{1/\tau}$. ☺

Beispiel 6.18. Sei $p := 1/(1-\tau)$ und $q := p/\,(1-p(1-\tau)) = \infty$. Hier „spiegeln" wir die Funktion x aus dem vorigen Beispiel am Punkt $\frac{1}{2}$, d. h. wir definieren

$$\hat{x}(t) := \begin{cases} \dfrac{1}{1-t}\left(\log\dfrac{1}{1-t}\right)^{-1-\tau/2} & \text{falls } 0 < t < \frac{1}{2}, \\ 0 & \text{falls } \frac{1}{2} \le t < 1; \end{cases}$$

wegen $\hat{x}(t) = x(1-t)$ mit x aus Beispiel 6.17 gilt dann natürlich wieder $\hat{x} \in L_1$. Setzen wir

$$y(s) := \int_s^1 \frac{\hat{x}(t)}{|s-t|^\tau}\,dt,$$

so zeigt eine einfache Rechnung, dass $y(s) = K_\tau x(1-s)$ für alle $s \in (0,1)$ ist, also $y \notin L_{1/\tau}$ wie im vorigen Beispiel.

Wir nehmen nun an, dass der Operator (6.38) den Raum $X := L_{1/(1-\tau)}$ in den Raum

$Y := L_\infty$ abbildet. Dann gilt für beliebiges $z \in L_{1/(1-\tau)}$

$$\int_0^1 z(t)y(t)\,dt = \int_0^1 z(t)\int_t^1 \hat{x}(s)(t-s)^{-\tau}\,ds\,dt$$
$$= \int_0^1 \hat{x}(s)\int_0^s z(t)(s-t)^{-\tau}\,dt\,ds \leq \|\hat{x}\|_{L_1}\|K_\tau z\|_{L_\infty} < \infty.$$

Hieraus folgt aber (Aufgabe 6.13), dass $y \in L_{1/\tau}$ sein muss, ein Widerspruch. ☺

Wie zu erwarten, bildet der Operator (6.38) den Raum L_p im Fall $p > 1/(1-\tau)$ sogar wieder in einen Hölderraum ab. Wir erinnern daran (Aufgabe 1.29), dass für $0 < \alpha < 1$ der Raum $C_0^\alpha = C_0^\alpha[0,1]$ durch

$$C_0^\alpha = \{x : x \in C^\alpha, x(0) = 0\}$$

definiert ist. Den Beweis des folgenden Satzes lassen wir weg, da er fast wörtlich mit dem von Satz 6.12 übereinstimmt.

Satz 6.15. *Der singuläre Integraloperator* (6.38) *bildet den Raum* $X := L_p$ *in den Raum* $Y := C_0^\beta$ *ab und ist beschränkt, falls*

$$\frac{1}{1-\tau} < p \leq \infty, \quad 0 \leq \beta \leq 1-\tau-\frac{1}{p} \tag{6.39}$$

gilt.

Im Fall $p := \infty$ liefert Satz 6.15 die Aussage, dass der Operator (6.38) insbesondere den Raum L_∞ in den Raum $C_0^{1-\tau}$ abbildet und beschränkt ist. Dies ist in der Tat der kleinste Hölderraum C_0^β mit $K_\tau(L_\infty) \subseteq C_0^\beta$, wie man durch Einsetzen von $e(t) \equiv 1$ bestätigt.

Der folgende Satz zeigt, dass der singuläre Volterrasche Integraloperator (6.38) auch zwischen zwei Hölderräumen betrachtet werden kann:

Satz 6.16. *Der singuläre Volterra-Operator* (6.38) *bildet im Fall*

$$0 \leq \alpha < \tau < 1 \tag{6.40}$$

den Raum $X := C_0^\alpha$ *in den Raum* $Y := C_0^{1+\alpha-\tau}$ *ab und ist beschränkt.*

□ Der Fall $\alpha = 0$ ist bereits in Satz 6.15 enthalten. Sei also $\alpha > 0$. Für $0 \leq t < s \leq 1$ und $h := s - t$ haben wir

$$|K_\tau x(s) - K_\tau x(t)| = \left|\int_0^s \frac{x(\sigma)}{(s-\sigma)^\tau}\,d\sigma - \int_0^t \frac{x(\sigma)}{(t-\sigma)^\tau}\,d\sigma\right|$$
$$= \left|\int_0^s \frac{x(s-\rho)}{\rho^\tau}\,d\rho - \int_h^s \frac{x(s-\rho)}{(\rho-h)^\tau}\,d\rho\right|$$
$$\leq \frac{1}{1-\tau}|x(s)|\left|s^{1-\tau}-t^{1-\tau}\right| + \left|\int_0^h (x(s)-x(s-\sigma))\,\sigma^{-\tau}\,d\sigma\right|$$

$$+\left|\int_h^s (x(s)-x(s-\sigma))\left(\sigma^{-\tau}-(\sigma-h)^{-\tau}\right)d\sigma\right|.$$

Wir schätzen die am Schluss stehenden drei Terme einzeln ab. Zunächst ist wegen $x(0) = 0$

$$\begin{aligned}|x(s)|\left|s^{1-\tau}-t^{1-\tau}\right| &\le [x]_\alpha s^\alpha\left(s^{1-\tau}-t^{1-\tau}\right)\\ &= [x]_\alpha(s^\alpha-t^\alpha)\left(s^{1-\tau}-t^{1-\tau}\right)+[x]_\alpha t^\alpha\left(s^{1-\tau}-t^{1-\tau}\right)\\ &\le [x]_\alpha h^\alpha h^{1-\tau}+[x]_\alpha t^\alpha\left(s^{1-\tau}-t^{1-\tau}\right).\end{aligned}$$

Für $t \le h$ gilt nun einerseits $t^\alpha(s^{1-\tau}-t^{1-\tau}) \le h^\alpha(s^{1-\tau}-t^{1-\tau}) \le h^\alpha h^{1-\tau}$, für $t > h$ andererseits aufgrund des Mittelwertsatzes $t^\alpha(s^{1-\tau}-t^{1-\tau}) = t^\alpha(1-\tau)t^{-\tau}h = (1-\tau)h^{\alpha-\tau}h$. In jedem Fall haben wir

$$|x(s)|\left|s^{1-\tau}-t^{1-\tau}\right| \le 2\,[x]_\alpha h^{1+\alpha-\tau}.$$

Weiter gilt für den zweiten Term

$$\left|\int_0^h (x(s)-x(s-\sigma))\,\sigma^{-\tau}\,d\sigma\right| \le [x]_\alpha\int_0^h \sigma^{\alpha-\tau}\,d\sigma = \frac{[x]_\alpha}{1+\alpha-\tau}h^{1+\alpha-\tau}.$$

Der dritte Term lässt sich schließlich (mit $\rho := \sigma/h$) abschätzen durch

$$\begin{aligned}&\left|\int_h^s (x(s)-x(s-\sigma))\left(\sigma^{-\tau}-(\sigma-h)^{-\tau}\right)d\sigma\right|\\ &\le [x]_\alpha h^{1+\alpha-\tau}\int_1^{s/h}\rho^\alpha\left(\rho^{-\tau}-(\rho-1)^{-\tau}\right)d\rho\\ &\le [x]_\alpha h^{1+\alpha-\tau}\int_1^\infty \rho^\alpha\left(\rho^{-\tau}-(\rho-1)^{-\tau}\right)d\rho \le \frac{2}{1+\alpha-\tau}[x]_\alpha h^{1+\alpha-\tau},\end{aligned}$$

wobei die Endlichkeit des letzten Integrals aus (6.40) folgt. Insgesamt haben wir $|K_\tau x(s) - K_\tau x(t)|$ durch $h^{1+\alpha-\tau} = |s-t|^{1+\alpha-\tau}$ abgeschätzt, woraus die Behauptung folgt. Aus den Abschätzungen für $\|K_\tau x\|_C$ und $[K_\tau x]_{1+\alpha-\tau}$ folgt auch wieder die Beschränktheit des Operators K_τ. ■

Die Aussagen der Sätze 6.14–6.16 können sehr schön „geometrisch" veranschaulicht werden. Mit K_τ wie in (6.31) setzen wir[10]

(6.41) $$\mathcal{L}(K_\tau) := \left\{\left(\tfrac{1}{p},\tfrac{1}{q}\right) : 1 \le p,q \le \infty,\ K_\tau \in \mathscr{L}(L_p,L_q)\right\}.$$

Die Menge $\mathcal{L}(K_\tau)$ ist in Abb. 6.1 wiedergegeben. Selbstverständlich gehören der linke Rand ($p = \infty$) und der obere Rand ($q = 1$) zu dieser Menge hinzu. Die anderen Ränder

[10]Hierbei betrachten wir statt der Indizes p und q ihre Reziproken $\frac{1}{p}$ und $\frac{1}{q}$, damit $\mathcal{L}(K_\tau)$ eine Teilmenge des Quadrats $[0,1]\times[0,1]$ wird.

gehören ebenfalls dazu, allerdings ohne die Eckpunkte $(1,\tau)$ (Beispiel 6.17) und $(1-\tau,0)$ (Beispiel 6.18).

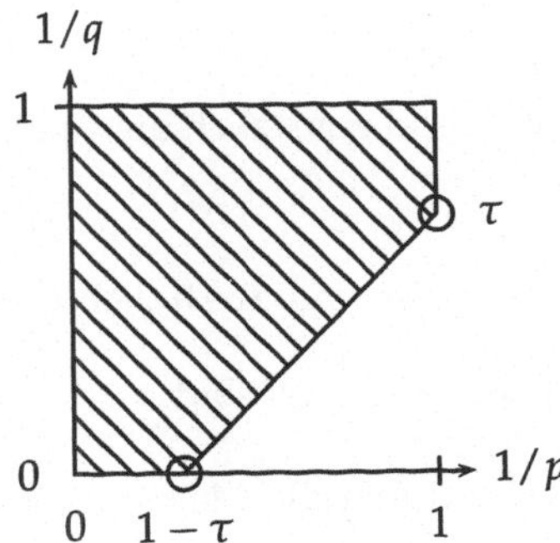

Abbildung 6.1: Die Menge (6.41)

Um Satz 6.15 zu veranschaulichen, setzen wir

$$\mathcal{L}_C(K_\tau) := \left\{ \left(\tfrac{1}{p}, \beta\right) : 1 \le p \le \infty, 0 \le \beta < 1, K_\tau \in \mathscr{L}(L_p, C_0^\beta) \right\}, \tag{6.42}$$

wobei wir $C_0^0 := C_0 = \{x : x \in C, x(0) = 0\}$ setzen. Die Menge $\mathcal{L}_C(K_\tau)$ enthält wegen (6.39) das in Abb. 6.2 skizzierte Dreieck. Die Ränder dieses Dreiecks gehören zur Menge mit Ausnahme des Punktes $(1-\tau, 0)$ (Beispiel 6.18). Tatsächlich gehören keine weiteren Punkte zur Menge (6.42) (Aufgabe 6.24).

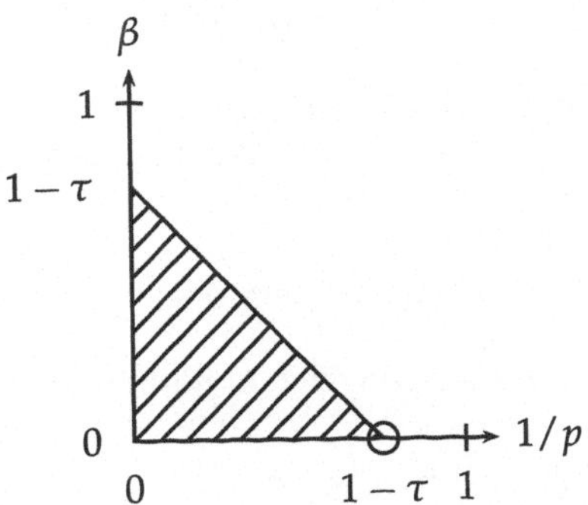

Abbildung 6.2: Die Menge (6.42)

6.5 Aufgaben

Aufgabe 6.1. Beweisen Sie, dass jeder Operator $A \in \mathscr{L}(\ell_p, \ell_q)$ für $1 \le p < \infty$ und $1 \le q \le \infty$ in der Form (6.1) mit einer unendlichen Matrix (6.2) dargestellt werden kann.

Aufgabe 6.2. Sei c der Raum der konvergenten Folgen und c_0 der Raum der Nullfolgen (s. Beispiel 1.3). Zeigen Sie, dass der durch die Matrix (6.2) dargestellte Operator A beschränkt ist

(a) von c in ℓ_∞, falls $[\alpha]_{\infty,\infty} < \infty$ ist;

(b) von c in c, falls $[\alpha]_{\infty,\infty} < \infty$ ist und zusätzlich die Grenzwerte $\lim\limits_{i\to\infty} \sum\limits_j \alpha_{ij}$ und $\lim\limits_{i\to\infty} \alpha_{ij}$ $(j = 1, 2, \dots)$ existieren;

(c) von c in c_0, falls $[\alpha]_{\infty,\infty} < \infty$ ist und zusätzlich die Grenzwerte $\lim\limits_{i\to\infty} \sum\limits_j \alpha_{ij}$ und $\lim\limits_{i\to\infty} \alpha_{ij}$ $(j = 1, 2, \dots)$ existieren und Null sind.

Aufgabe 6.3. Zeigen Sie, dass der durch die Matrix (6.2) dargestellte Operator A beschränkt ist

(a) von c_0 in ℓ_∞, falls $[\alpha]_{\infty,\infty} < \infty$ ist;

(b) von c_0 in c, falls $[\alpha]_{\infty,\infty} < \infty$ ist und zusätzlich der Grenzwert $\lim\limits_{i\to\infty} \alpha_{ij}$ $(j = 1, 2, \dots)$ existiert;

(c) von c_0 in c_0, falls $[\alpha]_{\infty,\infty} < \infty$ ist und zusätzlich der Grenzwert $\lim\limits_{i\to\infty} \alpha_{ij}$ $(j = 1, 2, \dots)$ existiert und Null ist.

Aufgabe 6.4. Zeigen Sie, dass der durch die Matrix (6.2) dargestellte Operator A genau dann beschränkt von ℓ_p $(1 < p < \infty)$ nach ℓ_∞ ist, wenn $\|A\| = [\alpha]_{p,\infty} < \infty$ ist.

Aufgabe 6.5. Die Matrix (6.2) habe nur nichtnegative Einträge. Zeigen Sie, dass dann für $A\colon \ell_p \to \ell_1$ im Falle $1 < p < \infty$ die Gleichheit $\|A\| = [\alpha]^*_{p,1}$ gilt.

Aufgabe 6.6. Wie müssen die Überlegungen zum Beweis der Gleichheit $\|A\|_{\ell_p\to\ell_q} = [\alpha]_{p,q}$ (in Tabelle 6.1) modifiziert werden, falls die Elemente α_{ij} der Matrix (6.2) nicht notwendig positiv sind?

Aufgabe 6.7. Finden Sie ein Beispiel eines Operators $A \in \mathscr{L}(\ell_2, \ell_1)$ mit $\|A\| < [\alpha]_{2,1}$.

Aufgabe 6.8. Untersuchen Sie, zwischen welchen Räumen ℓ_p und ℓ_q der durch

$$A(\xi_1, \xi_2, \xi_3, \dots) := \left(\xi_1, \tfrac{1}{2}\xi_2, \tfrac{1}{3}\xi_3, \dots, \tfrac{1}{k}\xi_k, \dots\right)$$

gegebene Operator beschränkt/kompakt ist.

Aufgabe 6.9. Untersuchen Sie, zwischen welchen Räumen ℓ_p und ℓ_q der durch

$$A(\xi_1, \xi_2, \xi_3, \dots) = \left(\tfrac{1}{2}\xi_1, \tfrac{1}{4}\xi_2, \tfrac{1}{8}\xi_3, \dots, \tfrac{1}{2^k}\xi_k, \dots\right)$$

gegebene Operator beschränkt/kompakt ist.

Aufgabe 6.10. Untersuchen Sie, ob der in Aufgabe 6.8 gegebene Operator A

(a) von c in c,

(b) von c_0 in c_0,

(c) von c in c_0,

(d) von c_0 in c

beschränkt ist und berechnen Sie gegebenenfalls seine Norm.

Aufgabe 6.11. Sei A der in (4.12) definierte Multiplikationsoperator mit $a = (\alpha_n)_n \in \ell_\infty$. Zeigen Sie, dass $A \in \mathscr{K}(\ell_p, \ell_p)$ $(1 \leq p \leq \infty)$ genau dann gilt, wenn $a \in c_0$ ist.

Aufgabe 6.12. Für $\alpha \neq 1$ sei

$$A_\alpha := \begin{pmatrix} 1 & \alpha & \alpha^2 & \alpha^3 & \alpha^4 & \cdots \\ 1-\alpha & 2(1-\alpha)\alpha & 3(1-\alpha)\alpha^2 & 4(1-\alpha)\alpha^3 & \cdot & \cdots \\ (1-\alpha)^2 & 3(1-\alpha)^2\alpha & 6(1-\alpha)^2\alpha^2 & \cdot & \cdot & \cdots \\ (1-\alpha)^3 & 4(1-\alpha)^3\alpha & \cdot & \cdot & \cdot & \cdots \\ (1-\alpha)^4 & \cdot & \cdot & \cdot & \cdot & \cdots \\ \vdots & \vdots & \vdots & \vdots & \vdots & \ddots \end{pmatrix}$$

die Matrix, bei der jeweils in den aufsteigenden Diagonalen $\{a_{k,1}, a_{k-1,2}, \ldots, a_{1,k}\}$ die Binomialentwicklung von $((1-\alpha)-\alpha)^n = 1$ steht. Zeigen Sie, dass alle Zeilensummen dieser Matrix den Wert $1/(1-\alpha)$ und alle Spaltensummen den Wert $1/\alpha$ haben. Finden Sie hieraus Abschätzungen oder sogar explizite Formeln für die Norm des durch A_α gegebenen linearen Operators zwischen ℓ_p und ℓ_q $(1 \leq p, q \leq \infty)$.

Aufgabe 6.13. Sei $1 \leq p \leq \infty$ fest. Eine messbare Funktion y habe die Eigenschaft, dass

$$\int_0^1 |z(t)y(t)|\, dt < \infty$$

für alle $z \in L_p$ gelte. Beweisen Sie, dass dann $y \in L_{p'}$ ist.

Hinweis. Beispiel 6.6.

Aufgabe 6.14. Beweisen Sie Satz 6.9.

Hinweis. Zum Nachweis, dass (6.23) sogar *notwendig* für die Kompaktheit von K ist, zeigen Sie zunächst

$$\sup_{\|x\|_C \leq 1} |Kx(s) - Kx(s_0)| = \int_0^1 |k(s,t) - k(s_0,t)|\, dt,$$

indem Sie den ersten Teil des Satzes auf eine geeignete Kernfunktion anwenden.

Aufgabe 6.15. Zeigen Sie, dass für stetiges k der Integraloperator (6.12) kompakt von L_1 nach C ist. Folgern Sie, dass er auch kompakt ist von $X = C$ oder $X = L_p$ $(1 \leq p \leq \infty)$ nach $Y = C$ oder $Y = L_q$ $(1 \leq q \leq \infty)$.

Aufgabe 6.16. Beweisen Sie, dass für jedes stetige k der zugehörige Volterra-Operator

$$Kx(s) := \int_0^s k(s,t)x(t)\,dt$$

kompakt von L_p $(1 < p \le \infty)$ nach C ist, und dass dies selbst im Fall $k(s,t) \equiv 1$ für $p := 1$ falsch ist. Folgern Sie hieraus, dass K kompakt von jedem $X = C$ oder $X = L_p$ $(1 \le p \le \infty)$ nach $Y = C$ oder $Y = L_q$ $(1 \le q \le \infty)$ ist.

Aufgabe 6.17. Beweisen Sie, dass der durch

$$Kx(s) := \int_0^1 s^\alpha t^\beta x(t^\gamma)\,dt$$

definierte Operator K für $\alpha \ge 0$, $\beta > -1$ und $\gamma > 0$ kompakt in C ist.

Aufgabe 6.18. Beweisen Sie, dass der Operator K aus der vorigen Aufgabe für $\alpha > -\frac{1}{2}$, $\beta > -\frac{1}{2}$ und $\gamma > 0$ kompakt in L_2 ist.

Aufgabe 6.19. Zeigen Sie, dass der Operator (6.25) für kein $p \in [1,\infty]$ kompakt in L_p ist.

Aufgabe 6.20. Sei $K\colon L_p \to L_q$ $(1 \le p, q < \infty)$ erzeugt durch k. Definieren Sie

$$k_n(s,t) := \begin{cases} k(s,t) & \text{falls } |k(s,t)| \le n, \\ n \operatorname{sign} k(s,t) & \text{falls } |k(s,t)| > n \end{cases}$$

und zeigen Sie, dass $K_n \to K$ gilt. Gilt auch stets $K_n \rightrightarrows K$?

Aufgabe 6.21. Zeigen Sie anhand des folgenden Beispiels, dass die Aussage aus der vorigen Aufgabe für $p := q := \infty$ falsch wird: Sei

$$k(s,t) := \begin{cases} 2^n & \text{falls } 2^{-n} \le s \le 1 \text{ und } 0 \le t < 2^{-n+1}, \\ 0 & \text{sonst,} \end{cases}$$

und $x_0(s) \equiv 1$.

Aufgabe 6.22. Untersuchen Sie den Operator K_τ aus (6.27) auf dem Raum C_0^τ.

Aufgabe 6.23. Sei K_τ der singuläre Integraloperator (6.27). Beweisen Sie die Gleichheit

$$\int_0^1 x(t)K_\tau y(t)\,dt = \int_0^1 y(t)K_\tau x(t)\,dt.$$

Aufgabe 6.24. Zeigen Sie, dass der Operator (6.38) den Raum L_p *nicht* in C_0^β abbildet, falls $\frac{1}{1-\tau} < p \le \infty$ und $\beta > 1 - \tau - \frac{1}{p}$ ist.

Hinweis. Wie sehen Bilder von Potenzfunktionen $x_\alpha(t) := t^\alpha$ aus?

Aufgabe 6.25. Für $\lambda > 0$ sei J^λ der durch

$$J^\lambda x(s) := \frac{1}{\Gamma(\lambda)} \int_0^s (s-t)^{\lambda-1} x(t)\, dt$$

definierte Operator, wobei Γ die Eulersche Gammafunktion bezeichne. Beweisen Sie:

(a) Es gilt $J^1 = J$ mit J wie in (4.15).

(b) Es gilt $J^{\alpha+\beta} = J^\alpha J^\beta$ auf L_1.

Hinweis. Für die Eulersche Betafunktion gilt bekanntlich

$$B(\alpha, \beta) = \frac{\Gamma(\alpha)\Gamma(\beta)}{\Gamma(\alpha+\beta)}.$$

(c) Schließen Sie für $\lambda = n \in \mathbb{N}$, dass $J^\lambda = J^n$ auf L_1 ist, wobei die rechte Seite die n-fache Komposition des Operators J aus (4.15) bezeichne. (Damit haben Sie einen alternativen Beweis für (4.26) gefunden). In diesem Sinne ist J^λ also ein λ-facher Integrationsoperator.

(d) Der Operator J^λ bildet den Hölderraum C_0^α (Aufgabe 1.29) in den Hölderraum $C_0^{\alpha+\lambda}$ ab, falls $\alpha + \lambda < 1$ gilt.

(e) Der durch

$$D^\lambda y(t) := \frac{1}{\Gamma(1-\lambda)} \frac{d}{dt} \int_0^t (t-s)^{-\lambda} y(s)\, ds$$

definierte Operator bildet den Hölderraum $C_0^{\alpha+\lambda}$ für $\alpha + \lambda < 1$ in den Hölderraum C_0^α ab.

(f) Für $\alpha + \lambda < 1$ ist $J^\lambda : C_0^\alpha \to C_0^{\alpha+\lambda}$ bijektiv mit dem Umkehroperator D^λ.

(g) Es gilt $D^1 = L$ mit L wie in (4.16).

Aufgabe 6.26. Sei $x_\alpha(t) := t^\alpha$ ($\alpha \in (0,1)$ fest). Mit J^λ und D^λ wie in Aufgabe 6.25 berechnen Sie $J^\lambda x_\alpha$ und $D^\lambda x_\alpha$. Was ergibt sich speziell für $\lambda = 0$ und $\lambda = 1$?

Aufgabe 6.27. Sei J^λ wie in Aufgabe 6.25 definiert. Zeigen Sie, dass J^λ *nicht* den ganzen Hölderraum C^α in den Hölderraum $C^{\alpha+\lambda}$ abbildet.

7 Die Fredholm-Alternative

Nach dem „Dimensionssatz der Linearen Algebra" ist ein (durch eine quadratische Matrix darstellbarer) linearer Operator A im $\mathbb{R}^N$ bekanntlich genau dann surjektiv, wenn er injektiv ist. Dies bedeutet, dass die Gleichung $Ax = y$ genau dann für jedes $y \in \mathbb{R}^N$ eine Lösung besitzt, wenn die Gleichung $Ax = \theta$ nur die triviale Lösung $x = \theta$ zulässt. Die *Fredholmsche Alternative* besagt, dass ein ähnliches Ergebnis für gewisse Klassen von Operatoren in unendlichdimensionalen Räumen gilt. Das wichtigste Beispiel für Operatoren aus dieser Klasse sind kompakte „Störungen" der Identität, und in gewissem Sinne ist dies das einzige Beispiel.

7.1 Die Fredholm-Alternative in $\mathbb{R}^N$

Ist A ein linearer Operator im endlichdimensionalen Banachraum $X := \mathbb{R}^N$, so ist A bekanntlich genau dann surjektiv, wenn A injektiv ist. Dies bedeutet, dass die folgende *Alternative*[1] gilt:

Fall I: *Entweder die Gleichung $Ax = y$ hat für jedes $y \in X$ eine Lösung $x \in X$, und diese Lösung ist dann eindeutig.*

Fall II: *Oder die Gleichung $Ax = y$ hat nur für gewisse $y \in X$ eine Lösung $x \in X$, und dann gibt es immer gleich mehrere Lösungen.*

Weiter wissen wir: *Der Fall I tritt genau dann ein, wenn die zugehörige homogene Gleichung $Ax = \theta$ nur die triviale Lösung $x = \theta$ besitzt.*

Wie wir anhand von Beispielen schon gesehen haben, gilt diese Alternative im Fall eines unendlichdimensionalen Banachraums i. a. nicht mehr. Wir wiederholen einige dieser Beispiele.

Beispiel 7.1. Sei $X := \ell_p$ und $A(\xi_1, \xi, \xi_3, \ldots) := (\xi_2, \xi_3, \xi_4, \ldots)$ die Linksverschiebung aus Beispiel 4.5. Dann hat die Gleichung $Ax = y$ zwar für jedes $y = (\eta_1, \eta_2, \eta_3, \ldots) \in X$ eine Lösung $x \in X$, diese ist aber nicht eindeutig: Alle Folgen $x = (\xi, \eta_1, \eta_2, \ldots)$ mit beliebigem $\xi \in \mathbb{R}$ sind Lösungen. ☺

Beispiel 7.2. Sei wieder $X := \ell_p$ und $A(\xi_1, \xi, \xi_3, \ldots) := (0, \xi_1, \xi_2, \ldots)$ die Rechtsverschiebung aus Beispiel 4.6. Dann hat die Gleichung $Ax = y$ zwar nur für gewisse $y := (\eta_1, \eta_2, \eta_3, \ldots) \in X$ (nämlich solche mit $\eta_1 = 0$) eine Lösung $x \in X$ (nämlich $x := (\eta_2, \eta_3, \eta_4, \ldots)$), diese ist dann aber stets eindeutig. ☺

[1] Diese Alternative wird „Fredholm-Alternative" genannt, meist allerdings im Zusammenhang mit linearen Operatoren in einem unendlichdimensionalen Raum.

Beispiel 7.3. Sei $J: C \to C$ der Integraloperator aus Beispiel 4.10. Dann hat die Gleichung $Jx = y$ zwar wieder nur für gewisse $y \in X$ (nämlich nur für $y \in C^1$ mit $y(0) = 0$) eine Lösung $x \in X$ (nämlich $x := y'$), diese ist dann aber stets eindeutig. ☺

Es ist nun bemerkenswert, dass die Fredholm-Alternative auch für gewisse Klassen von Operatoren A in unendlichdimensionalen Banachräumen gilt, nämlich *für alle Operatoren der Form $A = I - K$ mit $K \in \mathscr{K}(X, X)$*.[2] Dies werden wir im folgenden zeigen.

7.2 Der Auf- und Absteige-Index eines Operators

Sei X Banachraum und $A \in \mathscr{L}(X, X)$. Für $k = 0, 1, 2, \ldots$ definieren wir

$$N_k := N(A^k) = \left\{x : x \in X,\ A^k x = \theta\right\}$$

und

$$R_k := R(A^k) = \left\{y : y \in X, y = A^k x \text{ für ein } x \in X\right\}.$$

Offenbar bildet $(N_k)_k$ dann eine aufsteigende Folge von Unterräumen

$$\{\theta\} = N_0 \subseteq N_1 \subseteq N_2 \subseteq \cdots \subseteq N_k \subseteq \cdots, \tag{7.1}$$

während $(R_k)_k$ eine absteigende Folge von Unterräumen

$$X = R_0 \supseteq R_1 \supseteq R_2 \supseteq \cdots \supseteq R_k \supseteq \cdots \tag{7.2}$$

bildet. Wir nennen die Zahl

$$\nu(A) := \min \{k : N_k = N_{k+1} = N_{k+2} = \cdots\} \tag{7.3}$$

den *Aufsteige-Index* und die Zahl

$$\rho(A) := \min \{k : R_k = R_{k+1} = R_{k+2} = \cdots\} \tag{7.4}$$

den *Absteige-Index* von A. Die Zahlen (7.3) und (7.4) sind natürlich nur dann endlich, wenn die Kette (7.1) bzw. die Kette (7.2) von einem Index ab *stationär* wird; im gegenteiligen Fall setzen wir $\nu(A) = \infty$ bzw. $\rho(A) = \infty$.

Man beachte, dass $\nu(A) = 0$ genau für injektive und $\rho(A) = 0$ genau für surjektive Operatoren A gilt.[3]

Die Aussage, dass die Kette (7.1) bzw. (7.2) irgendwann stationär wird, ist nicht so restriktiv, wie sie auf den ersten Blick erscheinen mag. Tatsächlich gilt: Wenn nicht *alle* Inklusionen in der Kette (7.1) bzw. (7.2) strikt sind, so wird sie stationär, und zwar am

[2] Merkregel: Die Fredholm-Alternative gilt für alle Operatoren der Form „Identität minus kompakt".

[3] Suggestiv ausgedrückt: je größer $\nu(A)$ ist, desto „weniger injektiv" ist A, und je größer $\rho(A)$ ist, desto „weniger surjektiv" ist A.

ersten Punkt, an dem einmal Gleichheit auftritt. Dies kann man folgendermaßen einsehen.

Ist $N_k = N_{k+1}$ für ein k, so ist $N_k = N_{k+m}$ sogar für *alle* $m \in \mathbb{N}$, also $\nu(A) \leq k$. Ist nämlich $x \in N_{k+2}$, so gilt $\theta = A^{k+1}(Ax)$, also $Ax \in N_{k+1} = N_k$, und daher $x \in N_{k+1}$. Damit gilt $N_{k+2} \subseteq N_{k+1}$; die umgekehrte Inklusion gilt nach (7.1) immer. Jetzt folgt $N_k = N_{k+1} = N_{k+2} = \cdots$ durch triviale Induktion.

Ist entsprechend $R_k = R_{k+1}$ für ein k, so ist $R_k = R_{k+m}$ sogar für *alle* $m \in \mathbb{N}$, also $\rho(A) \leq k$. Ist nämlich $y \in R_{k+1}$, so ist $y = A(A^k x)$ für ein $x \in X$. Da $A^k x \in R_k = R_{k+1}$ gilt, folgt $y \in R_{k+2}$, also $R_{k+1} \subseteq R_{k+2}$; die umgekehrte Inklusion gilt nach (7.2) immer.

Wir illustrieren dieses Ergebnis anhand einiger Beispiele.

Beispiel 7.4. Sei $A \in \mathscr{L}(\mathbb{R}^N, \mathbb{R}^N)$ eine $N \times N$-Matrix. Wegen der endlichen Dimension des zugrundeliegenden Raums muss die Folge (7.1) stationär werden, also ist $\nu(A) = k$ für ein $k \in \{0, 1, \ldots, N\}$. Nach dem Dimensionssatz der Linearen Algebra ist dann auch $\rho(A) = k$, d. h. Auf- und Absteige-Index sind hier immer endlich und gleich. Insbesondere entspricht $k = 0$ dem Fall I und $1 \leq k \leq N$ dem Fall II der Fredholm-Alternative. ☺

Beispiel 7.5. Sei $X := \ell_p$ und A die Linksverschiebung aus Beispiel 4.5. Da A surjektiv ist, gilt $\rho(A) = 0$. Andererseits ist

$$N_k = \{(\xi_1, \xi_2, \ldots, \xi_n, 0, 0, \ldots) : \xi_1, \ldots, \xi_n \in \mathbb{R}\}.$$

Daher ist stets $N_k \subset N_{k+1}$, d. h. $\nu(A) = \infty$. ☺

Beispiel 7.6. Sei $X := \ell_p$ und A die Rechtsverschiebung aus Beispiel 4.6. Da A injektiv ist, gilt $\nu(A) = 0$. Andererseits ist

$$R_k = \{(0, 0, \ldots, 0, \eta_{n+1}, \eta_{n+2}, \ldots) : \eta_{n+1}, \eta_{n+2}, \ldots \in \mathbb{R}\}.$$

Daher ist stets $R_k \supset R_{k+1}$, d. h. $\rho(A) = \infty$. ☺

Beispiel 7.7. Sei $X := C$ und $Ax(t) := (t - \tau)x(t)$ für festes $\tau \in \mathbb{R}$ (Aufgabe 4.27). Ist $\tau \notin [0,1]$, so ist A bijektiv mit Umkehroperator

$$By(t) = \frac{y(t)}{t - \tau};$$

in diesem Fall ist also $\nu(A) = \rho(A) = 0$. Ist dagegen $\tau \in [0,1]$, so ist A immer noch injektiv, also $\nu(A) = 0$. Andererseits gilt

$$\begin{aligned} R_k &= \left\{ y : y \in C, \lim_{t \to \tau} (t - \tau)^{-k} y(t) \text{ existiert} \right\} \\ &= \left\{ y : y \in C, y(\tau) = \cdots = y^{(k-1)}(\tau) = 0, y^{(k)}(\tau) \text{ existiert} \right\}. \end{aligned}$$

Daher ist stets $R_k \supset R_{k+1}$, d. h. $\rho(A) = \infty$. ☺

Beispiel 7.8. Sei $J: C \to C$ der Integraloperator aus Beispiel 4.10. Wir wissen schon, dass J injektiv ist, d. h. es gilt $\nu(J) = 0$. Andererseits ist

$$R_k = \left\{ y : y \in C^k, y(0) = y'(0) = \cdots = y^{(k-1)}(0) = 0 \right\}.$$

Daher ist stets $R_k \supset R_{k+1}$, d. h. $\rho(J) = \infty$. ☺

In allen Beispielen waren der Auf- und Absteige-Index entweder beide endlich und gleich, oder einer der beiden Indizes war unendlich. Der folgende Satz zeigt, dass dies kein Zufall war:

Satz 7.1. *Sei $A \in \mathscr{L}(X, X)$, und seien $\nu(A)$ und $\rho(A)$ wie in* (7.3) *bzw.* (7.4) *definiert. Sind dann $\nu(A)$ und $\rho(A)$ beide endlich, so sind sie gleich.*

□ Wir setzen $p := \rho(A)$ und führen den Beweis in drei Schritten.

1. Schritt: Wir zeigen zunächst, dass $A: R_p \to R_p$ bijektiv ist. Es ist klar, dass A den Raum R_p *auf* sich abbildet, denn es gilt $A(R_p) = R_{p+1} = R_p$. Sei $y \in R_p$ ein beliebiges Element aus dem Nullraum von A. Für $k := \max\{p, \nu(A)\}$ ist dann $y \in R_p = R_k = R(A^k)$. Es gibt also ein $x \in X$ mit $y = A^k x$, also $A^{k+1}x = Ay = \theta$. Es folgt $x \in N_{k+1} = N_k$, also $y = A^k x = \theta$.

2. Schritt: Wir beweisen nun $\nu(A) \leq p$. Nach dem ersten Schritt wissen wir, dass jede Iterierte $A^k: R_p \to R_p$ bijektiv ist. Ist insbesondere $x \in N_{k+p}$, so liegt $y := A^p x \in R_p$ im Nullraum dieser Iterierten, es muss also $y = \theta$ gelten, d. h. $x \in N_p$. Dies zeigt $N_{k+p} \subseteq N_p$.

3. Schritt: Wir beweisen schließlich $\nu(A) \geq p$. Im Fall $p = 0$ ist dies trivial. Im Fall $p \geq 1$ müssen wir zeigen, dass $N_{p-1} \neq N_p$ ist. Es gibt ein $y \in R_{p-1} \setminus R_p$, etwa $y = A^{p-1}x$ mit einem geeigneten $x \in X$. Da $z = Ay \in R_p = R_{p+1}$ gilt, ist $z = A^{p+1}u$ für ein $u \in X$. Einerseits liegt $v = x - Au$ nun in N_p, denn

$$A^p v = A^p x - A^{p+1} u = Ay - z = \theta.$$

Andererseits ist $v \notin N_{p-1}$, denn

$$A^{p-1} v = A^{p-1} x - A^p u = y - A^p u \neq \theta.$$

Die letzte Differenz kann deswegen nicht Null werden, weil $y \notin R_p$ gilt, aber $A^p u \in R_p$. Damit ist alles bewiesen. ■

Wir halten fest, dass wir im ersten Schritt des Beweises von Satz 7.1 gezeigt haben, dass $A: R_p \to R_p$ bijektiv ist. Darüberhinaus wissen wir tatsächlich genau, was dem Raum R_p zum gesamten Raum X fehlt. Es gilt nämlich $X = R_p \oplus N_p$. Um dies einzusehen, müssen wir zeigen, dass sich jedes $x \in X$ eindeutig in der Gestalt $x = u + v$ mit $u \in R_p$ und $v \in N_p$ schreiben lässt. Für gegebenes x und $u \in R_p$ haben wir aber genau dann so eine Darstellung, wenn $v = x - u$ in N_p liegt. Dies ist wiederum genau dann der Fall, wenn $A^p(x - u) = \theta$ gilt, also $A^p u = A^p x$. Da aber $A: R_p \to R_p$ bijektiv ist, ist auch $A^p: R_p \to R_p$ bijektiv, und wegen $A^p x \in R_p$ gibt es folglich genau ein solches u.

Es sei betont, dass wir für die obigen Resultate die Norm des Raumes X überhaupt nicht benötigt haben: Die Ergebnisse gelten ganz allgemein für beliebige Vektorräume X.

Der nächste Satz 7.2 beschreibt eine wichtige Klasse von Operatoren, auf die Satz 7.1 anwendbar ist. Bevor wir diesen Satz beweisen, benötigen wir noch ein technisches Ergebnis über die Operatoren dieser Klasse.

Lemma 7.1. *Ein Operator $A \in \mathscr{L}(X,Y)$ von einem Banachraum X in einen normierten Raum Y habe die folgende Eigenschaft: Jede beschränkte Folge $x_n \in X$ mit $Ax_n \to \theta$ habe eine konvergente Teilfolge.*

Dann ist der Wertebereich $R(A)$ von A abgeschlossen in Y, und der Nullraum $N(A)$ hat endliche Dimension.

□ Die Voraussetzung besagt insbesondere, dass jede beschränkte Folge $(x_n)_n$ im Nullraum $U := N(A)$ eine konvergente Teilfolge besitzt. Insbesondere ist die Einheitskugel von U kompakt, also $\dim U < \infty$ (Satz 2.2).

Um zu zeigen, dass $R(A)$ abgeschlossen ist, sei $A_0 \colon X/U \to Y$ der von A induzierte Operator $A_0[x] := Ax$ (Aufgabe 4.18). Dann ist $R(A_0) = R(A)$, und nach Aufgabe 4.45 genügt es zu zeigen, dass es ein $c > 0$ mit

$$\|A_0 z\| \geq c\,\|z\| \qquad (z \in X/U)$$

gibt. Wäre dies nicht so, so gäbe es eine Folge $z_n \in X/U$ mit $\|z_n\|_{X/U} = 1$ und $A_0 z_n \to \theta$. Nach Definition der Norm in X/U gibt es dann eine Folge $(x_n)_n$ in X mit $\|x_n\| \leq 2$ und $z_n = [x_n]$, also $Ax_n \to \theta$. Nach Voraussetzung gibt es dann eine konvergente Teilfolge $x_{n_k} \to x$. Es folgt $Ax_{n_k} \to Ax$, wegen $Ax_n \to \theta$ also $Ax = \theta$, d. h. $x \in N(A) = U$. Daher ist $z := [x]$ das Nullelement in X/U, also

$$\|z_{n_k}\|_{X/U} = \|z_{n_k} - z\|_{X/U} = \|[x_{n_k}] - [x]\|_{X/U} = \|[x_{n_k} - x]\|_{X/U} \leq \|x_{n_k} - x\|_X \to 0,$$

ein Widerspruch zu $\|z_n\|_{X/U} = 1$. ■

Lemma 7.2. *Ist X ein Banachraum und $A \in \mathscr{L}(X,X)$ von der Form $A = I - K$ mit $K \in \mathscr{K}(X,X)$, so ist der Wertebereich $R(A)$ von A abgeschlossen in X und* $\dim N(A) < \infty$.

□ Wir benutzen Lemma 7.1. Sei also $(x_n)_n$ eine beschränkte Folge in X mit $Ax_n \to \theta$. Wegen der Kompaktheit von K gibt es eine Teilfolge $(x_{n_k})_k$, so dass $(Kx_{n_k})_k$ konvergiert, etwa $Kx_{n_k} \to y$. Dann gilt $x_{n_k} = Ax_{n_k} + Kx_{n_k} \to \theta + y$, und die Behauptung folgt aus Lemma 7.1. ■

Wir machen einige Bemerkungen zu Lemma 7.2. Durch „Ausmultiplizieren" des Terms $(I-K)^k$ sehen wir wegen Lemma 5.2, dass A^k in Lemma 7.2 stets wieder die Gestalt $A^k = I - K_k$ mit $K_k \in \mathscr{K}(X,X)$ hat (formal kann man dies durch Induktion nach k nachweisen). Daraus können wir sofort schließen, dass für $A = I - K$ mit $K \in \mathscr{K}(X,X)$ *jeder* iterierte Wertebereich $R_k = R(A^k)$ abgeschlossen ist und jeder iterierte Nullraum

$N_k = N(A^k)$ endliche Dimension hat. Man kann dies auch ohne „Ausmultiplizieren" von A^k sehen (Aufgabe 7.11):

Lemma 7.3. *Ist X ein Banachraum und $A \in \mathscr{L}(X,X)$ von der Form $A = I - K$ mit $K \in \mathscr{K}(X,X)$, so ist $R_k = R(A^k)$ für alle k abgeschlossen und $N_k = N(A^k)$ hat endliche Dimension.*

Wir kommen jetzt zum angekündigten Satz über die Gleichheit von $\nu(A)$ und $\rho(A)$ für „kompakte Störungen" der Identität.

Satz 7.2. *Sei X Banachraum und $A \in \mathscr{L}(X,X)$ von der Form $A = I - K$ mit $K \in \mathscr{K}(X,X)$. Dann sind $\nu(A)$ und $\rho(A)$ beide endlich und daher gleich.*

□ Angenommen, $\nu(A)$ wäre nicht endlich, d. h. N_n wäre stets echter Unterraum von N_{n+1}. Nach Lemma 2.4 gibt es dann für jedes n ein $x_n \in N_{n+1}$ mit $\|x_n\| = 1$ und $\operatorname{dist}(x_n, N_n) \geq \frac{1}{2}$.

Dann ist $A^n(Ax_n) = A^{n+1}x_n = \theta$, also $Ax_n \in N_n$. Wir erhalten für alle $k < n$, dass

$$\begin{aligned}\|Kx_n - Kx_k\| = \|x_n - (Ax_n - Ax_k + x_k)\| &\geq \operatorname{dist}(x_n, N_n - N_k + N_{k+1}) \\ &= \operatorname{dist}(x_n, N_n) \geq \frac{1}{2}\end{aligned}$$

ist. Daher kann $(Kx_n)_n$ keine Cauchy-Teilfolge enthalten, ein Widerspruch zur Kompaktheit von K.

Angenommen, $\rho(A)$ wäre nicht endlich, d. h. R_{n+1} wäre stets echter Unterraum von R_n. Da R_{n+1} nach Lemma 7.3 abgeschlossen ist, gibt es nach Lemma 2.4 dann wieder für jedes n ein $x_n \in R_n$ mit $\operatorname{dist}(x_n, R_{n+1}) \geq \frac{1}{2}$.

Wegen $x_n \in R(A^n)$ ist dann $Ax_n \in R(A^{n+1}) = R_{n+1}$, also ist für alle $k < n$

$$\begin{aligned}\|Kx_k - Kx_n\| = \|x_k - (Ax_k - Ax_n + x_n)\| &\geq \operatorname{dist}(x_k, R_{k+1} - R_{n+1} - R_n) \\ &= \operatorname{dist}(x_k, R_{k+1}) \geq \frac{1}{2}.\end{aligned}$$

Daher kann $(Kx_n)_n$ keine Cauchy-Teilfolge enthalten, ein Widerspruch zur Kompaktheit von K. ■

Aus Satz 7.2 folgt bereits, dass für den Operator $A = I - K$ die Fredholm-Alternative gilt: Für A sind Injektivität, Surjektivität und Bijektivität äquivalent. In der Tat, A ist genau dann injektiv wenn $\nu(A) = 0$ ist, und genau dann surjektiv, wenn $\rho(A) = 0$ ist. Nach Lemma 7.3 ist aber $\nu(A) = \rho(A)$.

Tatsächlich haben wir aber sehr viel mehr gezeigt als die Fredholm-Alternative:

Satz 7.3 (Riesz-Schauder). *Sei $A = I - K$ mit $K \in \mathscr{K}(X,X)$ und seien $U := N(A^p)$ und $V := R(A^p)$ mit $p := \nu(A) = \rho(A)$. Dann sind U und V abgeschlossene Unterräume von X mit $X = U \oplus V$. Es gilt $\dim U < \infty$, $A\colon V \to V$ ist ein Isomorphismus, und $A\colon U \to U$ ist nilpotent.*

□ Nur die Aussage, dass $A\colon U \to U$ nilpotent ist, ist noch zu zeigen. Für $x \in U$ ist $A^p(Ax) = A(A^px) = A\theta = \theta$, also $Ax \in U$. Deswegen bildet A den Raum U in sich ab. Wegen $A^px = \theta$ für $x \in U$ ist $A\colon U \to U$ nilpotent. ■

Satz 7.3 beinhaltet ebenfalls die Fredholm-Alternative als Spezialfall – Fall II dabei sogar in einer gewissen quantitativen Version, wie wir in Abschnitt 7.4 sehen werden.

7.3 Charakteristische Werte und Eigenwerte

Sei X Banachraum und $K \in \mathscr{K}(X,X)$. Wir nennen eine Zahl[4] $\mu \in \mathbb{R}$ *charakteristischen Wert* von K, falls auf den Operator

$$A = I - \mu K$$

der Fall II der Fredholmschen Alternative zutrifft. Wir nennen λ *Eigenwert* von K, falls die Gleichung $Kx = \lambda x$ eine nichttriviale Lösung besitzt. Mit Ausnahme der 0 sind also die Eigenwerte gerade die Kehrwerte der charakteristischen Werte von K (und umgekehrt).

Beispiel 7.9. Sei $K\colon \mathbb{R}^N \to \mathbb{R}^N$ durch eine Matrix gegeben, also $K(\xi_1,\dots,\xi_N) := (\eta_1,\dots,\eta_N)$ mit

$$\eta_i := \sum_{j=1}^{N} \kappa_{ij}\xi_j \qquad (i = 1,\dots,N).$$

Ist K invertierbar, so ist $\mu \in \mathbb{R}$ genau dann charakteristischer Wert von K, falls $N(I - \mu K) = N(\lambda I - K) \neq \{\theta\}$ ist, d. h. die Zahlen $\lambda = 1/\mu$ sind genau die üblichen Eigenwerte von K. Insbesondere gibt es höchstens N charakteristische Werte für K. Ist K nicht invertierbar, so hat K noch den Eigenwert $\lambda = 0$, der nicht Kehrwert eines charakteristischen Werts ist. ☺

Beispiel 7.10. Sei $X := C$ und $K := J$ der in (4.15) definierte Integraloperator. Wir wissen schon, dass $J \in \mathscr{K}(X,X)$ ist. Eine Zahl $\mu \in \mathbb{R}$ ist genau dann charakteristischer Wert von J, falls $N(I - \mu J) \neq \{\theta\}$ ist, d. h. wenn die Gleichung

$$x(s) = \mu \int_0^s x(t)\,dt \tag{7.5}$$

eine Lösung $x(s) \not\equiv 0$ besitzt. Nun sieht man aus der Struktur der Gleichung (7.5), dass jede Lösung x schon zum Raum C^1 gehören und die Bedingung $x(0) = 0$ erfüllen muss. Differenzieren der Gleichung (7.5) liefert $x' = \mu x$ mit der allgemeinen Lösung $x(t) = ce^{\mu t}$ ($c \in \mathbb{R}$). Wegen $x(0) = 0$ muss aber $c = 0$ sein, also $x(s) \equiv 0$. Dies bedeutet aber, dass *der Operator J keine charakteristischen Werte besitzt*.

Für den Operator $A = I - \mu J$ tritt also stets der Fall I der Fredholmschen Alternative ein. Insbesondere ist die inhomogene Gleichung

$$x(s) - \mu \int_0^s x(t)\,dt = y(s) \tag{7.6}$$

[4] Wir erinnern daran, dass wir stets Banachräume über $\mathbb{R}$ betrachten; falls man Gleichungen in einem Banachraum über $\mathbb{C}$ studiert, muss man auch charakteristische Werte in $\mathbb{C}$ untersuchen.

für jedes $y \in C$ eindeutig lösbar. (Dies wissen wir auch schon aus Beispiel 4.18, denn für den Spektralradius ist $r(\mu J) = |\mu|\, r(J) = 0$). Eine einfache Rechnung (z. B.mit der Neumannschen Reihe und (4.26)) zeigt, dass die eindeutige Lösung von (7.6) durch

$$x(s) = (I - \mu J)^{-1} y(s) = y(s) + \mu \int_0^s e^{\mu(s-t)} y(t)\, dt \tag{7.7}$$

gegeben ist. Operatoren wie in diesem und den folgenden Beispielen werden wir in Kapitel 8 genauer untersuchen. ☺

Beispiel 7.11. Sei $K\colon C \to C$ gegeben durch

$$Kx(s) := s \int_0^1 x(t)\, dt. \tag{7.8}$$

Eine Zahl $\mu \in \mathbb{R}$ ist genau dann charakteristischer Wert von K, wenn die Gleichung

$$x(s) = \mu s \int_0^1 x(t)\, dt \tag{7.9}$$

eine Lösung $x(s) \not\equiv 0$ besitzt. Offenbar hat (7.9) nur Lösungen der Gestalt $x(s) = \mu\xi s$ mit

$$\xi = \int_0^1 x(t)\, dt. \tag{7.10}$$

Dies ist eine Gleichung für die reelle Zahl ξ, die die unbekannte Funktion x enthält. Einsetzen von $x(t) = \mu\xi t$ in (7.10) liefert die Gleichung

$$\xi = \mu\xi \int_0^1 t\, dt = \frac{1}{2}\mu\xi$$

für ξ. Ist nun $\mu = 2$, so kann man $\xi \in \mathbb{R}$ beliebig wählen und erhält die unendlich vielen nichttrivialen Lösungen $x(s) = cs$ ($c \in \mathbb{R}$) für (7.9). Ist dagegen $\mu \neq 2$, so muss $\xi = 0$ sein, d. h. (7.9) hat nur die triviale Lösung. Wir haben gezeigt, dass der Operator (7.8) genau einen charakteristischen Wert hat, nämlich $\mu = 2$.

Wir wissen also, dass für den Operator $A = I - 2K$ (und nur für diesen) der Fall II der Fredholmschen Alternative eintritt. Insbesondere kann die inhomogene Gleichung

$$x(s) - 2s \int_0^1 x(t)\, dt = y(s) \tag{7.11}$$

nicht für alle, sondern nur für gewisse Funktionen $y \in X$ eine Lösung besitzen. Dies kann man leicht präzisieren. Integriert man die Gleichung (7.11) bzgl. s über $[0, 1]$, so erhält man mit ξ wie in (7.10)

$$\int_0^1 y(s)\, ds = \int_0^1 x(s)\, ds - \left(\int_0^1 2s\, ds\right)\left(\int_0^1 x(t)\, dt\right) = \xi - \xi = 0.$$

Damit haben wir eine notwendige Bedingung für diejenigen $y \in X$ gefunden, für die (7.11) lösbar ist: Das Integralmittel muss Null sein. Diese Bedingung ist auch hinreichend, denn $x := y$ ist dann eine Lösung. ☺

Beispiel 7.12. Sei $K\colon C \to C$ gegeben durch

$$Kx(s) := \int_0^1 (s+t)x(t)\,dt.$$

Hier ist $\mu \in \mathbb{R}$ genau dann charakteristischer Wert von K, wenn die Gleichung

$$x(s) = \mu \int_0^1 (s+t)x(t)\,dt \tag{7.12}$$

eine Lösung $x(s) \not\equiv 0$ besitzt. Die Struktur dieser Gleichung zeigt, dass jede Lösung die Form $x(s) = \mu\xi s + \mu\eta$ mit

$$\xi := \int_0^1 x(t)\,dt, \qquad \eta := \int_0^1 tx(t)\,dt \tag{7.13}$$

hat. Einsetzen von $x(t) = \mu\xi t + \mu\eta$ in (7.13) liefert das Gleichungssystem

$$\begin{cases} \xi = \mu\xi \int_0^1 t\,dt = \frac{1}{2}\mu\xi + \mu\eta \\ \eta = \mu\xi \int_0^1 t^2\,dt + \mu\eta \int_0^1 t\,dt = \frac{1}{3}\mu\xi + \frac{1}{2}\mu\eta \end{cases}$$

für (ξ, η), das wir in die Standardform

$$\begin{pmatrix} 1-\frac{1}{2}\mu & -\mu \\ -\frac{1}{3}\mu & 1-\frac{1}{2}\mu \end{pmatrix} \begin{pmatrix} \xi \\ \eta \end{pmatrix} = \begin{pmatrix} 0 \\ 0 \end{pmatrix} \tag{7.14}$$

umschreiben können. Die Determinante von (7.14) verschwindet genau im Fall $\mu^2 + 12\mu - 12 = 0$, also für $\mu_1 := -6 + 4\sqrt{3}$ und $\mu_2 := -6 - 4\sqrt{3}$. Ist also $\mu = \mu_1$ oder $\mu = \mu_2$, so kann man $(\xi, \eta) \neq (0,0)$ als Lösung von (7.14) wählen und findet damit eine nichttriviale Lösung $x(t) = \mu\xi t + \mu\eta$ von (7.12). Ist dagegen $\mu \neq \mu_1$ und $\mu \neq \mu_2$, so muss $(\xi, \eta) = (0,0)$ sein, und (7.12) hat nur die triviale Lösung. Wir haben gezeigt, dass der Operator (7.12) genau zwei charakteristische Werte hat, nämlich $\mu_1 = -6 + 4\sqrt{3}$ und $\mu_2 = -6 - 4\sqrt{3}$. Damit wissen wir auch, dass die inhomogene Gleichung

$$x(s) + (6 \pm 4\sqrt{3}) \int_0^1 (s+t)x(t)\,dt = y(s) \tag{7.15}$$

nur für gewisse $y \in X$ eine Lösung besitzt. ☺

In den vorherigen Beispielen hatten alle betrachteten Operatoren höchstens endlich viele charakteristische Werte, d. h. auf den Operator $A := I - \mu K$ trifft „fast immer" der

Fall I der Fredholmschen Alternative zu. Es stellt sich die Frage, ob das immer so ist. Der folgende Satz gibt hierüber Auskunft:

Satz 7.4. *Sei X Banachraum und $K \in \mathscr{L}(X,X)$, $K \neq \theta$. Dann genügen alle charakteristischen Werte μ von K der unteren Abschätzung*

$$|\mu| \geq \frac{1}{\|K\|}. \tag{7.16}$$

Ist sogar $K \in \mathscr{K}(X,X)$, so liegen für festes $\rho > \|K\|^{-1}$ stets nur endlich viele charakteristische Werte von K im Bereich $\|K\|^{-1} \leq |\mu| \leq \rho$. Insbesondere hat ein kompakter Operator nur endlich viele oder abzählbar unendlich viele Eigenwerte.

□ Sei $\mu \in \mathbb{R}$ mit $|\mu| < \|K\|^{-1}$ fest. Da der Operator μK dann die Norm $\|\mu K\| = |\mu|\,\|K\| < 1$ hat, folgt aus Satz 4.4, dass $I - \mu K$ invertierbar ist mit

$$(I - \mu K)^{-1} = \sum_{n=0}^{\infty} \mu^n K^n. \tag{7.17}$$

Damit ist $N(I - \mu K) = \{\theta\}$, d. h. μ kann kein charakteristischer Wert von K sein.

Sei nun $K \in \mathscr{K}(X,X)$ und $\rho > \|K\|^{-1}$. Wir nehmen an, es gäbe eine Folge $(\mu_n)_n$ verschiedener charakteristischer Werte μ_n von K mit $\|K\|^{-1} \leq |\mu_n| \leq \rho$; seien $x_n \in N(I - \mu_n K)$ zugehörige nichttriviale Lösungen der Gleichung $x_n = \mu_n K x_n$. Die Menge $\{x_1, x_2, x_3, \dots\}$ ist dann linear unabhängig (Aufgabe 7.10). Hieraus folgt, dass die Unterräume $Z_n := \operatorname{span}\{x_1, \dots, x_n\}$ eine strikt aufsteigende Folge abgeschlossener Unterräume von X bilden. Nach Lemma 2.4 finden wir eine Folge $(z_n)_n$ mit $z_n \in Z_n$, $\|z_n\| = 1$ und $\|z_n - z\| \geq \frac{1}{2}$ für alle $z \in Z_{n-1}$. Wir behaupten, dass

$$(I - \mu_n K)(Z_n) \subseteq Z_{n-1} \tag{7.18}$$

gilt. In der Tat, für $x = \alpha_1 x_1 + \dots + \alpha_n x_n \in Z_n$ haben wir

$$(I - \mu_n K)x = \sum_{j=1}^{n} \alpha_j x_j - \mu_n \sum_{j=1}^{n} \alpha_j K x_j = \sum_{j=1}^{n-1} \alpha_j \Big(1 - \frac{\mu_n}{\mu_j}\Big) x_j \in Z_{n-1},$$

d. h. (7.18) ist richtig. Insbesondere gilt also $(I - \mu_n K) z_n \in Z_{n-1}$. Daher gehört das Element $z := z_n - \mu_n K z_n + \mu_n K z_m$ für $1 \leq m < n$ zu Z_{n-1}. Es ist aber

$$\mu_n K z_n - \mu_n K z_m = z_n - (z_n - \mu_n K z_n + \mu_n K z_m) = z_n - z,$$

also

$$\|K z_n - K z_m\| = \frac{1}{|\mu_n|} \|z_n - z\| \geq \frac{1}{2\,|\mu_n|} \geq \frac{1}{2\rho}.$$

Dies widerspricht aber der Tatsache, dass $(K z_n)_n$ wegen der Kompaktheit von K eine konvergente Teilfolge enthalten muss.

Den letzten Teil der Behauptung sieht man ein, indem man den Satz auf $\rho_n = \|K\|^{-1} + n$ $(n = 1, 2, \dots)$ anwendet. ■

Der Beweis von Satz 7.4 zeigt, dass wir die Abschätzung (7.16) als direkte Folge der Konvergenz der Neumannschen Reihe (7.17) erhalten haben. Nun haben wir aber in Satz 4.5 gesehen, dass die Reihe (7.17) schon dann konvergiert, wenn der Spektralradius des Operators μK kleiner als Eins ist. Daher gilt die folgende Verschärfung des ersten Teils von Satz 7.4:

Satz 7.5. *Sei X Banachraum und $K \in \mathscr{L}(X, X)$ mit $r(K) > 0$. Dann genügen alle charakteristischen Werte μ von K der unteren Abschätzung*

$$|\mu| \geq \frac{1}{r(K)}. \tag{7.19}$$

Im Fall $r(K) = 0$ hat K keine charakteristischen Werte, also höchstens den Eigenwert 0.

Satz 7.5 erklärt auch, warum die in (4.24) eingeführte Zahl $r(A)$ „Spektralradius" von A heißt: Nach der Abschätzung (7.19) liegen die Eigenwerte von A als Kehrwerte der charakteristischen Zahlen von A alle im Kreis $\{\lambda : \lambda \in \mathbb{C}, |\lambda| \leq r(A)\}$. Für komplexe Banachräume kann man zeigen, dass dies auch tatsächlich die bestmögliche Abschätzung ist. Wir werden diese Tatsache aber nicht beweisen.[5]

Nach Satz 7.4 müssen die charakteristischen Werte eines kompakten Operators, wenn es unendlich viele davon gibt, eine unbeschränkte Folge ohne Häufungspunkte bilden.[6] Wir bringen ein Beispiel eines solchen Operators:

Beispiel 7.13. Sei $K\colon C \to C$ gegeben durch

$$Kx(s) := \int_0^1 k(s,t)x(t)\,dt,$$

wobei

$$k(s,t) := \begin{cases} s(1-t) & \text{falls } s \leq t, \\ t(1-s) & \text{falls } s \geq t \end{cases} \tag{7.20}$$

sei. Nach Satz 6.8 ist $K \in \mathscr{K}(C, C)$. Wir zeigen, dass K die charakteristischen Werte $\mu_n = n^2\pi^2$ $(n = 1, 2, \dots)$ besitzt. Für die Funktionen $x_n(t) := \sin n\pi t$ erhalten wir nämlich durch partielle Integration

$$\mu_n K x_n(s) = n^2\pi^2 \int_0^1 k(s,t)x_n(t)\,dt$$

[5] Der Nachweis beruht im Wesentlichen auf dem funktionentheoretischen Ergebnis, dass eine Potenzreihe (und damit implizit die Neumannsche Reihe (7.17)) im größten Kreisgebiet konvergiert, in dem die dargestellte Funktion holomorph ist; man muss also i. W. nachweisen, dass die Funktion $\mu \mapsto (I - \mu K)^{-1}$ im Definitionsbereich holomorph ist.

[6] Für die Eigenwerte eines kompakten Operators bedeutet dies, dass sie sich höchstens bei 0 häufen können.

$$= n^2\pi^2 \int_0^s t(1-s)\sin n\pi t\,dt + n^2\pi^2 \int_s^1 s(1-t)\sin n\pi t\,dt$$

$$= n^2\pi^2(1-s)\left(-\frac{s}{n\pi}\cos n\pi s + \frac{1}{n\pi}\int_0^s \cos n\pi t\,dt\right) + n^2\pi^2 s\int_s^1 \sin n\pi t\,dt$$

$$-n^2\pi^2 s\left(\frac{1-s}{n\pi}\cos n\pi s + \frac{1}{n\pi}\int_s^1 \cos n\pi t\,dt\right) = \sin n\pi s = x_n(s).$$

☺

Wie die bisherigen Beispiele zeigen, kann ein kompakter Operator entweder gar keine (Beispiel 7.10), endlich viele (Beispiele 7.11 und 7.12) oder abzählbar unendlich viele (Beispiel 7.13) charakteristische Werte haben. Ist $A \in \mathscr{L}(X,X)$ *nichtkompakt*, kann es allerdings vorkommen, dass die Gleichung

$$\mu A x = x \tag{7.21}$$

sogar für *überabzählbar unendlich viele* $\mu \in \mathbb{R}$ eine nichttriviale Lösung hat.

Sei etwa $X := \ell_2$ und A die Linksverschiebung (4.10). Nach dem ersten Teil von Satz 7.4 liegen die Werte μ, für die (7.21) nichttrivial lösbar ist, im Bereich $|\mu| \geq \|A\|^{-1} = 1$. Für *beliebiges* $\mu \in (-\infty, -1) \cup (1, \infty)$ liegt die Folge

$$\hat{x} := (1, \mu^{-1}, \mu^{-2}, \dots) \tag{7.22}$$

in X, da

$$\|\hat{x}\|_{\ell_2}^2 = \sum_{n=0}^{\infty} \mu^{-2n} = \frac{\mu^2}{\mu^2 - 1}$$

ist, und löst die Gleichung (7.21). Für $\mu = \pm 1$ löst die Folge (7.22) zwar noch die Gleichung (7.21), liegt aber nicht mehr im Raum X. Der zweite Teil von Satz 7.4 ist hier natürlich nicht anwendbar, da A nicht kompakt ist.

7.4 Fredholm-Operatoren

In Satz 7.3 haben wir im wesentlichen gezeigt, dass ein Operator der Form $A = I - K$ mit $K \in \mathscr{L}(X,X)$ sozusagen in zwei „Komponenten" zerfällt: Die eine Komponente auf dem Raum $V := R_p$ ist bijektiv (also „ziemlich regulär") und die andere Komponente ist ein (nilpotenter) Operator auf $U := N_p$ (also „ziemlich singulär"). In Bezug auf Injektivität und Surjektivität verhält sich A also wie seine Einschränkung auf U. Da U aber endliche Dimension hat, muss A sich wie ein endlichdimensionaler Operator verhalten. Insbesondere gilt der Dimensionssatz der Linearen Algebra.

Suggestiver können wir dies so formulieren: *Der Nullraum $N(A)$ enthält genau so viele Dimensionen (nur endlich viele), wie dem Bildraum $R(A)$ zur Surjektivität „fehlen"*. Um dies etwas präziser fassen zu können, benötigen wir den Begriff der *Kodimension* eines Unterraums. Es bieten sich zwei Möglichkeiten zur Definition der Kodimension codim U eines Unterraumes U von X an. Entweder wir definieren die Kodimension von U als Dimension eines beliebigen Unterraums V von X, der die Bedingung $X = U \oplus V$ erfüllt. Oder wir definieren sie als Dimension des Quotientenraums X/U (s. (1.37)), d. h.

$$\operatorname{codim} U := \dim(X/U). \tag{7.23}$$

Bei der ersten Definition ist nicht unmittelbar klar, dass codim U nicht von der konkreten Wahl des Raumes V abhängt. Falls die Kodimension (nach einer der beiden Definitionen) aber endlich ist, so sind die Definitionen sogar äquivalent; insbesondere ist die Kodimension also auch im ersten Falle wohldefiniert (und es *existiert* auch tatsächlich ein solches V)!

Um dies einzusehen, wählen wir eine Basis $\{[x_1], \ldots, [x_n]\}$ von X/U. Dann ist die Menge $\{x_1, \ldots, x_n\}$ linear unabhängig in X, und X lässt sich als direkte Summe $X = U \oplus V$ mit $V := \operatorname{span}\{x_1, \ldots, x_n\}$ schreiben. Ist nämlich $x \in X$ beliebig, so gibt es eindeutige Skalare $\lambda_1, \ldots, \lambda_n$ mit

$$[x] = \lambda_1[x_1] + \cdots + \lambda_n[x_n] = [\lambda_1 x_1 + \cdots + \lambda_n x_n], \tag{7.24}$$

und daher haben wir die Darstellung $x = u + v$ mit $v := \lambda_1 x_1 + \cdots + \lambda_n x_n \in V$ und $u := x - v \in U$. Diese Darstellung ist eindeutig, da $u \in U$ gleichbedeutend ist mit $[x] = [v]$.

Sei umgekehrt $X = U \oplus V$ und $\{x_1, \ldots, x_n\}$ eine Basis von V. Dann lässt sich jedes $x \in X$ eindeutig in der Gestalt $x = u + v$ mit $u \in U$ und $v \in V$ schreiben, und es gibt eindeutige Skalare $\lambda_1, \ldots, \lambda_n$ mit $v = \lambda_1 x_1 + \cdots + \lambda_n x_n$. Hieraus bekommen wir die eindeutige Darstellung (7.24), d. h. $\{[x_1], \ldots, [x_n]\}$ ist eine Basis von X/U.

Der Begriff der Kodimension ist ein rein algebraischer Begriff, er hängt nicht von einer Norm auf X ab. Insbesondere ist die Definition (7.23) auch sinnvoll, wenn X normiert, aber U *kein* abgeschlossener Unterraum von X ist (so dass X/U kein normierter Raum ist). Dies illustrieren wir an einem Beispiel.

Beispiel 7.14. Sei X unendlichdimensionaler Banachraum, und sei $A\colon X \to \mathbb{R}$ eine unbeschränkte lineare Abbildung. Wir zeigen, dass der Unterraum $U := N(A)$ die Kodimension 1 hat, aber nicht abgeschlossen ist.

Sei $e \in X \setminus U$ fest gewählt. Wir setzen $\lambda := 1/Ae$ und definieren $P\colon X \to X$ durch

$$Px := (\lambda Ax)e.$$

Dann ist P eine Projektion auf den eindimensionalen Unterraum $V := \operatorname{span}\{e\}$ längs U, erzeugt also eine Zerlegung $X = U \oplus V$ von X. Wäre U abgeschlossen in X, so wäre P (also auch A) nach Satz 4.10 beschränkt. Dies widerspricht aber unserer Wahl von A. ☺

Das Beispiel zeigt insbesondere auch, dass ein Unterraum U mit endlicher Kodimension – anders als ein Unterraum mit endlicher Dimension – nicht automatisch abgeschlossen sein muss.

Daher ist etwas verblüffend, dass folgendes gilt: Falls U nicht nur endliche Kodimension hat, sondern zugleich der Wertebereich $U = R(A)$ eines *beschränkten* Operators A ist, so ist U automatisch abgeschlossen. Dies folgt mit dem folgenden Ergebnis aus der Tatsache, dass jeder endlichdimensionale Unterraum V abgeschlossen ist:

Satz 7.6. *Seien X und Y Banachräume und $A \in \mathscr{L}(X,Y)$. Gibt es einen abgeschlossenen Unterraum $V \subseteq Y$ mit $Y = R(A) \oplus V$, so ist $R(A)$ abgeschlossen in Y.*

□ Sei $U := N(A)$ und $A_0 \colon X/U \to Y$ der von A induzierte Operator $A_0[x] := Ax$ (Aufgabe 4.18). Wir betrachten nun den Banachraum $Z := (X/U) \times V$ und definieren einen Operator $B \colon Z \to Y$ durch

$$B([x], v) := A_0[x] + v.$$

Der Operator B ist bijektiv. Jedes $y \in Y$ lässt sich nämlich nach Voraussetzung eindeutig in der Gestalt $y = u + v$ mit $u \in R(A)$ und $v \in V$ schreiben. Da $A_0 \colon X/U \to R(A)$ bijektiv ist, gibt es ein eindeutiges $[x] \in X/U$ mit $A_0[x] = u$. Insgesamt gibt es also für jedes $y \in Y$ ein eindeutiges Paar $([x], v) \in Z$ mit $B([x], v) = y$. Weiterhin ist B auch beschränkt, denn

$$\|B([x], v)\| \leq \|A_0[x]\| + \|v\| \leq (\|A_0\| + 1) \max\{\|[x]\|, \|v\|\}.$$

Nach Satz 4.2 ist der Umkehroperator $C := B^{-1}$ also ebenfalls beschränkt. Da der Unterraum $Z_0 := (X/U) \times \{\theta\}$ in Z abgeschlossen ist mit $B(Z_0) = R(A)$, ist $R(A) = C^{-1}(Z_0)$ als Urbild einer abgeschlossenen Menge unter einer stetigen Abbildung ebenfalls abgeschlossen, und damit ist die Behauptung bewiesen. ■

Wir nennen einen beschränkten Operator $A \in \mathscr{L}(X,Y)$ zwischen zwei Banachräumen X und Y einen *Fredholm-Operator*, falls $\dim N(A) < \infty$ und $\operatorname{codim} R(A) < \infty$ gilt, d. h. die Dimension des Nullraums und die Kodimension des Wertebereichs von A sind beide endlich. Die ganze Zahl

$$\operatorname{ind}(A) := \dim N(A) - \operatorname{codim} R(A)$$

heißt dann der *Index* von A. Die Menge aller Fredholm-Operatoren bezeichnen wir mit $\mathscr{F}(X,Y)$, die Teilmenge aller Fredholm-Operatoren vom Index k mit $\mathscr{F}_k(X,Y)$.

Jeder Fredholm-Operator A vom Index 0 erfüllt die Fredholm-Alternative, denn A ist genau dann injektiv ($\dim N(A) = 0$), wenn A surjektiv ist ($\operatorname{codim} R(A) = 0$). Manchmal wird in der Literatur für Fredholm-Operatoren zusätzlich gefordert, dass der Wertebereich $R(A)$ abgeschlossen ist. Nach Satz 7.6 ist dies aber automatisch erfüllt (da wir nur beschränkte Operatoren A zwischen Banachräumen betrachten).

Natürlich kann der Index eines Fredholm-Operators auch von Null verschieden sein. Die folgenden beiden Beispiele zeigen, dass es zumindest Banachräume X gibt, für die $\mathscr{F}_k(X,X) \neq \emptyset$ für alle $k \in \mathbb{Z}$ gilt, d. h. die Abbildung $\operatorname{ind} \colon \mathscr{F}(X,X) \to \mathbb{Z}$ ist surjektiv.

Beispiel 7.15. Sei $X := Y := \ell_p$ und A die Linksverschiebung aus Beispiel 4.5. Da A surjektiv ist, ist $\operatorname{codim} R(A) = 0$. Andererseits ist $\dim N(A) = 1$, daher ist $A \in \mathscr{F}_1(X,X)$.

Analog ist $A^k \in \mathscr{F}_k(X, X)$, wie wir in Beispiel 7.5 gesehen haben. ☺

Beispiel 7.16. Sei $X := Y := \ell_p$ und A die Rechtsverschiebung aus Beispiel 4.6. Da A injektiv ist, ist $\dim N(A) = 0$. Andererseits ist $\operatorname{codim} R(A) = 1$, daher ist $A \in \mathscr{F}_{-1}(X, X)$. Analog ist $A^k \in \mathscr{F}_{-k}(X, X)$, wie wir in Beispiel 7.6 gesehen haben. ☺

Beispiel 7.17. Sei $X := Y := C$ und $J\colon X \to Y$ der Integraloperator (4.15) aus Beispiel 4.10. Wir wissen schon, dass J injektiv ist, also $\dim N(J) = 0$. Die Inverse $J^{-1}\colon R(J) \to X$ ist der *unbeschränkte* Differentialoperator (4.16). Nach Satz 4.2 kann $R(J)$ also kein Banachraum sein, mithin auch nicht abgeschlossen.[7] Daher kann $R(J)$ auch keine endliche Kodimension haben, d. h. der Operator (4.15) ist kein Fredholm-Operator. ☺

Beispiel 7.18. Sei $A \in \mathscr{L}(\mathbb{R}^N, \mathbb{R}^N)$ eine $N \times N$-Matrix. Nach dem Dimensionssatz der Linearen Algebra ist dann $N = \dim R(A) + \dim N(A)$, also $\dim N(A) = \operatorname{codim} R(A)$. Folglich ist A ein Fredholm-Operator mit Index 0. ☺

Aus Satz 7.3 folgt, dass sich Operatoren der Gestalt $A = I - K$ mit $K \in \mathscr{K}(X, X)$ in Bezug auf Injektivität und Surjektivität stets wie endlichdimensionale Operatoren verhalten:

Satz 7.7. *Sei X Banachraum. Hat $A \in \mathscr{L}(X, X)$ die Gestalt $A = I - K$ mit $K \in \mathscr{K}(X, X)$, so ist A ein Fredholm-Operator vom Index* 0.

□ Seien $U, V \subseteq X$ wie in Satz 7.3 definiert. Da $\dim U$ endlich ist, folgt aus dem Dimensionssatz der Linearen Algebra für die Einschränkung $A|_U\colon U \to U$, dass die Dimension des Nullraums $N_U := N(A|_U)$ gleich der Kodimension des Bildraums $A(U)$ ist, d. h. es gibt einen Unterraum $W \subseteq U$ mit $\dim W = \dim N_U$ und $U = A(U) \oplus W$. Da $X = U \oplus V$ und $A\colon V \to V$ ein Isomorphismus ist, ist $N(A) = N_U$ und $R(A) = A(U) \oplus V$, also $X = R(A) \oplus W$. Daher ist

$$\operatorname{codim} R(A) = \dim W = \dim N_U = \dim N(A) < \infty$$

d. h. A ist Fredholm-Operator, und $\operatorname{ind} A = 0$. ■

Jetzt erscheint Lemma 7.3 nochmals in neuem Licht: Der Wertebereich $R(A)$ von A ist schon deshalb abgeschlossen, weil $A = I - K$ ein Fredholm-Operator ist. Man beachte allerdings, dass wir Lemma 7.3 *benutzt* haben, um $A \in \mathscr{F}(X, X)$ nachzuweisen.

In den Beispielen 7.15 und 7.16 galt die Formel:

$$\operatorname{ind}(A^n) = n \operatorname{ind}(A).$$

Diese Formel gilt immer. Sie ist ein Spezialfall eines viel allgemeineren Ergebnisses über die Kompositionen von Fredholm-Operatoren, das wir jetzt zeigen wollen. Es ist nämlich $\mathscr{F}_n(Y, Z)\mathscr{F}_m(X, Y) = \mathscr{F}_{n+m}(X, Z)$:

[7] Das hatten wir auch schon in Kapitel 4 direkt gezeigt.

Satz 7.8. *Seien X, Y und Z Banachräume, $A \in \mathscr{F}(X,Y)$, und $B \in \mathscr{F}(Y,Z)$. Dann ist auch die Komposition BA ein Fredholm-Operator, und es gilt*

$$\operatorname{ind}(BA) = \operatorname{ind}(B) + \operatorname{ind}(A).$$

□ Sei $U := R(B)/R(BA)$. Wir definieren eine Abbildung $B_0\colon Y/R(A) \to U$ vermöge $B_0[y] := [By]$. Wegen $B_0(R(A)) \subseteq R(BA)$ ist B_0 wohldefiniert (Aufgabe 4.17). Da $B\colon Y \to R(B)$ surjektiv ist, muss natürlich auch B_0 surjektiv sein. Da $Y/R(A)$ endliche Dimension hat, hat auch U endliche Dimension, und nach dem Dimensionssatz der Linearen Algebra ist

$$\operatorname{codim} R(A) = \dim(Y/R(A)) = \dim U + \dim N(B_0).$$

Man beachte nun, dass U gerade der Nullraum der natürlichen Surjektion $Z/R(BA) \to Z/R(B)$ ist. Da U und $Z/R(B)$ endliche Dimension haben, folgt aus dem Dimensionssatz der Linearen Algebra, dass auch $Z/R(BA)$ endliche Dimension hat, nämlich $\dim(Z/R(BA)) = \dim(Z/R(B)) + \dim U$. Es folgt

$$\operatorname{codim} R(BA) = \operatorname{codim} R(B) + \operatorname{codim} R(A) - \dim N(B_0).$$

Nun ist

$$\begin{aligned} N(B_0) &= \{[y] : By \in R(BA)\} = \{[y] : y \in R(A) + N(B)\} \\ &= \{[y] : y \in N(B)\} = N(B)/R(A). \end{aligned}$$

Die Restklassenabbildung $N(B) \to N(B)/R(A)$ hat als Nullraum gerade $V = N(B) \cap R(A)$, so dass nach dem Dimensionssatz $\dim N(B) = \dim N(B_0) + \dim V$ gilt, also

$$\operatorname{codim} R(BA) = \operatorname{codim} R(B) - \dim N(B) + \operatorname{codim} R(A) + \dim V.$$

Nun ist die Einschränkung $A\colon N(BA) \to V$ surjektiv und hat $N(A)$ als Nullraum. Eine weitere Anwendung des Dimensionssatzes zeigt also, dass $N(BA)$ endliche Dimension hat, nämlich $\dim N(BA) = \dim V + \dim N(A)$. Also ist $BA \in \mathscr{F}(X,Z)$ und

$$\begin{aligned} \operatorname{ind}(BA) &= \dim N(BA) - \operatorname{codim} R(BA) \\ &= \dim N(A) - \operatorname{codim} R(A) + \dim N(B) - \operatorname{codim} R(B) = \operatorname{ind}(A) + \operatorname{ind}(B), \end{aligned}$$

wie behauptet. ■

Satz 7.8 hat eine gewisse Umkehrung:

Lemma 7.4. *Seien X, Y und Z Banachräume, $A \in \mathscr{L}(X,Y)$, $B \in \mathscr{L}(Y,Z)$, und $BA \in \mathscr{F}(X,Z)$. Dann ist A genau dann Fredholm-Operator, wenn auch B Fredholm-Operator ist.*

□ Sei zunächst $B \in \mathscr{F}(Y,Z)$. Wir übernehmen die Notation aus dem letzten Beweis: Die Abbildung $B_0\colon Y/R(A) \to U = R(B)/R(BA)$ ist surjektiv und hat als Nullraum (wie im letzten Beweis gezeigt) $N(B_0) = N(B)/R(A)$. Die Räume U und $N(B_0)$ haben nach

Voraussetzung endliche Dimension. Nach dem Dimensionssatz der Linearen Algebra hat also auch $Y/R(A)$ endliche Dimension (nämlich $\dim U + \dim N(B_0)$). Folglich hat $R(A)$ endliche Kodimension. Da auch $N(A) \subseteq N(BA)$ endliche Dimension hat, folgt $A \in \mathscr{F}(X,Y)$.

Sei umgekehrt $A \in \mathscr{F}(X,Y)$. Dann gibt es insbesondere einen endlichdimensionalen Raum $W \subseteq Y$ mit $Y = R(A) \oplus W$. Sei $V := N(B) \cap R(A)$. Da die Einschränkung $A\colon N(BA) \to V$ surjektiv ist und $N(BA)$ endliche Dimension hat, hat auch V und folglich auch $N(B) \subseteq V \oplus W$ endliche Dimension. Außerdem ist die Kodimension von $R(B) \supseteq R(BA)$ endlich. Daher ist B Fredholm-Operator. ■

Es sei bemerkt, dass die letzten beiden Beweise rein algebraisch verliefen: Die Ergebnisse gelten also für beliebige Vektorräume X ohne Benutzung einer Norm.

Sie werden etwas klarer, wenn wir benutzen, dass es für einen endlichdimensionalen Raum $U \subseteq X$ stets einen Raum V mit $X = U \oplus V$ gibt, ein sog. *algebraisches Komplement* (vgl. die Bemerkungen am Ende von Abschnitt 4.6). Zwei Fredholm-Operatoren $A \in \mathscr{F}(X,Y)$ und $B \in \mathscr{F}(Y,Z)$ implizieren dann eine Zerlegung der Räume wie in Tabelle 7.1, die wir nun erklären.

$$
\begin{array}{lccccccc}
 & & & & & \multicolumn{3}{c}{\overbrace{\qquad\qquad\qquad}^{R(B)}} \\
Z = & & & Z_1 & \oplus & R(BA) & \oplus & Z_3 \\
 & \multicolumn{3}{c}{\overbrace{\qquad\qquad\qquad}^{N(B)}} & & \uparrow & & \uparrow \\
Y = & Y_0 & \oplus & Y_1 & \oplus & Y_2 & \oplus & Y_3 \\
 & & & \multicolumn{3}{c}{\underbrace{\qquad\qquad\qquad}} & & \\
 & & & \uparrow & R(A) & \uparrow & & \\
X = & N(A) & \oplus & X_1 & \oplus & X_2 & & \\
 & \multicolumn{3}{c}{\underbrace{\qquad\qquad\qquad}_{N(BA)}} & & & &
\end{array}
$$

Tabelle 7.1: Die von $A\colon X \to Y$ und $B\colon Y \to Z$ induzierte Zerlegung

In Tabelle 7.1 deuten die Pfeile an, dass die Operatoren A bzw. B Isomorphismen zwischen den entsprechenden Teilräumen darstellen. Aus dieser Tabelle kann man unmittelbar ablesen, dass $\operatorname{codim} R(BA) = \operatorname{codim} R(B) + \dim Z_3$, $\dim Z_3 = \dim Y_3 = \operatorname{codim} R(A) - \dim Y_0$, $\dim Y_0 = \dim N(B) - \dim Y_1$ und $\dim Y_1 = \dim X_1 = \dim N(BA) - \dim N(A)$ gilt. Die Kombination dieser Formeln ergibt Satz 7.8. Ähnlich kann man sich überlegen, dass Tabelle 7.1 für geeignete Teilräume gilt, wenn BA und A Fredholm-Operatoren sind; man kann dann ablesen, dass auch B ein Fredholm-Operator sein muss. Analog kann man sich überlegen, dass A ein Fredholm-Operator sein muss, wenn BA und B Fredholm-Operatoren sind. Es folgt also auch Lemma 7.4.

Es sei jedoch betont, dass wir für unsere früheren Beweise von Satz 7.8 und Lemma 7.4 *nicht* die Existenz algebraischer Komplemente benötigt haben: Wir haben statt dessen mit den entsprechenden Faktorräumen gearbeitet. Wir werden allerdings in den folgenden Beweisen benutzen, dass endlichdimensionale Unterräume ein abgeschlossenes algebraisches Komplement haben; wie in Abschnitt 4.6 erwähnt, basiert diese Tatsache auf dem *Fortsetzungssatz von Hahn-Banach*, der wiederum das Auswahlaxiom benötigt.

Wir werden nun zeigen, dass die Menge $\mathscr{F}_k(X,Y)$ invariant ist gegenüber „kleinen" Störungen. Dabei heißt „klein", dass entweder die Norm der Störung klein ist, oder dass die Störung kompakt ist.

Wir benötigen dazu die folgende Charakterisierung von Fredholm-Operatoren:

Satz 7.9. *Seien X und Y Banachräume und* $A \in \mathscr{L}(X,Y)$.

(a) *Falls es Operatoren* $B, C \in \mathscr{L}(Y,X)$ *gibt, so dass* $I - BA \in \mathscr{K}(X,X)$ *und* $I - AC \in \mathscr{K}(Y,Y)$ *kompakt sind, so ist A ein Fredholm-Operator.*

    Alle solchen Operatoren $B, C \in \mathscr{L}(Y,X)$ *sind automatisch Fredholm-Operatoren mit Index* $n = -\operatorname{ind}(A)$.

(b) *Ist umgekehrt A Fredholm-Operator, so gibt es ein* $B, C \in \mathscr{F}_{-\operatorname{ind}(A)}(Y,X)$, *so dass* $K_1 := I - BA \in \mathscr{K}(X,X)$ *und* $K_2 := I - AC \in \mathscr{K}(Y,Y)$ *kompakt sind.*

    Tatsächlich kann man sogar $B = C$ *wählen und erreichen, dass* K_1 *und* K_2 *endlichdimensionale Projektionen mit* $R(K_1) = N(A)$ *und* $Y = R(A) \oplus R(K_2)$ *sind.*

□ Falls $K_1 := I - BA$ und $K_2 := I - AC$ kompakt sind, so sind $BA = I - K_1$ und $AC = I - K_2$ Fredholm-Operatoren vom Index 0 (Satz 7.7). Insbesondere ist $N(A) \subseteq N(BA)$ endlichdimensional, und $R(A) \supseteq R(AC)$ hat endliche Kodimension. Daher ist $A \in \mathscr{F}(X,Y)$.

Für alle Operatoren $B, C \in \mathscr{L}(X,Y)$, für die $K_1 := I - BA$ und $K_2 := I - AC$ kompakt sind, sind $BA = I - K_1$ und $AC = I - K_2$ Fredholm-Operatoren vom Index 0 (Satz 7.7). Nach Lemma 7.4 folgt dann $B, C \in \mathscr{F}(Y,X)$, und nach Satz 7.8 gilt $\operatorname{ind}(B) + \operatorname{ind}(A) = \operatorname{ind}(BA) = 0$ sowie $\operatorname{ind}(A) + \operatorname{ind}(C) = \operatorname{ind}(AC) = 0$. Damit ist (a) vollständig bewiesen.

Sei nun umgekehrt $A \in \mathscr{F}(X,Y)$. Da $N(A)$ endliche Dimension hat, gibt es einen abgeschlossenen Unterraum $U \subseteq X$ mit $X = N(A) \oplus U$ (vgl. die Bemerkungen am Ende von Abschnitt 4.6). Da $R(A)$ endliche Kodimension hat, finden wir einen endlichdimensionalen Raum $V \subseteq Y$ mit $Y = R(A) \oplus V$. Nach Satz 4.10 gibt es eine beschränkte Projektion P auf $R(A)$ längs V. Die Einschränkung $A|_U$ des Operators A auf den Unterraum U ist injektiv, hat aber denselben Wertebereich wie A, d. h. $A|_U \colon U \to R(A)$ ist bijektiv. Da $R(A)$ abgeschlossen ist (Satz 7.6), ist der Umkehroperator $(A|_U)^{-1} \colon R(A) \to U$ nach Satz 4.2 beschränkt. Insbesondere gehört der Operator $B := C := (A|_U)^{-1}P$ also zu $\mathscr{L}(Y,X)$. Da $Q := (A|_U)^{-1}PA = (A|_U)^{-1}A$ die Projektion auf U längs $N(A)$ ist, ist $K_1 := I - BA = I - Q$ die komplementäre Projektion, also $R(K_1) = N(Q) = N(A)$. Außerdem ist $K_2 := I - AB = I - A(A|_U)^{-1}P = I - P$ die zu P komplementäre Projektion, also $R(K_2) = N(P) = V$. Der Operator $B = C \in \mathscr{L}(Y,X)$ hat also tatsächlich die Eigenschaft, dass $I - BA$ und $I - AC$ endlichdimensionale Projektionen, also insbesondere kompakt sind. Wegen der bereits bewiesenen zweiten Aussage in (a) muss $B = C$ ein Fredholm-Operator vom Index $-\operatorname{ind}(A)$ sein. ■

Salopp gesprochen zeigt Satz 7.9, dass Fredholm-Operatoren gerade solche Operatoren sind, die *modulo kompakter Störungen* eine Rechts- und Linksinverse $B = C$ besitzen. Eine solche Inverse wird in der Theorie der Differentialoperatoren oft als *Parametrix* bezeichnet.

Beispiel 7.19. Sei $X := Y := \ell_p$ und A die Linksverschiebung aus Beispiel 4.5. Sei B die Rechtsverschiebung aus Beispiel 4.6. Der Operator

$$(I - BA)(\xi_1, \xi_2, \dots) = (\xi_1, 0, 0, \dots)$$

ist dann kompakt, und ebenso ist auch $I - AB = \theta$ kompakt. Insbesondere ist B eine Parametrix für A und umgekehrt. Wir sehen also nochmals, dass A und B Fredholm-Operatoren mit Index $\operatorname{ind}(A) = -\operatorname{ind}(B)$ sind. ☺

Beispiel 7.20. Sei $X = Y$ und A von der Gestalt $A = I - K$ mit $K \in \mathscr{K}(X, X)$. In diesem Fall kann man $B = I$ wählen: $I - AB = I - BA = K$ ist kompakt. Also ist A ein Fredholm-Operator und $0 = \operatorname{ind}(I) = -\operatorname{ind}(A)$. Im allgemeinen ist allerdings $R(K)$ unendlichdimensional. Es ist verblüffend, dass es dennoch stets ein $B_0 \in \mathscr{L}(X, X)$ geben muss, so dass die Operatoren $I - AB_0$ und $I - B_0A$ sogar einen endlichdimensionales Wertebereich haben. Dahinter steckt natürlich die Tatsache, dass A sich nach Satz 7.2 in einen Isomorphismus und einen endlichdimensionalen Operator „aufspalten" lässt.

Betrachten wir etwa konkret $X := Y := C$ und $A := I - J$, wobei J der Integraloperator aus Beispiel 4.10 sei. In Beispiel 5.9 haben wir gesehen, dass J kompakt ist. Für die obige Wahl $B := I$ hat $I - AB = I - BA = J$ keinen endlichdimensionalen Wertebereich. Nach Beispiel 4.18 ist $A = I - J$ aber sogar ein Isomorphismus, da $r(J) = 0 < 1$ gilt. Für die „bessere" Wahl $B_0 := A^{-1}$ erhalten wir nun, dass $I - B_0A = I - AB_0 = \theta$ sogar der Nulloperator ist. ☺

Nun können wir Fredholm-Operatoren vom Index 0 charakterisieren:

Satz 7.10. *Seien X und Y Banachräume, und $A \in \mathscr{L}(X, Y)$.*

(a) *Falls A die Gestalt $A = J - K$ mit einem Isomorphismus $J \colon X \to Y$ und $K \in \mathscr{K}(X, Y)$ hat, so ist A ein Fredholm-Operator vom Index 0.*

(b) *Falls umgekehrt $A \in \mathscr{F}_0(X, Y)$ ist, so hat A die Gestalt $A = J - K$, wobei $J \colon X \to Y$ ein Isomorphismus und $K \in \mathscr{K}(X, Y)$ ist.*

Man kann sogar erreichen, dass $R(K)$ endlichdimensional ist und $X = N(K) \oplus N(A)$ sowie $Y = R(A) \oplus R(K)$ gilt.

□ Sei zunächst $A = J - K$ mit einem Isomorphismus J und $K \in \mathscr{K}(X, Y)$. Da natürlich $J \in \mathscr{F}_0(X, Y)$ ist, gibt es nach Satz 7.9 (b) einen Operator $B \in \mathscr{F}_0(Y, X)$, so dass $I - BJ$ und $I - JA$ kompakt sind. Da BK und KB kompakt sind, sind dann aber auch $I - BA = I - BJ + BK$ und $I - AB = I - JB + KB$ kompakt. Nach Satz 7.9 (a) ist A daher ein Fredholm-Operator mit $\operatorname{ind}(A) = -\operatorname{ind}(B) = 0$.

Sei umgekehrt $A \in \mathscr{F}_0(X,Y)$. Dann hat der Raum $N := N(A)$ endliche Dimension n. Wie im Beweis zu Satz 7.9 finden wir einen abgeschlossenen Unterraum $U \subseteq X$ mit $X = N(A) \oplus U$, und der Operator $A|_U \colon U \to R(A)$ ist bijektiv mit beschränkter Inverser. Insbesondere ist $J_0 := A|_U$ also ein Isomorphismus von U auf $R := R(A)$. Da R die Kodimension n hat, finden wir einen n-dimensionalen Raum $V \subseteq Y$ mit $Y = R \oplus V$. Die Räume N und V haben die gleiche Dimension n; wir finden daher einen Isomorphismus $K \colon N \to V$. Nun setzen wir die beiden Isomorphismen $J_0 \colon U \to R$ und $K \colon N \to V$ zu einem Isomorphismus $J \colon U \oplus N \to R \oplus V$ (also $J \colon X \to Y$) zusammen, indem wir $J(u + v) := J_0(u) + K(v)$ für $u \in U$ und $v \in V$ definieren. Offensichtlich ist $J = A + K$, wenn wir K auf ganz X durch die Festlegung $K(u+v) := K(v)$ fortsetzen. Nach Konstruktion ist $R(K) = V$ und $N(K) = U$, also ist $R(K)$ endlichdimensional und K daher kompakt. ■

Der Teil (a) von Satz 7.10 enthält Satz 7.7 als Spezialfall. Teil (b) von Satz 7.10 besagt, dass Satz 7.7 in gewissem Sinne die bestmögliche Aussage war: Bis auf Isomorphismen haben alle Operatoren aus $\mathscr{F}_0(X,X)$ die Gestalt $I - K$ mit einem kompakten K.

Mit etwas mehr Aufwand können wir Satz 7.10 für Fredholm-Operatoren vom Index n verallgemeinern: Wenn wir nur *einen* Fredholm-Operator $A_0 \in \mathscr{F}_n(X,Y)$ kennen, so können wir dann auch alle anderen Elemente aus $\mathscr{F}_n(X,Y)$ angeben:

Satz 7.11. *Seien X und Y Banachräume, und* $A_0 \in \mathscr{F}_n(X,Y)$.

(a) *Hat A die Gestalt* $A = A_0 J - K$ *mit* $K \in \mathscr{K}(X,Y)$ *und einem Isomorphismus* $J \in \mathscr{L}(X,X)$, *so ist* $A \in \mathscr{F}_n(X,Y)$.

(b) *Ist umgekehrt* $A \in \mathscr{F}_n(X,Y)$, *so gibt es einen Isomorphismus* $J \in \mathscr{L}(X,Y)$ *von X und einen Operator* $K \in \mathscr{K}(X,Y)$, *so dass* $A = A_0 J - K$ *ist.*

Man kann sogar erreichen, dass $\dim R(K) < \infty$ *ist.*

□ Sei zunächst $A = A_0 J - K$. Nach Satz 7.8 ist $A_0 J \in \mathscr{F}_n(X,Y)$. Nach Satz 7.9 (b) gibt es also einen Operator $B \in \mathscr{F}(Y,X)$ mit $\operatorname{ind}(B) = -n$, so dass $I - BA_0J$ und $I - A_0JB$ kompakt sind. Da BK und KB kompakt sind, sind also auch $I - BA = I - BA_0J + BK$ und $I - AB = I - A_0JB + KB$ kompakt. Nach Satz 7.9 (a) ist A also ein Fredholm-Operator, und $\operatorname{ind}(A) = -\operatorname{ind}(B) = n$.

Sei nun umgekehrt $A \in \mathscr{F}_n(X,Y)$. Der Raum $D := R(A) \cap R(A_0)$ hat endliche Kodimension: Um dies zu sehen, genügt es, beschränkte Projektionen von Y auf $R(A)$ und auf $R(A_0)$ längs geeigneter endlichdimensionaler Komplemente zu betrachten. Da diese Projektionen beide Fredholm-Operatoren sind, ist nach Satz 7.8 auch ihre Komposition ein Fredholm-Operator; diese hat aber D als Wertebereich.

Da $N(A)$ und $N(A_0)$ endliche Dimension haben, gibt es abgeschlossene Unterräume $U, U_0 \subseteq X$ mit $X = N(A) \oplus U = N(A_0) \oplus U_0$. Es bezeichne B und B_0 die Einschränkung der Operatoren A und A_0 auf U bzw. U_0. Wie im Beweis von Satz 7.9 sind dann $B \colon U \to R(A)$ und $B_0 \colon U_0 \to R(A_0)$ Isomorphismen. Wir setzen $V := B^{-1}(D)$ und $V_0 := B^{-1}(D)$ und zeigen, dass

$$\operatorname{codim} V = \operatorname{codim} D + n = \operatorname{codim} V_0 \tag{7.25}$$

gilt. Da $D \subsetneq R(A) \subsetneq Y$ jeweils endliche Kodimension haben, finden wir endlichdimensionale Räume $H_1, H_2 \subsetneq Y$ mit $D \oplus H_1 \oplus H_2 = R(A) \oplus H_2 = Y$. Es ist also $\dim H_2 = \operatorname{codim} R(A)$ und $\dim H_1 + \dim H_2 = \operatorname{codim} D$. Die Kodimension von D im Raum $R(A)$ ist also $\dim H_1 = \operatorname{codim} D - \operatorname{codim} R(A)$. Da B ein Isomorphismus ist, ist dies auch die Kodimension von V im Raum U. Es gibt also einen Unterraum $H_3 \subseteq X$ der Dimension $\dim H_3 = \dim H_1$ mit $V \oplus H_3 = U$. Wegen $X = U \oplus N(A) = V \oplus H_3 \oplus N(A)$ folgt hieraus

$$\begin{aligned}\operatorname{codim} V &= \dim H_3 + \dim N(A) = \dim H_1 + \dim N(A)\\ &= \operatorname{codim} D - \operatorname{codim} R(A) + \dim N(A) = \operatorname{codim} D + n.\end{aligned}$$

Damit haben wir die erste Gleichheit in (7.25) bewiesen; die zweite Gleichheit in (7.25) folgt analog durch Vertauschen der Rollen von A und A_0.

Aus (7.25) schließen wir nun, dass es Räume $W, W_0 \subseteq X$ gleicher endlicher Dimension $\operatorname{codim} D + n$ mit $X = V \oplus W = V_0 \oplus W_0$ gibt. Die Abbildung $J := B_0^{-1}B$ ist ein Isomorphismus von V auf V_0. Da W und W_0 die gleiche endliche Dimension haben, können wir J wie im Beweis von Satz 7.10 zu einem Isomorphismus $J\colon V \oplus W \to V_0 \oplus W_0$ (also $J\colon X \to X$) fortsetzen. Für $x \in V$ ist nach Konstruktion $A_0Jx = A_0B_0^{-1}Bx = Bx = Ax$. Der Nullraum des Operators $K := A_0J - A$ enthält also V. Aus $X = V \oplus W$ folgt daher $R(K) = K(W)$; daher hat $R(K)$ endliche Dimension, und somit ist K kompakt. ■

Als wichtige Folgerung des Satzes 7.11 (oder auch aus dem ersten Teil des Beweises) ergibt sich sofort, dass $\mathscr{F}_n(X,Y)$ invariant gegenüber kompakten Störungen ist:

Satz 7.12. *Seien X und Y Banachräume, $A \in \mathscr{F}(X,Y)$ Fredholm-Operator und $K \in \mathscr{K}(X,Y)$ kompakt. Dann ist auch $A+K$ Fredholm-Operator und* $\operatorname{ind}(A+K) = \operatorname{ind}(A)$.

Aus Satz 7.9 und der Neumannschen Reihe erhalten wir den anderen angekündigten Störungssatz:

Satz 7.13. *Seien X und Y Banachräume und $A \in \mathscr{F}(X,Y)$ ein Fredholm-Operator. Dann gibt es ein $\varepsilon > 0$, so dass für alle Operatoren $S \in \mathscr{L}(X,Y)$ mit $\|S\| < \varepsilon$ gilt: $A+S$ ist ebenfalls Fredholm-Operator, und* $\operatorname{ind}(A+S) = \operatorname{ind}(A)$.

□ Nach Satz 7.9 gibt es zu A eine Parametrix $B \in \mathscr{F}(Y,X)$ mit $\operatorname{ind}(B) = -\operatorname{ind}(A)$, so dass $K_1 := I - BA$ und $K_2 := I - AB$ kompakt sind. Sei $\varepsilon := 1/\,\|B\|$; im Falle $B = \theta$ kann $\varepsilon > 0$ beliebig gewählt werden. Für jedes $S \in \mathscr{L}(X,Y)$ mit $\|S\| < \varepsilon$ ist dann $\|BS\| < 1$ und $\|SB\| < 1$. Nach Satz 4.4 sind

$$J_1 := I - (-BS) = (K_1 + BA) + BS = K_1 + B(A+S)$$

und

$$J_2 := I - (-SB) = (K_2 + AB) + SB = K_2 + (A+S)B$$

also Isomorphismen.

Außerdem sind $I - J_1^{-1}B(A+S) = J_1^{-1}K_1$ und $I - (A+S)BJ_2^{-1} = K_2J_2^{-1}$ kompakt. Nach Satz 7.9 ist $A+S$ also ein Fredholm-Operator, und es gilt $\operatorname{ind}(A+S) = -\operatorname{ind}(J_1^{-1}B) = -\operatorname{ind}(B) = \operatorname{ind}(A)$. ■

Anders formuliert besagt Satz 7.13 also, dass jede Menge $\mathscr{F}_n(X,Y)$ eine offene Teilmenge des Banachraums $\mathscr{L}(X,Y)$ ist. Dies hat interessante Konsequenzen. Zunächst folgt hieraus, dass natürlich auch $\mathscr{F}(X,Y) = \bigcup_n \mathscr{F}_n(X,Y)$ offen ist. Darüberhinaus folgt aber auch, dass die Indexabbildung $\operatorname{ind}\colon \mathscr{F}(X,Y) \to \mathbb{Z}$, die jedem Fredholm-Operator seinen Index zuordnet, lokal konstant ist. Insbesondere ist der Index auf den Zusammenhangskomponenten von $\mathscr{F}(X,Y)$ konstant.

Beispiel 7.21. Seien $A, S \in \mathscr{L}(X,Y)$. Falls jeder der Operatoren $A+tS$ mit $0 \le t \le 1$ ein Fredholm-Operator ist, so ist $\operatorname{ind}(A) = \operatorname{ind}(A+S)$.

Da die Abbildung $F\colon [0,1] \to \mathscr{F}(X,Y)$, definiert durch $F(t) := A+tS$, nämlich stetig und $[0,1]$ zusammenhängend ist, muss auch das Bild $F([0,1])$ zusammenhängend sein. Insbesondere liegen also $F(0) = A$ und $F(1) = A+S$ in der gleichen Zusammenhangskomponente von $\mathscr{F}(X,Y)$, haben also den gleichen Index. ☺

Da $I\colon X \to X$ den Index 0 hat, folgt hieraus jetzt nochmals, dass $I-K$ für $K \in \mathscr{K}(X,X)$ den Index 0 haben muss.[8]

Beispiel 7.22. Sei $X := Y := \ell_p$ und A die Linksverschiebung aus Beispiel 4.5. Wir wissen schon, dass A ein Fredholm-Operator vom Index 1 ist. Da I ein Fredholm-Operator vom Index 0 ist, kann es *keine* stetige Abbildung $F\colon [0,1] \to \mathscr{F}(X,X)$ mit $F(0) = I$ und $F(1) = A$ geben. Insbesondere muss es ein $0 < t < 1$ geben, so dass $F(t) := I + t(A-I)$ *kein* Fredholm-Operator ist. Andererseits wissen wir, dass $F(t)$ nach Satz 7.13 ein Fredholm-Operator sein muss, wenn t „nahe" bei 0 oder 1 liegt.

Tatsächlich ist $F(t)$ sogar für $0 \le t < \frac{1}{2}$ und für $\frac{1}{2} < t \le 1$ ein Fredholm-Operator (mit Index 0 bzw. 1).

Nach Beispiel 7.19 sind nämlich $I - AB$ und $I - BA$ kompakt, wenn wir als Parametrix B die Rechtsverschiebung wählen. Aus dem Beweis des Satzes 7.13 sehen wir, dass wir $\varepsilon := 1/\|B\| = 1$ wählen können. Für $\frac{1}{2} < t \le 1$ folgt insbesondere, dass $A + (\frac{1}{t} - 1)I$ ein Fredholm-Operator ist (mit Index 1). Daher ist also auch $t(A + (\frac{1}{t}-1)I) = F(t)$ ein Fredholm-Operator. Für $0 \le t < \frac{1}{2}$ hingegen ist $\|t(I-A)\| \le t(\|I\| + \|A\|) < 1$. Nach Satz 4.4 ist $F(t)$ dann sogar ein Isomorphismus, also ein Fredholm-Operator vom Index 0.

Ein Vertauschen von A und B in diesem Beispiel zeigt, dass auch $G(t) := I + t(B-I)$ für $0 \le t < \frac{1}{2}$ ein Fredholm-Operator mit Index 0 ist und für $\frac{1}{2} < t \le 1$ ein Fredholm-Operator mit Index -1. Damit kann weder der Operator

$$F\left(\tfrac{1}{2}\right)(\xi_1, \xi_2, \dots) = \tfrac{1}{2}(\xi_2 - \xi_1, \xi_3 - \xi_2, \xi_4 - \xi_3, \dots)$$

[8] Man beachte allerdings, dass wir dies für den Beweis von Satz 7.13 *benutzt* haben.

noch der Operator

$$G\left(\tfrac{1}{2}\right)(\xi_1, \xi_2, \dots) = \tfrac{1}{2}\,(-\xi_1, \xi_1 - \xi_2, \xi_2 - \xi_3, \dots)$$

ein Fredholm-Operator sein. ☺

7.5 Aufgaben

Aufgabe 7.1. Berechnen Sie $\nu(A)$ und $\rho(A)$ für den durch

$$A(\xi_1, \xi_2, \xi_3, \dots) := (\xi_1 - \hat{\xi}, \xi_2 - \hat{\xi}, \xi_3 - \hat{\xi}, \dots)$$

gegebenen Operator $A\colon c \to c$, wobei $\hat{\xi} := \lim\limits_{n\to\infty} \xi_n$ sei.

Aufgabe 7.2. Sei $(\alpha_n)_n \in \ell_\infty$. Berechnen Sie $\nu(A)$ und $\rho(A)$ für den durch

$$A(\xi_1, \xi_2, \xi_3, \dots) := (\alpha_1\xi_1, \alpha_2\xi_2, \alpha_3\xi_3, \dots)$$

gegebenen Operator $A\colon \ell_p \to \ell_p$.

Aufgabe 7.3. Charakterisieren Sie diejenigen $y \in C$, für die die Gleichung (7.15) lösbar ist.

Aufgabe 7.4. Finden Sie die charakteristischen Werte des (eindimensionalen) Operators

$$Kx(s) := \int_0^1 x(t)\,dt.$$

Aufgabe 7.5. Sei $X := \ell_2$ und $A(\xi_1, \xi_2, \xi_3, \dots) := (\alpha_1\xi_1, \alpha_2\xi_2, \alpha_3\xi_3, \dots)$ mit $(\alpha_n)_n \in \ell_\infty$. Gilt für A die Fredholm-Alternative?

Aufgabe 7.6. Sei $X := C$ und $Ax(s) = a(s)x(s) - Kx(s)$ mit $a \in C$ und $K \in \mathscr{K}(C, C)$. Gilt für A die Fredholm-Alternative?

Aufgabe 7.7. Finden Sie die charakteristischen Werte des durch

$$K(\xi_1, \xi_2, \xi_3, \dots) := \left(0, \xi_1, \tfrac{1}{2}\xi_2, \tfrac{1}{3}\xi_3, \dots\right)$$

gegebenen Operators $K \in \mathscr{K}(\ell_2, \ell_2)$ (vgl. Beispiel 5.1).

Aufgabe 7.8. Sei $X := \ell_p$ und $A := I - K$ mit $K(\xi_1, \xi_2, \xi_3, \dots) := (0, \xi_1, 0, \xi_3, \dots)$ wie in Aufgabe 5.16. Gilt für A die Fredholm-Alternative?

Aufgabe 7.9. Sei $K \in \mathscr{K}(C, C)$ definiert wie in Beispiel 6.12. Zeigen Sie, dass $\mu = 3/2$ charakteristischer Wert von K ist und finden Sie alle $y \in X$, für die die Gleichung $x - \frac{3}{2}Kx = y$ lösbar ist.

Aufgabe 7.10. Seien $\mu_1, \ldots, \mu_n$ paarweise verschiedene charakteristische Werte eines Operators $K \in \mathscr{K}(X, X)$, und seien $x_1, \ldots, x_n$ zugehörige nichttriviale Lösungen der Gleichung $x_k = \mu_k K x_k$ $(k = 1, \ldots, n)$. Zeigen Sie, dass die Menge $\{x_1, \ldots, x_n\}$ linear unabhängig ist.

Aufgabe 7.11. Ein Operator $A \in \mathscr{L}(X, X)$ in einem Banachraum X habe die Eigenschaft, dass jede beschränkte Folge $(x_n)_n$ in X, für die die Folge $(Ax_n)_n$ konvergiert, eine konvergente Teilfolge besitzt. Zeigen Sie, dass dann jede Iterierte A^k einen abgeschlossenen Wertebereich und einen endlichdimensionalen Nullraum hat.

Benutzen Sie dies, um einen alternativen Beweis für Lemma 7.3 zu geben.

Hinweis. Zeigen Sie per Induktion, dass jedes A^k die beschriebene Eigenschaft hat und benutzen Sie Lemma 7.1.

Aufgabe 7.12. Zeigen Sie, dass viele der Aussagen dieses Kapitels gültig bleiben, falls $K \in \mathscr{L}(X, X)$ zwar nicht kompakt ist, aber $\gamma(K)$ „klein" ist. Zeigen Sie im Detail folgende Aussagen (X sei ein Banachraum):

(a) Falls $\gamma(K) < 1$ gilt, so hat jedes $(I - K)^n$ abgeschlossenen Wertebereich und endlichdimensionalen Nullraum.

Hinweis. Sei $(x_n)_n$ eine Folge wie in Aufgabe 7.11. Zeigen Sie für $M := \{x_1, x_2, \ldots\}$, dass $\gamma(M) = 0$ ist.

(b) Falls $\gamma(K) < \frac{1}{2}$ gilt, so sind $\nu(I - K)$ und $\rho(I - K)$ beide endlich.

Hinweis. Ersetzen Sie die Konstante $\frac{1}{2}$ im Beweis von Satz 7.2 durch ein $\tau < 1$ mit $\tau > 2\gamma(K)$. Schätzen Sie später $2\gamma(\{Kx_1, Kx_2, \ldots\})$ nach unten ab.

(c) Falls $\gamma(K) < \frac{1}{2}$ gilt, so ist $I - K$ ein Fredholm-Operator vom Index 0.

(d) Für jedes ρ mit $\rho\gamma(K) < \frac{1}{2}$ gibt es nur endlich viele charakteristische Werte μ mit $|\mu| \leq \rho$.

Hinweis. Ersetzen Sie die Konstante $\frac{1}{2}$ im Beweis von Satz 7.4 durch ein geeignetes $\tau < 1$ und schätzen Sie $\gamma(\{Kz_1, Kz_2, \ldots\})$ nach unten ab.

Aufgabe 7.13. Finden Sie die charakteristischen Werte der Rechtsverschiebung in ℓ_p $(1 \leq p \leq \infty)$.

Aufgabe 7.14. Leiten Sie die Formel (7.7) zum einen mit Hilfe der Neumannschen Reihe her, und andererseits, indem Sie in der Gleichung $x - Jx = y$ zunächst $y \in C^1$ annehmen und diese Gleichung dann differenzieren. Wie können Sie im letzten Fall folgern, dass die Formel dann sogar für $y \in C$ richtig ist?

Hinweis. Um die letzte Frage zu beantworten, betrachten Sie Satz A.9 im Anhang.

Aufgabe 7.15. Zeigen Sie durch Beispiele von Operatoren $A \in \mathscr{L}(X, Y)$ mit Banachräumen X und Y, dass keine der beiden Aussagen „Das Bild $A(K_1(X))$ ist abgeschlossen" und „Der Wertebereich $R(A)$ ist abgeschlossen" die andere impliziert.

Hinweis. Betrachten Sie einerseits die Einbettung $L_\infty \hookrightarrow L_1$ und andererseits den durch

$$A(\xi_1, \xi_2, \dots) := \sum_{n=1}^{\infty} \frac{\xi_n}{2^n}$$

definierten Operator $A \in \mathscr{L}(c_0, \mathbb{R})$.

Aufgabe 7.16. In Analogie zu (5.8) bezeichnet man mit

$$\underline{\gamma}(A) := \sup\{k : k \geq 0, \gamma_Y(A(M)) \geq k\gamma_X(M)\}$$

($M \subset X$ beschränkt) das *untere (Hausdorffsche) Nichtkompaktheitsmaß* eines Operators $A \in \mathscr{L}(X, Y)$. Zeigen Sie, dass $\underline{\gamma}(A) > 0$ impliziert, dass A einen abgeschlossenen Wertebereich $R(A)$ und einen endlichdimensionalen Nullraum $N(A)$ hat.

Aufgabe 7.17. Ist X ein Banachraum, so bezeichnen wir mit $\ell_\infty(X)$ den Banachraum aller beschränkten Folgen in X mit der Norm

$$\|(x_n)_n\|_{\ell_\infty(X)} := \sup_n \|x_n\|_X,$$

und mit $k(X)$ den abgeschlossenen Unterraum aller Folgen $(x_n)_n \in \ell_\infty(X)$ für die $\{x_1, x_2, \dots\}$ relativkompakt ist. Der Quotientenraum $X^+ := \ell_\infty(X)/k(X)$ sei mit der Norm (1.37) versehen. Zeigen Sie, dass stets

$$\|[(x_n)_n]\|_{X^+} = \gamma(\{x_1, x_2, x_3, \dots\})$$

gilt.

Aufgabe 7.18. Ist $A \in \mathscr{L}(X, Y)$, und sind X^+ und Y^+ wie in Aufgabe 7.17 defniert, so können wir $A^+ \colon X^+ \to Y^+$ nach Aufgabe 4.17 durch $A^+([x]) := [Ax]$ definieren. Zeigen Sie, dass $A^+ \in \mathscr{L}(X^+, Y^+)$ gilt mit $\|A^+\| \leq \gamma(A)$.

Aufgabe 7.19. Sei $A \in \mathscr{L}(X, Y)$ und $A^+ \in \mathscr{L}(X^+, Y^+)$ definiert wie in Aufgabe 7.18. Beweisen Sie:

(a) A^+ ist genau dann injektiv, wenn $R(A)$ abgeschlossen und $N(A)$ endlichdimensional ist.

(b) A^+ ist genau dann bijektiv, wenn A Fredholm-Operator ist.

8 Lösbarkeit linearer Gleichungen

In den vergangenen Kapiteln haben wir drei wesentliche Typen linearer Operatoren kennengelernt und diskutiert:

- Ist X der endlichdimensionale Raum $\mathbb{R}^N$, so ist jeder lineare Operator A in X von der Form $A(\xi_1,\ldots,\xi_N) := (\eta_1,\ldots,\eta_N)$ mit

$$\eta_i := \sum_{j=1}^{N} \alpha_{ij}\xi_j \qquad (i = 1,\ldots,N). \tag{8.1}$$

  Ein Operator der Form (8.1) ist *immer beschränkt und kompakt.*

- Ist X ein Folgenraum (z. B. ℓ_p, ℓ_∞, c oder c_0), so ist ein typischer linearer Operator A in X von der Form $A(\xi_1,\xi_2,\xi_3,\ldots) := (\eta_1,\eta_2,\eta_3,\ldots)$ mit

$$\eta_i := \sum_{j=1}^{\infty} \alpha_{ij}\xi_j \qquad (i = 1,2,3\ldots). \tag{8.2}$$

  Im Unterschied zu (8.1) bilden die α_{ij} hier eine unendliche Matrix. Daher ist ein Operator der Form (8.2) nur unter geeigneten Zusatzbedingungen an diese Matrix, wie wir sie etwa in den Sätzen 6.1 und 6.3 studiert haben, beschränkt oder kompakt.

- Ist X ein Funktionenraum (z. B. L_p, L_∞, C oder C^α) über $[0,1]$, so ist ein typischer linearer Operator A in X von der Form $Ax(s) := y(s)$ mit

$$y(s) := \int_0^1 k(s,t)x(t)\,dt \qquad (0 \leq s \leq 1). \tag{8.3}$$

Man beachte die Analogie zu (8.1) (oder (8.2)): Die „diskreten" Indizes i und j sind ersetzt durch die „kontinuierlichen" Variablen s und t, und die Summation über $j \in \{1,\ldots,N\}$ bzw. $j \in \mathbb{N}$ ist ersetzt durch die Integration über $t \in [0,1]$. Beschränktheits- und Kompaktheitsbedingungen für den Operator (8.3) haben wir z. B. in den Sätzen 6.5, 6.7 und 6.8 gegeben.

In diesem Kapitel betrachten wir *Existenz- und Eindeutigkeitssätze* für Lösungen linearer Gleichungen der Form $x = \mu Kx$, wobei $\mu \in \mathbb{R}$ und K ein linearer Integraloperator vom Typ (8.3) mit einer speziellen Kernfunktion k ist. Insbesondere stellen wir Verbindungen zwischen solchen Sätzen und Lösbarkeitsaussagen für *Randwertprobleme* oder *Anfangswertprobleme gewöhnlicher Differentialgleichungen* her.

8.1 Entartete Kernfunktionen

Ein wichtiges Ziel in Kapitel 6 war es, Bedingungen an die Kernfunktion $k\colon [0,1] \times [0,1] \to \mathbb{R}$ zu finden, unter denen der durch (8.3) gegebene Operator beschränkt oder kompakt zwischen verschiedenen Funktionenräumen ist. Statt mit A werden wir diesen Operator – wie schon in Kapitel 6 geschehen – wegen seiner eindeutigen Definition durch k mit K bezeichnen, also

$$Kx(s) := \int_0^1 k(s,t)x(t)\,dt. \tag{8.4}$$

Wie bisher bezeichnen wir Operatoren der Form (8.4) als Fredholmsche Integraloperatoren.

In Kapitel 7 haben wir untersucht, für welche Zahlen $\mu \in \mathbb{R}$ der Fall II der Fredholmschen Alternative für den Operator $A := I - \mu K$ eintritt, d. h. welches die charakteristischen Zahlen des Operators K sind. Es gibt nun einen Spezialfall, in dem man die charakteristischen Zahlen immer explizit berechnen kann, nämlich den einer sog. *entarteten Kernfunktion*

$$k(s,t) := \sum_{j=1}^{m} a_j(s)b_j(t), \tag{8.5}$$

wobei $\{a_1,\ldots,a_m,b_1,\ldots,b_m\}$ eine linear unabhängige Menge gegebener Funktionen auf $[0,1]$ sei. Kernfunktionen dieser Art haben wir schon in den Beispielen 7.11 und 7.12 kennengelernt. Die uns interessierende Gleichung $(I-\mu K)x = \theta$ hat in diesem Fall die Form

$$x(s) = \mu \sum_{j=1}^{m} a_j(s) \int_0^1 b_j(t)x(t)\,dt. \tag{8.6}$$

Mit

$$\xi_j := \int_0^1 b_j(t)x(t)\,dt \qquad (j = 1,\ldots,m) \tag{8.7}$$

kann man (8.6) kürzer schreiben als

$$x(s) = \mu \sum_{j=1}^{m} \xi_j a_j(s). \tag{8.8}$$

Dies zeigt, dass jede nichttriviale Lösung x der Gleichung $(I-\mu K)x = \theta$ eine Linearkombination der Funktionen $a_1,\ldots,a_m$ sein muss; es gibt also „nicht zu viele davon". Setzt man nun x aus (8.8) in die rechte Seite von (8.7) ein, ergibt sich

$$\xi_i = \int_0^1 b_i(s)x(s)\,ds = \int_0^1 b_i(s)\mu \sum_{j=1}^{m} \xi_j a_j(s)\,ds = \mu \sum_{j=1}^{m} \gamma_{ij}\xi_j, \tag{8.9}$$

wobei wir

$$\gamma_{ij} := \int_0^1 b_i(s)a_j(s)\,ds$$

gesetzt haben. Falls umgekehrt (8.9) gilt, so ist (8.8) eine Lösung der Gleichung (8.6). Da die a_j linear unabhängig sind, erhalten wir also genau dann eine nichttriviale Lösung x von (8.6), wenn (8.9) eine nichttriviale Lösung $(\xi_1, \dots, \xi_m)$ hat.

Die charakteristischen Werte des Operators K sind also genau diejenigen Zahlen $\mu \in \mathbb{R}$, für die das lineare Gleichungssystem (8.9) eine nichttriviale Lösung $(\xi_1, \dots, \xi_m)$ besitzt, d. h. die Nullstellen der Determinantenfunktion

$$\Delta(\mu) := \begin{vmatrix} 1-\mu\gamma_{11} & -\mu\gamma_{12} & \cdots & -\mu\gamma_{1m} \\ -\mu\gamma_{21} & 1-\mu\gamma_{22} & \cdots & -\mu\gamma_{2m} \\ \vdots & \vdots & \ddots & \vdots \\ -\mu\gamma_{m1} & -\mu\gamma_{m2} & \cdots & 1-\mu\gamma_{mm} \end{vmatrix}. \tag{8.10}$$

Da die Funktion (8.10) ein Polynom in μ vom Grad m ist, welches (wegen $\Delta(0) = 1$) nicht identisch verschwindet, haben wir folgendes bewiesen:

Satz 8.1. *Ein Integraloperator* (8.4) *mit entarteter Kernfunktion* (8.5) *hat höchstens m charakteristische Werte, nämlich genau die Nullstellen des Polynoms* (8.10).

Beispiel 8.1. Wie in Beispiel 7.11 sei $k(s,t) := s$, also $a_1(s) = s$ und $b_1(t) \equiv 1$. Hier ist

$$\gamma_{11} = \int_0^1 s\,ds = \frac{1}{2},$$

also $\Delta(\mu) = 1 - \frac{1}{2}\mu$; wie oben erhalten wir $\mu = 2$ als einzigen charakteristischen Wert von K. ☺

Beispiel 8.2. Wie in Beispiel 7.12 sei $k(s,t) := s + t$, also $a_1(s) = s$, $b_1(t) = a_2(s) \equiv 1$ und $b_2(t) = t$. Hier ist

$$\gamma_{11} = \gamma_{22} = \int_0^1 s\,ds = \frac{1}{2}, \qquad \gamma_{12} = \int_0^1 ds = 1, \qquad \gamma_{21} = \int_0^1 s^2\,ds = \frac{1}{3},$$

also $\Delta(\mu) = 1 - \mu - \frac{1}{12}\mu^2$; wie oben erhalten wir $\mu_1 = -6 + 4\sqrt{3}$ und $\mu_2 = -6 - 4\sqrt{3}$ als charakteristische Werte von K. ☺

Beispiel 8.3. Der in Beispiel 7.13 betrachtete Operator K hatte die unendlich vielen charakteristischen Werte $\mu_n = n^2\pi^2$ $(n = 1, 2, \dots)$. Hieraus folgt, dass die Kernfunktion (7.20) nicht in der Form (8.5) dargestellt werden kann. ☺

Beispiel 8.4. Für festes $n \in \mathbb{N}$ betrachten wir den Operator

$$K_n x(s) := \int_0^1 k_n(s,t)x(t)\,dt,$$

wobei der Kern k_n durch (5.3) gegeben sei. Mit $a_1(s) = b_1(t) \equiv 1$, $a_2(s) = s$, $b_2(t) = s$, $a_3(s) = s^2/2$, $b_3(t) = t^2, \ldots, a_m(s) = s^{m-1}/(m-1)!$, $b_m(t) = t^{m-1}$ gilt also

$$\gamma_{ij} = \int_0^1 b_i(s)a_j(s)\,ds = \frac{1}{(j-1)!}\int_0^1 s^{i+j-2}\,ds = \frac{1}{(j-1)!(i+j-1)}.$$

Die Funktion (8.10) hat hier die Form

$$\Delta(\mu) = \begin{vmatrix} 1-\mu & -\frac{1}{2}\mu & \cdots & -\frac{1}{m!}\mu \\ -\frac{1}{2}\mu & 1-\frac{1}{3}\mu & \cdots & -\frac{1}{(m-1)!(m+1)}\mu \\ \vdots & \vdots & \ddots & \vdots \\ -\frac{1}{m}\mu & -\frac{1}{m+1}\mu & \cdots & 1-\frac{1}{(m-1)!(2m-1)}\mu \end{vmatrix};$$

ihre Nullstellen sind i. a. nicht einfach zu berechnen. ☺

8.2 Iterierte Kernfunktionen vom Fredholm-Typ

Bis hier haben wir uns mit der Frage beschäftigt, für welche $\mu \in \mathbb{R}$ der Operator $I - \mu K$ einen trivialen Nullraum $N(I - \mu K)$ besitzt, also auf seinem Wertebereich $R(I - \mu K)$ umkehrbar ist. Eine andere Frage ist, für gegebenes $y \in R(I - \mu K)$ dann auch wirklich das Element $x = (I - \mu K)^{-1}y$ zu *berechnen*. Hier hat sich schon in den letzten Kapiteln die Neumannsche Reihe

$$(I - \mu K)^{-1} = I + \mu K + \mu^2 K^2 + \cdots + \mu^n K^n + \cdots \tag{8.11}$$

als hilfreich erwiesen. Die in der Reihe (8.11) auftretenden Iterierten K^n wollen wir im Fall des Fredholmschen Integraloperators (8.4) jetzt näher untersuchen.

Sei $k\colon [0,1] \times [0,1] \to \mathbb{R}$ eine beschränkte Kernfunktion. Wir definieren induktiv

$$\begin{aligned} k^{(1)}(s,t) &:= k(s,t), \\ k^{(2)}(s,t) &:= \int_0^1 k(s,\tau)k(\tau,t)\,d\tau, \\ &\vdots \\ k^{(n)}(s,t) &:= \int_0^1 k^{(n-1)}(s,\tau)k(\tau,t)\,d\tau. \end{aligned} \tag{8.12}$$

Es stellt sich dann heraus, dass die Iterierte K^n des Integraloperators K mit Kernfunktionen k wieder ein Integraloperator ist, nämlich genau der mit Kernfunktion $k^{(n)}$:

Lemma 8.1. *Mit K wie in* (8.4) *und $k^{(n)}$ wie in* (8.12) *gilt*

$$K^n x(s) = \int_0^1 k^{(n)}(s,t)x(t)\,dt. \tag{8.13}$$

Ist $|k(s,t)| \le M$ *auf* $[0,1] \times [0,1]$, *so gilt*

$$|k^{(n)}(s,t)| \le M^n \qquad ((s,t) \in [0,1] \times [0,1]). \tag{8.14}$$

□ Für $n = 1$ ist (8.13) einfach die Definition (8.4) des Operators K. Gilt (8.13) für festes $n \in \mathbb{N}$, so folgt aus dem Satz von Fubini

$$\begin{aligned} K^{n+1}x(s) = K^n(Kx)(s) &= \int_0^1 k^{(n)}(s,\tau)(Kx)(\tau)\,d\tau \\ &= \int_0^1 k^{(n)}(s,\tau)\left(\int_0^1 k(\tau,t)x(t)\,dt\right)d\tau \\ &= \int_0^1 \left(\int_0^1 k^{(n)}(s,\tau)k(\tau,t)\,d\tau\right)x(t)\,dt = \int_0^1 k^{(n+1)}(s,t)x(t)\,dt. \end{aligned}$$

Für $n = 1$ ist (8.14) trivial. Gilt (8.14) für festes $n \in \mathbb{N}$, so folgt

$$|k^{(n+1)}(s,t)| \le \int_0^1 |k^{(n)}(s,\tau)|\,|k(\tau,t)|\,d\tau \le M^n \int_0^1 |k(\tau,t)|\,d\tau \le M^{n+1},$$

wie behauptet. ■

Sei $|k(s,t)| \le M$ wie oben. Für $|\mu| < 1/M$ setzen wir

$$r(s,t;\mu) := \sum_{n=0}^{\infty} \mu^n k^{(n+1)}(s,t); \tag{8.15}$$

aus (8.14) folgt, dass die Konvergenz von $r(\cdot,\cdot;\mu)$ für $|\mu| < 1/M$ *gleichmäßig* auf $[0,1] \times [0,1]$ ist. Die Funktion (8.15) wird *Resolventen-Kernfunktion* (oder *lösende Kernfunktion*) zur Kernfunktion k genannt. Der Name erklärt sich daraus, dass die Lösung x der Gleichung $(I - \mu K)x = y$, also

$$x(s) - \mu \int_0^1 k(s,t)x(t)\,dt = y(s),$$

sich in der Form

$$x(s) = y(s) + \mu \int_0^1 r(s,t;\mu)y(t)\,dt \tag{8.16}$$

schreiben lässt. Es gilt wegen (8.11) und (8.13) nämlich

$$\begin{aligned} x(s) &= (I - \mu K)^{-1}y(s) = y(s) + \mu Ky(s) + \mu^2K^2y(s) + \cdots + \mu^nK^ny(s) + \cdots \\ &= y(s) + \mu \int_0^1 \left(k^{(1)}(s,t) + \mu k^{(2)}(s,t) + \cdots + \mu^{n-1}k^{(n)}(s,t) + \cdots\right)x(t)\,dt \\ &= y(s) + \mu \int_0^1 r(s,t;\mu)x(t)\,dt. \end{aligned}$$

Die Vertauschung zwischen Integration und Reihenbildung im zweiten Schritt ist hierbei wegen der gleichmäßigen Konvergenz der Reihe (8.15) gerechtfertigt, falls z. B. x als integrierbar vorausgesetzt wird. Wir bringen einige Beispiele.

Beispiel 8.5. Sei $k(s,t) := s$ wie in Beispiel 7.11. Für die iterierten Kernfunktionen (8.12) haben wir

$$k^{(1)}(s,t) = s, \quad k^{(2)}(s,t) = \frac{1}{2}s, \quad \ldots, \quad k^{(n)}(s,t) = \frac{1}{2^{n-1}}s;$$

also existiert die Resolventen-Kernfunktion

$$r(s,t;\mu) = s + \frac{1}{2}\mu s + \frac{1}{4}\mu^2 s + \cdots + \frac{1}{2^n}\mu^n s + \cdots = s\sum_{n=0}^{\infty}\left(\frac{\mu}{2}\right)^n = \frac{2s}{2-\mu}$$

für $|\mu| < 2$. Für gegebenes y und $|\mu| < 2$ hat die Gleichung $(I - \mu K)x = y$ also die Lösung

$$x(s) = y(s) + \frac{2\mu s}{2-\mu}\int_0^1 y(t)\,dt.$$

Beispielsweise hat die Integralgleichung

$$x(s) - s\int_0^1 x(t)\,dt = s$$

die Lösung

$$x(s) = s + \int_0^1 r(s,t;1)t\,dt = 2s.$$

☺

Beispiel 8.6. Sei $k(s,t) := t$. Für die iterierten Kernfunktionen (8.12) haben wir hier analog

$$k^{(1)}(s,t) = t, \quad k^{(2)}(s,t) = \frac{1}{2}t, \quad \ldots, \quad k^{(n)}(s,t) = \frac{1}{2^{n-1}}t$$

und

$$r(s,t;\mu) = t\sum_{n=0}^{\infty}\left(\frac{\mu}{2}\right)^n = \frac{2t}{2-\mu} \qquad (|\mu| < 2).$$

Für gegebenes y und $|\mu| < 2$ hat die Gleichung $(I - \mu K)x = y$ also die Lösung

$$x(s) = y(s) + \frac{2\mu}{2-\mu}\int_0^1 ty(t)\,dt.$$

☺

Beispiel 8.7. Sei $k(s,t) := s - t$. Für die iterierten Kernfunktionen (8.12) bekommen wir

$$k^{(1)}(s,t) = s - t, \qquad k^{(2)}(s,t) = \frac{1}{2}s + \frac{1}{2}t - st - \frac{1}{3},$$
$$k^{(3)}(s,t) = -\frac{1}{12}k^{(1)}(s,t), \qquad k^{(4)}(s,t) = -\frac{1}{12}k^{(2)}(s,t),$$
$$\vdots \qquad\qquad \vdots$$
$$k^{(2n-1)}(s,t) = (-12)^{-(n-1)}k^{(1)}(s,t), \qquad k^{(2n)}(s,t) = (-12)^{-(n-1)}k^{(2)}(s,t),$$

also

$$\begin{aligned} r(s,t;\mu) &= k^{(1)}(s,t)\left(1 - \frac{\mu^2}{12} + \frac{\mu^4}{12^2} - \frac{\mu^6}{12^3} + - \cdots\right) \\ &\quad + k^{(2)}(s,t)\left(\mu - \frac{\mu^3}{12} + \frac{\mu^5}{12^2} - \frac{\mu^7}{12^3} + - \cdots\right) \\ &= \left(k^{(1)}(s,t) + \mu k^{(2)}(s,t)\right)\sum_{k=0}^{\infty}\left(\frac{-\mu^2}{12}\right)^k = \frac{12\left(k^{(1)}(s,t) + \mu k^{(2)}(s,t)\right)}{12 + \mu^2}. \end{aligned}$$ ☺

Beispiel 8.8. Für $k(s,t) := st$ bekommen wir

$$k^{(1)}(s,t) = st, \quad k^{(2)}(s,t) = \frac{1}{3}st, \quad \ldots, \quad k^{(n)}(s,t) = \frac{1}{3^{n-1}}st,$$

also

$$r(s,t;\mu) = st\sum_{n=0}^{\infty}\left(\frac{\mu}{3}\right)^n = \frac{3st}{3-\mu} \qquad (|\mu| < 3).$$

Für gegebenes y und $|\mu| < 3$ hat die Gleichung $(I - \mu K)x = y$ also die Lösung

$$x(s) = y(s) + \frac{3\mu s}{3-\mu}\int_0^1 ty(t)\,dt.$$ ☺

Beispiel 8.9. Sei $k(s,t) := e^{s-t}$. Nach Definition (8.12) ist

$$k^{(1)}(s,t) = k^{(2)}(s,t) = \cdots = k^{(n)}(s,t) = \cdots = e^{s-t},$$

also

$$r(s,t;\mu) = e^{s-t}\sum_{n=0}^{\infty}\mu^n = \frac{e^{s-t}}{1-\mu} \qquad (|\mu| < 1).$$

Für gegebenes y und $|\mu| < 1$ hat die Gleichung $(I - \mu K)x = y$ also die Lösung

$$x(s) = y(s) + \frac{\mu e^s}{1-\mu}\int_0^1 e^{-t}y(t)\,dt.$$

Beispielsweise hat die Integralgleichung

$$x(s) - \frac{1}{2}\int_0^1 e^{s-t}x(t)\,dt = e^s$$

die Lösung

$$x(s) = e^s + \frac{1}{2}\int_0^1 r(s,t;\tfrac{1}{2})e^t\,dt = 2e^s.$$

☺

8.3 Iterierte Kernfunktionen vom Volterra-Typ

In den vorhergehenden Beispielen funktionierte das Einsetzen der Resolventen-Kernfunktion (8.15) nur für μ aus einem kompakten Intervall. Dies ist nicht verwunderlich, da das Verfahren versagt, sobald der erste charakteristische Wert μ von K „berührt" wird. Wir kennen aber schon Operatoren, die *keine* charakteristischen Werte haben, z. B. den Operator (4.15). Allgemeiner haben Volterrasche Integraloperatoren der Form

$$Kx(s) := \int_0^s \tilde{k}(s,t)x(t)\,dt \tag{8.17}$$

mit beschränkten Kernfunktionen $\tilde{k}$ keine charakteristischen Werte. Im Unterschied zu (8.4) ist hier die obere Integrationsgrenze *variabel*, und daher muss die Kernfunktion $\tilde{k}$ in (8.17) auch nur auf dem „unteren Dreieck"

$$\Delta := \{(s,t) : 0 \le t \le s \le 1\}$$

statt auf dem ganzen Quadrat $[0,1] \times [0,1]$ definiert sein. Man beachte, dass sich jeder Volterrasche Integraloperator (8.17) natürlich auch als Fredholmscher Integraloperator (8.4) schreiben lässt, wenn wir

$$k(s,t) := \begin{cases} \tilde{k}(s,t) & \text{falls } 0 \le t \le s \le 1, \\ 0 & \text{falls } 0 \le s < t \le 1 \end{cases}$$

setzen. Andererseits haben Volterrasche Integraloperatoren viel angenehmere Eigenschaften als Fredholmsche Integraloperatoren, wie wir jetzt zeigen werden. In Analogie zu (8.12) definieren wir die iterierten Kernfunktionen des Volterraschen Integraloperators (8.17) durch

$$\tag{8.18}\begin{aligned}\tilde{k}^{(1)}(s,t) &:= \tilde{k}(s,t),\\ \tilde{k}^{(2)}(s,t) &:= \int_t^s \tilde{k}(s,\tau)\tilde{k}(\tau,t)\,d\tau\\ &\vdots\\ \tilde{k}^{(n)}(s,t) &:= \int_t^s \tilde{k}^{(n-1)}(s,\tau)\tilde{k}(\tau,t)\,d\tau.\end{aligned}$$

Lemma 8.2. *Mit K wie in* (8.17) *und* $\tilde{k}^{(n)}$ *wie in* (8.18) *gilt*

$$\tag{8.19} K^n x(s) = \int_0^s \tilde{k}^{(n)}(s,t)x(t)\,dt.$$

Ist $|\tilde{k}(s,t)| \leq M$ *auf* Δ, *so gilt*

$$\tag{8.20} |\tilde{k}^{(n)}(s,t)| \leq \frac{M^n}{(n-1)!}(s-t)^{n-1} \qquad ((s,t)\in\Delta).$$

□ Die Beziehung (8.19) folgt aus Lemma 8.1, wenn wir $\tilde{k}^{(n)}(s,t) := 0$ für $s < t$ setzen. Für $n = 1$ ist (8.20) trivial. Gilt (8.20) für festes $n \in \mathbb{N}$, so folgt

$$|\tilde{k}^{(n+1)}(s,t)| \leq \int_t^s |\tilde{k}^{(n)}(s,\tau)|\,|\tilde{k}(\tau,t)|\,d\tau$$

$$\leq \frac{M^n}{(n-1)!}\int_t^s (s-\tau)^{n-1}M\,d\tau = \frac{M^{n+1}}{(n-1)!}\,\frac{(s-t)^n}{n} = \frac{M^{n+1}}{n!}(s-t)^n,$$

wie behauptet. ■

Die Tatsache, dass die iterierte Kernfunktion $\tilde{k}^{(n)}$ einer Wachstumsbedingung (8.20) mit $(n-1)!$ im Nenner genügt, hat sehr angenehme Konsequenzen. Für die Resolventen-Kernfunktion

$$\tag{8.21} \tilde{r}(s,t;\mu) := \sum_{n=0}^{\infty} \mu^n \tilde{k}^{(n+1)}(s,t)$$

erhalten wir dann nämlich

$$|\tilde{r}(s,t;\mu)| \leq \sum_{n=0}^{\infty} |\mu|^n\,|\tilde{k}^{n+1}(s,t)| \leq \sum_{n=0}^{\infty} \frac{|\mu|^n\,M^{n+1}}{n!} = Me^{M|\mu|}.$$

Dies bedeutet, dass wir die Lösung x der Gleichung $(I-\mu K)x = y$, also

$$\tag{8.22} x(s) - \mu\int_0^s \tilde{k}(s,t)x(t)\,dt = y(s)$$

hier für *jedes* $\mu \in \mathbb{R}$ mit Hilfe der Resolventen-Kernfunktion (8.21) darstellen können, nämlich in der zu (8.16) analogen Form

$$x(s) = y(s) + \mu \int_0^s \tilde{r}(s,t;\mu)y(t)\,dt. \tag{8.23}$$

Leider müssen wir hierfür einen Preis zahlen: Wegen der variablen Integrationsgrenzen in (8.18) werden die iterierten Kernfunktionen $\tilde{k}^{(n)}$ auch bei einer einfachen Kernfunktion $\tilde{k}$ schnell ziemlich kompliziert.

Beispiel 8.10. Wir beginnen mit der einfachsten Kernfunktion, nämlich $\tilde{k}(s,t) \equiv 1$ $(0 \leq t \leq s \leq 1)$, d. h. mit dem Integraloperator J aus (4.15). Hier bekommen wir

$$\tilde{k}^{(1)}(s,t) = 1, \quad \tilde{k}^{(2)}(s,t) = s - t, \ldots, \tilde{k}^{(n)}(s,t) = \frac{(s-t)^{n-1}}{(n-1)!},$$

und (8.19) ist nichts anderes als (4.26). Für die Resolventenfunktion (8.21) ergibt sich

$$\tilde{r}(s,t;\mu) = \sum_{n=0}^{\infty} \frac{\mu^n (s-t)^n}{n!} = e^{\mu(s-t)}.$$

Die Integralgleichung $x - \mu J x = y$ hat also für beliebiges $\mu \in \mathbb{R}$ und $y \in C$ die eindeutige stetige Lösung

$$x(s) = y(s) + \mu \int_0^s e^{\mu(s-t)} y(t)\,dt,$$

wie wir in Beispiel 7.10 schon bemerkt haben. ☺

Beispiel 8.11. Für $\tilde{k}(s,t) := st$ ergeben sich die iterierten Kernfunktionen

$$\tilde{k}^{(1)}(s,t) = st, \quad \tilde{k}^{(2)}(s,t) = \frac{1}{3} st(s^3 - t^3), \quad \ldots, \quad \tilde{k}^{(n)}(s,t) = \frac{st(s^3-t^3)^{n-1}}{(n-1)!3^{n-1}}.$$

Damit ergibt sich für die Resolventen-Kernfunktion (8.21)

$$\tilde{r}(s,t;\mu) = st \sum_{n=0}^{\infty} \frac{\left(s^3 - t^3\right)^n \mu^n}{n! 3^n} = st\, e^{\mu\left(s^3-t^3\right)/3},$$

die tatsächlich für alle $\mu \in \mathbb{R}$ existiert. ☺

Beispiel 8.12. Für $\tilde{k}(s,t) := e^{s-t}$ ergeben sich die iterierten Kernfunktionen

$$\tilde{k}^{(1)}(s,t) = e^{s-t}, \quad \tilde{k}^{(2)}(s,t) = (s-t)e^{s-t}, \quad \ldots, \quad \tilde{k}^{(n)}(s,t) = \frac{(s-t)^{n-1}}{(n-1)!} e^{s-t}$$

und die Resolventen-Kernfunktion

$$\tilde{r}(s,t;\mu) = e^{s-t} \sum_{n=0}^{\infty} \mu^n \frac{(s-t)^n}{n!} = e^{(\mu+1)(s-t)}.$$

Beispielsweise ergibt sich für die Integralgleichung

$$x(s) - \int_0^s e^{s-t} x(t)\, dt = e^s$$

die Lösung

$$x(s) = e^s + \int_0^s \tilde{r}(s,t;1) e^t\, dt = e^{2s}.$$

☺

Beispiel 8.13. Für $\tilde{k}(s,t) := s - t$ ergeben sich die iterierten Kernfunktionen

$$\tilde{k}^{(1)}(s,t) = s - t, \quad \tilde{k}^{(2)}(s,t) = \frac{(s-t)^3}{3!}, \quad \ldots, \quad \tilde{k}^{(n)}(s,t) = \frac{(s-t)^{2n-1}}{(2n-1)!}$$

und die Resolventen-Kernfunktion

$$\tilde{r}(s,t;\mu) = \sum_{n=1}^{\infty} \frac{\mu^n (s-t)^{2n-1}}{(2n-1)!} = \sinh \sqrt{\mu}(s-t).$$

Beispielsweise ergibt sich für die Integralgleichung

$$x(s) + \int_0^s (s-t) x(t)\, dt = s$$

die Lösung

$$x(s) = s - \int_0^s \tilde{r}(s,t;-1) t\, dt = \sin s.$$

☺

Wir stellen die iterierten Kernfunktionen (8.12) und (8.18) sowie die Resolventen-Kernfunktionen (8.15) und (8.21) für einige Beispiele in Tabelle 8.1 zusammen.

8.4 Existenz- und Eindeutigkeitssätze

Die bisherigen Ergebnisse geben Aussagen über die *Lösbarkeit linearer Integralgleichungen*, nämlich solcher vom Fredholm-Typ

(8.24)
$$x(s) - \mu \int_0^1 k(s,t) x(t)\, dt = y(s)$$

und solcher vom Volterra-Typ

(8.25)
$$x(s) - \mu \int_0^s \tilde{k}(s,t) x(t)\, dt = y(s).$$

Wir fassen diese Aussagen in den folgenden beiden Sätzen zusammen:

$k(s,t)$	$k^{(n)}(s,t)$	$r(s,t;\mu)$	$\tilde{k}^{(n)}(s,t)$	$\tilde{r}(s,t;\mu)$
1	1	$\dfrac{1}{1-\mu}$	$\dfrac{(s-t)^{n-1}}{(n-1)!}$	$e^{\mu(s-t)}$
s	$2^{-n+1}s$	$\dfrac{2s}{2-\mu}$	$\dfrac{s(s^2-t^2)^{n-1}}{2n!}$	?????
t	$2^{-n+1}t$	$\dfrac{2t}{2-\mu}$	$\dfrac{t(s^2-t^2)^{n-1}}{2n!}$	?????
$s-t$	s. Bsp. 8.7	s. Bsp. 8.7	$\dfrac{(s-t)^{2n-1}}{(2n-1)!}$	$\sinh\sqrt{\mu}(s-t)$
st	$3^{-n+1}st$	$\dfrac{3st}{3-\mu}$	$\dfrac{st(s^3-t^3)^{n-1}}{(n-1)!3^{n-1}}$	$ste^{\mu(s^3-t^3)/3}$
e^{s-t}	e^{s-t}	$\dfrac{e^{s-t}}{1-\mu}$	$\dfrac{(s-t)^{n-1}}{(n-1)!}e^{s-t}$	$e^{(\mu+1)(s-t)}$

Tabelle 8.1: Einige iterierte Kernfunktionen und Resolventen

Satz 8.2. *Der Fredholmsche Integraloperator* (8.4) *sei in* $X := C$ *oder* $X := L_p$ $(1 \le p \le \infty)$ *beschränkt. Dann hat die Integralgleichung* (8.24) *für alle* $y \in X$ *und alle* $\mu \in \mathbb{R}$ *mit* $|\mu| < r(K)^{-1}$ *eine eindeutige Lösung* $x \in X$*; diese ist durch* (8.16) *gegeben, falls die Kernfunktion* k *durch* M *beschränkt und* $|\mu| < M$ *ist.*

Satz 8.3. *Die Kernfunktion des Volterraschen Integraloperators* (8.17) *sei beschränkt. Weiter sei* $X := C$ *oder* $X := L_p$ $(1 \le p \le \infty)$*, und eine der iterierten Kernfunktionen* (8.18) *sei auf* Δ *beschränkt. Dann hat die Integralgleichung* (8.25) *für alle* $y \in X$ *und alle* $\mu \in \mathbb{R}$ *eine eindeutige Lösung* $x \in X$*; diese ist durch* (8.23) *gegeben.*

Manchmal ist es aber sinnvoll, unbeschränkte Kernfunktionen zu betrachten. Es gibt Beispiele von Integraloperatoren K, bei denen K^2 dann kein Integraloperator mehr ist – insbesondere erzeugt die zweite iterierte Kernfunktion dann nicht K^2. Diese Beispiele basieren darauf, dass die Kernfunktion sehr schnell ihr Vorzeichen wechselt. Unter „normalen" Umständen ist dies nicht der Fall:

Satz 8.4. *Der Fredholmsche Integraloperator* (8.4) *mit Kernfunktion* k *sei in* $X := C$ *oder* $X := L_p$ $(1 \le p \le \infty)$ *beschränkt. Falls der von* $|k|$ *erzeugte Fredholmsche Integraloperator ebenfalls in* X *beschränkt ist, so wird* K^n *von der Kernfunktion* $k^{(n)}$ *erzeugt.*

Falls $|\mu| < r(K)^{-1}$ *ist, so wird die eindeutige Lösung der Integralgleichung* (8.24) *durch* (8.16) *gegeben.*

□ Im Beweis von Lemma 8.1 wurde die Beschränktheit nur benutzt, um mit dem Satz von Fubini die Integrationsreihenfolge vertauschen zu können. Falls k und $x \in X$ beide nichtnegativ sind, dürfen wir nach dem Satz von Fubini-Tonelli die Integrationsreihenfolge aber immer vertauschen. Im allgemeinen Fall betrachten wir dieselbe Rechnung mit $|k|$ und $|x|$ anstelle von k und x: Da die betreffenden Integrale (wie vorher gezeigt) alle endlich sind, folgt, dass der Satz von Fubini-Tonelli auch für k und x anwendbar ist.

Die Formel (8.16) ist gültig, falls man in der früher beschriebenen Rechnung die Reihenbildung mit der Integration vertauschen darf. Dies sieht man ähnlich wie vorher: Falls k und $y \in X$ beide nichtnegativ sind, darf man dies nach dem Satz von der monotonen Konvergenz. Im allgemeinen Fall dürfen wir Reihenbildung und Integration nach dem Satz von der dominierten Konvergenz vertauschen, da wir dieselbe Rechnung auch mit $|k|$ und $|y|$ anstelle von k und y machen dürfen. ∎

Für Volterra-Operatoren erhalten wir noch mehr:

Satz 8.5. *Der Volterrasche Integraloperator* (8.17) *mit Kernfunktion $\tilde{k}$ sei in $X := C$ oder $X := L_p$ $(1 \leq p \leq \infty)$ beschränkt. Falls der von $|\tilde{k}|$ erzeugte Fredholmsche Integraloperator ebenfalls beschränkt in X ist, so wird K^n wird von der Kernfunktion $\tilde{k}^{(n)}$ erzeugt.*

Falls $|\mu| < r(K)^{-1}$ ist, so wird die eindeutige Lösung der Integralgleichung (8.25) *durch* (8.23) *gegeben. Falls eine dieser Kernfunktionen beschränkt ist, so ist $r(K) = 0$.*

□ Nur die letzte Behauptung bedarf eines Beweises. Sei etwa $\tilde{k}^{(N)}$ beschränkt. Wir wissen dann bereits, dass $r(K^N) = 0$ ist, d. h.

$$0 = \inf_n \sqrt[n]{\|K^{nN}\|} = \left(\inf_n \sqrt[nN]{\|K^{nN}\|}\right)^N .$$

Daher ist auch $r(K) = 0$. ∎

Dass es vernünftig ist, sich nicht von vornherein auf beschränkte Kernfunktionen zu beschränken, zeigt das folgende wichtige Beispiel.

Beispiel 8.14. Sei K_τ der singuläre Fredholmsche Integraloperator (6.27), erzeugt durch die Kernfunktion $k_\tau(s,t) := |s-t|^{-\tau}$ mit $0 < \tau < 1$. Wir unterscheiden zwei Fälle: Ist $\tau > \frac{1}{2}$, also $2\tau - 1 > 0$, so bekommen wir mit der Substitution $\eta := (s-\sigma)/(s-t)$ für die zweite iterierte Kernfunktion

$$k_\tau^{(2)}(s,t) = \int_0^1 \frac{1}{|s-\sigma|^\tau \, |\sigma - t|^\tau} \, d\sigma \leq \frac{1}{|s-t|^{2\tau-1}} \int_{-\infty}^{+\infty} \frac{1}{|1-\eta|^\tau \, |\eta|^\tau} \, d\eta \leq \frac{c}{|s-t|^{2\tau-1}}.$$

Ist dagegen $\tau \leq \frac{1}{2}$, also $2\tau - 1 \leq 0$, so bekommen wir durch direkte Abschätzung des Integrals eine Ungleichung der Form

$$k_\tau^{(2)}(s,t) \leq \frac{c}{|s-t|^{2\tau-1}}.$$

Allgemein kann man für die n-te iterierte Kernfunktion eine Abschätzung der Form

$$k_\tau^{(n)}(s,t) = \int_0^1 k_\tau^{(n-1)}(s,\sigma) \, |\sigma - t|^{-\tau} \, d\sigma \leq \frac{c}{|s-t|^{n\tau-n+1}}$$

beweisen. Da aber $n\tau - n + 1 = 1 - n(1-\tau)$ für genügend großes n sicher negativ wird, ist die entsprechende Kernfunktion $k^{(n)}$ dann beschränkt auf $[0,1] \times [0,1]$. ☺

Sinngemäß gilt natürlich dasselbe für den singulären Volterraschen Integraloperator (6.38). Insbesondere hat dieser Spektralradius 0. Dies kann man aber auch elementar sehen:

Beispiel 8.15. Für den singulären Volterraschen Integraloperator (6.38) kann man die iterierten Kerne sehr leicht „explizit“ berechnen, wenn man beachtet, dass $K_\tau = \Gamma(\lambda) J^\lambda$ ist, wobei $\lambda := 1 - \tau$, Γ die Eulersche Gammafunktion und

$$J^\lambda x(s) := \frac{1}{\Gamma(\lambda)} \int_0^s (s-t)^{\lambda-1} x(t)\, dt$$

den Operator aus Aufgabe 6.25 bezeichnet. Aufgrund der Formel $J^{\alpha+\beta} = J^\alpha J^\beta$ (Aufgabe 6.25) erhält man so für $n = 1, 2, \ldots$ die Darstellung

$$(\mu J^\lambda)^n = \mu^n (J^\lambda)^n = \mu^n J^{n\lambda} = \frac{\mu^n}{\Gamma(n\lambda)} K_{1-n\lambda}.$$

Die iterierten Kerne lauten also (für $0 \le t < s$):

$$\tilde{k}_n(s,t) = \frac{\mu^n}{\Gamma(n\lambda)} \frac{1}{|s-t|^{1-n\lambda}} = \frac{\mu^n (s-t)^{n\lambda-1}}{\Gamma(n\lambda)}.$$

Man sieht sofort, dass $\tilde{k}_n$ für $n \ge 1/\lambda$ beschränkt ist. Hieraus erhalten wir wieder, dass der Spektralradius von K_τ Null ist. Für die Resolventen-Kernfunktion erhalten wir

$$\begin{aligned} \tilde{r}(s,t;\mu) &= -\sum_{n=1}^\infty \tilde{k}_n(s,t) = -\sum_{n=1}^\infty \frac{\mu^n (s-t)^{n\lambda-1}}{\Gamma(n\lambda)} \\ &= -\sum_{n=1}^\infty \frac{(n\lambda)\mu^n (s-t)^{n\lambda-1}}{\Gamma(1+n\lambda)}. \end{aligned}$$

Diese Formel kann man umschreiben, wenn man eine spezielle Funktion benutzt, die sog. *Mittag-Lefflersché E_α-Funktion*

$$E_\alpha(z) := \sum_{n=0}^\infty \frac{z^n}{\Gamma(1+n\alpha)}.$$

Durch Differenzieren der Potenzreihe sieht man, dass

$$\tilde{r}(s,t) = \frac{d}{dt} E_\lambda\left(\mu(s-t)^\lambda\right) = \frac{d}{dt} E_\lambda\left(\mu(s-t)^{1-\tau}\right)$$

ist. Unsere Rechnung war übrigens für alle $\tau < 1$ (auch negative τ) gültig. ☺

Warnung. Die in den Sätzen 8.2–8.5 enthaltenen Eindeutigkeitsaussagen beziehen sich nur auf Lösungen im zugrundeliegenden Raum X. Dass es durchaus noch andere Lösungen geben kann, zeigt das folgende Beispiel.

Beispiel 8.16 (Uryson). Sei $\varphi(s) := se^{(s^2-1)/s^2}$ und

$$\tilde{k}(s,t) := \begin{cases} \dfrac{st}{\varphi(s)} & \text{falls } 0 \leq t \leq \varphi(s), \\ s & \text{falls } \varphi(s) < t \leq s, \\ 0 & \text{falls } s < t \leq 1. \end{cases}$$

Wegen $|\tilde{k}(s,t)| \leq s \leq 1$ ist $\tilde{k}$ dann beschränkt auf Δ. Der durch $\tilde{k}$ erzeugte Volterrasche Integraloperator (8.17) ist daher beschränkt im Raum L_1 mit

$$[\tilde{k}]_{1,1} = \operatorname*{ess\,sup}_{t\in[0,1]} \int_0^1 \tilde{k}(s,t)\,ds \leq \int_0^1 s\,ds = \frac{1}{2}$$

(s. (6.13)). Offensichtlich hat die Integralgleichung

$$x(s) = \int_0^s \tilde{k}(s,t)x(t)\,dt \tag{8.26}$$

die Lösung $x(s) \equiv 0$; nach Satz 8.3 ist diese Lösung die einzige L_1-Lösung. Allerdings hat die Gleichung (8.26) noch die unendlich vielen Lösungen $x_c(s) := c/s$ ($c \in \mathbb{R}$), denn es gilt

$$Kx_c(s) = \frac{s}{\varphi(s)} \int_0^{\varphi(s)} tx_c(t)\,dt + s\int_{\varphi(s)}^s x_c(t)\,dt = cs + cs\log\frac{s}{\varphi(s)} = x_c(s).$$

Natürlich liegen diese Lösungen für $c \neq 0$ nicht im Raum L_1. ☺

Beispiel 8.17. Dieses Beispiel zeigt, dass man die Beschränktheitsvoraussetzung an eine der iterierten Kernfunktionen $\tilde{k}^{(n)}$ in Satz 8.5 nicht fallenlassen darf. Sei K definiert wie in (6.25). Für die iterierten Volterra-Kernfunktionen erhalten wir

$$\tilde{k}^{(1)}(s,t) = \frac{1}{s}, \quad \tilde{k}^{(2)}(s,t) = \frac{1}{s}(\log s - \log t), \quad \ldots, \quad \tilde{k}^{(n)}(s,t) = \frac{1}{s}\frac{(\log s - \log t)^{n-1}}{(n-1)!},$$

für die Resolventen-Kernfunktion (8.21) also

$$\tilde{r}(s,t;\mu) = \frac{1}{s}\sum_{n=0}^{\infty} \frac{\mu^n(\log s - \log t)^n}{n!} = \frac{1}{s}e^{\mu(\log s - \log t)} = s^{\mu-1}t^{-\mu}.$$

Diese Funktion existiert zwar für $(s,t) \in (0,1) \times (0,1)$, aber der zugehörige Integraloperator bildet im Fall $\mu \geq 1$ keinen einzigen Raum L_p in irgendeinen Raum L_q ab, und natürlich auch nicht den Raum C in sich.[1] Damit können wir etwaige Lösungen x der

[1]Für $\mu = 1$ haben wir dies schon in Beispiel 6.13 gezeigt.

Gleichung (8.22) auch nicht in der Form (8.23) darstellen. ☺

8.5 Zusammenhang mit Anfangswertproblemen

Wir werden jetzt zeigen, dass unsere Ergebnisse ebenfalls Aussagen über die *Lösbarkeit linearer Differentialgleichungen* geben, die – bei geeigneten Zusatzbedingungen an die hypothetische Lösung – nämlich äquivalent zu Integralgleichungen der Form (8.24) oder (8.25) sind.

Wir beginnen zur Illustration mit einigen sehr einfachen Beispielen. Sei L der durch

$$Ly := y'$$

definierte Differentialoperator 1. Ordnung, den wir schon im Anschluss an Satz 5.1 betrachtet haben. Dieser Operator ist bijektiv vom Raum

$$Y := C_0^1 = \left\{ y : y \in C^1, y(0) = 0 \right\}$$

in den Raum $X := C$; sein Umkehroperator ist der Operator

$$Jx(s) := \int_0^s x(t)\,dt \tag{8.27}$$

(s. Beispiel 4.10), wie sich durch einfache Integration der Gleichung $Ly = x$ $(y \in Y)$ über $[0, s]$ ergibt. Den Operator (8.27) können wir aber als Volterraschen Integraloperator (8.17) mit Kernfunktion

$$\tilde{k}(s,t) \equiv 1 \qquad (0 \leq t \leq s \leq 1)$$

darstellen. Sei nun L der durch

$$Ly = -y'' \tag{8.28}$$

definierte Differentialoperator 2. Ordnung. Wir betrachten den Operator (8.28) auf dem Raum

$$Y := C_0^2 = \left\{ y : y \in C^2, y(0) = y'(0) = 0 \right\}.$$

Integration der Gleichung $Ly = x$ $(y \in Y)$ über $[0, t]$ ergibt zunächst (mit J wie in (4.15))

$$y'(t) = \int_0^t y''(\tau)\,d\tau = \int_0^t x(\tau)\,d\tau = Jx(t)$$

Nochmalige Integration über $[0, s]$ liefert

$$y(s) = \int_0^s y'(t)\,dt = J(y')(s) = J^2x(s) = \int_0^s (s-t)x(t)\,dt.$$

Damit ist der Operator (8.28) bijektiv vom Raum Y in den Raum $X := C$; sein Umkehroperator ist der Operator J^2, also ein Volterrascher Integraloperator (8.17) mit Kernfunktion

$$\tilde{k}(s,t) := s - t \qquad (0 \leq t \leq s \leq 1) \tag{8.29}$$

Das Problem, eine Lösung y der Gleichung $y'' = x$ zu finden, die der Bedingung $y(0) = y'(0) = 0$ genügt, bezeichnet man als *Anfangswertproblem*, da man sowohl den Funktionswert als auch seine Ableitung im „Anfangspunkt“ $t = 0$ vorgibt.

Wir wollen die bisherige Diskussion nun noch etwas verallgemeinern, und zwar dahingehend, dass wir statt (8.28) den allgemeineren Differentialoperator 2. Ordnung

$$Ly = -(py')' + qy \tag{8.30}$$

betrachten, wobei p und q gegebenen stetige Funktionen auf $[0,1]$ mit $p(s) > 0$ sind. Zur Vereinfachung nehmen wir an, dass $p(s) \equiv 1$ ist, also

$$Ly = -y'' + qy; \tag{8.31}$$

dies ist keine Beschränkung der Allgemeinheit (Aufgabe 8.4). Die Anfangsbedingung $y(0) = y'(0) = 0$ ersetzen wir außerdem durch die allgemeinere Anfangsbedingung $y(0) = \eta_0, y'(0) = \eta_1$, wobei $\eta_0, \eta_1 \in \mathbb{R}$ gegeben sind. Das uns interessierende Anfangswertproblem ist also

$$\begin{cases} -y''(s) + q(s)y(s) = x(s), \\ y(0) = \eta_0, \\ y'(0) = \eta_1. \end{cases} \tag{8.32}$$

Wie vorher ergibt zweimalige Integration der Gleichung $-y'' + qy = x$, also $y'' = -x + qy$, dass

$$y(s) = \eta_0 + \eta_1 s - \int_0^s (s-t)x(t)\,dt + \int_0^s (s-t)q(t)y(t)\,dt$$

ist. Definieren wir also $\tilde{k}$ wie in (8.29) und

$$z(s) := \eta_0 + \eta_1 s - \int_0^s \tilde{k}(s,t)x(t)\,dt,$$

so erfüllt y die Volterrasche Integralgleichung

$$y(s) - \int_0^s \tilde{k}(s,t)q(t)y(t)\,dt = z(s). \tag{8.33}$$

Da diese Integralgleichung immer eindeutig (in C) lösbar ist, können wir folgenden Satz formulieren:

Satz 8.6. *Das Anfangswertproblem* (8.32) *hat für jede rechte Seite* $x \in C$ *und jedes Paar* $(\eta_0, \eta_1) \in \mathbb{R}^2$ *eine eindeutige Lösung* $y \in C^2$.

8.6 Zusammenhang mit Randwertproblemen

Ebenso wichtig wie Anfangswertprobleme sind sog. *Randwertprobleme*, bei denen man keine Ableitung, sondern nur Funktionswerte vorgibt, dann allerdings in zwei Punkten (üblicherweise in $t = 0$ und $t = 1$, d. h. „am Rand".) Als einfaches Beispiel betrachten wir den Operator (8.28) auf dem Raum

$$Y := \left\{ y : y \in C^2, y(0) = y(1) = 0 \right\}.$$

Integration der Gleichung $Ly = x$ ($y \in Y$) über $[0, t]$ ergibt hier

$$y'(t) - y'(0) = \int_0^t y''(\tau)\, d\tau = -\int_0^t x(\tau)\, d\tau = -Jx(t)$$

(da wir nicht mehr $y'(0) = 0$ haben). Weitere Integration über $[0, s]$ liefert

(8.34) $$y(s) - y'(0)s = -J^2x(s) = -\int_0^s (s-t)x(t)\, dt,$$

wobei wir $y(0) = 0$ benutzt haben. Den störenden Term $y'(0)s$ in (8.34) können wir beseitigen, indem wir die zweite Randbedingung $y(1) = 0$ ausnutzen. Für $s = 1$ ergibt sich in (8.34) nämlich

$$y'(0) = \int_0^1 (1-t)x(t)\, dt,$$

also nach Einsetzen von $y'(0)$ in (8.34) und Aufspalten der Integration über $[0, s]$ und $[s, 1]$

$$\begin{aligned} y(s) &= y'(0)s - \int_0^s (s-t)x(t)\, dt \\ &= s\int_0^1 (1-t)x(t)\, dt - \int_0^s (s-t)x(t)\, dt \\ &= \int_0^s \big(s(1-t) - (s-t)\big)\, x(t)\, dt + \int_s^1 s(1-t)x(t)\, dt. \end{aligned}$$

Hierfür können wir aber

$$y(s) = \int_0^1 k(s,t)x(t)\, dt$$

schreiben, wenn wir

(8.35)
$$k(s,t) := \begin{cases} s(1-t) & \text{falls } s \leq t, \\ t(1-s) & \text{falls } s > t \end{cases}$$

setzen. Damit ist der Operator (8.28) bijektiv vom Raum Y in den Raum $X := C$; sein Umkehroperator ist ein Fredholmscher Integraloperator der Form (8.4) mit Kernfunktion (8.35).

Die Kernfunktion (8.35) ist uns schon einmal in Beispiel 7.13 begegnet, als wir gezeigt haben, dass der entsprechende Integraloperator K die unendlich vielen charakteristischen Werte $\mu_n := n^2\pi^2$ $(n = 1, 2, \dots)$ besitzt. Jetzt kennen wir auch den Grund dafür: Die charakteristischen Werte von K sind ja genau diejenigen, für die die Integralgleichung

$$y(s) = -\mu \int_0^1 k(s,t)y(t)\,dt$$

mit k aus (8.35) eine nichttriviale Lösung $x \in X$ besitzt, oder – äquivalent ausgedrückt – das Randwertproblem

$$y''(s) = -\mu y(s), \quad y(0) = y(1) = 0$$

eine nichttriviale Lösung $y \in Y$ besitzt. Dieses Randwertproblem hat aber gerade für $\mu = \mu_n = n^2\pi^2$ $(n = 1, 2, \dots)$ nichttriviale Lösungen, nämlich $y_n(s) = \sin n\pi s$.

Wir betrachten nun wieder etwas allgemeiner den Differentialoperator (8.31) und ersetzen die oben betrachtete Randbedingung $y(0) = y(1) = 0$ durch die allgemeinere Randbedingung $y(0) = \eta_0$, $y(1) = \eta_1$, wobei $\eta_0, \eta_1 \in \mathbb{R}$ gegeben seien. Das uns interessierende Randwertproblem ist also

(8.36)
$$\begin{cases} -y''(s) + q(s)y(s) = x(s), \\ y(0) = \eta_0, \\ y(1) = \eta_1. \end{cases}$$

Hier erhalten wir nach zweimaliger Integration der Gleichung $-y'' + qy = x$ und unter Ausnutzung der Gleichheit

$$y'(0) = \eta_1 - \eta_0 + \int_0^1 (1-t)x(t)\,dt - \int_0^1 (1-t)q(t)y(t)\,dt$$

die Darstellung

$$y(s) = \eta_0 + \eta_1 s - \eta_0 s - s\int_0^1 (1-t)q(t)y(t)\,dt$$
$$+ s\int_0^1 (1-t)x(t)\,dt + \int_0^s (s-t)q(t)y(t)\,dt - \int_0^s (s-t)x(t)\,dt.$$

Definieren wir jetzt k wie in (8.35) und

$$z(s) := \eta_0 + (\eta_1 - \eta_0)s + \int_0^1 k(s,t)x(t)\,dt,$$

so erfüllt y die Fredholmsche Integralgleichung

$$y(s) - \int_0^1 k(s,t)q(t)y(t)\,dt = z(s).$$

Aus unserer Kenntnis über die Lösbarkeit einer solchen Integralgleichung können wir also das folgende wichtige Ergebnis folgern:

Satz 8.7. *Das Randwertproblem (8.36) hat für jede rechte Seite $x \in C$ und jedes Paar $(\eta_0, \eta_1) \in \mathbb{R}^2$ eine eindeutige Lösung $y \in C^2$, falls der durch die Kernfunktion*

$$k(s,t) := \begin{cases} s(1-t)q(t) & \text{falls } s \leq t, \\ t(1-s)q(t) & \text{falls } s > t \end{cases} \tag{8.37}$$

definierte Integraloperator K eine Norm $\|K\| < 1$ im Raum $X := C$ besitzt.

Natürlich können wir die Bedingung $\|K\| < 1$ in Satz 8.7 wieder durch die weniger restriktive Bedingung $r(K) < 1$ ersetzen. Schematisch stellen die in den letzten beiden Abschnitten diskutierten Zusammenhänge in Tabelle 8.2 dar.

Anfangswertprobleme (immer lösbar)	$\Longleftrightarrow$	Volterra-Gleichungen (immer lösbar)
Randwertprobleme (nicht immer lösbar)	$\Longleftrightarrow$	Fredholm-Gleichungen (nicht immer lösbar)

Tabelle 8.2: Schematischer Zusammenhang der Probleme

Um Satz 8.7 auf das Randwertproblem (8.36) anwenden zu können, müssen wir Informationen über die Norm $\|K\|$ des Integraloperators K zur Kernfunktion (8.37) haben. Hierzu können wir alle Abschätzungen oder sogar expliziten Formeln für die Norm eines Integraloperators benutzen, die wir in Kapitel 6 hergeleitet haben.

Wir illustrieren die Sätze 8.6 und 8.7 an einem sehr einfachen Beispiel.

Beispiel 8.18. Sei $q(s) \equiv -\alpha^2 < 0$ und $x(s) \equiv 0$, d. h. wir betrachten die Gleichung

$$-y''(s) = \alpha^2 y(s) \qquad (0 < s < 1),$$

mit der allgemeinen Lösung

$$y(s) = c_1 \cos \alpha s + c_2 \sin \alpha s$$

$(c_1, c_2 \in \mathbb{R})$. Das Anfangswertproblem (8.32) hat für jede Wahl von $(\eta_0, \eta_1) \in \mathbb{R}^2$ die eindeutige Lösung

$$y(s) = \eta_0 \cos \alpha s + \eta_1 \sin \alpha s.$$

Betrachten wir dagegen das Randwertproblem (8.36), so führen die Bedingungen $y(0) = \eta_0$ und $y(1) = \eta_1$ auf das lineare Gleichungssystem

$$\begin{pmatrix} 1 & 0 \\ \cos \alpha & \sin \alpha \end{pmatrix} \begin{pmatrix} c_1 \\ c_2 \end{pmatrix} = \begin{pmatrix} \eta_0 \\ \eta_1 \end{pmatrix}$$

für c_1 und c_2. Dieses Gleichungssystem ist aber nur für $\sin \alpha \neq 0$ eindeutig lösbar, also für $\alpha \neq k\pi$ $(k \in \mathbb{Z})$. Beispielsweise ergibt sich für $\alpha = \pi$ die notwendige Bedingung $\eta_1 = -\eta_0$, damit das Randwertproblem (8.36) überhaupt eine Lösung besitzt.

Nach Satz 8.7 muss der durch die Kernfunktion (8.37) definierte Integraloperator K also im Raum C eine Norm $\|K\| \geq 1$ haben. In der Tat erhalten wir hier mit Satz 6.8, dass

$$\begin{aligned} \|K\|_{C \to C} &= \sup_{0 \leq s \leq 1} \int_0^1 |k(s,t)| \, dt \\ &= \pi^2 \sup_{0 \leq s \leq 1} \left((1-s) \int_0^s t \, dt + s \int_s^1 (1-t) \, dt \right) \\ &= \pi^2 \sup_{0 \leq s \leq 1} \left((1-s)s^2 + s(1-s)^2 \right) = \frac{\pi^2}{8} \approx 1{,}234 \end{aligned}$$

ist. ☺

Zum Schluss betrachten wir noch ein inhomogenes Beispiel, nämlich ein Anfangswert- und ein Randwertproblem für ein und dieselbe Gleichung.

Beispiel 8.19. Wir betrachten die Gleichung

$$-y''(s) + y(s) = s \qquad (0 < s < 1), \tag{8.38}$$

einerseits mit der Anfangsbedingung

$$y(0) = 1, \quad y'(0) = 0, \tag{8.39}$$

und andererseits mit der Randbedingung

$$y(0) = 0, \quad y(1) = 0. \tag{8.40}$$

Wie wir oben gezeigt haben, ist die Gleichung (8.38) zusammen mit der Anfangsbedingung (8.39) äquivalent zur Volterraschen Integralgleichung (8.33) mit $\tilde{k}(s,t) := s - t$ und $z(s) := 1 - \frac{1}{6}s^3$, also zu

$$y(s) - \int_0^s (s-t) y(t) \, dt = 1 - \frac{1}{6} s^3.$$

Aus der früheren Diskussion wissen wir bereits, dass diese Gleichung eine eindeutige Lösung im Raum C haben muss. Es muss dies $y(s) = e^{-s} + s$ sein, wie man durch Einsetzen in das Anfangswertproblems (8.38)/(8.39) erkennt.

Andererseits ist die Gleichung (8.38) zusammen mit der Randbedingung (8.40) äquivalent zur Fredholmschen Integralgleichung

$$y(s) - \int_0^1 k(s,t)y(t)\,dt = z(s)$$

mit $k(s,t)$ wie in (8.35) und

$$z(s) = \int_0^1 k(s,t)t\,dt = \frac{1}{6}s(1-s^2).$$

Die sich ergebende Integralgleichung hat die eindeutige Lösung

$$y(s) = \frac{2\sinh s}{\frac{1}{e} - e} + s,$$

wie man durch Einsetzen in das Randwertproblems (8.38)/(8.40) bestätigt. ☺

8.7 Aufgaben

Aufgabe 8.1. Berechnen Sie die iterierten Kernfunktionen (8.12) zu

(a) $k(s,t) := \sin \pi s \cos \pi t$;

(b) $k(s,t) := s^2 + t^2$.

Aufgabe 8.2. Wie sehen die iterierten Kernfunktionen (8.12) für die entartete Kernfunktion (8.5) aus?

Aufgabe 8.3. Finden Sie $N(I - \mu_{1,2}K)$ und $R(I - \mu_{1,2}K)$ für $\mu_{1,2}$ aus Beispiel 8.2.

Aufgabe 8.4. Sei L der durch

$$Ly(t) := -\frac{d}{dt}\left(p(t)\frac{d}{dt}y(t)\right) + q(t)y(t) \qquad (0 \le t \le 1)$$

gegebene Differentialoperator (vgl. (8.28)) mit $p(t) > 0$. Beweisen Sie:

(a) Durch

$$s = s(t) := \frac{\int_0^t p(\tau)^{-1/2}\,d\tau}{\int_0^1 p(\tau)^{-1/2}\,d\tau}$$

ist eine streng monoton steigende C^1-Transformation von $[0,1]$ auf $[0,1]$ gegeben.

(b) Setzt man $z(s) := y(t)p(t)^{1/4}$, so geht der Differentialoperator L über in einen Differentialoperator

$$Mz(s) = -\frac{d^2}{ds^2}z(s) + r(s)z(s) \qquad (0 \le s \le 1).$$

Berechnen Sie die Koeffizientenfunktion r aus p und q.

Aufgabe 8.5. Seien u und v die (nach Satz 8.6 eindeutig existierenden) Lösungen des Anfangswertproblems (8.30) mit $u(0) = 0$, $u'(0) = 1$ bzw. $v(1) = 0$, $v'(1) = -1$. Sei weiter K der Integraloperator (8.4), definiert durch die Kernfunktion

$$k(s,t) := \begin{cases} \dfrac{u(s)v(t)}{v(0)} & \text{falls } s \le t, \\ \dfrac{u(t)v(s)}{v(0)} & \text{falls } s > t. \end{cases}$$

Zeigen Sie, dass dann $y = Kx$ die eindeutige Lösung der Differentialgleichung

$$-y''(t) + q(t)y(t) = x(t) \tag{8.41}$$

($x \in C$ gegeben) ist, die den Randbedingungen $y(0) = y(1) = 0$ genügt. Wie ist hierin die Kernfunktion (8.35) als Spezialfall enthalten?

Aufgabe 8.6. Seien u und v zwei beliebige Lösungen der Differentialgleichung (8.41), und sei $w := uv' - u'v$.

(a) Zeigen Sie, dass w auf $[0,1]$ konstant ist.

(b) Folgern Sie hieraus: Ist u Lösung von (8.41) mit $u(0) = 0$ und $u'(0) = \alpha$, und v Lösung von (8.41) mit $v(1) = 0$ und $v'(1) = \beta$, so ist $\alpha v(0) = \beta u(1)$.

Aufgabe 8.7. Finden Sie die charakteristischen Werte der Integralgleichung

$$x(s) - \mu \int_0^1 \sin(\pi(s-t))x(t)\,dt = 1 \qquad (0 \le s \le 1)$$

und lösen Sie sie für alle anderen Werte von μ.

Aufgabe 8.8. Diskutieren Sie Existenz und Eindeutigkeit von Lösungen der Integralgleichung

$$x(s) - \mu \int_0^1 \sin(\pi(s+t))x(t)\,dt = \sin(\pi s) + \cos(\pi s) \qquad (0 \le s \le 1).$$

Aufgabe 8.9. Zeigen Sie, dass die Integralgleichung

$$x(s) - \frac{1}{2}\int_0^1 (s+1)e^{-st}x(t)\,dt = e^{-s} - \frac{1}{2} + \frac{1}{2}e^{-(s+1)} \qquad (0 \le s \le 1)$$

die Lösung $x(s) = e^{-s}$ hat, und begründen Sie, warum dies die einzige stetige Lösung ist.

Teil II

Nichtlineare Analysis

9 Nichtlineare Operatoren

Wir verlassen nun die lineare Analysis und wenden uns beliebigen Operatoren A zwischen zwei normierten Räumen X und Y zu. Zunächst wollen wir Beschränktheit, Stetigkeit und Kompaktheit eines solchen Operators definieren. Wir werden sehen, dass diese Begriffe nun nicht mehr so eng miteinander verbunden sind wie bei linearen Operatoren. Anschließend betrachten wir spezielle nichtlineare Operatoren, die besonders häufig in Anwendungen vorkommen.

9.1 Beschränkte und stetige Operatoren

Ein (nicht notwendig linearer) Operator $A\colon X \to Y$ heißt *beschränkt*, wenn er beschränkte Teilmengen von X in beschränkte Teilmengen von Y überführt. Wie üblich nennen wir einen Operator $A\colon X \to Y$ *stetig* in $x \in X$, wenn aus $x_n \to x$ stets $Ax_n \to Ax$ folgt, und *stetig* (auf X), wenn er in jedem Punkt $x \in X$ stetig ist. Dies ist natürlich genau die aus der Analysis bekannte Definition der (Folgen-)Stetigkeit.

Es ist völlig klar, dass Lemma 4.2 für nichtlineare Operatoren falsch ist. Schon im Fall $X := Y := \mathbb{R}$ gibt es triviale Beispiele für beschränkte Funktionen, die nirgends stetig sind, oder Funktionen, die nur in $x_0 := \theta$ stetig sind, aber nirgendwo sonst. Mit anderen Worten, die Implikationen (a)⇒(b) und (c)⇒(b) gelten nicht. Um zu zeigen, dass auch die Implikation (b)⇒(a) falsch wird, reicht das Beispiel $X := Y := \mathbb{R}$ nicht mehr aus, da eine auf ganz $\mathbb{R}$ definierte stetige Funktion beschränkte (= relativkompakte) Mengen in solche überführt. Wir müssen deshalb ein „unendlichdimensionales Beispiel" finden:

Beispiel 9.1. Sei $X := c_0$ oder $X := \ell_p$ $(1 \leq p < \infty)$ und $A\colon X \to X$ definiert durch

$$A(\xi_1, \xi_2, \xi_3, \dots) := (\xi_1, \xi_2^2, \xi_3^3, \dots).$$

Dann ist A auf ganz X stetig (Aufgabe 9.1), aber auf keiner Kugel $K_r(X)$ mit $r > 1$ beschränkt. ☺

Wir bringen noch zwei weitere Beispiele, die den in Aufgabe 1.44 eingeführten Raum E_p benutzen. Das erste Beispiel liefert wieder einen stetigen unbeschränkten Operator, das zweite einen unstetigen beschränkten Operator.

Beispiel 9.2. Sei $E_1 = E_1[0,1]$ wie in Aufgabe 1.44 definiert, und sei $A\colon E_1 \to L_1$ gegeben durch

$$A(x)(t) := e^{|x(t)|} - 1. \tag{9.1}$$

Aus der Definition der Norm auf E_1 folgt, dass A in jedem Punkt $x \in E_1$ stetig ist. Wir zeigen, dass A auf keiner Kugel $K_r(E_1)$ mit $r > 1$ beschränkt ist.

Sei also $r > 1$. Wir wählen ein $x \in E_1$ mit

$$\int_0^1 (\exp|x(t)| - 1)\,dt = \infty, \quad \int_0^1 \left(\exp\tfrac{|x(t)|}{r} - 1\right)\,dt \le 1,$$

also insbesondere $x \in K_r(E_1)$.[1] Sei $x_n = T_n x$ die „Abschneidung" (6.34) von x, d. h.

$$x_n(t) := \begin{cases} x(t) & \text{falls } |x(t)| \le n, \\ 0 & \text{falls } |x(t)| > n. \end{cases}$$

Wegen $x_n \in K_r(E_1)$ haben wir dann

$$\sup_{x \in K_r(E_1)} \|A(x)\|_{L_1} \ge \sup_n \int_0^1 (\exp|x_n(t)| - 1)\,dt = \infty,$$

denn andernfalls wäre das Integral über $\exp|x(\cdot)| - 1$ nach dem Satz von Fatou auch endlich. ☺

Beispiel 9.3. Sei diesmal $A\colon L_1 \to E_1$ definiert durch

$$A(x)(t) := \log(1 + |x(t)|). \tag{9.2}$$

Da (9.2) gerade die „Umkehrfunktion" von (9.1) ist, ist der Operator A in (9.2) beschränkt von L_1 in E_1. Wir zeigen, dass A unstetig in $\theta \in L_1$ ist. Dazu definieren wir eine Folge $(x_n)_n$ in L_1 durch

$$x_n(t) := \begin{cases} \frac{1}{\sqrt{t}} - 1 & \text{falls } 0 < t \le e^{-n/2}, \\ 0 & \text{falls } e^{-n/2} < t \le 1. \end{cases}$$

Einerseits gilt dann $\|x_n\|_{L_1} \to 0$ für $n \to \infty$. Andererseits haben wir

$$A(x_n)(t) = \begin{cases} \log\frac{1}{\sqrt{t}} & \text{falls } 0 < t \le e^{-n/2}, \\ 0 & \text{falls } e^{-n/2} < t \le 1, \end{cases}$$

nach Definition der Norm in E_1 also

$$\|A(x_n)\|_{E_1} = \inf\left\{r : r > 0, \int_0^{e^{-n/2}} \left(\frac{1}{t^{2r}} - 1\right)dt \le 1\right\} \ge \frac{1}{2}.$$

Daher kann $(A(x_n))_n$ nicht in E_1 gegen $A(\theta) = \theta$ konvergieren, d. h. A ist unstetig in θ. ☺

[1] Als Beispiel kann die Funktion $x(t) := \log\frac{1}{t}$ dienen, s. Aufgabe 1.45.

9.2 Nemytskij-Operatoren

Sei $f\colon [0,1] \times \mathbb{R} \to \mathbb{R}$ eine gegebene Funktion zweier Variabler (t,u). Der durch f erzeugte *Nemytskij-Operator* F ist dann definiert durch

$$F(x)(t) := f(t, x(t)). \tag{9.3}$$

Mit anderen Worten, wir erhalten das Bild $y = F(x)\colon [0,1] \to \mathbb{R}$ von $x\colon [0,1] \to \mathbb{R}$, indem wir x in das zweite Argument von f einsetzen; aus diesem Grund wird der Operator (9.3) auch *Kompositionsoperator* oder *Superpositionsoperator* genannt.

Der Operator (9.3) ist der in der Nichtlinearen Analysis am häufigsten anzutreffende Operator.[2] Trotz seiner formalen Einfachheit birgt dieser Operator viele Überraschungen, wie wir im folgenden sehen werden.

Wir beginnen mit dem Raum $C = C[0,1]$. Aus den ersten Stunden jeder Analysis-Vorlesung wissen wir, dass die Stetigkeit von f auf $[0,1] \times \mathbb{R}$ hinreichend für die Inklusion $F(C) \subseteq C$ ist; sie ist aber auch notwendig:

Satz 9.1. *Der Operator* (9.3) *bildet den Raum C dann und nur dann in sich ab, wenn die erzeugende Funktion f stetig ist. In diesem Fall ist der Operator* (9.3) *automatisch beschränkt und stetig.*

□ Gelte $F\colon C \to C$, sei $(t_0, u_0) \in [0,1] \times \mathbb{R}$, und sei $(t_n, u_n)_n$ eine Folge in $[0,1] \times \mathbb{R}$ mit $t_n \to t_0$ und $u_n \to u_0$. Da die Menge $A := \{t_0, t_1, t_2, t_3, \dots\}$ abgeschlossen in $[0,1]$ ist, gibt es eine stetige Funktion $x\colon [0,1] \to \mathbb{R}$ mit $x(t_j) = u_j$ für $j = 0, 1, 2, 3, \dots$; dabei können wir x sogar so wählen, dass $\{x(t) : 0 \leq t \leq 1\} \subseteq \operatorname{conv}\{u_0, u_1, u_2, \dots\}$ gilt.[3] Da x stetig ist, ist es nach Voraussetzung auch $F(x)$. Insbesondere haben wir

$$f(t_n, u_n) = F(x)(t_n) \to F(x)(t_0) = f(t_0, u_0) \qquad (n \to \infty),$$

d. h. f ist stetig in (t_0, u_0).

Wir müssen noch zeigen, dass der Operator F im Fall $F(C) \subseteq C$ beschränkt und stetig auf C ist. Dies folgt aber direkt aus der Definition der Norm auf C und der gleichmäßigen Stetigkeit von f auf beschränkten Teilmengen von $[0,1] \times \mathbb{R}$. ■

Wir versuchen jetzt, ein zu Satz 9.1 analoges Ergebnis im Raum $C^1 = C^1[0,1]$ mit der Norm (1.25) herzuleiten. Wieder ist klar, dass die stetige Differenzierbarkeit von f auf $[0,1] \times \mathbb{R}$ hinreichend für die Inklusion $F(C^1) \subseteq C^1$ ist. Überraschenderweise ist sie aber nicht notwendig:

---

[2] Man denke beispielsweise an die rechte Seite einer gewöhnlichen Differentialgleichung. Übrigens sind auch die Operatoren (9.1) und (9.2) Nemytskij-Operatoren, jeweils erzeugt durch die Funktionen $f(u) := e^{|u|} - 1$ bzw. $f(u) := \log(1 + |u|)$.

[3] Dies ist der klassische Fortsetzungssatz von Tietze-Uryson, der in noch viel allgemeinerer Form als der hier benutzten gilt, s. Abschnitt A.5 im Anhang.

Beispiel 9.4 (Matkowski). Sei $f\colon [0,1] \times \mathbb{R} \to \mathbb{R}$ definiert durch

$$f(t,u) := \begin{cases} 0 & \text{falls } u \leq 0, \\ 3\dfrac{u^2}{t} - 2\dfrac{u^3}{t\sqrt{t}} & \text{falls } 0 < u < \sqrt{t}, \\ 1 & \text{falls } u \geq \sqrt{t}. \end{cases} \tag{9.4}$$

Wir behaupten, dass der entsprechende Nemytskij-Operator (9.3) den Raum C^1 in sich abbildet. Hierfür reicht es zu zeigen, dass das Bild $y = F(x)$ jeder Funktion $x \in C^1$ mit $x(0) = 0$ stetig differenzierbar in 0 ist. Für kleines $\delta > 0$ haben wir $x(t) < \sqrt{t}$ für $0 < t < \delta$, also entweder $x(t) \leq 0$ (und damit $y(t) = 0$) oder

$$\lim_{t\to 0} \frac{y(t)}{t} = \lim_{t\to 0} \left(3\frac{x(t)^2}{t^2} - 2\frac{x(t)^3}{t\sqrt{t}}\right) = 3x'(0)^2,$$

d. h. y ist differenzierbar in 0 mit $y'(0) = 3x'(0)^2$. Weiter gilt für $0 < x(t) < \sqrt{t}$

$$\begin{aligned} \lim_{t\to 0} y'(t) &= \lim_{t\to 0} \left(\frac{\partial}{\partial t} f(t,x(t)) + \frac{\partial}{\partial u} f(t,x(t))x'(t)\right) \\ &= 3\lim_{t\to 0} \left(\frac{x(t)^3}{t^2\sqrt{t}} - \frac{x(t)^2}{t^2} - 2\frac{x(t)^2}{t\sqrt{t}}x'(t) + 2\frac{x(t)}{t}x'(t)\right) = 3x'(0)^2, \end{aligned}$$

d. h. y' ist stetig in 0.

Erstaunlicherweise ist aber die Funktion (9.4) nicht einmal stetig in $(0,0)$! Dies bedeutet nach Satz 9.1 insbesondere, dass *der von f erzeugte Nemytskij-Operator F nicht den Raum C in sich überführt.* ☺

Beispiel 9.4 zeigt, dass man kein zu Satz 9.1 paralleles Ergebnis im Raum C^1 erwarten kann. Der Grund liegt darin, dass – im Gegensatz zum Fall $X = C$ – die Bedingung $F(C^1) \subseteq C^1$ *nicht* automatisch die Stetigkeit von F in der Norm (1.25) nach sich zieht. Falls man diese allerdings *zusätzlich fordert*, bekommt man das, was man erwartet:

Satz 9.2. *Der Operator (9.3) bildet den Raum C^1 in sich ab und ist stetig dann und nur dann, wenn die erzeugende Funktion f stetig differenzierbar ist. In diesem Fall ist der Operator (9.3) automatisch beschränkt.*

□ Ist f stetig differenzierbar, so folgt die Bedingung $F(C^1) \subseteq C^1$ und die Stetigkeit von F aus der Kettenregel. Sei also umgekehrt $F\colon C^1 \to C^1$ stetig. Wir bezeichnen mit x_u die konstante Funktion $x_u(t) \equiv u$ und mit y_u ihr Bild unter F, also $y_u(t) = f(t,u)$. Weiter schreiben wir zur Abkürzung

$$\frac{\partial f(t,u)}{\partial t} =: g(t,u) \qquad \frac{\partial f(t,u)}{\partial u} =: h(t,u). \tag{9.5}$$

Wir müssen zeigen, dass g und h definiert und stetige Funktionen sind. Zunächst gilt

$g(t,u) = y'_u(t)$, so dass g also definiert ist. Außerdem ist

$$|g(t,u) - g(s,v)| = |y'_u(t) - y'_v(s)| \leq |y'_u(t) - y'_u(s)| + |y'_u(s) - y'_v(s)| \leq 2\varepsilon$$

für $|t-s| \leq \delta$ und $|u-v| = \|x_u - x_v\| \leq \delta$. Dies zeigt, dass g auf $[0,1] \times \mathbb{R}$ stetig ist.

Der Beweis der Stetigkeit von h ist etwas schwieriger. Für $t \in [0,1]$ und $u \in \mathbb{R}$ setzen wir $x_{t,u}(s) := u + s - t$ und $y_{t,u}(s) = F(x_{t,u})(s) = f(s, u+s-t)$. Für festes $t_0 \in [0,1]$, $u_0 \in \mathbb{R}$ und $v \in \mathbb{R}$ haben wir dann

$$\begin{aligned} f(t_0, u_0+v) - f(t_0,u_0) &= f(t_0+v, u_0+v) - f(t_0,u_0) - f(t_0+v,u_0+v) + f(t_0,u_0+v) \\ &= y_{t_0,u_0}(t_0+v) - y_{t_0,u_0}(t_0) - \int_{t_0}^{t_0+v} g(s, u_0+s)\,ds \\ &= y_{t_0,u_0}(t_0+v) - y_{t_0,u_0}(t_0) - g(t_0,u_0)v - \int_{t_0}^{t_0+v} \big(g(s,u_0+s) - g(s,u_0)\big)\,ds. \end{aligned}$$

Da g – wie soeben bewiesen – stetig ist, bekommen wir

$$h(t_0,u_0) = \lim_{v\to 0} \frac{f(t_0,u_0+v) - f(t_0,u_0)}{v} = y'_{t_0,u_0}(t_0) - g(t_0,u_0).$$

Weiter folgt

$$\begin{aligned} |h(t,u) - h(s,v)| &= |y'_{t,u}(t) - g(t,u) - y'_{s,v}(s) - g(s,v)| \\ &\leq |y'_{t,u}(t) - y'_{t,u}(s)| + |y'_{t,u}(s) - y'_{s,v}(s)| + |g(t,u) - g(s,v)| \leq 3\varepsilon \end{aligned}$$

für $|t-s| \leq \delta$ und $|u-v| \leq \delta$, da $\|x_{t,u} - x_{s,v}\| = |u-v+t-s| \leq |t-s| + |u-v|$ gilt und F nach Voraussetzung stetig in der Norm (1.25) ist. Dies zeigt, dass auch h auf $[0,1] \times \mathbb{R}$ stetig ist, und damit ist alles bewiesen. ∎

Wir betonen noch einmal ausdrücklich den Unterschied zwischen den Sätzen 9.1 und 9.2: Während wir aus der puren Abbildungsbedingung $F(C) \subseteq C$ die Beschränktheit und Stetigkeit von F „geschenkt" bekommen,[4] folgt aus der Bedingung $F(C^1) \subseteq C^1$ zumindest nicht die Stetigkeit von F. Betrachten wir dasselbe Problem im Hölderraum C^α mit der Norm (1.27), so wird die Situation noch schlimmer, wie wir jetzt zeigen werden.

Zunächst sieht man leicht, dass die Hölderstetigkeit von $f\colon [0,1] \times \mathbb{R} \to \mathbb{R}$ (mit Exponent α) nicht einmal hinreichend für die Bedingung $F(C^\alpha) \subseteq C^\alpha$ ist: Beispielsweise gilt für den durch $f(u) := |u|^\alpha$ erzeugten Operator zwar $F(C^\alpha) \subset C^{\alpha^2}$, aber $F(C^\alpha) \not\subseteq C^\alpha$ für $0 < \alpha < 1$. Es stellt sich heraus, dass wir nur dann zu einer notwendigen und hinreichenden Bedingung kommen, wenn wir zusätzlich die Beschränktheit von F in der C^α-Norm (1.27) fordern:

[4]Dieses Geschenk macht uns das Schicksal im Falle *linearer* Operatoren bekanntlich nicht, wie etwa Beispiel 4.11 zeigt.

Satz 9.3. *Der Operator (9.3) bildet den Raum C^α dann und nur dann in sich ab und ist beschränkt, wenn es zu jedem $r > 0$ ein $m(r) > 0$ gibt mit*

$$|f(t,u) - f(s,v)| \leq m(r)\left(|t-s|^\alpha + \frac{|u-v|}{r}\right) \tag{9.6}$$

für $0 \leq t,s, \leq 1$ und $u,v \in \mathbb{R}$ mit $|u|, |v| \leq r$ und $|u-v| \leq r\,|t-s|^\alpha$.

□ Es ist wieder leicht zu sehen, dass die Bedingung (9.6) hinreichend für die Beschränktheit von F in C^α ist; genauer folgt aus $\|x\|_{C^\alpha} \leq r$ mit (9.6) stets $\|F(x)\|_{C^\alpha} \leq m(r)$.

Sei also umgekehrt F beschränkt in C^α, und sei

$$\mu(r) := \sup\{\|F(x)\| : \|x\| \leq r\} \qquad (r > 0).$$

Für $0 \leq t \leq s \leq 1$ und $u,v \in \mathbb{R}$ mit $|u|, |v| \leq r$ und $|u-v| \leq r\,|t-s|^\alpha$ setzen wir

$$x_{t,s;u,v}(\tau) := \begin{cases} u & \text{falls } 0 \leq \tau \leq t, \\ u + \frac{u-v}{t-s}(\tau - s) & \text{falls } t \leq \tau \leq s, \\ v & \text{falls } s \leq \tau \leq 1. \end{cases}$$

Die Menge aller dieser Funktionen $x_{t,s;u,v}$ ist dann in der Kugel $K_r(C^\alpha)$ enthalten. Wenden wir auf eine solche Funktion den Operator F an, so erhalten wir in den Punkten $\tau = t$ und $\tau = s$ die Abschätzung

$$|f(t,u) - f(s,v)| \leq \mu(r)\,|t-s|^\alpha\,. \tag{9.7}$$

Wir behaupten, dass hieraus die Abschätzung (9.6) folgt. Zunächst erhalten wir für $v = u$ aus (9.7)

$$|f(t,u) - f(s,u)| \leq \mu(r)\,|t-s|^\alpha \qquad (u \leq r).$$

Wir unterscheiden jetzt zwei Fälle. Für $|u-v| \leq 2^{-\alpha}r$ können wir einerseits zu jedem $t \in [0,1]$ ein $\tilde{t} \in [0,1]$ finden mit $|u-v| = r\,|t-\tilde{t}|^\alpha$, also

$$\begin{aligned} |f(t,u) - f(t,v)| &\leq |f(t,u) - f(\tilde{t},u)| + |f(\tilde{t},u) - f(t,v)| \\ &\leq 2\mu(r)\,|t-\tilde{t}|^\alpha = 2\mu(r)\frac{|u-v|}{r}. \end{aligned} \tag{9.8}$$

Für $|u-v| > 2^{-\alpha}r$ erhalten wir andererseits aus (9.8) mit $k \geq 2^{1+\alpha}$

$$\begin{aligned} |f(t,u) - f(t,v)| &\leq \sum_{j=1}^{k} \left| f(t, u + \tfrac{j}{k}(v-u)) - f(t, u + \tfrac{j-1}{k}(v-u)) \right| \\ &\leq 2k\mu(r)\frac{|u-v|}{k} \leq 2k\mu(r)\,|u-v|\,. \end{aligned}$$

Damit gilt (9.6) mit $m(r) := (2k+2)\mu(r)$, und der Satz ist bewiesen. ■

Satz 9.3 zeigt, dass $F\colon C^\alpha \to C^\alpha$ genau dann beschränkt ist, wenn – grob gesprochen – $f(\cdot,u)$ eine Hölderbedingung (mit Exponent α) und $f(t,\cdot)$ eine Lipschitzbedingung erfüllt. Wir bemerken, dass aus der Bedingung (9.6) die Stetigkeit von $f\colon [0,1]\times\mathbb{R}\to\mathbb{R}$ folgt, und damit auch die Bedingung $F(C)\subseteq C$.

Satz 9.3 wird ohne die Beschränktheitsforderung an F falsch:

Beispiel 9.5 (Berkolajko-Rutitskij). Sei $f\colon [0,1]\times\mathbb{R}\to\mathbb{R}$ definiert durch

$$f(t,u) := \begin{cases} 0 & \text{falls } u \le t^{\alpha/2}, \\ \dfrac{1}{u^{2/\alpha}} - \dfrac{t}{u^{4/\alpha}} & \text{falls } u > t^{\alpha/2}. \end{cases} \tag{9.9}$$

Wir behaupten, dass der entsprechende Nemytskij-Operator (9.3) den Raum C^α in sich abbildet. Um das einzusehen, bemerken wir zunächst, dass jede Funktion $x\in C^\alpha$ aus Stetigkeitsgründen auf der Menge $\Delta_x := \{t : 0\le t\le 1, x(t) > t^{\alpha/2}\}$ von Null wegbeschränkt ist, etwa $x(t)\ge\delta_x>0$ für $t\in\Delta_x$. Seien nun $x\in C^\alpha$, $y=F(x)$ mit f wie in (9.9), und $s,t\in[0,1]$ fest. Wir unterscheiden drei Fälle.

1. Fall: Es gelte $s\in\Delta_x$ und $t\in\Delta_x$. Dann bekommen wir aus der trivialen Abschätzung $|x(s)^{2/\alpha}-x(t)^{2/\alpha}|\le\|x\|_{C^\alpha}|s-t|^\alpha$ die Ungleichungen

$$\begin{aligned} |y(s)-y(t)| &\le x(s)^{-2/\alpha}x(t)^{-2/\alpha}\Big(|x(s)^{2/\alpha}-x(t)^{2/\alpha}| \\ &\quad + t\,|x(s)^{2/\alpha}+x(t)^{2/\alpha}|\,|x(s)^{2/\alpha}-x(t)^{2/\alpha}| + x(t)^{4/\alpha}\,|s-t|\Big) \\ &\le \delta_x^{-4/\alpha}\|x\|_{C^\alpha}|s-t|^\alpha + 2\delta_x^{-8/\alpha}\|x\|_{C^\alpha}^{2/\alpha}|s-t|^\alpha + \delta_x^{-8/\alpha}\|x\|_{C^\alpha}^{4/\alpha}|s-t|\,. \end{aligned}$$

2. Fall: Es gelte $s\in\Delta_x$, aber $t\notin\Delta_x$. Dann erhalten wir die einfachere Abschätzung

$$\begin{aligned} |y(s)-y(t)| &\le x(s)^{-4/\alpha}\left|x(s)^{2/\alpha}-s\right| \\ &\le \delta_x^{-4/\alpha}\|x\|_{C^\alpha}|s-t|^\alpha + \delta_x^{-4/\alpha}|s-t|\,. \end{aligned}$$

3. Fall: Es gelte $s\notin\Delta_x$ und $t\notin\Delta_x$. Dann ist einfach $|y(s)-y(t)|=0$.

Insgesamt haben wir also $\|y\|_{C^\alpha}<\infty$, d. h. $y\in C^\alpha$. Nach Satz 9.3 kann der durch die Funktion (9.9) erzeugte Nemytskij-Operator nicht beschränkt in C^α sein. In der Tat, die Folge der konstanten Funktionen $x_n(t):=n^{-\alpha/2}$ $(n=1,2,3,\dots)$ konvergiert zwar in C^α gegen Null, aber für die Bilder haben wir $\|F(x_n)\|_{C^\alpha}\ge|f(0,x_n(0))|=n\to\infty$. Daher ist F bei θ nicht lokal beschränkt. Außerdem ist die Funktion (9.9) – ähnlich wie in Beispiel 9.4 – wieder unstetig in $(0,0)$; hieraus folgt wieder die erstaunliche Tatsache, dass der Operator F auch diesmal nicht den Raum C in sich überführt. ☺

Es ist übrigens kein Zufall, dass wir in den vorangegangenen beiden Beispielen das „Zusammenspiel" der Variablen t und u brauchten. Falls nämlich f nicht von t abhängt,[5]

[5] In Anlehnung an die Theorie der Differentialgleichungen nennen wir den Nemytskij-Operator (9.3) dann *autonom*, vgl. etwa die Beispiele 9.2 und 9.3.

so folgt aus $F(C^1) \subseteq C^1$ automatisch die Stetigkeit von F in C^1 (Aufgabe 9.2), und aus $F(C^\alpha) \subseteq C^\alpha$ automatisch die Beschränktheit von F in C^α (Aufgabe 9.3). Dass F selbst im autonomen Fall unstetig in C^α sein kann, zeigt das folgende Beispiel.

Beispiel 9.6. Sei $f\colon \mathbb{R} \to \mathbb{R}$ definiert durch

$$f(u) := \min\{u, 1\}.$$

Nach Satz 9.3 wissen wir, dass der durch f erzeugte Nemytskij-Operator F den Raum C^α in sich überführt und beschränkt ist. Wir zeigen, dass F unstetig im Punkt $x_0(t) := t^\alpha$ ist. In der Tat, für die Folge $x_n(t) := t^\alpha + \frac{1}{n}$ haben wir sicher $\|x_n - x_0\|_{C^\alpha} \to 0$. Setzen wir abkürzend $\tau_n := (1 - \frac{1}{n})^{1/\alpha}$, so hat die Funktion $F(x_n) - F(x_0)$ die Form

$$F(x_n)(t) - F(x_0)(t) = \begin{cases} \frac{1}{n} & \text{falls } 0 \le t \le \tau_n, \\ 1 - t^\alpha & \text{falls } \tau_n < t \le 1. \end{cases}$$

Folglich gilt zwar $\|F(x_n) - F(x_0)\|_C \to 0$, aber

$$[F(x_n) - F(x_0)]_\alpha \ge \frac{|F(x_n)(1) - F(x_0)(1) - F(x_n)(\tau_n) + F(x_0)(\tau_n)|}{|1 - \tau_n|^\alpha} = 1,$$

und daher $\|F(x_n) - F(x_0)\|_{C^\alpha} \not\to 0$. ☺

Wir beschließen diesen Abschnitt mit einer notwendigen und hinreichenden Bedingung an die Funktion f, unter der der entsprechende Operator F den Raum L_p in den Raum L_q abbildet. Hierbei beschränken wir uns auf den Fall $1 \le p, q < \infty$, der Fall $p = \infty$ oder $q = \infty$ muss gesondert betrachtet werden (Aufgaben 9.5–9.7).

Wir nennen $f\colon [0,1] \times \mathbb{R} \to \mathbb{R}$ eine *Carathéodory-Funktion*, wenn $f(\cdot, u)$ für alle $u \in \mathbb{R}$ messbar auf $[0,1]$ und $f(t, \cdot)$ für alle $t \in [0,1]$ stetig auf $\mathbb{R}$ ist. Ein von einer Carathéodory-Funktion f erzeugter Nemytskij-Operator F überführt stets messbare Funktionen in messbare Funktionen. In der Tat, zu jeder messbaren Funktion x gibt es eine Folge einfacher Funktionen x_n, die fast überall gegen x konvergiert. Da offensichtlich $F(x_n)$ messbar ist und $F(x_n) \to F(x)$ fast überall gilt, muss auch $F(x)$ messbar sein.

Aus diesem Grund sind Carathéodory-Funktionen beim Studium von Nemytskij-Operatoren zwischen Lebesgueräumen besonders interessant, und wir beschränken uns auf diese. Für Carathéodory-Funktionen gilt ein weiterer wichtiger Sachverhalt:

Lemma 9.1 (Krasnosel'skij-Ladyzhenskij). *Sei $f\colon [0,1] \times \mathbb{R} \to \mathbb{R}$ eine Carathéodory-Funktion und $[a,b] \subseteq \mathbb{R}$. Dann gibt es eine messbare Funktion $x\colon [0,1] \to [a,b]$, so dass für fast alle $t \in [0,1]$*

$$|f(t, x(t))| = \max_{u \in [a,b]} |f(t,u)| \tag{9.10}$$

gilt.

□ Das Maximum $m_{[a,b]}(t)$ auf der rechten Seite von (9.10) existiert tatsächlich für fast alle $t \in [0,1]$, da $|f(t,\cdot)|$ stetig ist. Hierbei ist $m_{[a,b]}$ sogar für jedes $a < b$ eine messbare Funktion, denn wenn $(u_n)_n$ eine Aufzählung der rationalen Zahlen im Intervall $[a,b]$ ist, so folgt aus der Stetigkeit von $|f(t,\cdot)|$, dass

$$m_{[a,b]}(t) = \sup_n |f(t,u_n)|$$

ist: Die rechte Seite ist als Supremum einer abzählbaren Folge messbarer Funktionen wieder messbar. Wir setzen nun

$$x(t) := \min\{u : u \in [a,b], |f(t,u)| = m(t)\}.$$

Das Minimum existiert tatsächlich für fast alle t, denn die Menge auf der rechten Seite ist nichtleer (da das Maximum in (9.10) existiert), und sie ist kompakt als abgeschlossene und beschränkte Teilmenge von $\mathbb{R}$. Es ist klar, dass $x\colon [0,1] \to [a,b]$ die Beziehung (9.10) erfüllt. Die Funktion x ist messbar, denn für alle $c \in [a,b]$ ist

$$\begin{aligned}\{t : x(t) > c\} &= \{t : \text{Für jedes } u \text{ mit } a \le u \le c \text{ ist } |f(t,u)| < m_{[a,b]}(t)\}\\ &= \{t : m_{[a,c]}(t) < m_{[a,b]}(t)\} = \{t : m_{[a,b]}(t) - m_{[a,c]}(t) > 0\}\end{aligned}$$

messbar, da $m_{[a,b]} - m_{[a,c]}$ nach dem oben Gezeigten eine messbare Funktion ist. ■

Nun können wir das angekündigte Ergebnis über den Nemytskij-Operator in Lebesgue-Räumen beweisen:

Satz 9.4 (Krasnosel'skij). *Sei $f\colon [0,1] \times \mathbb{R} \to \mathbb{R}$ eine Carathéodory-Funktion und $1 \le p,q < \infty$. Genau dann bildet der Operator (9.3) den Raum L_p in sich ab, wenn es ein $a \in L_q$ und ein $b \ge 0$ gibt mit*

(9.11) $$|f(t,u)| \le a(t) + b\,|u|^{p/q} \qquad (0 \le t \le 1,\ u \in \mathbb{R}).$$

In diesem Fall ist der Operator (9.3) automatisch beschränkt und stetig. Außerdem bildet er absolutstetige Mengen (in L_p) in absolutstetige Mengen (in L_q) ab (vgl. Aufgabe 3.24).

□ Falls (9.11) gilt, so gilt für jedes $x \in L_p$ und jedes messbare $D \subseteq [0,1]$ mit P_D wie in (4.36), dass

$$|P_D F(x)(t)| \le P_D a(t) + b\,|P_D x(t)|^{p/q}$$

ist. Nach der Dreiecksungleichung in L_q ist also

(9.12) $$\|P_D F(x)\|_{L_q} \le \|P_D a\|_{L_q} + b\,\||P_D x(\cdot)|^{p/q}\|_{L_q} = \|P_D a\|_{L_q} + b\,\|P_D x\|_{L_p}^{p/q}.$$

Für $D := [0,1]$ erhalten wir insbesondere, dass F den Raum L_p in den Raum L_1 abbildet und beschränkt ist. Wir erhalten aber noch mehr: Da $\{a\} \subset L_q$ nach Aufgabe 3.24

absolutstetig in L_q ist, folgt für jede absolutstetige Menge $A \subseteq L_p$, dass

$$\limsup_{\operatorname{mes} D \to 0} \sup_{x \in A} \|P_D F(x)\|_{L_q} \leq \lim_{\operatorname{mes} D \to 0} \|P_D a\|_{L_q} + \lim_{\operatorname{mes} D \to 0} \sup_{x \in A} \|P_D x\|_{L_p} = 0$$

gilt, d. h. $F(A)$ ist absolutstetig in L_q.

Um zu sehen, dass F stetig ist, nehmen wir per Widerspruch an, es gäbe eine Folge $(x_n)_n$ in L_p mit $x_n \to x$ und $F(x_n) \not\to F(x)$ in L_q. Es gibt dann ein $\varepsilon > 0$, so dass für unendlich viele n (o. B. d. A. für alle n)

$$\|F(x_n) - F(x)\|_{L_q} \geq \varepsilon \tag{9.13}$$

ist. Nach Satz 1.3 konvergiert eine Teilfolge von $(x_n)_n$ (o. B. d. A. die gesamte Folge) fast überall gegen x. Da für fast alle t die Funktion $f(t, \cdot\,)$ stetig ist, also $f(t, x_n(t)) \to f(t, x(t))$ gilt, folgt $F(x_n) \to F(x)$ fast überall. Insbesondere konvergiert dann $(F(x_n))_n$ im Maß gegen $F(x)$ (Satz 1.2). Da $(x_n)_n$ in L_p konvergiert, ist die Menge $\{x_n : n \in \mathbb{N}\}$ absolutstetig in L_p nach dem Satz von Vitali (Aufgabe 3.25). Wie wir oben gezeigt haben, ist also $\{F(x_n) : n \in \mathbb{N}\}$ absolutstetig in L_q. Wiederum nach dem Satz von Vitali erhalten wir also $F(x_n) \to F(x)$ in L_q, ein Widerspruch zu (9.13).

Wir nehmen nun umgekehrt an, dass $F(x) \in L_q$ für alle $x \in L_p$ ist und zeigen, dass dann notwendigerweise die Wachstumsbedingung (9.11) gelten muss.

Wir zeigen zunächst, dass es dann ein $r > 0$ gibt, so dass $F(K_r(L_p))$ beschränkt in L_q ist. Dazu nehmen wir per Widerspruch an, dass es kein solches r gäbe. Dann gibt es zu jedem n für $r_n := 1/n$ ein $x_n \in L_p$ mit $\|x_n\|_{L_p} \leq 1/n^2$ und $\|F(x_n)\|_{L_q}^q \geq n^2(n+1)$. Wir zerlegen nun sukzessive $[0,1]$ in n^2 disjunkte Intervalle gleichen Maßes $1/n^2$. Auf einem dieser n^2 Intervalle – nennen wir es I_n – ist dann

$$\int_{I_n} |F(x_n)(t)|^q \, dt \geq (n+1).$$

Wir setzen jetzt

$$U_n := \bigcup_{k=n}^{\infty} I_k \tag{9.14}$$

und beachten, dass

$$\operatorname{mes} U_n = \operatorname{mes} \bigcup_{k=n}^{\infty} I_k \leq \sum_{k=n}^{\infty} \operatorname{mes} I_k = \sum_{k=n}^{\infty} \frac{1}{k^2} \to 0 \qquad (n \to \infty) \tag{9.15}$$

gilt. Wir definieren nun eine Teilfolge $(n_j)_j$ rekursiv wie folgt: Für $j = 1$ setzen wir $n_1 := 1$. Sei n_j bereits bestimmt. Da die (einpunktige) Menge $\{F(x_{n_j})\} \subset L_q$ absolutstetig ist und da mes $U_n \to 0$ nach (9.15) gilt, gibt es ein $n_{j+1} > n_j$ mit

$$\int_{U_{n_{j+1}}} |F(x_{n_j})(t)|^q \, dt \leq 1. \tag{9.16}$$

Wir setzen nun $E_1 := I_1 = I_{n_1}$ und $E_{j+1} := I_{n_j} \setminus U_{n_{j+1}}$ ($j = 1, 2, \ldots$). Für $j < m$ ist wegen (9.14) die Menge $E_m \subseteq I_{n_m} \subseteq U_{n_{j+1}}$ disjunkt zu E_j. Daher sind die Mengen E_j paarweise disjunkt. Wir können also eine Funktion x definieren durch

$$x(t) := \begin{cases} x_{n_j}(t) & \text{falls } t \in E_j, \\ 0 & \text{falls } t \text{ in keinem } E_j \text{ liegt.} \end{cases}$$

Die so definierte Funktion liegt in L_p, denn

$$\|x\|_{L_p} = \left\| \sum_{j=1}^{\infty} P_{E_j} x_{n_j} \right\|_{L_p} \leq \sum_{j=1}^{\infty} \|P_{E_j} x_{n_j}\|_{L_p} \leq \sum_{j=1}^{\infty} \|x_{n_j}\|_{L_p} \leq \sum_{j=1}^{\infty} n_j^{-2} < \infty.$$

Hier haben wir benutzt, dass aus der Konvergenz der rechten Seite aus Satz 1.1 folgt, dass die Reihe $\sum_j P_{E_j} x_{n_j}$ nicht nur fast überall, sondern sogar in der Norm konvergieren muss – und zwar nach Satz 1.3 gegen den punktweisen Grenzwert x.

Für die oben definierte Funktion x gilt nun wegen (9.14) und (9.16)

$$\begin{aligned} \int_0^1 |F(x)(t)|^q \, dt &\geq \int_{E_j} |F(x)(t)|^q \, dt = \int_{E_j} |F(x_{n_j})(t)|^q \, dt \\ &\geq \int_{I_{n_j}} |F(x_{n_j})(t)|^q \, dt - \int_{U_{n_{j+1}}} |F(x_{n_j})(t)|^q \, dt \geq (n_j + 1) - 1 = n_j \end{aligned}$$

Wegen $n_j \to \infty$ kann also $F(x)$ nicht in L_q liegen, im Widerspruch zu unserer Annahme $F\colon L_p \to L_q$.

Dieser Widerspruch zeigt, dass es tatsächlich ein $r > 0$ gibt, so dass $F(K_r(L_p))$ durch eine Konstante C in L_q beschränkt ist. Wir definieren nun eine skalare Funktion $g\colon [0,1] \times \mathbb{R} \to [0, \infty)$ durch

$$g(t,u) := \max\left\{ |f(t,u)|^q - \tfrac{C^q}{r} |u|^p, 0 \right\}$$

Sei $G(x)(t) := g(t, x(t))$ der von g erzeugte Nemytskij-Operator. Wir wollen zeigen, dass für jedes $x \in L_p$ das Bild $G(x)$ in L_1 liegt mit $\|G(x)\|_{L_1} \leq C^q$. Sei also $x \in L_p$ gegeben, und sei $M := \{t : G(x)(t) \neq 0\}$. Sei m die eindeutig bestimmte natürliche Zahl mit $m - 1 \leq \|P_M x\|_{L_p}^p / r^p < m$. Da insbesondere

$$\int_M |x(t)|^p \, dt < m r^p$$

gilt, können wir den Integrationsbereich $[0,1]$ in m messbare Mengen $M_1, \ldots, M_m$ unterteilen, so dass

$$\int_{M_n} |x(t)|^p \, dt \le r^p \qquad (n = 1, \ldots, m)$$

ist. Für die Funktionen $x_n := P_{M_n}x$ ist also insbesondere $\|x_n\|_{L_p} \le r$ und daher $\|F(x_n)\|_{L_q} \le C$. Wir erhalten hieraus

$$\begin{aligned}\int_0^1 |G(x)(t)| \, dt = \int_M |G(x)(t)| \, dt &= \int_M \left(|f(t,x(t))|^q - \frac{C^q}{r} |x(s)|^p \right) dt \\ &= \sum_{n=1}^m \int_{M_n} |F(x)(t)|^q \, dt - \frac{C^q}{r} \int_M |x(t)|^p \, dt \\ \le \sum_{n=1}^m \|F(x_n)\|_{L_q}^q - \frac{C^q}{r} \|P_M x\|_{L_p}^p &\le mC^q - \frac{C^q}{r}(m-1)r = C^q.\end{aligned}$$

Damit haben wir bewiesen, dass G den Raum L_p in die Kugel $K_{C^q}(L_1)$ abbildet.

Wir setzen jetzt

$$A_n(t) := \max_{|u| \le n} |g(t,u)|, \qquad A(t) := \sup_n A_n(t).$$

Nach Lemma 9.1 gibt es ein $x \in L_\infty$ mit $A_n(t) = |G(x)(t)|$ fast überall. Da insbesondere $x \in L_p$ gilt, muss also $A_n \in K_{C^q}(L_1)$ sein, d. h. $\int_0^1 A_n(t) \, dt \le C^q$. Da die Konstante C^q nicht von n abhängt, folgt aus dem Satz von der monotonen Konvergenz $\int_0^1 A(t) \, dt \le C^q$. Insbesondere liegt die Funktion $a(t) := A(t)^{1/q}$ also in L_q. Nach Definition von A ist

$$A(t) \ge g(t,u) \ge |f(t,u)|^q - \tfrac{C^q}{r} |u|^p,$$

also folgt mit der Jensenschen Ungleichung (s. (1.12))

$$|f(t,u)| \le \left(A(t) + \tfrac{C^q}{r} |u|^p \right)^{1/q} \le A(t)^{1/q} + \left(\tfrac{C^q}{r} |u|^p \right)^{1/q} = a(t) + \tfrac{C}{r^{1/q}} |u|^{p/q},$$

d. h. (9.11) gilt mit $b := Cr^{-1/q}$. ■

Satz 9.4 zeigt, dass allein das *Wachstum* der Funktion $f(t, \cdot)$ darüber entscheidet, welchen Raum L_p der entsprechende Operator F in welchen Raum L_q überführt. Insbesondere sieht man aus (9.11), dass nur Funktionen mit (höchstens) „linearem" Wachstum Nemytskij-Operatoren in L_p erzeugen. Beispielsweise überführt der Operator (9.2) jeden Raum L_p in sich, während der Operator (9.1) keinen einzigen Raum L_p in irgendeinen Raum L_q (für $1 \le p, q < \infty$) überführt.

In Tabelle 9.1 stellen wir die Eigenschaften der Operatoren aus den Beispielen 9.4–9.6 im Raum $X = C, C^1, C^\alpha$ und L_p noch einmal zusammen.

	$F(X) \subseteq X$ / F beschränkt / F stetig im Raum											
	$X = C$			$X = C^1$			$X = C^\alpha$			$X = L_p$		
Beispiel 9.4	–	–	–	+	?	–	?	?	?	–	–	–
Beispiel 9.5	–	–	–	?	?	?	+	–	–	–	–	–
Beispiel 9.6	+	+	+	–	–	–	+	+	–	+	+	+

Tabelle 9.1: Eigenschaften spezieller Nemytskij-Operatoren

9.3 Kompakte Operatoren

Wie im linearen Fall nennen wir einen Operator $A\colon X \to Y$ *kompakt*, wenn er jede beschränkte Teilmenge von X in eine relativkompakte Teilmenge von Y überführt. Auch für nichtlineare Operatoren ist Kompaktheit einer der zentralen Begriffe. Kompakte nichtlineare Operatoren sind zum Beispiel von fundamentaler Wichtigkeit in den Fixpunktsätzen, die wir in Kapitel 12 behandeln werden.

Das folgende Lemma ist parallel zu Lemma 5.1 und (Teilen von) Lemma 5.2 und wird genauso wie diese bewiesen:

Lemma 9.2. *Ein Operator $A\colon X \to Y$ ist genau dann kompakt, wenn folgendes gilt: Ist $(x_n)_n$ irgendeine beschränkte Folge in X, so enthält $(A(x_n))_n$ eine in Y konvergente Teilfolge. Ist $A\colon X \to Y$ kompakt und $B\colon Y \to Z$ stetig, so ist $BA\colon X \to Z$ kompakt. Ist $A\colon X \to Y$ beschränkt und $B\colon Y \to Z$ kompakt, so ist $BA\colon X \to Z$ kompakt.*

Wie wir gesehen haben, sind Beschränktheit und Stetigkeit im nichtlinearen Fall zwei voneinander unabhängige Begriffe. Natürlich impliziert die Kompaktheit eines nichtlinearen Operators nach wie vor seine Beschränktheit; allerdings muss ein kompakter nichtlinearer Operator (trivialerweise) nicht stetig sein. Im Gegensatz zum Schema aus Tabelle 5.1 bekommen wir im nichtlinearen Fall also ein ganz anderes Schema (Tabelle 9.2).

$$A \text{ kompakt} \quad \underset{\not\Leftarrow}{\Rightarrow} \quad A \text{ beschränkt} \quad \underset{\not\Leftarrow}{\not\Rightarrow} \quad A \text{ stetig}$$

Tabelle 9.2: Eigenschaften nichtlinearer Operatoren

Das folgende Beispiel zeigt, dass ein stetiger Operator selbst dann nicht kompakt sein muss, wenn er in einen endlichdimensionalen Raum abbildet:

Beispiel 9.7. Sei X ein unendlichdimensionaler Banachraum. Nach Lemma 2.4 können wir in der Einheitssphäre $S_1(X)$ eine Folge $(x_n)_n$ finden mit $\|x_m - x_n\| \geq \frac{1}{2}$ für $m \neq n$. Der Operator

$$A(x) := \begin{cases} n(1 - 2\,\|x - x_n\|)x_1 & \text{falls } \|x - x_n\| \leq \frac{1}{2}, \\ \theta & \text{sonst} \end{cases}$$

bildet dann X stetig in den eindimensionalen Raum span $\{x_1\} \subseteq X$ ab, ist aber unbeschränkt auf $S_1(X)$ und daher auch nicht kompakt. ☺

Wir wollen nun den Nemytskij-Operator (9.3) auf Kompaktheit in den Räumen C, C^1, C^α und L_p untersuchen; hierbei werden wir wieder auf einige Überraschungen stoßen. Wir erinnern daran, dass der lineare Multiplikationsoperator (4.14) nur im trivialen Fall $a(t) \equiv 0$ kompakt im Raum C (Beispiel 5.8) oder L_p (Aufgabe 5.31) ist. Eine Art „nichtlineares Analogon" gilt für den Nemytskij-Operator (9.3):

Satz 9.5. *Es sei F ein Nemytskij-Operator mit $F\colon C \to C$ oder $F\colon L_p \to L_q$ $(1 \leq p,q \leq \infty)$. Genau dann ist F auch kompakt, wenn F konstant ist.*

□ Trivialerweise ist jeder konstante Operator kompakt. Die Umkehrung beweisen wir zunächst für den Nemytskij-Operator in C. Wir nehmen an, es gebe $u,v \in \mathbb{R}$ mit $f(t_0,u) \neq f(t_0,v)$ für ein $t_0 \in [0,1]$. Da mit f auch die Funktion $g(t) := |f(t_0,u) - f(t,v)|$ stetig und $g(t_0) > 0$ ist, gibt es eine Umgebung U von t_0 und ein $\varepsilon > 0$ mit $g(t) > \varepsilon$ für alle $t \in U$. Sei $x_n\colon [0,1] \to [u,v]$ eine stetige Funktion mit $x_n(t_0) = u$ und $x_n(t_n) = v$ für ein $t_n \in U$ mit $|t_n - t_0| < 1/n$. Natürlich ist dann $(x_n)_n$ eine beschränkte Folge in C, und es gilt für alle genügend großen n

$$|F(x_n)(t_n) - F(x_n)(t_0)| = g(t_n) \geq \varepsilon.$$

Da es in jeder Umgebung von t_0 ein t_n $(n = 1,2,\ldots)$ gibt, kann die Familie $\{F(x_n) : n \in \mathbb{N}\}$ daher nicht gleichgradig stetig in t_0 sein, also nach Satz 3.1 auch nicht präkompakt.

Wir beweisen jetzt den Satz im Fall $F\colon L_p \to L_q$. Wir nehmen wieder an, dass es $u,v \in \mathbb{R}$ gibt (o. B. d. A. $0 \leq u < v$) mit $f(t,u) \neq f(t,v)$ für t aus einer Teilmenge $D \subset [0,1]$ von positivem Maß. Setzen wir $D_n := \left\{t \in D : |f(t,u) - f(t,v)| \geq \frac{1}{n}\right\}$, so gilt $D_1 \subseteq D_2 \subseteq \cdots$ und $\bigcup_n D_n = D$, also $\operatorname{mes} D_n \to \operatorname{mes} D$. Insbesondere gibt es ein N mit $m := \operatorname{mes} D_N > 0$. Wir definieren nun eine Funktionenfolge auf die folgende Art: Zunächst setzen wir $x_1(t) \equiv u$ auf D_N. Dann unterteilen wir D_N in zwei Mengen E_1, E_2 gleichen Maßes und setzen $x_2(t) := u$ für $t \in E_1$ und $x_2(t) := v$ für $t \in E_2$. Nun unterteilen wir E_1 und E_2 wiederum in jeweils zwei Mengen gleichen Maßes und setzen $x_3(t) := u$ auf jeweils einer der beiden Mengen und $x_3(t) := v$ auf der anderen. So fahren wir sukzessive fort. Außerhalb der Mengen D_n setzen wir beispielsweise $x_n(t) := 0$. Die so konstruierte Funktionenfolge hat nun die Eigenschaft, dass sich die Werte zweier Funktionen x_n und x_k $(n \neq k)$ jeweils auf einer Menge $E_{n,k}$ vom Maß $m/2$ unterscheiden. Nach Definition von D_N ist für alle $t \in E_{n,k}$ dann $|F(x_n)(t) - F(x_k)(t)| \geq 1/N$. Es folgt

$$\|F(x_n) - F(x_k)\|_{L_q} \geq \frac{1}{N} \left(\operatorname{mes} E_{n,k}\right)^{1/q} = \frac{1}{N} \left(\frac{m}{2}\right)^{1/q} \qquad (n \neq k),$$

(was auch im Falle $q = \infty$ richtig ist). Dies zeigt, dass $(F(x_n))_n$ keine Cauchy-Teilfolge enthalten kann, obwohl natürlich $(x_n)_n$ beschränkt in L_p ist. ■

Später (Beispiele 13.4 und 13.5) werden wir eine wichtige Verallgemeinerung von Satz 9.5 beweisen.

9.4 Hammerstein-Operatoren

Als einfache Anwendung der bisher bewiesenen Sätze betrachten wir nun den *Hammerstein-Operator*

(9.17) $$A(x)(s) := \int_0^1 k(s,t)f(t,x(t))\,dt \qquad (0 \leq s \leq 1).$$

Diesen Operator können wir als Komposition $A = KF$ schreiben, wobei F der Nemytskij-Operator (9.3) und K der lineare Integraloperator vom Fredholm-Typ

(9.18) $$Ky(s) := \int_0^1 k(s,t)y(t)\,dt$$

ist, den wir in Kapitel 6 ausführlich untersucht haben. Durch Kombination der verschiedenen Kompaktheitsbedingungen für K aus Kapitel 6 mit Stetigkeitsbedingungen für F aus diesem Kapitel können wir also hinreichende Bedingungen für die Kompaktheit des Operators (9.17) angeben. Beispielsweise bekommen wir im Raum $C = C[0,1]$ das folgende sehr einfache Ergebnis:

Satz 9.6. *Seien* $k\colon [0,1] \times [0,1] \to \mathbb{R}$ *und* $f\colon [0,1] \times \mathbb{R} \to \mathbb{R}$ *stetig. Dann ist der Operator* (9.17) *stetig und kompakt in* $C[0,1]$.

□ Nach Satz 6.8 ist der lineare Integraloperator (9.18) kompakt, und nach Satz 9.1 ist der nichtlineare Nemytskij-Operator (9.3) stetig und beschränkt. Die Behauptung folgt also unmittelbar aus Lemma 9.2. ■

Ein analoges Ergebnis (mit demselben Beweis) gilt natürlich für den *Hammerstein-Volterra-Operator*

(9.19) $$A(x)(s) := \int_0^s k(s,t)f(t,x(t))\,dt \qquad (0 \leq s \leq 1),$$

den wir wieder als Komposition $A = KF$ schreiben können, wobei K diesmal der lineare Integraloperator vom Volterra-Typ

(9.20) $$Ky(s) := \int_0^s k(s,t)y(t)\,dt$$

ist. Ebenso trivial zu beweisen wie Satz 9.6 ist dann der folgende Satz.

Satz 9.7. *Seien* $k\colon [0,1] \times [0,1] \to \mathbb{R}$ *und* $f\colon [0,1] \times \mathbb{R} \to \mathbb{R}$ *stetig. Dann ist der Operator* (9.19) *stetig und kompakt in* $C[0,1]$.

Um ein entsprechendes Ergebnis im Raum L_p zu bekommen, müssen wir nur die entsprechenden Kompaktheitskriterien für die linearen Integraloperatoren (9.18) und (9.20) mit Satz 9.4 für den Nemytskij-Operator (9.3) kombinieren. Auf diese Weise erhalten wir zum Beispiel aus Satz 6.7 und Satz 9.4 das folgende Ergebnis:

Satz 9.8. *Sei* $1 \le p < \infty$ *und* $1 < q \le \infty$, *und sei* $k\colon [0,1] \times [0,1] \to \mathbb{R}$ *messbar mit* $[k]_{q,p} < \infty$ *oder* $[k]^*_{q,p} < \infty$ *(s.* (6.13) *und* (6.14)*). Weiter sei* $f\colon [0,1] \times \mathbb{R} \to \mathbb{R}$ *eine Carathéodory-Funktion, die der Wachstumsbedingung* (9.11) *für ein* $a \in L_q$ *und ein* $b \ge 0$ *genügt. Dann sind die Operatoren* (9.17) *und* (9.19) *stetig und kompakt in* L_p.

Wir illustrieren die Idee anhand der Kompaktheitsbedingungen, die wir für den schwach singulären linearen Integraloperator (6.27) in Kapitel 6 hergleitet haben:

Beispiel 9.8. Wir betrachten den schwach singulären nichtlinearen Integraloperator vom Hammerstein-Typ

$$A_\tau(x)(s) := \int_0^1 \frac{f(t,x(t))}{|s-t|^\tau}\,dt \qquad (0 \le s \le 1),$$

für $0 < \tau < 1$. Wir setzen voraus, dass die Nichtlinearität f der Wachstumsbedingung (9.11) für ein $p \in [1,\infty)$ und ein $q \in [1,\infty)$ mit einem $a \in L_q$ genügt. Hieraus folgt nach Satz 9.4 die Stetigkeit und Beschränktheit des von f erzeugten Nemytskij-Operators F zwischen L_p und L_q. Darüberhinaus nehmen wir an, dass

$$q > \frac{1}{\frac{1}{p} + (1-\tau)}$$

gilt. Im Falle $q \le 1/(1-\tau)$ ist dann $p < 1/(\frac{1}{q} - (1-\tau))$, so dass aus Satz 6.14 in jedem Fall folgt, dass der entsprechende lineare Integraloperator K_τ aus (6.27) kompakt zwischen L_q und L_p ist. Damit ist der Operator $A_\tau = K_\tau F$ kompakt im Raum L_p. ☺

9.5 Aufgaben

Aufgabe 9.1. Zeigen Sie, dass der Operator $A\colon X \to Y$ aus Beispiel 9.1 in $X = c_0$ und in $X = \ell_p$ $(1 \le p < \infty)$ stetig ist.

Hinweis. Falls $x_n \to x$ in X gilt, so ist $\{x_n : n \in \mathbb{N}\} \cup \{x\}$ kompakt. Zeigen Sie zunächst (mit Satz 3.5 bzw. Satz 3.4), dass $\{A(x_n) : n \in \mathbb{N}\}$ relativkompakt ist, und dass für jede Teilfolge $(x_{n_k})_k$, für die $(Ax_{n_k})_k$ konvergiert, der Grenzwert Ax sein muss.

Aufgabe 9.2. Sei $f = f(u)$ unabhängig von t. Zeigen Sie, dass der von f erzeugte Nemytskij-Operator F genau dann den Raum C^1 in sich abbildet, wenn f stetig differenzierbar auf $\mathbb{R}$ ist. Ist F dann stetig auf C^1 bezüglich der Norm (1.25)?

Aufgabe 9.3. Sei $f = f(u)$ unabhängig von t. Zeigen Sie, dass der von f erzeugte Nemytskij-Operator F genau dann den Raum C^α in sich abbildet, wenn es zu jedem $r > 0$ ein $m(r) > 0$ gibt mit

$$|f(u) - f(v)| \le m(r)\,|u - v| \qquad (|u|, |v| \le r).$$

Ist F dann stetig auf C^α bezüglich der Norm (1.27)?

Aufgabe 9.4. Zeigen Sie, dass der durch die Funktion (9.7) erzeugte Nemytskij-Operator nicht den Raum C^1 in sich überführt.

Aufgabe 9.5. Sei $f\colon [0,1] \times \mathbb{R} \to \mathbb{R}$ eine Carathéodory-Funktion und $1 \leq p < \infty$. Beweisen Sie:

(a) Der durch f erzeugte Nemytskij-Operator F bildet genau dann L_p in L_∞ ab, wenn es eine Funktion $a \in L_\infty$ gibt mit

$$|f(t,u)| \leq a(t) \qquad (u \in \mathbb{R}).$$

Hinweis. Zeigen Sie zunächst ähnlich wie im Beweis von Satz 9.5, dass $F(K_r(L_p))$ für ein $r > 0$ beschränkt ist durch ein C. Zeigen Sie dann mit Lemma 9.1, dass fast überall $\max_{|u| \leq n} |f(t,u)| \leq C$ gilt.

(b) In diesem Fall ist F automatisch beschränkt.

(c) Der Operator $F\colon L_p \to L_\infty$ ist genau dann stetig, wenn F konstant ist.

Aufgabe 9.6. Sei $f\colon [0,1] \times \mathbb{R} \to \mathbb{R}$ eine Carathéodory-Funktion und $1 \leq q < \infty$. Beweisen Sie:

(a) Der durch f erzeugte Nemytskij-Operator F bildet genau dann L_∞ in L_q ab, wenn es für jedes $r > 0$ eine Funktion $a_r \in L_q$ gibt mit

$$|f(t,u)| \leq a_r(t) \qquad (|u| \leq r).$$

Hinweis. Lemma 9.1.

(b) In diesem Fall ist F automatisch beschränkt und stetig.

Aufgabe 9.7. Sei $f\colon [0,1] \times \mathbb{R} \to \mathbb{R}$ eine Carathéodory-Funktion. Beweisen Sie:

(a) Der durch f erzeugte Nemytskij-Operator F bildet genau dann L_∞ in L_∞ ab, wenn es für jedes $r > 0$ eine Funktion $a_r \in L_\infty$ gibt mit

$$|f(t,u)| \leq a_r(t) \qquad (|u| \leq r).$$

Hinweis. Lemma 9.1.

(b) In diesem Fall ist F automatisch beschränkt, aber i. a. unstetig.

Aufgabe 9.8. Sei $F\colon L_1 \to L_\infty$ der durch die Funktion $f(t,u) := \sin u$ definierte Nemytskij-Operator. Zeigen Sie, dass F beschränkt ist, aber unstetig in $\theta \in L_1$. In welchen Punkten $x \in L_1$ ist F noch unstetig?

10 Der Banachsche Fixpunktsatz

Der *Banachsche Fixpunktsatz* ist der einfachste bekannte Existenzsatz für Lösungen der Gleichung $A(x) = x$. Wir diskutieren ihn in diesem Kapitel, zusammen mit zahlreichen Varianten, Verallgemeinerungen und Anwendungen. Zu den bekanntesten Anwendungen zählen der *Satz von der lokalen Umkehrbarkeit*, das (vereinfachte) *Newton-Verfahren*, und der *Existenz- und Eindeutigkeitssatz von Picard-Lindelöf* für Anfangswertprobleme.

10.1 Kontrahierende Operatoren

Seien X und Y normierte lineare Räume und $M \subseteq X$. Ein (i. a. nichtlinearer) Operator $A\colon M \to Y$ erfüllt eine *Lipschitzbedingung* auf M, falls es ein $L \geq 0$ gibt mit

$$\|A(x) - A(y)\| \leq L\,\|x - y\| \qquad (x, y \in M). \tag{10.1}$$

Es ist klar, dass ein solcher Operator stets stetig und beschränkt auf M ist.[1]

Die kleinste Lipschitz-Konstante L in (10.1) bezeichnen wir mit $\mathrm{Lip}(A)$, also

$$\mathrm{Lip}(A) := \min\{L : L \geq 0, (10.1) \text{ gilt}\};$$

es gilt die Gleichheit

$$\mathrm{Lip}(A) = \sup\left\{\frac{\|A(x) - A(y)\|}{\|x - y\|} : x, y \in M, x \neq y\right\}.$$

Falls $\mathrm{Lip}(A) < 1$ ist, nennen wir A *kontrahierend* (oder eine *Kontraktion*) auf M.

Beispiel 10.1. Ist $A\colon X \to Y$ *linear*, so erfüllt A genau dann eine Lipschitzbedingung, wenn A beschränkt ist; in diesem Fall gilt

$$\mathrm{Lip}(A) = \|A\|.$$

Insbesondere sind die linearen Kontraktionen also durch die Bedingung $\|A\| < 1$ charakterisiert. Allgemein kann man die Charakteristik $\mathrm{Lip}(A)$ als eine Art „Norm-Ersatz" für nichtlineare Operatoren ansehen. ☺

[1] Deswegen nennt man einen solchen Operator auch *Lipschitz-stetig*. Wir erinnern daran, dass die Beschränktheit von A auf M bedeutet, dass A beschränkte Teilmengen von M in beschränkte Teilmengen von Y überführt.

Beispiel 10.2. Sei $X := C[0,1]$ und $F\colon X \to X$ der Nemytskij-Operator (9.3), erzeugt durch eine stetige Funktion $f\colon [0,1] \times \mathbb{R} \to \mathbb{R}$. Wir behaupten, dass

$$\text{(10.2)} \qquad \mathrm{Lip}(F) = \min\{l : l \geq 0, |f(t,u) - f(t,v)| \leq l\,|u-v|\}$$

gilt, d. h. *die kleinste Lipschitz-Konstante des Operators F stimmt mit der kleinsten Lipschitz-Konstanten der erzeugenden Funktion f im zweiten Argument überein.* In der Tat, bezeichnen wir die rechte Seite in (10.2) mit $\mathrm{Lip}(f)$, so folgt die Abschätzung

$$\text{(10.3)} \qquad \mathrm{Lip}(F) \leq \mathrm{Lip}(f)$$

direkt aus der Definition der Norm auf X. Wäre die Ungleichheit in (10.3) strikt, so fänden wir ein $t_0 \in [0,1]$ und $u_0, v_0 \in \mathbb{R}$ mit

$$|f(t_0,u_0) - f(t_0,v_0)| > \mathrm{Lip}(F)\,|u_0 - v_0|\,.$$

Für die konstanten Funktionen $x_0(t) \equiv u_0$ und $y_0(t) \equiv v_0$ gilt dann

$$\begin{aligned}\|F(x_0) - F(y_0)\|_C &\geq |f(t_0,u_0) - f(t_0,v_0)| \\ &> \mathrm{Lip}(F)\,|u_0 - v_0| = \mathrm{Lip}(F)\,\|x_0 - y_0\|_C\,,\end{aligned}$$

ein Widerspruch. ☺

Man könnte erwarten, dass ein ähnliches Ergebnis in L_p oder zumindest in L_∞ gilt. Hierbei gibt es jedoch eine technische Schwierigkeit: Man darf (10.2) natürlich nur für fast alle t verlangen und nicht für alle. Es ist aber überhaupt nicht klar, ob die „Ausnahme-Nullmenge" von u und v abhängen darf oder nicht. Überraschenderweise spielt dies keine Rolle:

Lemma 10.1. *Sei $f\colon [0,1] \times \mathbb{R} \to \mathbb{R}$ eine Carathéodory-Funktion und $l \geq 0$. Dann sind die folgenden beiden Aussagen äquivalent:*

(a) *Für fast alle t gilt $|f(t,u) - f(t,v)| \leq l\,|u-v|$ für alle $u, v \in \mathbb{R}$.*

(b) *Für alle $u, v \in \mathbb{R}$ gilt $|f(t,u) - f(t,v)| \leq l\,|u-v|$ für fast alle t.*

□ Es ist klar, dass (b) aus (a) folgt. Gelte also umgekehrt (b). Dann gibt es für jedes $(u,v) \in \mathbb{Q}^2$ eine Nullmenge $N_{(u,v)}$, so dass $|f(t,u) - f(t,v)| \leq l\,|u-v|$ für alle t außerhalb von $N_{(u,v)}$ gilt. Die Vereinigung dieser abzählbar vielen Nullmengen ist wiederum eine Nullmenge. Insbesondere gilt also für fast alle t die Abschätzung $|f(t,u) - f(t,v)| \leq l\,|u-v|$ für alle $(u,v) \in \mathbb{Q}^2$; wir können zusätzlich annehmen, dass $f(t,\cdot)$ für diese t stetig ist. Indem wir nun beliebige $u, v \in \mathbb{R}^2$ durch rationale Zahlen approximieren und die Stetigkeit von $f(t,\cdot)$ in obiger Abschätzung ausnutzen, bekommen wir (a). ■

Beispiel 10.3. Sei $f\colon [0,1] \times \mathbb{R} \to \mathbb{R}$ eine Carathéodory-Funktion. Wir betrachten wiederum den durch f erzeugten Nemytskij-Operator (9.3), diesmal aber im Raum $X := L_p$

($1 \leq p \leq \infty$) und zeigen, dass auch hier die Gleichheit (10.2) gilt (jetzt natürlich nicht notwendig für alle, sondern nur für fast alle $t \in [0,1]$).

Die Abschätzung (10.3) folgt wie oben direkt aus der Definition der Norm auf X: Hierbei benutzen wir die Variante (a) aus Lemma 10.1 für die Definition der rechten Seite in (10.3). Nehmen wir nun umgekehrt an, die Ungleichheit in (10.3) wäre strikt, so benutzen wir die Variante (b) aus Lemma 10.1 für die Definition der rechten Seite und finden folglich $u_0, v_0 \in \mathbb{R}$ und eine zugehörige Menge $D \subseteq [0,1]$ von positivem Maß derart, dass

$$|f(t,u_0) - f(t,v_0)| > \operatorname{Lip}(F)\,|u_0 - v_0| \qquad (t \in D)$$

gilt. Für genügend große n hat dann auch die Menge

$$D_n := \{t : t \in [0,1], |f(t,u_0) - f(t,v_0)| \geq \operatorname{Lip}(F)\,|u_0 - v_0| + \tfrac{1}{n}\}$$

positives Maß, denn wegen $D_1 \subseteq D_2 \subseteq \cdots$ und $D = \bigcup_n D_n$ gilt $\operatorname{mes} D_n \to \operatorname{mes} D$. Für die Funktionen $x_0(t) = u_0 \chi_{D_n}(t)$ und $y_0(t) = v_0 \chi_{D_n}(t)$ gilt daher mit P_D wie in (4.36), dass

$$\begin{aligned}\|F(x_0) - F(y_0)\|_{L_p} &\geq \|P_{D_n}(F(x_0) - F(y_0))\|_{L_p} \geq \|P_{D_n}(\operatorname{Lip}(F)\,(x_0 - y_0) + \tfrac{1}{n})\|_{L_p} \\ &> \operatorname{Lip}(F)\,\|P_{D_n}(x_0 - y_0)\|_{L_p} = \operatorname{Lip}(F)\,\|x_0 - y_0\|_{L_p}\end{aligned}$$

ist, wiederum ein Widerspruch. ☺

Wir zeigen jetzt, dass die Situation im Raum C^1 drastisch anders ist: Außer affinen gibt es im Raum C^1 keine Lipschitz-stetigen Nemytskij-Operatoren:

Satz 10.1. *Der von einer Funktion $f\colon [0,1] \times \mathbb{R} \to \mathbb{R}$ erzeugte Nemytskij-Operator F erfüllt genau dann eine Lipschitzbedingung* (10.1) *wenn die erzeugende Funktion f die Form*

$$f(t,u) = a(t) + b(t)u \tag{10.4}$$

mit zwei festen Funktionen $a, b \in C^1$ hat, d. h. affin in u ist.

□ Wir benutzen o. B. d. A. die Norm

$$\|x\|_{C^1} = |x(0)| + \|x'\|_C, \tag{10.5}$$

die ja äquivalent zur Norm (1.25) ist (Beispiel 1.17). Hat f die Form (10.4), so gilt für $x, y \in C^1$

$$\begin{aligned}\|F(x) - F(y)\|_{C^1} &= |b(0)x(0) - b(0)y(0)| + \|b'(x-y)\|_C + \|b(x'-y')\|_C \\ &\leq L\,\|x - y\|_{C^1}\end{aligned}$$

mit $L := 2\,\|b\|_{C^1}$. Gelte umgekehrt (10.1) für alle $x, y \in C^1$. Da dann insbesondere $F\colon C^1 \to C^1$ stetig ist, muss f nach Satz 9.2 stetig differenzierbar sein. Wir fixieren Zahlen

σ, τ mit $0 < \sigma < \tau < 1$ und definieren $z \in C^1$ durch

$$z(t) := \begin{cases} 0 & \text{falls } 0 \leq t \leq \sigma, \\ \dfrac{1}{2}\dfrac{(t-\sigma)^2}{(\tau-\sigma)^2} & \text{falls } \sigma \leq t \leq \tau, \\ \dfrac{1}{2} + \dfrac{t-\tau}{\tau-\sigma} & \text{falls } \tau \leq t \leq 1; \end{cases}$$

es gilt dann

$$z'(t) = \begin{cases} 0 & \text{falls } 0 \leq t \leq \sigma, \\ \dfrac{t-\sigma}{(\tau-\sigma)^2} & \text{falls } \sigma \leq t \leq \tau, \\ \dfrac{1}{\tau-\sigma} & \text{falls } \tau \leq t \leq 1; \end{cases}$$

siehe Abb. 10.1.

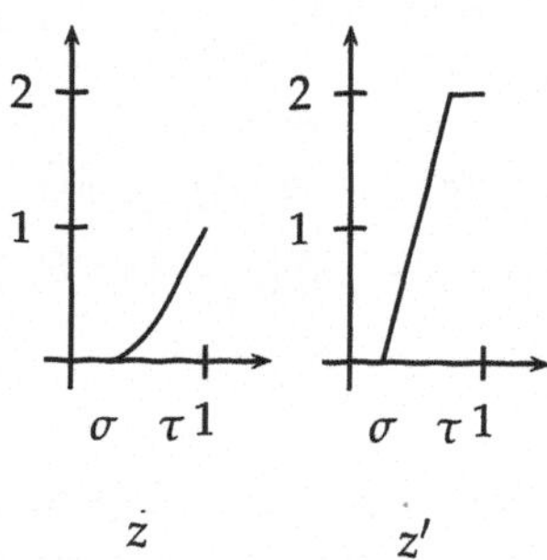

Abbildung 10.1: Die Funktionen z und z' aus dem Beweis von Satz 10.1

Für beliebiges $u, v \in \mathbb{R}$ sei nun $x(t) := z(t) + u$ sowie $y(t) := z(t) + v$. In der Norm (10.5) gilt dann $\|x - y\|_{C^1} = |u - v|$, d. h. die Lipschitzbedingung (10.1) bekommt die Form

$$\begin{aligned} &|f(0,u) - f(0,v)| + \max_{0 \leq t \leq 1} |g(t, x(t)) - g(t, y(t))| \\ &+ \max_{0 \leq t \leq 1} \left| h(t, x(t))x'(t) - h(t, y(t))y'(t) \right| \leq L\,|u - v|\,, \end{aligned} \tag{10.6}$$

wobei wir wieder die Abkürzung (9.5) benutzt haben. Lassen wir in (10.6) den ersten Term weg und setzen wir speziell $t = \tau$, so erhalten wir

$$|g(\tau, x(\tau)) - g(\tau, y(\tau))| + \frac{|h(\tau, x(\tau)) - h(\tau, y(\tau))|}{\tau - \sigma} \leq L\,|u - v|\,.$$

Nach Multiplikation mit $\tau - \sigma$ und Grenzübergang $\tau \to \sigma$ bekommen wir schließlich

$$|h(\sigma, u) - h(\sigma, v)| = |h(\sigma, x(\sigma)) - h(\sigma, y(\sigma))| = 0.$$

Dies bedeutet aber nichts anderes, als dass $h(t,\cdot)$ konstant ist, $f(t,\cdot)$ also affin. Hieraus folgt die Darstellung (10.4) mit $a(t) := f(t,0)$ und $b(t) := f(t,1) - f(t,0)$. ■

Wie schon früher für lineare Operatoren definieren wir auch für einen nichtlinearen Operator A seine Iterierten durch $A^0 := I$ und $A^{k+1} := AA^k$.

Satz 10.2 (Banach). [2] *Sei X Banachraum,*[3] *$M \subseteq X$ abgeschlossen und $A\colon M \to M$ kontrahierend. Dann hat A genau einen Fixpunkt $\hat{x} \in M$, und dieser kann als Grenzwert der Folge $(A^n(x_0))_n$ mit beliebigem Startelement $x_0 \in M$ gewonnen werden.*

□ Sei $L := \mathrm{Lip}(A)$ und $x_0 \in M$ beliebig. Wir zeigen, dass die Folge $(A^n(x_0))_n$ in M konvergiert. Zunächst gilt $\|A(x_0) - A^2(x_0)\| \leq L\,\|x_0 - A(x_0)\|$ und allgemein

$$\|A^n(x_0) - A^{n+1}(x_0)\| \leq L\,\|A^{n-1}(x_0) - A^n(x_0)\| \leq \cdots \leq L^n\,\|x_0 - A(x_0)\|\,.$$

Damit haben wir für jedes $n \in \mathbb{N}$ und $p \in \mathbb{N}$

$$\begin{aligned} &\|A^n(x_0) - A^{n+p}(x_0)\| \\ \text{(10.7)}\qquad &\leq \|A^n(x_0) - A^{n+1}(x_0)\| + \cdots + \|A^{n+p-1}(x_0) - A^{n+p}(x_0)\| \\ &\leq \left(L^n + \cdots + L^{n+p-1}\right)\|x_0 - A(x_0)\| \leq \frac{L^n}{1-L}\,\|x_0 - A(x_0)\|\,, \end{aligned}$$

also $\big\|A^n(x_0) - A^{n+p}(x_0)\big\| \to 0$ für $n \to \infty$, da $L < 1$ ist. Dies zeigt, dass $(A^n(x_0))_n$ Cauchyfolge in M ist; wegen der Vollständigkeit von X und der Abgeschlossenheit von M gibt es also ein $\hat{x} \in M$ mit $A^n(x_0) \to \hat{x}$ für $n \to \infty$. Aus der Stetigkeit von A folgt

$$A(\hat{x}) = A\Big(\lim_{n\to\infty} A^n(x_0)\Big) = \lim_{n\to\infty} A^{n+1}(x_0) = \hat{x},$$

d. h. $\hat{x}$ ist Fixpunkt von A.

Um die Eindeutigkeit von $\hat{x}$ in M zu zeigen, nehmen wir an, es gäbe noch einen Fixpunkt $\tilde{x} \neq \hat{x}$ von A in M. Dann erhalten wir

$$\|\hat{x} - \tilde{x}\| = \|A(\hat{x}) - A(\tilde{x})\| \leq L\,\|\hat{x} - \tilde{x}\|\,,$$

also $L \geq 1$, ein Widerspruch. ■

Wir machen einige Bemerkungen zu Satz 10.2. Da die Folge $(A^n(x_0))_n$, die den Fixpunkt approximiert, rekursiv berechenbar ist, nennt man sie die *Folge der sukzessiven Approximationen*.

Geht man in (10.7) zum Grenzwert $p \to \infty$ über, so erhält man

$$\|A^n(x_0) - \hat{x}\| \leq \frac{L^n}{1-L}\,\|x_0 - A(x_0)\|\,.$$

[2] In Italien wird Satz 10.2 meist als *Satz von Banach-Caccioppoli* bezeichnet, in Frankreich als *Satz von Banach-Picard*.

[3] Dieser Satz gilt in allgemeinerer Fassung, nämlich in *vollständigen metrischen Räumen*. Da wir aber nur normierte Räume betrachten, formulieren wir auch diesen Satz nur in solchen.

Diese wichtige Abschätzung gibt an, wie weit man nach der n-ten Anwendung von A auf den Startpunkt x_0 höchstens noch vom Fixpunkt $\hat{x}$ entfernt ist: Die Approximation ist umso besser, je kleiner $\mathrm{Lip}(A)$ ist oder je weniger A den Startpunkt x_0 zu Beginn „verschiebt".

Wir untersuchen nun, ob und ggf. wie man die Kontraktionsbedingung $\mathrm{Lip}(A) < 1$ abschwächen kann, um Satz 10.2 zu verallgemeinern. Ein Operator $A\colon M \to Y$ heißt *schwach kontrahierend* (oder eine *schwache Kontraktion*) auf M, falls statt (10.1) mit $L < 1$ die mildere Bedingung

$$\|A(x) - A(y)\| < \|x - y\| \qquad (x, y \in M, x \neq y) \tag{10.8}$$

gilt. Offensichtlich gilt die Eindeutigkeitsaussage aus Satz 10.2 dann immer noch: Gäbe es zwei verschiedene Fixpunkte $\hat{x}$ und $\tilde{x}$ in M, so hätten wir

$$\|\hat{x} - \tilde{x}\| = \|A(\hat{x}) - A(\tilde{x})\| < \|\hat{x} - \tilde{x}\|,$$

ein Widerspruch. Allerdings ist die Existenzaussage aus Satz 10.2 für schwache Kontraktionen nicht mehr gültig:

Beispiel 10.4. Sei $X := M := \mathbb{R}$ und $f\colon \mathbb{R} \to \mathbb{R}$ definiert durch $f(x) := \log(1 + e^x)$. Dann gilt $|f'(x)| = e^x/(1 + e^x) < 1$ für alle $x \in \mathbb{R}$, also ist f nach dem Mittelwertsatz eine schwache Kontraktion. Es ist klar, dass f keinen Fixpunkt besitzt, daher kann f nach Satz 10.2 keine Kontraktion sein. In der Tat gilt $\mathrm{Lip}(f) = 1$ in diesem Beispiel. ☺

Ein anderes Beispiel einer fixpunktfreien schwachen Kontraktion findet man in Aufgabe 10.2. Es ist kein Zufall, dass in allen solchen Beispielen die invariante Menge M zwar abgeschlossen ist, aber *nicht kompakt*: Für schwache Kontraktionen auf kompakten Mengen gilt Satz 10.2 nämlich wieder (Aufgabe 10.3).

Wir zeigen jetzt, wie man den „linearen" Satz 4.4 als elementare Folgerung des Banachschen Fixpunktsatzes – also sozusagen mit einem „nichtlinearen" Beweis – gewinnen kann; weitere Anwendungen folgen im nächsten Abschnitt.

Beispiel 10.5. Sei X Banachraum und $A \in \mathscr{L}(X, X)$ mit $\|A\| < 1$. Für festes $y \in X$ definieren wir $A_y\colon X \to X$ durch

$$A_y(x) := Ax + y.$$

Dann ist A_y eine Kontraktion mit $\mathrm{Lip}(A_y) = \|A\| < 1$, hat nach Satz 10.2 also genau einen Fixpunkt $\hat{x} \in X$. Da dieser Fixpunkt die Gleichung $x - Ax = y$ löst, haben wir gezeigt, dass der Operator $I - A$ bijektiv auf X ist, und dies ist genau die Aussage von Satz 4.3. Auch die Rolle der Neumannschen Reihe (4.21) wird jetzt klar: Starten wir nämlich von $x_0 = \theta$, so bekommen wir für A_y die Iterationsfolge

$$x_1 = y,\ x_2 = y + Ay,\ \ldots,\ x_n = \sum_{k=0}^{n-1} A^k y,\ \ldots,$$

deren Grenzwert die Neumannsche Reihe (4.21) an der Stelle y, also $(I - A)^{-1}y$ ist. ☺

In Satz 4.4 haben wir auch gesehen, dass die allgemeinere Bedingung $\|A^N\| < 1$ für ein $N \in \mathbb{N}$ für die Bijektivität von $I - A$ ausreicht; tatsächlich gilt eine entsprechende Verallgemeinerung auch für den Banachschen Fixpunktsatz (Aufgabe 10.4).

10.2 Anwendungen in endlichdimensionalen Räumen

Wir beginnen mit zwei klassischen Anwendungen des Banachschen Fixpunktsatzes im Banachraum $X := \mathbb{R}^N$. Sei $U \subseteq \mathbb{R}^N$ offen und $f\colon U \to \mathbb{R}^N$ eine C^1-Funktion, d. h. in jedem Punkt $x_0 \in U$ existiert die (Fréchet-)Ableitung $Df(x_0) \in \mathscr{L}(\mathbb{R}^N, \mathbb{R}^N)$ und hängt stetig von x_0 ab.[4] Unter dieser Voraussetzung gilt der folgende aus der Analysis wohlbekannte *Satz von der lokalen Umkehrbarkeit*:

Satz 10.3. *Sei $U \subseteq \mathbb{R}^N$ offen, $f \in C^1(U, \mathbb{R}^N)$ und $x_0 \in U$ mit $\det Df(x_0) \neq 0$. Dann gibt es offene Umgebungen V von x_0 und W von $f(x_0)$ derart, dass $f\colon V \to W$ bijektiv ist.*

□ Sei $L := Df(x_0)$ und $\varepsilon := 1/(2\,\|L^{-1}\|)$. Da Df stetig bei x_0 ist, finden wir ein $\delta > 0$, so dass $\|Df(x) - Df(x_0)\| \leq \varepsilon$ für jedes $x \in V := B_\delta(\mathbb{R}^N; x_0)$ gilt. Sei $W := f(V)$ und $y \in W$ fest. Definieren wir $A\colon V \to \mathbb{R}^N$ durch

$$A(x) := x + L^{-1}(y - f(x)), \tag{10.9}$$

so stimmen die Fixpunkte von A genau mit den Lösungen der Gleichung $f(x) = y$ in V überein. Für $x \in V$ gilt

$$\|DA(x)\| = \|L^{-1}(L - Df(x))\| \leq \|L^{-1}\|\,\|L - Df(x)\| < \frac{1}{2\varepsilon}\varepsilon = \frac{1}{2},$$

also

$$\|A(x_1) - A(x_2)\| \leq \frac{1}{2}\,\|x_1 - x_2\| \qquad (x_1, x_2 \in V).$$

Dies bedeutet, dass A eine Kontraktion auf V ist. Wir können den Banachschen Fixpunktsatz nicht unmittelbar anwenden, da wir nicht wissen, ob $A(V) \subseteq V$ gilt, aber wie im Beweis des Banachschen Fixpunktsatzes folgt bereits, dass A *höchstens* einen Fixpunkt in V hat, also dass f injektiv auf V ist. Nach Definition von W ist $f\colon V \to W$ also tatsächlich bijektiv.

Wir zeigen nun, dass W tatsächlich offen ist. Sei also $\hat{y} \in W$, etwa $\hat{y} = f(\hat{x})$ mit einem $\hat{x} \in V$. Es gibt dann ein $R > 0$ mit $M := K_R(\mathbb{R}^N; \hat{x}) \subseteq V$. Wir zeigen, dass $K_r(\mathbb{R}^N; \hat{y}) \subseteq W$ für $r := R/(2\,\|L^{-1}\|)$ gilt.

Sei also $y \in K_r(\mathbb{R}^N; \hat{y})$ und A durch (10.9) definiert. Wir müssen zeigen, dass A einen Fixpunkt hat. Wie oben gezeigt, ist A aber eine Kontraktion auf M. Nach dem Banach-

[4] Bekanntlich ist dies zur Existenz und Stetigkeit sämtlicher partieller Ableitungen $\partial f_i / \partial x_j$ $(i, j = 1, \ldots, N)$ auf U äquivalent.

schen Fixpunktsatz genügt es also zu zeigen, dass $A(M) \subseteq M$ gilt. Für $x \in M$ ist aber

$$\begin{aligned}\|Ax - \hat{x}\| &\leq \|Ax - A\hat{x}\| + \|A\hat{x} - \hat{x}\| = \|Ax - A\hat{x}\| + \|L^{-1}(y - f(\hat{x}))\| \\ &\leq \frac{1}{2}\|x - \hat{x}\| + \|L^{-1}(y - \hat{y})\| \leq \frac{1}{2}R + \|L^{-1}\| r = R,\end{aligned}$$

also $Ax \in K_R(\mathbb{R}^N; \hat{x}) \subseteq M$, wie behauptet. ■

Im Fall $N = 1$ besagt Satz 10.2, dass man eine C^1-Funktion $f\colon \mathbb{R} \to \mathbb{R}$ an allen Stellen x_0 lokal umkehren kann, an denen $f'(x_0) \neq 0$ ist (Abb. 10.2). Dies kann man mit

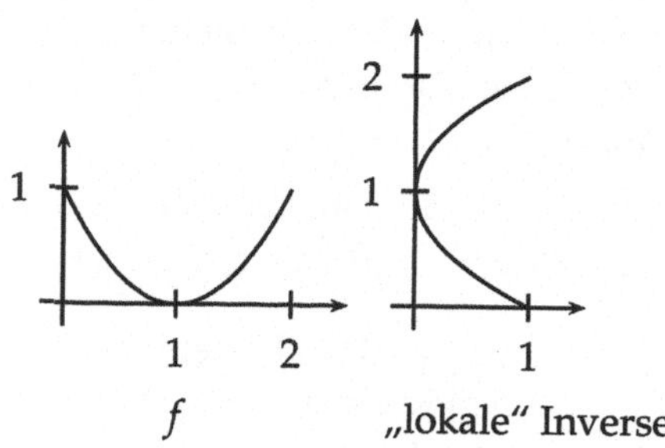

Abbildung 10.2: Nur bei der Nullstelle von f' ist f nicht lokal umkehrbar.

elementaren Mitteln einsehen: Aus der Stetigkeit von f' folgt, dass dann $f'(x) > 0$ oder $f'(x) < 0$ für $|x - x_0| < \delta$ mit geeignetem $\delta > 0$ ist; hieraus folgt die strikte Monotonie und damit auch die Umkehrbarkeit von f auf $(x_0 - \delta, x_0 + \delta)$. Interessanterweise wird Satz 10.3 falsch, wenn wir f lediglich als differenzierbar, aber nicht als stetig differenzierbar bei x_0 voraussetzen (Aufgabe 10.7).

Die zweite Anwendung des Banachschen Fixpunktsatzes, die wir betrachten wollen, betrifft das (vereinfachte) *Newton-Verfahren* im $\mathbb{R}^N$. Sei wieder $f\colon \mathbb{R}^N \to \mathbb{R}^N$ eine C^1-Funktion; wir suchen Lösungen der Gleichung $f(x) = \theta$. Dazu betrachten wir das Iterationsverfahren ($x_0 \in \mathbb{R}^N$ beliebig)

$$x_{n+1} := x_n - (Df(x_0))^{-1} f(x_n) \qquad (n = 0, 1, 2, \ldots). \tag{10.10}$$

Hierbei müssen wir wieder sicherstellen, dass die Ableitung $Df(x_0)$ nichtsingulär ist, d. h. $\det Df(x_0) \neq 0$.

Satz 10.4. *Sei $U \subseteq \mathbb{R}^N$ offen, $f \in C^1(U, \mathbb{R}^N)$ und $x_0 \in U$ mit $\det Df(x_0) \neq 0$. Die Funktion $Df\colon U \to \mathscr{L}(\mathbb{R}^N, \mathbb{R}^N)$ sei auf U beschränkt, und es gelte*

$$\|Df(x_0)^{-1}\| \, \|Df(x_0) - Df(z)\| \leq q < 1 \qquad (z \in U).$$

Dann konvergiert die Iterationsfolge (10.10) *gegen eine Nullstelle von f in U.*

□ Sei $L := Df(x_0)$ und $A\colon U \to \mathbb{R}^N$ definiert durch

$$A(x) := x - L^{-1}f(x). \tag{10.11}$$

Dann stimmen die Fixpunkte von A genau mit den Lösungen der Gleichung $f(x) = \theta$ in U überein. Für $x, y \in U$ gilt

$$\|A(x) - A(y)\| \leq \sup_{z \in U} \|DA(z)\| \, \|x - y\|$$

und

$$\|DA(z)\| = \|I - L^{-1}Df(z)\| = \|L^{-1}(L - Df(z))\| \leq q < 1.$$

Setzen wir

$$r := \frac{\|L\| \, \|f(x_0)\|}{1 - q},$$

so bildet der Operator (10.11) die Kugel $K_r(\mathbb{R}^N; x_0)$ in sich ab: Aus $\|x - x_0\| \leq r$ folgt nämlich

$$\|A(x) - x_0\| \leq \|A(x) - A(x_0)\| + \|A(x_0) - x_0\| \leq qr + (1 - q)r = r.$$

Aus dem Banachschen Fixpunktsatz folgt die Existenz eines Fixpunktes $\hat{x} \in K_r(\mathbb{R}^N; x_0)$, der dann Nullstelle von f ist.

Die Folge (10.10) ist natürlich nichts anderes als die Iterationsfolge $(A^n(x_0))_n$ des Operators (10.11) und konvergiert daher gegen $\hat{x}$. ■

10.3 Anwendungen in unendlichdimensionalen Räumen

Wir wenden uns jetzt Anwendungen des Banachschen Fixpunktsatzes in unendlichdimensionalen Banachräumen zu. Im Raum $C = C[0,1]$ betrachten wir den nichtlinearen Hammerstein-Operator

$$A(x)(s) := \int_0^1 k(s,t) f(t, x(t)) \, dt \qquad (0 \leq s \leq 1), \tag{10.12}$$

den wir wie in Kapitel 9 als Komposition $A = KF$ des linearen Integraloperators (9.18) und des nichtlinearen Nemytskij-Operators (9.3) schreiben. Wir setzen voraus, dass $k\colon [0,1] \times [0,1] \to \mathbb{R}$ und $f\colon [0,1] \times \mathbb{R} \to \mathbb{R}$ stetige Funktionen sind. Aus Satz 6.8 wissen wir, dass

$$\operatorname{Lip}(K) = \|K\| = [k]_C = \max_{0 \leq s \leq 1} \int_0^1 |k(s,t)| \, dt$$

ist, und aus Beispiel 10.2, dass Lip(F) mit der kleinsten Lipschitz-Konstanten Lip(f) der Funktion f im zweiten Argument übereinstimmt. Damit erhalten wir den folgenden Satz:

Satz 10.5. *Es gelte*

$$|f(t,u) - f(t,v)| \leq L\,|u-v| \qquad (0 \leq t \leq 1,\, u,v \in \mathbb{R}) \tag{10.13}$$

und

$$[k]_C\, L < 1. \tag{10.14}$$

Dann ist der Operator (10.12) *eine Kontraktion im Raum C.*

Betrachten wir statt (10.12) den Hammerstein-Volterra-Operator

$$A(x)(s) := \int_0^s k(s,t) f(t,x(t))\, dt \qquad (0 \leq s \leq 1), \tag{10.15}$$

so erhalten wir ein analoges Ergebnis. Wir können aber auch ein stärkeres Ergebnis beweisen. Dies ist insofern nicht verwunderlich, als wir ja schon seit Kapitel 6 wissen, dass lineare Volterra-Operatoren „bessere" Eigenschaften haben als Fredholm-Operatoren.

Satz 10.6. *Es gelte* (10.13). *Dann ist der Operator* (10.15) *eine Kontraktion bzgl. einer geeigneten äquivalenten Norm im Raum C.*

□ Wir versehen den Raum C mit der Norm

$$\|x\|_C^* = \max_{0 \leq t \leq 1} e^{-\gamma t}\, |x(t)|\,, \tag{10.16}$$

wobei wir $\gamma > 0$ so groß wählen, dass

$$\gamma > (1 - e^{-\gamma})\, [k]_C\, L \tag{10.17}$$

mit L aus (10.13) gilt. Da die Norm (10.16) zur üblichen Maximum-Norm auf C äquivalent ist (Beispiel 1.18), ist $(C, \|\cdot\|_C^*)$ ein Banachraum. Wir zeigen jetzt, dass der Operator (10.15) eine Kontraktion in diesem Raum ist. Für $x, y \in C$ gilt

$$\begin{aligned}
\|A(x) - A(y)\|_C^* &\leq \max_{0\leq s\leq 1} e^{-\gamma s} \int_0^s |k(t,s)|\, |f(t,x(t)) - f(t,y(t))|\, dt \\
&\leq L \max_{0\leq s\leq 1} e^{-\gamma s} \int_0^s |k(t,s)|\, |x(t) - y(t)|\, dt \\
&= L \max_{0\leq s\leq 1} e^{-\gamma s} \int_0^s |k(t,s)|\, e^{\gamma t} e^{-\gamma t}\, |x(t) - y(t)|\, dt \\
&\leq L\, \|x - y\|_C^* \max_{0\leq s\leq 1} e^{-\gamma s} \int_0^s |k(t,s)|\, e^{\gamma t}\, dt \\
&\leq L\, [k]_C\, \|x - y\|_C^* \max_{0\leq s\leq 1} e^{-\gamma s} \frac{e^{\gamma s} - 1}{\gamma}
\end{aligned}$$

$$= L\,[k]_C \frac{1-e^{-\gamma}}{\gamma} \|x-y\|_C^* .$$

Damit folgt die Behauptung aus der Bedingung (10.17). ■

Hätten wir im Beweis von Satz 10.6 statt der gewichteten Norm (10.16) die übliche Maximum-Norm auf C betrachtet, so hätten wir die Kontraktionseigenschaft des Operators (10.15) nur auf dem Raum $C[0,b]$ mit $b < 1/L$ beweisen können (Aufgabe 10.10).

Zur Illustration der beiden vorangegangenen Sätze betrachten wir ein spezielles Beispiel.

Beispiel 10.6. Sei $k(s,t) := e^{st}$ und $f(u) := \log(1+|u|^\alpha)$ mit $\alpha > 0$; uns interessiert die Lösbarkeit der beiden Gleichungen

$$x(s) - \mu \int_0^1 e^{st} \log\left(1+|x(t)|^\alpha\right) dt = y(s) \tag{10.18}$$

und

$$x(s) - \mu \int_0^s e^{st} \log\left(1+|x(t)|^\alpha\right) dt = y(s) \tag{10.19}$$

im Raum $X := C$. Aus Beispiel 6.10 wissen wir schon, dass der lineare Integraloperator K mit Kernfunktion $k(s,t) := e^{st}$ in C beschränkt ist mit $\|K\| = [k]_C = e-1$. Wir untersuchen nun, ob f eine Lipschitzbedingung erfüllt. Dazu differenzieren wir f für $u > 0$ und erhalten

$$f'(u) = \frac{\alpha u^{\alpha-1}}{1+u^\alpha}.$$

Im Falle $\alpha < 1$ gilt $f'(u) \to \infty$ für $u \to 0^+$, und mit Aufgabe 10.6 folgt hieraus, dass f keine Lipschitzbedingung erfüllt. Im Falle $\alpha = 1$ ist $|f'(u)| \leq 1$, und 1 ist hierbei die bestmögliche Abschätzung. Mit Aufgabe 10.6 folgt, dass f dann eine Lipschitzbedingung mit der bestmöglichen Konstanten 1 erfüllt. Im Falle $\alpha > 1$ nimmt f' sein Maximum an dem Punkt $u_0 > 0$ an, an dem $f''(u_0) = 0$ ist, also

$$(\alpha-1)(1+u_0^\alpha) = \alpha u_0^\alpha.$$

Es folgt $u_0^\alpha = (\alpha - 1)$ und $f'(u_0) = (\alpha-1)/u_0 = (\alpha-1)^{(\alpha-1)/\alpha}$, was dann nach Aufgabe 10.6 wieder die bestmögliche Lipschitzkonstante für f ist. Für $\alpha \geq 1$ sichert Satz 10.5 also die Lösbarkeit der Gleichung (10.18) für

$$|\mu| < \frac{1}{(e-1)(\alpha-1)^{(\alpha-1)/\alpha}}$$

(wir setzen hier $0^0 := 1$), Satz 10.6 dagegen die Lösbarkeit der Gleichung (10.19) für beliebiges μ. Im Fall $\alpha < 1$ ist keiner der Sätze 10.4 und 10.5 direkt anwendbar. ☺

Später (Beispiel 12.3) werden wir andere Existenzsätze beweisen, die man auf die Gleichungen (10.18) und (10.19) auch im Fall $\alpha < 1$ anwenden kann.

10.4 Nichtexpansive Operatoren

Seien X und Y normierte Räume und $M \subseteq X$. Ein Operator $A\colon M \to Y$ heißt *nichtexpansiv* auf M, wenn $\mathrm{Lip}(A) \le 1$ ist, wenn also

$$\|A(x) - A(y)\| \le \|x - y\| \qquad (x, y \in M)$$

gilt. Diese Bedingung ist natürlich noch schwächer als die schwache Kontraktionsbedingung (10.8). Daher ist es nicht verwunderlich, dass noch mehr von Satz 10.2 „verlorengeht“: Ein nichtexpansiver Operator kann fixpunktfrei sein ($A(x) := x + 1$ in $X := \mathbb{R}$), oder er kann sehr viele Fixpunkte haben ($A(x) := x$ in $X := \mathbb{R}$).

Wir fassen das Fixpunktverhalten der bisher besprochenen Operatorenklassen auf abgeschlossenen Teilmengen von Banachräumen in Tabelle 10.1 zusammen.

A	Existenz	Eindeutigkeit
kontrahierend	ja	ja
schwach kontrahierend	nein	ja
nichtexpansiv	nein	nein

Tabelle 10.1: Fixpunkte bei nichtexpandierenden Operatoren

Für einen beliebigen stetigen Operator $A\colon M \to Y$ nennen wir die Zahl

$$\eta(A; M) := \inf\{\|x - A(x)\| : x \in M\} \tag{10.20}$$

die *minimale Verschiebung* von A auf M. Natürlich gilt

$$\eta(A; M) = 0, \tag{10.21}$$

falls A einen Fixpunkt in M hat. Umgekehrt kann allerdings (10.21) auch für fixpunktfreie Operatoren erfüllt sein! Eine Klasse solcher Operatoren wird im nächsten Satz beschrieben.

Satz 10.7. *Sei $M \subset X$ beschränkt, abgeschlossen und konvex und $A\colon M \to M$ nichtexpansiv. Dann gilt* (10.21).

□ Sei $z \in M$ fest, $0 < \varepsilon < 1$ und $A_\varepsilon\colon M \to M$ definiert durch

$$A_\varepsilon(x) := \varepsilon z + (1 - \varepsilon)A(x). \tag{10.22}$$

Dann ist A_ε eine Kontraktion auf M mit $\mathrm{Lip}(A_\varepsilon) \le 1 - \varepsilon$, hat also genau einen Fixpunkt

$\hat{x}_\varepsilon \in M$. Wir bekommen dann

$$\|\hat{x}_\varepsilon - A(\hat{x}_\varepsilon)\| = \|A_\varepsilon(\hat{x}_\varepsilon) - A(\hat{x}_\varepsilon)\| = \varepsilon \|z - A(\hat{x}_\varepsilon)\| \leq \varepsilon \operatorname{diam} M,$$

und (10.21) folgt aus der Beliebigkeit von $\varepsilon > 0$. ∎

Wir illustrieren Satz 10.7 durch zwei Beispiele, in denen A keinen Fixpunkt besitzt.

Beispiel 10.7. Sei $X := C[0,1]$ und

$$M := \{x : x \in X, 0 = x(0) \leq x(t) \leq x(1) = 1\}. \tag{10.23}$$

Offensichtlich ist M beschränkt (mit $\operatorname{diam} M = 1$), abgeschlossen und konvex. Der durch

$$Ax(t) := tx(t) \tag{10.24}$$

definierte (lineare!) Operator A lässt die Menge M invariant und ist wegen $\|A\| = 1$ (Beispiel 4.9) nichtexpansiv. Der einzige Fixpunkt von A ist $\hat{x}(t) \equiv 0$, dieser liegt aber wegen $\hat{x}(1) \neq 1$ nicht in M. Wählen wir $z(t) := t$ im Beweis von Satz 10.7, so erhalten wir

$$\hat{x}_\varepsilon(t) = \frac{\varepsilon t}{1 - (1-\varepsilon)t}$$

als eindeutigen Fixpunkt des Operators (10.22) in M. Man überzeugt sich leicht, dass tatsächlich $\|\hat{x}_\varepsilon - A(\hat{x}_\varepsilon)\| \leq \varepsilon$ ist (s. Abb. 10.3).

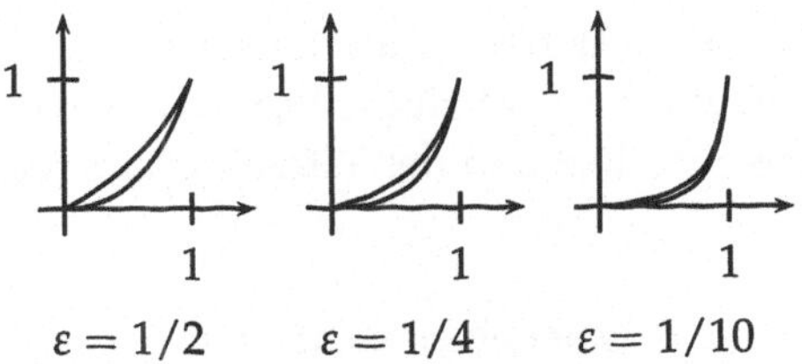

Abbildung 10.3: $\hat{x}_\varepsilon$ und $A\hat{x}_\varepsilon$ aus Beispiel 10.7

Der Operator (10.24) hat übrigens auf M eine merkwürdige Eigenschaft: Betrachten wir wie im Banachschen Fixpunktsatz für beliebiges $x_0 \in M$ die Iterationsfolge $(A^n(x_0))_n$, so erhalten wir

$$\|x_0 - A^n(x_0)\| = \max_{0 \leq t \leq 1} |x_0(t) - t^n x_0(t)| \to 1 = \operatorname{diam} M \qquad (n \to \infty),$$

d. h. die Folge $(A^n(x_0))_n$ geht stets „auf größtmögliche Distanz" zu ihrem Startwert x_0, egal, wo wir diesen wählen. ☺

Beispiel 10.8. Sei $X := \ell_1$, $e_n := (\delta_{mn})_m$ der n-te Basisvektor in X und

$$M := \overline{\operatorname{conv}}\,\{e_1, e_2, e_3, \ldots\} = \{(\xi_n)_n : \xi_n \geq 0, \|x\| = \sum_{n=1}^{\infty} \xi_n = 1\}.$$

Diese Menge ist wieder beschränkt (mit $\operatorname{diam} M = 2$), abgeschlossen und konvex. Die schon in Beispiel 4.6 eingeführte (lineare) Rechtsverschiebung

$$A(\xi_1, \xi_2, \xi_3, \dots) := (0, \xi_1, \xi_2, \dots)$$

lässt die Menge M invariant und ist wegen $\|A\| = 1$ nichtexpansiv. Der einzige Fixpunkt von A ist $\hat{x} = (0,0,0,\dots)$, dieser liegt aber wegen $\|\hat{x}\| \neq 1$ nicht in M. Für $z := e_1 = (1,0,0,\dots)$ hat der entsprechende Operator (10.22) den eindeutigen Fixpunkt

$$\hat{x}_\varepsilon = \Big(\varepsilon, \varepsilon(1-\varepsilon), \varepsilon(1-\varepsilon)^2, \varepsilon(1-\varepsilon)^3, \dots\Big) \in M.$$

Auch hier bekommen wir für jedes $x_0 \in M$ die merkwürdige Beziehung

$$\|x_0 - A^n(x_0)\| = \sum_{k=1}^{n} \xi_k + \sum_{k=n+1}^{\infty} |\xi_k - \xi_{k-n}| \to 2 = \operatorname{diam} M \qquad (n \to \infty)$$

wie im vorigen Beispiel. ☺

In beiden Beispielen war M nicht kompakt. Dies ist kein Zufall:

Satz 10.8. *Ist $M \subseteq X$ kompakt und $A\colon M \to X$ stetig, so ist genau dann $\eta(A;M) = 0$ wenn A einen Fixpunkt hat. Ist insbesondere $M \subseteq X$ konvex und kompakt, so hat jede nichtexpansive Abbildung $A\colon M \to M$ einen Fixpunkt.*

□ Wegen der Kompaktheit von M und der Stetigkeit der Abbildung $g(x) := \|x - Ax\|$ ist $g(M)$ kompakt. Insbesondere ist das Infimum in (10.23) ein Minimum, d. h. $\eta(A;M)$ ist genau dann Null, wenn es ein $x \in M$ gibt mit $\|x - Ax\| = 0$, also $x = Ax$. Die zweite Behauptung folgt nun aus Satz 10.7 und der Tatsache, dass nichtexpansive Operatoren (Lipschitz-)stetig sind. ■

Wir bringen nun noch ein Beispiel eines nichtexpansiven Operators, der eine ganze Kugel fixpunktfrei in ihren Rand abbildet, sowie ein Beispiel einer fixpunktfreien schwachen Kontraktion auf einer Kugel.

Beispiel 10.9. Sei $X := c_0$ der Raum der reellen Nullfolgen mit der Supremumnorm (Beispiel 1.3), $M := K_1(X)$ die abgeschlossene Einheitskugel in X und

$$A(\xi_1, \xi_2, \xi_3, \dots) := (1, \xi_1, \xi_2, \dots).$$

Dann gilt $\|A(x) - A(y)\| = \|x - y\|$ für alle $x, y \in M$, also $\operatorname{Lip}(A) = 1$. Wegen $\|A(x)\| = 1$ für $\|x\| \leq 1$ bildet A die Kugel $K_1(X)$ in die Sphäre $S_1(X)$ ab und ist sogar injektiv. Der einzige Fixpunkt von A wäre $\hat{x} = (1,1,1,\dots)$, dieser gehört aber nicht zum Raum c_0. ☺

Beispiel 10.10. Seien X und M wie im vorigen Beispiel 10.9 und

$$A(\xi_1, \xi_2, \xi_3, \dots, \xi_n, \dots) := \Big(\tfrac{1}{2}(1 + \|x\|), \tfrac{3}{4}\xi_1, \tfrac{7}{8}\xi_2, \dots, (1 - 2^{-n})\xi_{n-1}, \dots\Big).$$

Man rechnet leicht nach, dass A die Kugel M in sich abbildet und auf M die Bedingung (10.8) erfüllt. Wäre $\hat{x} = (\hat{\xi}_1, \hat{\xi}_2, \hat{\xi}_3, \dots)$ ein Fixpunkt von A, so hätten wir

$$\hat{\xi}_1 = \tfrac{1}{2}(1 + \|\hat{x}\|),\ \hat{\xi}_2 = \tfrac{1}{2}\tfrac{3}{4}(1 + \|\hat{x}\|),\ \hat{\xi}_3 = \tfrac{1}{2}\tfrac{3}{4}\tfrac{7}{8}(1 + \|\hat{x}\|),\ \dots$$

also insbesondere $\hat{\xi}_n \geq 1$ für alle n, so dass $\hat{x}$ nicht zu c_0 gehören kann. ☺

10.5 Aufgaben

Aufgabe 10.1. Beweisen Sie die folgende „lokale Version" des Banachschen Fixpunktsatzes: Sei X Banachraum und $A\colon B_r(X; x_0) \to X$ kontrahierend für ein $x_0 \in X$ und $r > 0$ mit $\|x_0 - A(x_0)\| < (1 - \mathrm{Lip}(A))r$. Dann hat A einen Fixpunkt $\hat{x} \in B_r(x_0; X)$.

Hinweis. Wählen Sie $\rho \in (0, r)$ mit $\|x_0 - A(x_0)\| \leq (1 - \mathrm{Lip}(A))\rho$ und wenden Sie Satz 10.1 auf $M := K_\rho(X; x_0)$ an.

Aufgabe 10.2. Sei $X := \mathbb{R}$, $M := [1, \infty)$ und $f\colon M \to M$ definiert durch $f(x) := x + \frac{1}{x}$. Zeigen Sie, dass f auf M schwach kontrahierend, aber nicht kontrahierend ist. Hat f Fixpunkte in M?

Aufgabe 10.3. Sei X Banachraum, $M \subset X$ kompakt und und $A\colon M \to M$ schwach kontrahierend. Beweisen Sie, dass A genau einen Fixpunkt in M besitzt und dass man diesen wie im Fixpunktsatz von Banach als Grenzwert der Folge der sukzessiven Approximationen $x_n := A^n(x_0)$ erhält.

Hinweis. Sei $\varphi\colon M \to [0, \infty)$ definiert durch $\varphi(x) := \|x - A(x)\|$. Zeigen Sie, dass $(\varphi(x_n))_n$ monoton fällt und schließen Sie, dass jede Teilfolge von $(x_n)_n$ eine weitere Teilfolge enthält, die gegen einen Fixpunkt von A konvergiert. Beachten Sie weiter, dass A höchstens einen Fixpunkt besitzt.

Aufgabe 10.4. Sei X Banachraum, $M \subseteq X$ abgeschlossen und $A\colon M \to M$ derart, dass $\mathrm{Lip}(A^p) < 1$ für ein $p \in \mathbb{N}$ ist. Zeigen Sie, dass A genau einen Fixpunkt $\hat{x} \in M$ besitzt, und dass dieser als Grenzwert der Folge $(A^n(x_0))_n$ mit beliebigem Startwert $x_0 \in M$ gewonnen werden kann.

Hinweis. Zeigen Sie zunächst, dass für jeden Fixpunkt x von A^p auch Ax ein Fixpunkt von A^p ist. Um zu sehen, dass $(A^n(x_0))_n$ gegen einen Fixpunkt von A^p konvergiert, argumentieren Sie ähnlich wie im Beweis von Satz 4.4.

Aufgabe 10.5. Sei X Banachraum, $M := K_r(X)$ mit $r > 0$ und $A\colon M \to X$ eine Kontraktion mit $A(\partial M) \subseteq M$. Zeigen Sie, dass A genau einen Fixpunkt in M besitzt.

Hinweis. Wenden Sie Satz 10.1 auf den Operator $\tilde{A}(x) := \frac{1}{2}(x + A(x))$ an.

Aufgabe 10.6. Sei $f\colon \mathbb{R} \to \mathbb{R}$ stetig und in allen außer endlich vielen Punkten differenzierbar. Zeigen Sie, dass f genau dann eine Lipschitzbedingung erfüllt, wenn f' beschränkt ist, und dass die kleinste Schranke für $|f'(x)|$ auch die bestmögliche Lipschitzkonstante für f ist.

Aufgabe 10.7. Sei $f\colon \mathbb{R} \to \mathbb{R}$ definiert durch

$$f(x) := \begin{cases} \frac{x}{2} + x^2 \sin \frac{1}{x} & \text{falls } x \neq 0, \\ 0 & \text{falls } x = 0. \end{cases}$$

Zeigen Sie, dass f in 0 differenzierbar ist mit $f'(0) \neq 0$, aber in keiner Umgebung von 0 umkehrbar. Warum widerspricht dies nicht Satz 10.3?

Aufgabe 10.8. Sei A die in Aufgabe 6.12 definierte Matrix mit $0 < a < \frac{1}{2} < b < 1 - a < 1$. Zeigen Sie, dass A in $(\mathbb{R}^2, \|\cdot\|_1)$ eine Kontraktion ist, aber nicht in $(\mathbb{R}^2, \|\cdot\|_\infty)$. Zeigen Sie weiter, dass $\hat{x} = (0,0)$ der einzige Fixpunkt von A ist, und schätzen Sie $\|A^n(x_0) - \hat{x}\|_1$ und $\|A^n(x_0) - \hat{x}\|_\infty$ für $x_0 = (1,1)$ ab.

Aufgabe 10.9. Sei $X := C[0,1]$ und $M := K_r(X)$ mit $0 < r < \frac{1}{2}$. Beweisen Sie, dass der durch

$$A(x)(s) := s \int_0^1 x(t)^2 \, dt$$

definierte Operator A die Menge M in sich abbildet und auf M kontrahiert. Welchen eindeutigen Fixpunkt hat A in M? Hat A noch weitere Fixpunkte in X?

Aufgabe 10.10. Sei $f\colon [0,1] \times \mathbb{R} \to \mathbb{R}$ stetig mit (10.13), und sei $0 < b < 1/L$. Zeigen Sie, dass der Banachsche Fixpunktsatz die Lösbarkeit der Gleichung (10.18) auf dem Intervall $[0,b]$ sichert, falls man den Operator (10.15) im Raum $X := C[0,b]$ mit der Maximum-Norm betrachtet.

Aufgabe 10.11. Finden Sie eine notwendige und hinreichende Bedingung an die Funktion $f\colon [0,1] \times \mathbb{R} \to \mathbb{R}$, unter der der Nemytskij-Operator (9.3) im Raum $(C[0,1], \|\cdot\|_\gamma)$ mit $\|\cdot\|_\gamma$ wie in (1.34) kontrahierend ist.

11 Der Brouwersche Fixpunktsatz

Im Gegensatz zum „metrischen" Fixpunktsatz von Banach erfordert der „topologische" *Fixpunktsatz von Brouwer* in endlichdimensionalen Räumen einen komplizierten Beweis. Eng hiermit zusammen hängt die Unmöglichkeit, die Einheitskugel im $\mathbb{R}^N$ stetig auf ihren Rand zu „retrahieren", oder die identische Abbildung auf der Einheitssphäre stetig in eine konstante Abbildung zu „deformieren". In diesem Kapitel diskutieren wir den Brouwerschen Fixpunktsatz in solchen und mehreren äquivalenten Formulierungen.

11.1 Fixpunkte skalarer Funktionen

Eine ebenso elementare wie wichtige Eigenschaft stetiger Funktionen auf der Geraden $\mathbb{R}$ ist die *Zwischenwerteigenschaft*, die man so formulieren kann:

Satz 11.1. *Sei* $g\colon [0,1] \to \mathbb{R}$ *eine stetige Funktion mit* $g(0) \leq 0 \leq g(1)$. *Dann gibt es ein* $\xi \in [0,1]$ *derart, dass* $g(\xi) = 0$ *ist.*

Schon dieser überaus harmlose Satz lässt sich auf sehr unterschiedliche Weise umgangssprachlich interpretieren, z. B. so:

(a) Wenn man von Randersacker nach Heidingsfeld will, muss man mindestens einmal den Main überqueren. (Hierbei sollen natürlich pathologische Reisen, d. h. Reisen außerhalb Unterfrankens,[1] ausgeschlossen sein).

(b) Ein mit Schinken belegtes Brot lässt sich immer gerecht teilen. (Man teile zunächst in jeder Richtung das Brot in genau zwei gleich große Teile. Ordnet man jedem Richtungswinkel die Differenz der Schinkenmasse rechts und links des Brotschnittes zu, so hat diese Funktion beim Anfangsschnitt und beim Schnitt in genau entgegengesetzter Richtung den gleichen Wert, aber mit verschiedenem Vorzeichen; s. Abb. 11.1).

(c) Zu jedem beliebigen Zeitpunkt gibt es auf jedem beliebigen Großkreis der Erde (z. B. auf dem Äquator) zwei Antipodenpunkte, an denen die gleiche Temperatur herrscht. (Man ordnet jedem Punkt die Differenz der Temperatur und der Temperatur am Antipodenpunkt zu und argumentiert dann wie in (b)).

(d) Jeder geschlossenen ebenen Kurve (z. B. der Küste des Gardasees im Atlas) kann ein Quadrat umbeschrieben werden. (Man konstruiere zunächst ein die Kurve umschreibendes Rechteck und ordne diesem Rechteck die Differenz der Länge der

[1] vgl. die Adresse der Autoren. Parallele Beispiele in ihrem Heimatbereich kann jede Leserin selbst konstruieren.

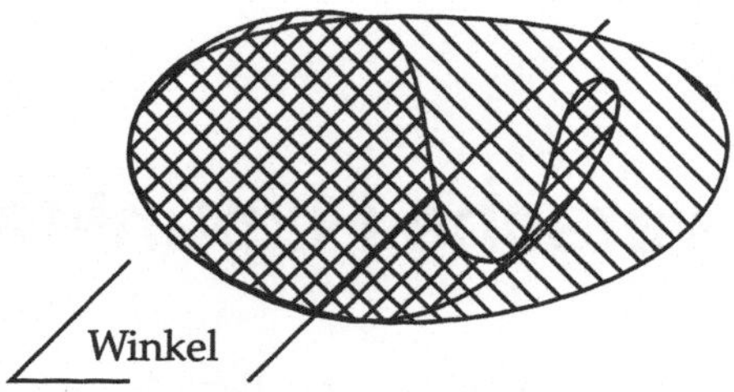

Abbildung 11.1: Gerechtes Teilen eines Schinkenbrots

größeren von der kleineren Seite zu. Dreht man das Rechteck dann um 90°, so geht die längere Seite in die kürzere über und umgekehrt; s. Abb. 11.2)

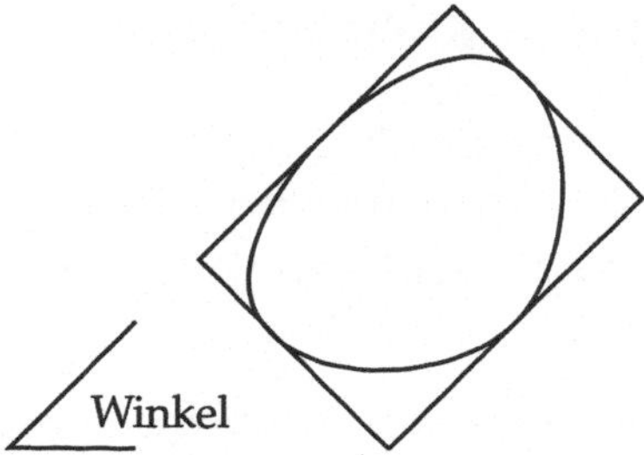

Abbildung 11.2: Umschreiben eines Quadrats um eine Kurve

Die Beispiele aus (b) und (c) werden wir später noch verschärfen können (Satz 14.17 und Beispiel 14.4).

Im folgenden wollen wir den einfachsten Fixpunktsatz auf der Geraden studieren, nämlich die folgende „eindimensionale Version" des *Brouwerschen Fixpunktsatzes*, den wir in allgemeiner Form in Satz 11.5 vorstellen:

Satz 11.2. *Sei $f\colon [0,1] \to [0,1]$ eine stetige Funktion. Dann gibt es ein $\xi \in [0,1]$ mit $f(\xi) = \xi$.*

□ Sei $g\colon [0,1] \to \mathbb{R}$ definiert durch $g(x) := x - f(x)$. Dann gilt $g(0) = -f(0) \leq 0$ und $g(1) = 1 - f(1) \geq 0$. Nach Satz 11.1 gibt es ein $\xi \in [0,1]$ mit $g(\xi) = 0$, also $f(\xi) = \xi$. ■

Wir haben Satz 11.2 als Folgerung aus Satz 11.1 hergeleitet. Man kann aber auch Satz 11.1 mittels Satz 11.2 beweisen: In der Tat, sei g wie in Satz 11.1 gegeben; o. B. d. A. dürfen wir annehmen, dass $g(0) < 0$ und $g(1) > 0$ ist. Nun definieren wir

$$f(x) := \min\{\max\{x - g(x), 0\}, 1\}.$$

Dann ist $f\colon [0,1] \to [0,1]$ stetig, also gibt es ein $\xi \in [0,1]$ mit $\xi = f(\xi)$. Wegen $g(0) < 0$ ist $f(0) > 0$ und daher muss $\xi \neq 0$ sein. Analog folgt aus $g(1) > 0$, dass $f(1) < 1$ und folglich $\xi \neq 1$ ist. Insbesondere ist $f(\xi) = \xi \notin \{0,1\}$. Die Definition von f impliziert daher, dass $\xi = f(\xi) = \xi - g(\xi)$, mithin $g(\xi) = 0$ gilt.

Interessanterweise gilt ein Satz 11.2 entsprechender Fixpunktsatz auch dann noch, wenn man f nicht als stetig, sondern nur als *monoton steigend* voraussetzt. In der Tat, da die Menge

$$M := \{x : 0 \leq x \leq 1, f(x) > x\}$$

nach oben beschränkt ist (und o. B. d. A. nichtleer ist, denn sonst wäre 0 schon Fixpunkt), existiert wegen der Vollständigkeit von $\mathbb{R}$ das Supremum $\xi := \sup M$; dies ist dann ein Fixpunkt von f (Abb. 11.3). Für *monoton fallende* Funktionen gilt ein entsprechendes

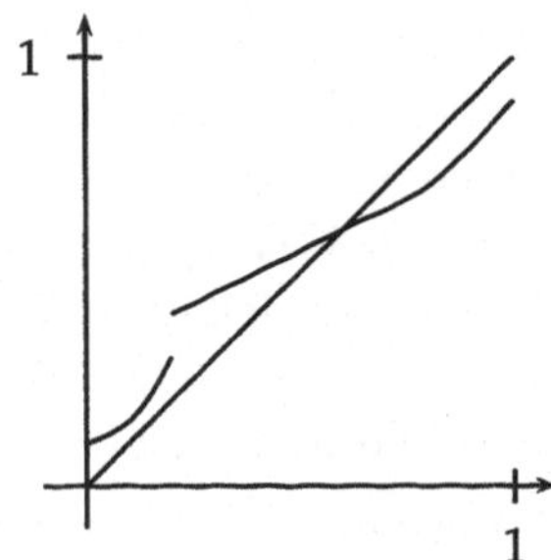

Abbildung 11.3: Jedes wachsende $f\colon [0,1] \to [0,1]$ schneidet die Diagonale.

Ergebnis natürlich nicht, wie triviale Beispiele zeigen.

11.2 Fixpunkte vektorieller Funktionen

Während der Beweis des Brouwerschen Fixpunktsatzes auf der Geraden trivial ist, ist er schon in der Ebene nicht nur hochgradig nichttrivial, sondern auch schwer einzusehen. Für die Einheitskugel kann man ihn etwa so formulieren:

Satz 11.3 (Brouwer). *Sei $K := K_1(\mathbb{R}^N)$ die abgeschlossene Einheitskugel im $\mathbb{R}^N$, und sei $f\colon K \to K$ eine stetige Funktion. Dann hat f einen Fixpunkt in K.*

Wir werden Satz 11.3 später beweisen (s. Satz 11.5). Im Gegensatz zu Satz 11.2 ist Satz 11.3 nicht unmittelbar klar: Zieht man etwa im $\mathbb{R}^2$ die Kreisscheibe $K := \{(x,y) : \|(x,y)\|_2 = \sqrt{x^2+y^2} \leq 1\}$ stark zusammen und verschiebt sie dann, so scheint man oberflächlich betrachtet alle Fixpunkte zerstört zu haben (Abb. 11.4); durch Rechnung kann man natürlich die Existenz eines Fixpunktes nachweisen.

Wir wollen versuchen „empirisch" zu begründen, weshalb Satz 11.3 richtig ist. Sei also $f\colon K_1(\mathbb{R}^N) \to K_1(\mathbb{R}^N)$ stetig. Für unsere Überlegungen ist es praktischer, wenn wir uns f stetig auf ganz $\mathbb{R}^N$ fortgesetzt vorstellen, also $f\colon \mathbb{R}^N \to K_1(\mathbb{R}^N)$ (mit Satz A.15 aus dem Anhang kann man diese Voraussetzung rechtfertigen).

Wir betrachten nun die stetige Funktion $h(t,x) := x - tf(x)$ $(0 \leq t \leq 1)$. Die Nullstellen von $h(t,\cdot)$ sind dann gerade die Fixpunkte der Abbildung $f_t(x) := tf(x)$. Wir

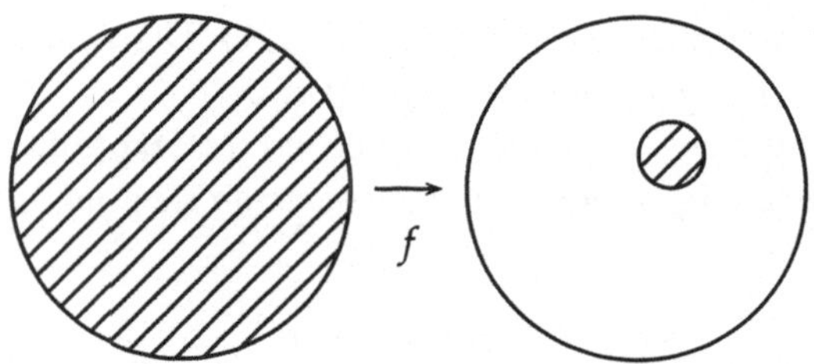

Abbildung 11.4: Vermeintlich fixpunktfreie Abbildung

interpretieren t als Zeit: Zum Zeitpunkt $t = 0$ hat die Abbildung $h(t, \cdot)$ natürlich genau eine Nullstelle (nämlich θ). Man könnte nun hoffen, dass man irgendwie nachweisen kann, dass diese Nullstelle für variierende Zeit t nicht „plötzlich verschwindet" und „stetig von der Zeit t abhängt". Da die Nullstellen von $h(t, \cdot)$ die Fixpunkte von f_t sind und daher für $t < 1$ stets im Inneren von $K_1(\mathbb{R}^N)$ liegen müssen (also insbesondere auf $S_1(\mathbb{R}^N)$ keine Nullstelle liegt), kann die Nullstelle zum Zeitpunkt $t = 1$ noch nicht „über den Rand von $K_1(\mathbb{R}^N)$ abgewandert sein", sie muss also noch in $K_1(\mathbb{R}^N)$ liegen, und daher hat f einen Fixpunkt. Leider ist dieser Beweisversuch „zu einfach":

Beispiel 11.1. Wir betrachten in $\mathbb{R}$ (also für $N = 1$) die stetige Funktion

$$g(x) := \begin{cases} x & \text{falls } x \le \frac{1}{3}, \\ \frac{1}{3} & \text{falls } \frac{1}{3} \le x \le \frac{2}{3}, \\ x - \frac{1}{3} & \text{falls } x \ge \frac{2}{3} \end{cases}$$

(Abb. 11.5) und $h(t,x) := g(x) - t$. Für $t < \frac{1}{3}$ hat $h(t, \cdot)$ genau die Nullstelle $x = t$. Für

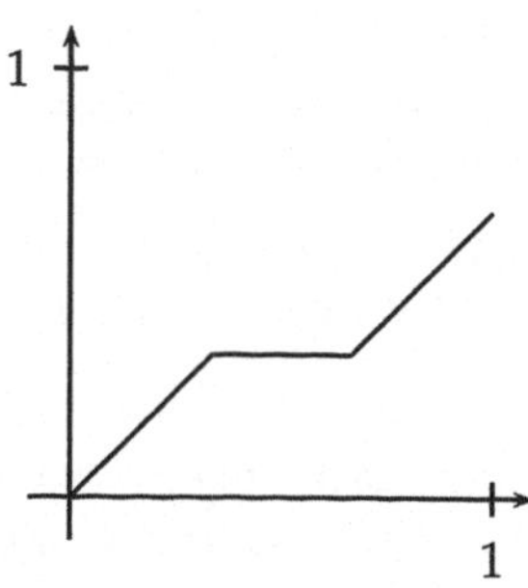

Abbildung 11.5: Funktion mit „springender" Urbild-Funktion

$t > \frac{1}{3}$ jedoch hat $h(t, \cdot)$ genau die Nullstelle $x = t + \frac{1}{3}$; die Nullstelle hängt also nicht stetig von t ab. ☺

Beispiel 11.1 braucht uns noch nicht zu entmutigen, denn obwohl die Nullstelle bei $t = \frac{1}{3}$ „springt", so hat dennoch $h(t, \cdot)$ zum Zeitpunkt $t = \frac{1}{3}$ des Sprungs das gesamte „Sprungintervall" $[\frac{1}{3}, \frac{2}{3}]$ als Nullstellenmenge: Sollte also in obigem Beweisversuch des

Brouwerschen Fixpunktsatzes der Fixpunkt zu einem Zeitpunkt $t = t_0 \in (0,1)$ „über den Rand $S_1(\mathbb{R}^N)$ springen“, so kann man dennoch hoffen, dass man nachweisen kann, dass zum Zeitpunkt $t = t_0$ eine Nullstelle auf dem Rand $S_1(\mathbb{R}^N)$ liegen müsste (was wegen $f_{t_0}(\mathbb{R}^N) \subseteq B_1(\mathbb{R}^N)$ nicht der Fall sein kann). Tatsächlich kann man die gewünschte Stetigkeit präzisieren und beweisen. Das folgende Beispiel ist aber unangenehmer, denn es zeigt, dass man den Fixpunktsatz von Brouwer trotzdem nicht ohne Probleme erhalten kann:

Beispiel 11.2. Wir betrachte in $\mathbb{R}$ (also für $N = 1$) die Abbildung $h(t,x) := x^2 + t$. Zum Zeitpunkt $t = 0$ hat diese Abbildung genau eine Nullstelle, nämlich $x = \theta$. Dennoch hat $h(t,\cdot)$ für kein $t > 0$ eine Nullstelle. Eine Nullstelle kann also „plötzlich verschwinden“. ☺

Beispiel 11.2 zeigt, dass man aus der Existenz einer eindeutigen Nullstelle von $h(t,\cdot)$ zum Zeitpunkt $t = 0$ noch nicht auf die Existenz einer Nullstelle zum Zeitpunkt $t = 1$ schließen kann, selbst dann, wenn man weiß, dass sämtliche Nullstellen in $B_1(\mathbb{R}^N)$ liegen müssen.

Der „tiefere“ Grund, weshalb sich der obige Beweis des Fixpunktsatzes von Brouwer trotz des Beispiels 11.2 präzisieren lässt, liegt darin, dass in diesem „empirischen“ Beweis $h(0,\cdot)$ die Identitätsabbildung $h(0,x) = x$ ist, während man in Beispiel 11.2 $h(0,x) = x^2$ hat: Die Nullstelle der Funktion $x \mapsto x^2$ ist in gewissem Sinne „unwesentlich“ und kann daher verlorengehen, während dies bei der Nullstelle der Identitätsabbildung nicht der Fall zu sein scheint. Man müsste also den Begriff einer „wesentlichen Nullstelle“ präzisieren und nachweisen, dass eine „wesentliche Nullstelle“ bei Veränderung von t nicht verlorengehen kann (und „wesentlich“ bleibt). Solche Betrachtungen werden wir in Abschnitt 14.1 präzisieren.

Den Fixpunktsatz von Brouwer werden wir jedoch nicht durch Präzisierung der obigen Überlegungen beweisen – obwohl dies theoretisch möglich wäre, wenngleich auch sehr aufwändig und mit vielen zusätzlichen Überlegungen verbunden.

11.3 Retraktionen und Zusammenziehungen

In diesem Abschnitt sei X zunächst ein beliebiger normierter linearer Raum. Wie bisher bezeichnen wir mit

$$K_r(X) := \{x : x \in X, \|x\| \le r\}$$

die abgeschlossene Kugel mit Radius $r > 0$ um θ in X und mit

$$S_r(X) := \{x : x \in X, \|x\| = r\}$$

ihren Rand.

Eine Funktion $\rho\colon K_1(X) \to S_1(X)$ heißt *Retraktion* (der Kugel auf die Sphäre), falls ρ stetig ist und $\rho(x) = x$ für $x \in S_1(X)$ gilt. Anschaulich bedeutet die Existenz einer

Retraktion, dass man das Innere der Kugel auf ihren Rand „zurückziehen" kann, ohne Löcher in der Kugel aufzureißen. Allgemein nennt man eine Teilmenge L einer Menge $M \subseteq X$ *Retrakt* von M, falls es eine stetige Funktion $\rho\colon M \to L$ gibt, die auf L die Identität ist.

Ein verwandter Begriff ist der der Zusammenziehbarkeit. Die Sphäre $S_1(X)$ heißt *zusammenziehbar*, falls es einen Punkt $x_0 \in S_1(X)$ und eine stetige Funktion $h\colon [0,1] \times S_1(X) \to S_1(X)$ („*Homotopie*") gibt derart, dass $h(0,x) = x$ und $h(1,x) \equiv x_0$ ist (d. h. die Homotopie deformiert die identische in eine konstante Funktion auf der Sphäre).[2]

Beide Konstruktionen, das Zurückholen der Kugel auf die Sphäre und das Zusammenziehen der Sphäre auf einen Punkt, erscheinen uns in den Fällen, die wir uns geometrisch vorstellen können (d. h. für $X = \mathbb{R}$, $\mathbb{R}^2$ oder $\mathbb{R}^3$) unmöglich. In der Tat sind beide Konstruktionen in diesen Räumen unmöglich, und dies ist wiederum *äquivalent zum Brouwerschen Fixpunktsatz:*

Satz 11.4. *Sei X ein normierter linearer Raum, und seien $K_1(X)$ und $S_1(X)$ wie oben definiert. Dann sind die folgenden drei Aussagen äquivalent:*

(a) *Jede stetige Funktion $f\colon K_1(X) \to K_1(X)$ hat einen Fixpunkt.*

(b) *Die Sphäre $S_1(X)$ ist nicht Retrakt der Kugel $K_1(X)$.*

(c) *Die Sphäre $S_1(X)$ ist nicht zusammenziehbar.*

□ Beweis (a)⇒(b): Angenommen, es gäbe eine Retraktion $\rho\colon K_1(X) \to S_1(X)$. Setzen wir dann $f(x) := -\rho(x)$, so ist f eine stetige Funktion von $K_1(X)$ in sich, hat also nach (a) einen Fixpunkt x_*. Da f sogar nach $S_1(X)$ abbildet, gilt $x_* \in S_1(X)$, also $x_* = \rho(x_*) = -f(x_*) = -x_*$, mithin $x_* = \theta$, ein Widerspruch.

Beweis (b)⇒(c): Angenommen, es gäbe eine Homotopie $h\colon [0,1] \times S_1(X) \to S_1(X)$ mit $h(0,x) = x$ und $h(1,x) \equiv x_0 \in S_1(X)$. Für $x \in K_1(X)$ definieren wir dann

$$\rho(x) := \begin{cases} x_0 & \text{falls } \|x\| \le \frac{1}{2}, \\ h(2 - 2\|x\|, \frac{x}{\|x\|}) & \text{falls } \|x\| \ge \frac{1}{2}. \end{cases}$$

Da für $\|x\| = \frac{1}{2}$ offenbar $\rho(x) = h(1, 2x) = x_0$ gilt, ist ρ eine stetige Funktion von $K_1(X)$ in $S_1(X)$. Für $x \in S_1(X)$ haben wir $\|x\| = 1$, also $\rho(x) = h(0,x) = x$. Damit ist ρ eine Retraktion der Kugel auf die Sphäre, ein Widerspruch zu (b).

Beweis (c)⇒(a): Angenommen, es gäbe eine stetige Funktion $f\colon K_1(X) \to K_1(X)$ ohne Fixpunkte. Für $\|x\| = 1$ und $0 \le \lambda < \frac{1}{2}$ ist dann $2\lambda \|f(x)\| < 1 = \|x\|$, also $x - 2\lambda f(x) \neq \theta$. Für $\|x\| = 1$ und $\frac{1}{2} \le \lambda \le 1$ ist außerdem $2x - 2\lambda x - f(2x - 2\lambda x) \neq 0$, denn sonst

[2] Anschaulich bedeutet dies, dass man der Kugel „das Fell über die Ohren ziehen kann", ohne Löcher auf der Oberfläche aufzureißen.

wäre $x_* = 2x - 2\lambda x$ Fixpunkt von f. Damit ist die Funktion

$$(11.1)\qquad h(\lambda, x) := \begin{cases} \dfrac{x - 2\lambda f(x)}{\|x - 2\lambda f(x)\|} & \text{falls } 0 \leq \lambda < \frac{1}{2}, \\[2ex] \dfrac{2x - 2\lambda x - f(2x - 2\lambda x)}{\|2x - 2\lambda x - f(2x - 2\lambda x)\|} & \text{falls } \frac{1}{2} \leq \lambda \leq 1 \end{cases}$$

wohldefiniert und stetig auf $[0,1] \times S_1(X)$. Eine triviale Rechnung zeigt, dass h die Sphäre $S_1(X)$ auf den Punkt $x_0 := -f(\theta)/\ \|f(\theta)\|$ zusammenzieht, ein Widerspruch zu (c). ■

Satz 11.4 betraf nur stetige Abbildungen: Wenn f z. B. differenzierbar ist, so ist die Funktion h in (11.1) i. a. noch nicht differenzierbar. Man könnte versuchen, h an der „Naht" $\lambda = \frac{1}{2}$ zu glätten, um auch eine differenzierbare Zusammenziehung zu bekommen. Einfacher ist allerdings die folgende Argumentation, die aber ein Skalarprodukt $\langle \cdot, \cdot \rangle$ benötigt. Der Einfachheit halber beschränken wir uns auf $X := \mathbb{R}^N$, obwohl dieselbe Argumentation in jedem Raum richtig bleibt, in dem $\|x\|^2 = \langle x, x \rangle$ für ein „Skalarprodukt" gilt.[3]

Lemma 11.1. *Sei* $X := \mathbb{R}^N$ *mit der Euklidischen Norm. Angenommen, es gäbe eine fixpunktfreie Abbildung* f*, die* m*-mal differenzierbar ist (wir lassen auch* $m = \infty$ *zu). Dann gälte ebenfalls:*

(a) *Die Sphäre* $S_1(X)$ *ist Retrakt der Kugel* $K_1(X)$*, wobei die Retraktion* m*-fach differenzierbar gewählt werden kann.*

(b) *Die Sphäre* $S_1(X)$ *ist zusammenziehbar, wobei die Homotopie* m*-fach differenzierbar gewählt werden kann.*

□ Die Idee zur Konstruktion der Retraktion ρ ist einfach: Wir definieren $\rho(x)$ als den Punkt, in dem der Strahl von $f(x)$ durch x die Sphäre $S_1(X)$ schneidet. Wir definieren also $\rho(x) := f(x) + \lambda_x(x - f(x))$, wobei $\lambda_x \geq 0$ die Lösung der Gleichung $1 = \|f(x) + \lambda_x(x - f(x))\|^2$ sei: Wir müssen zeigen, dass diese Gleichung tatsächlich eine eindeutige Lösung $\lambda_x \geq 0$ besitzt, und dass diese m-fach differenzierbar von x abhängt. Durch Umschreiben der rechten Seite dieser Gleichung mit Hilfe des Skalarprodukts und „Ausmultiplizieren" erhalten wir

$$1 = \|f(x)\|^2 + 2\lambda_x \langle f(x), x - f(x) \rangle + \lambda_x^2 \|x - f(x)\|^2.$$

Dies ist eine quadratische Gleichung in λ_x mit den beiden Lösungen

$$(11.2)\qquad \lambda_x = \frac{-\langle f(x), x - f(x) \rangle \pm \sqrt{\langle f(x), x - f(x) \rangle^2 + (1 - \|f(x)\|^2)\,\|x - f(x)\|^2}}{\|x - f(x)\|^2}.$$

Hier haben wir benutzt, dass $\|x - f(x)\| \neq 0$ gilt, da f fixpunktfrei ist. Man sieht sofort, dass der Term unter der Wurzel nichtnegativ ist, und dass man bei negativer Wahl des

[3] Banachräume in denen dies gilt, nennt man *Hilberträume;* falls sie unvollständig sind auch *Prähilberträume* oder einfach *Skalarprodukträume.*

Vorzeichen eine nichtpositive und bei positiver Wahl des Vorzeichens eine nichtnegative Lösung λ_x erhält: Dies entspricht der erwarteten Tatsache, dass die *Gerade* von x durch $f(x)$ die Sphäre auf jeder Seite von x genau einmal schneidet. Wir müssen also stets das positive Vorzeichen in (11.2) wählen.

Geometrisch ist auch klar, dass wir *immer zwei* Schnittpunkte der Geraden mit der Sphäre erhalten. Dies entspricht der Tatsache, dass der Term unter der Wurzel in (11.2) niemals Null ist. Wir rechnen dies aber sicherheitshalber analytisch nach: Wegen $\|f(x) - x\| \neq 0$ verschwindet der Term unter der Wurzel genau dann, wenn zugleich $\|f(x)\| = 1$ und $\langle f(x), x - f(x)\rangle = 0$ gilt. Es folgt dann $1 = \langle f(x), f(x)\rangle = \langle f(x), x\rangle$; wegen $\|x\|, \|f(x)\| \leq 1$ gilt in der Cauchy-Schwarzschen Ungleichung also Gleichheit, was nur möglich ist, wenn x und $f(x)$ linear abhängig sind. Letzteres würde zusammen mit $\langle f(x), x\rangle = 1$ und $\|f(x)\| = 1$ aber sogar $x = f(x)$ implizieren, was der Fixpunktfreiheit von f widerspräche. Daher ist der Ausdruck unter der Wurzel in (11.2) stets *strikt* positiv; der gesamte Ausdruck in (11.2) hängt deswegen (bei positiver Wahl des Vorzeichens) m-fach differenzierbar von x ab, wie behauptet.

Die Zusammenziehung der Sphäre definieren wir nun durch $h(\lambda, x) := \rho((1 - \lambda)x)$. Es ist klar, dass auch dies eine m-fach differenzierbare Abbildung ist. ■

In der Formulierung von Lemma 11.1 haben wir bewusst den Konjunktiv benutzt, denn der Brouwerschen Fixpunktsatz im Raum $X = \mathbb{R}^N$ impliziert ja insbesondere, dass die Voraussetzung nicht erfüllbar ist:

Satz 11.5 (Brouwer). *Im normierten linearen Raum $X = \mathbb{R}^N$ sind alle drei Aussagen von Satz 11.4 richtig.*

□ Wir nehmen per Widerspruch an, es gäbe eine fixpunktfreie stetige Abbildung $f\colon K_1(\mathbb{R}^N) \to K_1(\mathbb{R}^N)$. Wir kommen nun in mehreren Schritten zu einem Widerspruch.

1. Schritt: *Es gibt auch eine stetige fixpunktfreie Abbildung $g\colon K_1(\mathbb{R}^N) \to K_{1-\varepsilon}(\mathbb{R}^N)$ für ein $\varepsilon > 0$.* Da $K_1(\mathbb{R}^N)$ nämlich kompakt ist, ist die minimale Verschiebung $\eta(f; K_1(\mathbb{R}^N))$ positiv (Satz 10.8). Für ein $\varepsilon \in (0, \eta(f; K_1(\mathbb{R}^N)))$ setzen wir

$$g(x) := \min\{1 - \varepsilon, \|f(x)\|\} \frac{f(x)}{\|f(x)\|}.$$

Dann ist $g\colon K_1(\mathbb{R}^N) \to K_{1-\varepsilon}(\mathbb{R}^N)$ stetig und fixpunktfrei: Für alle $x \in K_1(\mathbb{R}^N)$ gilt nämlich im Falle $\|f(x)\| \geq 1 - \varepsilon$ wegen

$$\|f(x) - g(x)\| = \left\| f(x) - \frac{1-\varepsilon}{\|f(x)\|} f(x) \right\| = |\|f(x)\| - (1-\varepsilon)| \frac{\|f(x)\|}{\|f(x)\|} \leq \varepsilon$$

die Abschätzung

$$\|x - g(x)\| \geq \|x - f(x)\| - \|g(x) - f(x)\| \geq \eta(f; K_1(\mathbb{R}^N)) - \varepsilon > 0,$$

also $x \neq g(x)$. Dies ist natürlich auch im Falle $\|f(x)\| \leq 1 - \varepsilon$ richtig, da dann $f(x) = g(x)$ ist.

2. Schritt: *Es gibt auch ein fixpunktfreies Polynom (in N Variablen)* $p\colon K_1(\mathbb{R}^N) \to B_1(\mathbb{R}^N)$. Um dies zu sehen, benutzen wir, dass die Zahl $\delta := \min\{\eta(g; K_1(\mathbb{R}^N)), \varepsilon\}$ positiv ist. Nach Satz A.10 im Anhang gibt es ein Polynom p mit $\|p(x) - g(x)\| \leq \delta/2$ für alle $x \in K_1(\mathbb{R}^N)$. Es ist $\|p(x)\| \leq \|g(x)\| + \delta/2 < 1$ sowie

$$\|x - p(x)\| \geq \|x - g(x)\| - \|p(x) - f(x)\| \geq \delta/2 > 0.$$

3. Schritt: Nach Lemma 11.1 gibt es also eine stetige (sogar beliebig oft) differenzierbare Retraktion ρ von $K_1(\mathbb{R}^N)$ auf $S_1(\mathbb{R}^N)$. Für $\lambda \geq 0$ definieren wir nun eine Funktion $T_\lambda\colon K_1(\mathbb{R}^N) \to \mathbb{R}^N$ durch

$$T_\lambda(x) := x + \lambda\rho(x).$$

Wir zeigen, dass für alle genügend kleinen $\lambda > 0$ die Funktion $T_\lambda\colon K_1(\mathbb{R}^N) \to K_{1+\lambda}(\mathbb{R}^N)$ bijektiv ist.

Wir benutzen dazu die Tatsache, dass wir ρ (und damit T_λ) zu einer stetig differenzierbaren Abbildung auf eine Umgebung der kompakten Menge $K_1(\mathbb{R}^N)$ fortsetzen können.[4] Wegen der Kompaktheit von $K_1(\mathbb{R}^N)$ ist also insbesondere $\|D\rho(x)\| \leq L$ für eine von x unabhängige Konstante L. Wegen

$$\|(y - \lambda\rho(x_1)) - (y - \lambda\rho(x_2))\| = \lambda\,\|\rho(x_1) - \rho(x_2)\| \leq \lambda L\,\|x_1 - x_2\|$$

ist für alle $\lambda \in [0, 1/L)$ und $y \in K_{1+\lambda}(\mathbb{R}^N)$ also die Abbildung $x \mapsto y - \lambda\rho(x)$ eine Kontraktion, hat also höchstens einen Fixpunkt. Daher hat $T_\lambda(x) = y$ höchstens eine Lösung, d. h. T_λ ist injektiv für $0 \leq \lambda < 1/L$.

Weiter ist klar, dass $T_\lambda\colon S_1(\mathbb{R}^N) \to S_{1+\lambda}(\mathbb{R}^N)$ immer bijektiv ist, denn für $\|x\| = 1$ ist $T_\lambda(x) = (1+\lambda)x$. Wir müssen also noch zeigen, dass $T_\lambda\colon B_1(\mathbb{R}^N) \to B_{1+\lambda}(\mathbb{R}^N)$ für kleine $\lambda \geq 0$ surjektiv ist. Schreiben wir ρ in Komponenten als $\rho(x) = (\rho_1(x_1, \ldots, x_N), \ldots, \rho_N(x_1, \ldots, x_N))$, so hat T_λ bei festem $\lambda \geq 0$ im Punkt x die Funktionaldeterminante

$$\det DT_\lambda(x) = \begin{vmatrix} 1 + \lambda\frac{\partial\rho_1(x)}{\partial x_1} & \lambda\frac{\partial\rho_1(x)}{\partial x_2} & \cdots & \lambda\frac{\partial\rho_1(x)}{\partial x_N} \\ \lambda\frac{\partial\rho_2(x)}{\partial x_1} & 1 + \lambda\frac{\partial\rho_2(x)}{\partial x_2} & \cdots & \lambda\frac{\partial\rho_2(x)}{\partial x_N} \\ \vdots & \vdots & \ddots & \vdots \\ \lambda\frac{\partial\rho_N(x)}{\partial x_1} & \lambda\frac{\partial\rho_N(x)}{\partial x_N} & \cdots & 1 + \lambda\frac{\partial\rho_N(x)}{\partial x_N} \end{vmatrix}.$$

Da diese Determinante stetig von (λ, x) abhängt[5] und offensichtlich $\det DT_0(x) \equiv 1$ gilt, ist $\det DT_\lambda(x)$ auch noch für kleine $\lambda \geq 0$ für alle $x \in K_1(\mathbb{R}^N)$ von Null verschieden.

[4] Dies haben wir stillschweigend in Lemma 11.1 unter Differenzierbarkeit auf $K_1(\mathbb{R}^N)$ verstanden.

[5] Offensichtlich ist $\det DT_\lambda(x)$ bei festem x ein Polynom N-ten Grades in λ mit Führungskoeffizient $\det D\rho(x)$.

Dass wir hier λ unabhängig von x wählen dürfen, liegt wieder an der Kompaktheit von $K_1(\mathbb{R}^N)$.

Wir behaupten, dass für alle diese $\lambda \geq 0$ die Abbildung $T_\lambda\colon B_1(\mathbb{R}^N) \to B_{1+\lambda}(\mathbb{R}^N)$ surjektiv ist. Wir wissen bereits, dass T_λ die Menge $B_1(\mathbb{R}^N)$ bijektiv auf eine Menge $G \subseteq B_{1+\lambda}(\mathbb{R}^N)$ abbildet. Wäre G eine echte Teilmenge von $B_{1+\lambda}(\mathbb{R}^N)$, so gäbe es einen Randpunkt $y_* \in \partial G$ in $B_{1+\lambda}(\mathbb{R}^N)$. Wir wählen eine Folge $(y_n)_n$ in G mit $y_n \to y_*$. Nach Definition von G liegt die durch $x_n := T_\lambda^{-1}(y_n)$ definierte Folge $(x_n)_n$ dann in $B_1(\mathbb{R}^N)$. Aus der Folge $(x_n)_n$ wählen wir nun eine konvergente Teilfolge aus, etwa $x_{n_k} \to x_*$ $(k \to \infty)$. Wegen der Stetigkeit von T_λ ist dann $T_\lambda(x_*) = y_*$. Wegen $y_* \in B_{1+\lambda}(\mathbb{R}^N)$ kann x_* nicht auf dem Rand $S_1(\mathbb{R}^N)$ liegen, es muss also $x_* \in B_1(\mathbb{R}^N)$ gelten. Nun benutzen wir die Tatsache, dass $\det DT_\lambda(x_*) \neq 0$ ist: Nach dem Satz von der lokalen Umkehrbarkeit (Satz 10.3) muss das Bild von T_λ dann eine Umgebung des Punkte $T_\lambda(x_*) = y_*$ enthalten, d. h. y_* ist ein innerer Punkt von G, ein Widerspruch zur Wahl von y_*. Dieser Widerspruch zeigt, dass tatsächlich $G = B_{1+\lambda}(\mathbb{R}^N)$ ist, also $T_\lambda\colon B_1(\mathbb{R}^N) \to B_{1+\lambda}(\mathbb{R}^N)$ bijektiv.

4. Schritt: Jetzt kommen wir mit einer einfachen „Homogenitäts-Überlegung“ zum gewünschten Widerspruch. Nach der Transformationsformel für mehrdimensionale Integrale gilt nämlich

$$\operatorname{mes} K_{1+\lambda}(\mathbb{R}^N) = \int_{K_{1+\lambda}(\mathbb{R}^N)} dx = \pm \int_{K_1(\mathbb{R}^N)} \det DT_\lambda(x)\, dx.$$

Wir hatten schon festgestellt, dass $\det DT_\lambda(x)$ bei festem x ein Polynom N-ten Grades in λ mit Führungskoeffizient $\det D\rho(x)$ ist; also gilt weiter

$$\int_{K_1(\mathbb{R}^N)} \det DT_\lambda(x)\, dx = \lambda^N \int_{K_1(\mathbb{R}^N)} \det D\rho(x)\, dx + \sum_{k=0}^{N-1} a_k \lambda^k$$

mit Koeffizienten $a_0, \dots, a_{N-1}$, deren explizite Form uns gar nicht interessiert. Andererseits gilt offensichtlich

$$\operatorname{mes} K_{1+\lambda}(\mathbb{R}^N) = (1+\lambda)^N \operatorname{mes} K_1(\mathbb{R}^N) = \lambda^N \operatorname{mes} K_1(\mathbb{R}^N) + \sum_{k=0}^{N-1} \tilde{a}_k \lambda^k.$$

Durch Koeffizientenvergleich der beiden Polynome in λ stoßen wir nun auf den Widerspruch: Einerseits muss $\det D\rho(x) \equiv 0$ sein, denn ρ kann als Retraktion von $\mathbb{R}^N$ auf $S_1(\mathbb{R}^N)$ in keinem Punkt lokal umkehrbar sein. Andererseits ist natürlich $\operatorname{mes} K_1(\mathbb{R}^N) \neq 0$.

Der Widerspruch zeigt, dass unsere ursprüngliche Annahme der Existenz einer fixpunktfreien stetigen Abbildung falsch war, und damit ist alles bewiesen. ■

11.4 Ein Zusammenhang mit Eigenwertproblemen

Man kann noch eine weitere äquivalente Aussage in Satz 11.4 anfügen, nämlich für gewisse Funktionen die Existenz eines positiven Eigenwerts mit normiertem Eigenvektor. Wie im linearen Fall heißt dabei eine Zahl λ ein *Eigenwert* einer (nicht notwendig linearen) Funktion g mit zugehörigem *Eigenvektor* $e \in X \setminus \{\theta\}$, falls $g(e) = \lambda e$ ist. Bei einer nichtlinearen Funktion ist der Nachweis der Existenz eines Eigenwertes im allgemeinen viel schwieriger als bei einer linearen Funktion. Eine erfreuliche Ausnahme bietet der folgende Satz.

Satz 11.6. *Sei X ein normierter linearer Raum. Dann ist jede der drei Aussagen in Satz 11.4 äquivalent zur Aussage*

(d) *Jede nullstellenfreie stetige Funktion $g\colon K_1(X) \to X$ besitzt einen Eigenwert $\lambda > 0$ mit zugehörigem Eigenvektor $e \in S_1(X)$.*

□ Beweis (c)⇒(d): Wäre $g\colon K_1(X) \to X$ nullstellenfrei, stetig und ohne Eigenvektoren auf $S_1(X)$ zu positiven Eigenwerten, so wäre die stetige Funktion $k\colon [0,2] \times K_1(X) \to X$, definiert durch

$$k(\lambda, x) := \begin{cases} (1-\lambda)x - 2\lambda g(x) & \text{falls } 0 \le \lambda \le 1, \\ -2g((2-\lambda)x) & \text{falls } 1 \le \lambda \le 2, \end{cases}$$

ohne Nullstellen auf $S_1(X)$ mit $k(0,x) = x$ und $k(2,x) = -2g(\theta)$. Also wäre

$$h(t,x) := \frac{k(2t,x)}{\|k(2t,x)\|}$$

eine Zusammenziehung von $S_1(X)$ auf den Punkt $x_0 := -g(\theta)/\,\|g(\theta)\|$.

Beweis (d)⇒(a): Angenommen, es gäbe eine fixpunktfreie Funktion $f\colon K_1(X) \to K_1(X)$. Dann ist die durch $g(x) := f(x) - x$ definierte Funktion $g\colon K_1(X) \to X$ stetig und nullstellenfrei. Nach (d) gibt es dann ein $\lambda > 0$ und ein $e \in S_1(X)$ mit $g(e) = \lambda e$. Wir bekommen dann $|\lambda + 1| = \|(\lambda+1)e\| = \|g(e) + e\| = \|f(e)\| \le 1$, also $\lambda \le 0$, ein Widerspruch. ■

Man beachte, dass die Eigenvektoren einer *nichtlinearen* Funktion im allgemeinen keinen Vektorraum bilden. Daher ist die Bedingung $\|e\| = 1$ in Aussage (d) eine nichttriviale Zusatzbedingung an den Eigenvektor e.

Im Fall $X = \mathbb{R}$ besagt (d) in Satz 11.6 einfach, dass $g(1)$ und $g(-1)$ dasselbe Vorzeichen haben, falls $g\colon [-1,1] \to \mathbb{R}$ nullstellenfrei ist.

11.5 Anwendungen des Brouwerschen Fixpunktsatzes

Eine Menge $M \subseteq X$ hat die *Fixpunkteigenschaft*, falls jede stetige Abbildung $f\colon M \to M$ einen Fixpunkt besitzt. Der Brouwersche Fixpunktsatz besagt gerade, dass die Einheitskugel in $\mathbb{R}^N$ die Fixpunkteigenschaft besitzt.

Besitzt eine Menge $M \subseteq X$ die Fixpunkteigenschaft, so besitzt auch jede Menge $N \subseteq Y$ die Fixpunkteigenschaft, die *homömorph* ist zu M, d. h. für die es eine stetige Bijektion $\varphi\colon M \to N$ mit stetiger Inverser $\varphi^{-1}\colon N \to M$ gibt (Aufgabe 11.3). Insbesondere besitzt also *jede* Kugel in $\mathbb{R}^N$ die Fixpunkteigenschaft. Wir zeigen jetzt, dass sogar jede Menge $M \subseteq \mathbb{R}^N$, die nichtleer, beschränkt, konvex und abgeschlossen ist, die Fixpunkteigenschaft besitzt.

Satz 11.7. *Sei $M \subseteq X$ eine Menge mit der Fixpunkteigenschaft und $N \subseteq M$ ein Retrakt von M, d. h. es gebe eine stetige Abbildung $\rho\colon M \to N$ mit $\rho(x) = x$ auf N. Dann hat auch N die Fixpunkteigenschaft.*

□ Sei $f\colon N \to N$ stetig. Die Komposition $f \circ \rho$ ist dann eine stetige Abbildung von M in $N \subseteq M$, hat also einen Fixpunkt $x_* \in M$. Dieser muss $x_* = f(\rho(x_*)) \in N$ erfüllen, d. h. es ist $\rho(x_*) = x_*$, mithin $x_* = f(\rho(x_*)) = f(x_*)$. Daher ist x_* also auch ein Fixpunkt von f. ■

Satz 11.8. *Sei X normierter Raum und $M \subseteq X$ nichtleer, konvex und kompakt. Dann ist M ein Retrakt von X. Insbesondere hat jede nichtleere konvexe kompakte Teilmenge von $X = \mathbb{R}^N$ die Fixpunkteigenschaft.*

□ Sei $f\colon M \to M$ die Identitätsabbildung. Nach dem Fortsetzungssatz von Dugundji (Satz A.16) besitzt f eine stetige Fortsetzung $\rho\colon X \to X$ mit $\rho(X) \subseteq M$. Daher ist $\rho\colon X \to M$ stetig, und für $x \in M$ ist $\rho(x) = f(x) = x$.

Für die zweite Behauptung wählen wir ein $R > 0$ so groß, dass M in der Kugel $K := K_R(\mathbb{R}^N)$ enthalten ist. Es gibt eine Retraktion ρ von $\mathbb{R}^N$ auf M, also ist auch $\rho\colon K \to M$ eine Retraktion von K auf M. Da K nach Brouwer die Fixpunkteigenschaft besitzt, muss auch M nach Satz 11.7 die Fixpunkteigenschaft haben. ■

Wir wollen jetzt einige Anwendungen von Satz 11.8 bringen. Wir beginnen mit einer Anwendung, bei der wir wieder ein „lineares" Problem mit einer „nichtlinearen" Methode lösen.

Sei A eine $N \times N$-Matrix mit *reellen* Einträgen. Bekanntlich ist dann bei geradem N keineswegs gesichert, dass A auch nur einen einzigen reellen Eigenwert besitzt, wie etwa die Drehung $(\xi_1, \xi_2) \mapsto (\xi_2, -\xi_1)$ in $\mathbb{R}^2$ zeigt. Sind allerdings alle Einträge von A *nichtnegativ*, so hat A (bei beliebigem N) stets sogar einen nichtnegativen Eigenwert:

Satz 11.9 (Perron-Frobenius). *Sei A eine $N \times N$-Matrix mit Einträgen $a_{ij} \geq 0$ $(i, j = 1, \ldots, N)$. Dann hat A einen Eigenwert $\lambda \geq 0$ mit zugehörigem nichtnegativem Eigenvektor $x^* = (\xi_1^*, \ldots, \xi_N^*)$, d. h. es gilt $\xi_1^*, \ldots, \xi_N^* \geq 0$.*

□ Wir versehen $\mathbb{R}^N$ mit der Summennorm $\|x\|_1 = |\xi_1| + \cdots + |\xi_N|$. Die Menge[6]

$$\begin{aligned} \Delta_N &:= \operatorname{conv}\{e_1, \ldots, e_N\} \\ &= \{x : x = (\xi_1, \ldots, \xi_N), \xi_1, \ldots, \xi_N \geq 0, \|x\|_1 = \sum_{n=1}^{N} \xi_n = 1\} \end{aligned} \tag{11.3}$$

[6]Die Menge Δ_N wird in der kombinatorischen Topologie manchmal das *Standardsimplex* (N-ter Ordnung) genannt; dieses Simplex wird uns noch im folgenden Abschnitt beschäftigen.

(Abb. 11.6) ist dann kompakt und konvex. Ist $Ax = \theta$ für ein $x \in \Delta_N$, so ist $\lambda = 0$

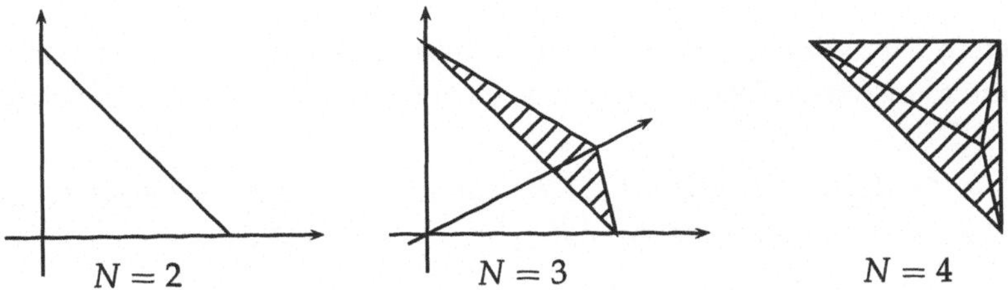

Abbildung 11.6: Δ_N aus dem Beweis von Satz 11.9

Eigenwert von A und wir sind fertig. Ist dagegen $Ax \neq \theta$ für alle $x \in \Delta_N$, so ist die Abbildung

$$f(x) := \frac{Ax}{\|Ax\|_1} \qquad (x \in \Delta_N) \tag{11.4}$$

wohldefiniert und stetig. Nach der Definition (11.3) bildet sie außerdem Δ_N in sich ab. Nach Satz 11.8 existiert also ein $x^* \in \Delta_N$ mit $x^* = f(x^*) = Ax^*/\|Ax^*\|_1$, d.h. wir können $\lambda := \|Ax^*\|_1$ wählen. ■

11.6 Weitere Äquivalenzen und Anwendungen

Es gibt noch einige weitere Ergebnisse, die zum Brouwerschen Fixpunktsatz äquivalent sind, obwohl sie diesem nicht gerade ähneln. Drei solcher Ergebnisse stellen wir in diesem Abschnitt vor.

Satz 11.10 (Knaster-Kuratowski-Mazurkiewicz). [7] *Sei Δ_N das Standardsimplex* (11.3), *und seien $A_1, \ldots, A_N \subseteq \Delta_N$ abgeschlossene Mengen mit der Eigenschaft, dass für jede Indexmenge $I \subseteq \{1, \ldots, N\}$ die Inklusion*

$$\operatorname{conv}\{e_i : i \in I\} \subseteq \bigcup_{i \in I} A_i \tag{11.5}$$

gilt. Dann ist $A_1 \cap \ldots \cap A_N \neq \emptyset$.

□ Für $i = 1, \ldots, N$ setzen wir $d_i(x) := \operatorname{dist}(x, A_i)$ und

$$f_i(x) := \frac{\xi_i + d_i(x)}{1 + d_1(x) + \cdots + d_N(x)} \qquad (x = (\xi_1, \ldots, \xi_N) \in \Delta_N). \tag{11.6}$$

Offensichtlich ist $f = (f_1, \ldots, f_N)$ eine stetige Abbildung von Δ_N in sich, besitzt nach Satz 11.8 also einen Fixpunkt $\hat{x} \in \Delta_N$. Wegen (11.5) gilt $\hat{x} \in A_1 \cup \ldots \cup A_N$, d.h. wir haben $d_i(\hat{x}) = 0$ für ein $i \in \{1, \ldots, N\}$. Da aber $f_i(\hat{x}) = \hat{\xi}_i$ ist, bedeutet dies, dass der

[7] Nach seinen Entdeckern wird dieser Satz oft als „KKM-Lemma" bezeichnet.

Nenner in (11.6) gleich 1 sein muss. Hieraus können wir $d_1(\hat{x}) = \cdots = d_N(\hat{x}) = 0$ folgern, d. h. $\hat{x} \in A_1 \cap \ldots \cap A_N$. ■

Der folgende Satz wird wegen seiner Anwendbarkeit in der mathematischen Wirtschaftstheorie manchmal „Satz von der Existenz eines ökonomischen Gleichgewichts" genannt.[8]

Satz 11.11. *Sei Δ_N das Standardsimplex* (11.3), *und sei $g\colon \Delta_N \to \mathbb{R}^N$ stetig mit $\langle p, g(p)\rangle \le 0$ für alle $p \in \Delta_N$. Dann gibt es ein $\hat{p} \in \Delta_N$ mit $g_1(\hat{p}), \ldots, g_N(\hat{p}) \le 0$.*

□ Wir benutzen den vorigen Satz 11.10. Die Mengen $A_i := \{p : p \in \Delta_N, g_i(p) \le 0\}$ ($i = 1, \ldots, N$) sind abgeschlossen und erfüllen (11.5): Gäbe es nämlich eine Indexmenge I und ein $p \in \operatorname{conv}\{e_i : i \in I\}$ mit $g_i(p) > 0$ für alle $i \in I$, so gälte

$$\langle p, g(p)\rangle = \sum_{i \in I} p_i g_i(p) > 0$$

für dieses p, im Widerspruch zu unserer Voraussetzung an g. Aus Satz 11.10 folgt die Existenz eines $\hat{p} \in A_1 \cap \ldots \cap A_N$, und dieses leistet das Gewünschte. ■

Wir haben Satz 11.11 aus Satz 11.10 hergeleitet und Satz 11.10 aus Satz 11.8. Tatsächlich sind alle drei Sätze äquivalent (s. Aufgabe 11.12, 11.10 und 11.11). Eine weitere äquivalente Formulierung ist die folgende:

Satz 11.12. *Sei $M \subset \mathbb{R}^N$ nichtleer, kompakt und konvex, und sei U eine Abbildung, die jedem $x \in M$ eine konvexe nichtleere Menge $U(x) \subseteq M$ zuordnet.*[9] *Hierbei sei der Graph $\{(x, y) : x \in M, y \in U(x)\}$ von U offen in $M \times M$. Dann gibt es ein $x_* \in M$ mit $x_* \in U(x_*)$.*

□ Wegen $U(x) \neq \emptyset$ liegt jedes $x \in M$ in einer der Mengen $U^{-1}(y) := \{x \in M : y \in U(x)\}$ ($y \in M$). Da diese Mengen offen im kompakten Raum M sind, wird M durch endlich viele dieser Mengen überdeckt, etwa $M \subseteq U^{-1}(y_1) \cap \ldots \cap U^{-1}(y_n)$. Für $i = 1, \ldots, n$ setzen wir nun

$$\varphi_i(x) := \begin{cases} \operatorname{dist}(x, M \setminus U^{-1}(y_i)) & \text{falls } x \in U^{-1}(y_i), \\ 0 & \text{sonst.} \end{cases}$$

Nach unserer Wahl der $y_1, \ldots, y_n$ ist dann die Funktion

$$f(x) := \frac{\varphi_1(x) y_1 + \cdots + \varphi_n(x) y_n}{\varphi_1(x) + \cdots + \varphi_n(x)}$$

für jedes $x \in M$ definiert und stetig mit $f(x) \in \operatorname{conv}\{y_1, \ldots, y_n\} \subseteq \operatorname{conv} M = M$. Daher hat $f\colon M \to M$ einen Fixpunkt x_*.

[8]In der Sprache der mathematischen Wirtschaftstheorie ist p der Preis einer Warenmenge x und $g(p)$ die Differenz zwischen der Nachfrage und dem Angebot dieser Warenmenge. Das Skalarprodukt $\langle p, x\rangle$ kann dann als Warenwert interpretiert werden, und die Bedingung $\langle p, g(p)\rangle \le 0$ drückt aus, dass jeder höchstens das ausgibt, was er hat, d. h. man lebt nicht „auf Pump". Ein Vektor $\hat{p}$ mit $g_1(\hat{p}), \ldots, g_N(\hat{p}) \le 0$ wird als „Gleichgewichts-Preis" bezeichnet.

[9]U ist also eine *mengenwertige* Abbildung. Solche Abbildungen, die wir ansonsten nicht weiter betrachten, spielen auch in der mathematischen Wirtschaftstheorie eine große Rolle.

Sei Y die Teilmenge derjenigen y_i, für die $\varphi_i(x_*) \neq 0$ ist. Nach Definition von f ist natürlich $f(x_*) \in \operatorname{conv} Y$. Für $y_i \in Y$ ist nach Definition von φ_i aber $x_* \in U^{-1}(y_i)$, also $y_i \in U(x_*)$. Es folgt $x_* = f(x_*) \in \operatorname{conv} Y \subseteq \operatorname{conv} U(x_*) = U(x_*)$. ■

Wir zeigen jetzt noch, wie man den Brouwerschen Fixpunktsatz wiederum aus dem vorigen Satz 11.12 gewinnen kann. Sei also $M \subset \mathbb{R}^N$ nichtleer, kompakt und konvex, und sei $f: M \to M$ stetig. Wir ordnen jedem $x \in M$ die Menge

$$U(x) := \{y : y \in M, \|y - f(x)\| < \|x - f(x)\|\} \tag{11.7}$$

zu. Dann ist $U(x)$ konvex für alle $x \in M$, und der Graph von U ist offen in $M \times M$.

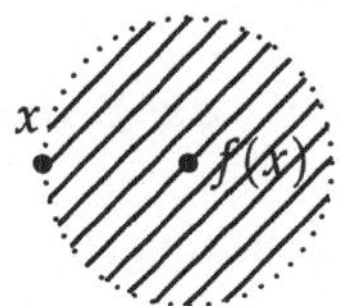

Abbildung 11.7: Die Menge $U(x)$ aus (11.7)

Wenn x kein Fixpunkt von f ist, ist $f(x) \in U(x)$, also $U(x) \neq \emptyset$. Hätte f also keinen Fixpunkt, so fänden wir nach Satz 11.12 ein $x_* \in M$ mit $x_* \in U(x_*)$, was nicht möglich ist.

Weitere Implikationen zwischen den Sätzen dieses Abschnittes findet man in den Aufgaben 11.13 und 11.14.

11.7 Aufgaben

Aufgabe 11.1. Zeigen Sie anhand des Beispiels $f(x) := \sin \frac{1}{x}$ ($f(0) := 0$), dass die Zwischenwerteigenschaft *nicht* die Stetigkeit einer Funktion $f: \mathbb{R} \to \mathbb{R}$ charakterisiert. Beweisen Sie demgegenüber die Richtigkeit folgender Charakterisierung: *Eine Funktion $f: \mathbb{R} \to \mathbb{R}$ ist genau dann stetig, wenn sie die Zwischenwerteigenschaft besitzt und zusätzlich die Urbildmenge $f^{-1}(y)$ jedes Punktes $y \in \mathbb{R}$ abgeschlossen ist.*

Aufgabe 11.2. Im Beweis von Satz 11.4 haben wir die Stetigkeit der Funktion nicht explizit bewiesen. Dies war nicht nötig, denn diese folgt aus dem folgenden *Klebe-Lemma*:

Seien X und Y normierte Räume und $A_1, \ldots, A_n \subseteq X$ endlich viele *abgeschlossene* aber nicht unbedingt disjunkte Teilmengen. Sei $f: X \to Y$ derart, dass jede der Einschränkungen $f: A_j \to Y$ stetig ist ($j = 1, \ldots, n$). Zeigen Sie, dass $f: A_1 \cup \ldots \cup A_n \to Y$ stetig ist.

Aufgabe 11.3. Eine Menge $M \subseteq X$ habe die Fixpunkteigenschaft, und $N \subseteq Y$ sei homöomorph zu M. Beweisen Sie, dass N die Fixpunkteigenschaft besitzt.

Aufgabe 11.4. Welche der folgenden Mengen $M \subseteq \mathbb{R}^2$ haben die Fixpunkteigenschaft?

(a) $M := \mathbb{R}^2$,
(b) $M := [0,1] \times [0,1)$,
(c) $M := K_1(\mathbb{R}^2) \setminus \{(0,0)\}$,
(d) $M := \{(x,y) : 1 \leq x^2 + y^2 \leq 4\}$,
(e) $M := [0,1] \times \mathbb{R}$,
(f) $M := \left\{(x,y) : \sqrt{|x|} + \sqrt{|y|} \leq 1\right\}$,
(g) $M := [0,1] \times \{0\}$.

Aufgabe 11.5. Zeigen Sie, dass $K_1(\mathbb{R}^N)$ Retrakt von $\mathbb{R}^N$ und $S_1(\mathbb{R}^N)$ Retrakt von $\mathbb{R}^N \setminus \{\theta\}$ ist, aber $S_1(\mathbb{R}^N)$ nicht Retrakt von $\mathbb{R}^N$.

Aufgabe 11.6. Beweisen Sie direkt, dass die Bedingung (a) aus Satz 11.4 die Bedingung (d) aus Satz 11.6 impliziert.

Hinweis. Sei $g\colon K_1(X) \to X$ stetig, nullstellenfrei und ohne positive Eigenwerte (mit Eigenvektoren auf $S_1(X)$). Zeigen Sie, dass dann durch $f(x) := \rho(g(x) + x)$ eine stetige fixpunktfreie Abbildung $f\colon K_1(X) \to K_1(X)$ gegeben ist, wobei $\rho\colon X \to K_1(X)$ die radiale Retraktion bezeichne, d. h.

$$\rho(x) := \begin{cases} x & \text{falls } \|x\| \leq 1, \\ \frac{x}{\|x\|} & \text{falls } \|x\| \geq 1. \end{cases}$$

Aufgabe 11.7. Beweisen Sie direkt, dass die Bedingung (b) aus Satz 11.4 die Bedingung (d) aus Satz 11.6 impliziert.

Hinweis. Sei $g\colon K_1(X) \to X$ stetig, nullstellenfrei und ohne positive Eigenwerte (mit Eigenvektoren auf $S_1(X)$). Zeigen Sie zunächst, dass dann

$$f(x) := \begin{cases} -g(2x) & \text{falls } \|x\| \leq \frac{1}{2}, \\ (2\|x\| - 1)x - (2 - 2\|x\|)g\left(\dfrac{x}{\|x\|}\right) & \text{falls } \|x\| \geq \frac{1}{2} \end{cases}$$

stetig und nullstellenfrei ist mit $f(x) = x$ auf $S_1(X)$.

Aufgabe 11.8. Zeigen Sie, dass die Bedingungen (a)–(d) aus Satz 11.4 bzw. Satz 11.6 im Fall $X = \mathbb{R}$ sämtlich äquivalent zum Zwischenwertsatz sind.

Aufgabe 11.9. Konstruieren Sie die Abbildung f aus (11.4) für die Matrix A aus Aufgabe 6.12 und finden Sie alle Fixpunkte von f in der Menge (11.3).

Aufgabe 11.10. Zeigen Sie, dass der Brouwersche Fixpunktsatz für $M = \Delta_N$ aus Satz 11.11 folgt.

Hinweis. Für stetiges $f\colon \Delta_N \to \Delta_N$ definieren Sie $g\colon \Delta_N \to \mathbb{R}^N$ durch

$$g(x) := f(x) - \frac{\langle x, f(x)\rangle}{\|x\|^2}$$

und wenden Sie Satz 11.11 auf g an.

Aufgabe 11.11. Zeigen Sie, dass man Satz 11.11 direkt aus dem Brouwerschen Fixpunktsatz für $M := \Delta_N$ gewinnen kann.

Hinweis. Für $g\colon \Delta_N \to \mathbb{R}^N$ wie in Satz 11.11 setzen Sie $g_i^+(x) := \max\{g_i(x), 0\}$ und $g^+(x) := (g_1^+(x), \ldots, g_N^+(x))$. Definieren Sie $f\colon \Delta_N \to \Delta_N$ durch

$$f(x) := \frac{x + g^+(x)}{1 + g_1^+(x) + \cdots + g_N^+(x)}$$

und untersuchen Sie die Fixpunkte von f.

Aufgabe 11.12. Zeigen Sie, dass der Brouwersche Fixpunktsatz für $M := \Delta_N$ aus Satz 11.10 folgt.

Hinweis. Definieren Sie für stetiges $f\colon \Delta_N \to \Delta_N$ die Mengen

$$A_i := \{x : x = (\xi_1, \ldots, \xi_N) \in \Delta_N, f_i(x) \leq \xi_i\} \qquad (i = 1, \ldots, N).$$

Aufgabe 11.13. Zeigen Sie, dass Satz 11.12 aus Satz 11.10 folgt.

Hinweis. Wählen Sie $y_1, \ldots, y_n \in M$ wie im Beweis von Satz 11.12. Sei $f\colon \Delta_n \to M$ definiert durch

$$f(\xi_1, \ldots, \xi_n) := \sum_{i=1}^{n} \xi_i y_i.$$

Benutzen Sie Satz 11.10 mit den Mengen $A_i := \Delta_n \setminus f^{-1}(U^{-1}(y_i))$ $(i = 1, \ldots, n)$.

Aufgabe 11.14. Zeigen Sie, dass Satz 11.11 aus Satz 11.12 folgt.

Hinweis. Definieren Sie $U(p) := \{q : q \in \Delta_N, \langle q, g(p)\rangle < 0\}$ für $p \in \Delta_N$.

12 Der Schaudersche Fixpunktsatz

Der Brouwersche Fixpunktsatz ist in jedem unendlichdimensionalen normierten Raum falsch, lässt sich aber mittels einer geeigneten Kompaktheitsbedingung als *Fixpunktsatz von Schauder* wiedergewinnen. Als wichtigste Anwendung diskutieren wir in diesem Kapitel den *Existenzsatz von Cauchy-Peano* für Anfangswertprobleme. Daneben geben wir mehrere allgemeinere Fixpunktsätze vom Schauder-Typ an, bei denen die Forderung der Existenz einer invarianten Kugel durch schwächere geometrische Bedingungen ersetzt wird.

12.1 Fixpunkte in unendlichdimensionalen Räumen

Man beachte, dass der Beweis von Satz 11.4 an keiner Stelle benutzt, dass der Raum X endlichdimensional ist; der Satz gilt also in beliebigen Banachräumen. Jetzt setzen wir voraus, dass X ein *unendlichdimensionaler* normierter linearer Raum ist.

Der folgende Satz steht in scharfem Gegensatz zu Satz 11.5.

Satz 12.1. *In jedem unendlichdimensionalen normierten linearen Raum X sind alle drei Aussagen von Satz 11.4 falsch.*

□ Wir konstruieren eine fixpunktfreie stetige Abbildung $f\colon K_1(X) \to K_1(X)$. Dazu beobachten wir zunächst, dass es eine fixpunktfreie stetige Abbildung S von $[1,\infty)$ in sich gibt, beispielsweise $S(t) := 1+t$. Die Beweisidee ist nun, S in eine Abbildung von $K_1(X)$ zu „transformieren", indem wir die Menge $[1,\infty)$ als *abgeschlossene* Teilmenge von $K_1(X)$ „wiederfinden".

Genauer zeigen wir zunächst, dass es eine abgeschlossene Teilmenge $M \subseteq K_1(X)$ gibt, die zu $[1,\infty)$ homöomorph ist. Wir definieren M stückweise mit Hilfe von Lemma 2.4. Zunächst wählen wir $e_1 \in S_1(X)$ beliebig und fahren dann induktiv fort: Sind $e_1,\dots,e_n \in S_1(X)$ bereits definiert, so setzen wir $U_n := \operatorname{span}\{e_1,\dots,e_n\}$ und finden nach Lemma 2.4 ein $e_{n+1} \in S_1(X)$ mit $\operatorname{dist}(e_{n+1},U_n) \geq \frac{1}{2}$.

Wir definieren M_n als Verbindungsstrecke zwischen e_n und e_{n+1}, also $M_n := \{e_n + \lambda(e_{n+1}-e_n) : \lambda \in [0,1]\}$ und M als die Vereinigung all dieser Verbindungsstrecken. Setzen wir

$$e_{n,\lambda} := e_n + \lambda(e_{n+1}-e_n) \qquad (\lambda \in [0,1], n = 1,2,\dots),$$

so ist also $M_n = \{e_{n,\lambda} : \lambda \in [0,1]\}$. Es gilt stets

$$\operatorname{dist}(e_{n,\lambda},U_n) \geq \frac{\lambda}{2}. \tag{12.1}$$

In der Tat, für $\lambda = 0$ ist dies trivial. Für $\lambda > 0$ gilt aber für jedes $u \in U_n$, dass $e_{n,\lambda} - u = \lambda(e_{n+1} - v)$ ist, wobei wir zur Abkürzung $v := \lambda^{-1}((1-\lambda)e_n + u)$ gesetzt haben. Wegen $v \in U_n$ ist $\|e_{n+1} - v\| \geq \operatorname{dist}(e_{n+1}, U_n) \geq \frac{1}{2}$, also folgt $\|e_{n,\lambda} - u\| \geq \lambda \|e_{n+1} - v\| \geq \lambda/2$. Damit ist (12.1) bewiesen. Wir zeigen nun sogar

$$\operatorname{dist}(e_{n,\lambda}, U_m) \geq \frac{1}{10} \qquad (m < n,\ \lambda \in [0,1]). \tag{12.2}$$

Für $\lambda \geq \frac{1}{5}$ folgt (12.2) aus (12.1) wegen $U_m \subseteq U_n$. Für $\lambda \leq \frac{1}{5}$ hingegen benutzen wir, dass für jedes $u \in U_m \subseteq U_{n-1}$ die Abschätzung $\|e_n - u\| \geq \operatorname{dist}(e_n, U_{n-1}) \geq \frac{1}{2}$ gilt, und daher ist

$$\begin{aligned} \|e_{n,\lambda} - u\| &= \|(e_n - u) - \lambda(e_n - e_{n+1})\| \\ &\geq \|e_n - u\| - \lambda \|e_n - e_{n+1}\| \geq \frac{1}{2} - 2\lambda \geq \frac{1}{10}. \end{aligned}$$

Damit ist (12.2) bewiesen.

Wegen $M_n \subseteq U_{n+1}$ erhalten wir aus (12.1) und (12.2), dass

$$M_{n+1} \cap M_n = \{e_{n+1,0}\} = \{e_{n,1}\}$$

und

$$\operatorname{dist}(M_n, M_m) \geq \frac{1}{10} \quad (|n-m| \geq 2) \tag{12.3}$$

gilt. Insbesondere ist die durch

$$h(e_{n,\lambda}) := n + \lambda \qquad (\lambda \in [0,1], n = 1,2,\dots)$$

gegebene Abbildung $h\colon M \to [1,\infty)$ wohldefiniert. Wir zeigen gleichzeitig, dass h stetig und M abgeschlossen ist: Sei $(x_n)_n$ irgendeine Folge in M, die gegen ein Element $x \in X$ konvergiert. Insbesondere ist $(x_n)_n$ eine Cauchyfolge, und daher $\|x_n - x_m\| < \frac{1}{10}$ für alle genügend großen n und m. Wegen (12.3) gibt es also ein N mit $x_n \in M_N \cup M_{N+1}$ für alle genügend großen n. Da M_N und M_{N+1} offensichtlich abgeschlossen sind, muss $x \in M_N \cup M_{N+1}$ sein, und nach Definition von h ist dann klar, dass $h(x_n) \to h(x)$ gelten muss. Die Umkehrabbildung von h hat die Gestalt $h^{-1}(n+\lambda) = e_{n,\lambda}$ und ist offensichtlich stetig.

Wir haben also tatsächlich eine abgeschlossene Menge $M \subseteq K_1(X)$ und einen zugehörigen Homöomorphismus $h\colon M \to [1,\infty)$ gefunden. Nach dem Fortsetzungssatz von Tietze-Uryson (Satz A.14) besitzt h eine stetige Fortsetzung $H\colon K_1(X) \to [1,\infty)$ (hier benötigen wir, dass M abgeschlossen ist). Ist nun $S\colon [1,\infty) \to [1,\infty)$ stetig und fixpunktfrei, so ist $f := h^{-1} \circ S \circ H$ eine stetige fixpunktfreie Abbildung von $K_1(X)$ in $M \subseteq K_1(X)$. Wäre nämlich x_* ein Fixpunkt, so müsste $x_* = f(x_*) \in M$ sein, also $H(x_*) = h(x_*)$. Dann wäre aber $x_* = f(x_*) = h^{-1}(S(h(x_*)))$, also $h(x_*) = S(h(x_*))$; demnach wäre $h(x_*)$ ein Fixpunkt der fixpunktfreien Abbildung S, ein Widerspruch. ∎

In Abschnitt 13.5 werden wir eine Verallgemeinerung von Satz 12.1 auf ganz andere Art erhalten (allerdings nur für Banachräume). Wir illustrieren Satz 12.1 anhand einiger konkreter Beispiele:

Beispiel 12.1 (Kakutani). Sei $X := \ell_2$ und $f\colon K_1(X) \to K_1(X)$ definiert durch

$$f(\xi_1, \xi_2, \xi_3, \dots) := \left(\sqrt{1 - \|x\|^2}, \xi_1, \xi_2, \dots\right).$$

Hätte f einen Fixpunkt $\hat{x} = (\hat{\xi}_n)_n$, so erhielten wir $\sqrt{1 - \|\hat{x}\|^2} = \hat{\xi}_1 = \hat{\xi}_2 = \hat{\xi}_3 = \cdots$, also $1 - \|\hat{x}\|^2 = 0$, da $\hat{x}$ sonst nicht in ℓ_2 läge. Dies ergibt sofort den Widerspruch $\hat{x} = \theta$ und $\|\hat{x}\| = 1$.

Ebenso können wir auch explizit ein Gegenbeispiel zur Eigenschaft (d) von Satz 11.6 angeben, nämlich

$$g(\xi_1, \xi_2, \xi_3, \dots) := \left(\sqrt{1 - \|x\|^2} - \xi_1, \xi_1 - \xi_2, \xi_2 - \xi_3, \dots\right).$$

Man sieht sofort, dass die Gleichung $g(e) = \lambda e$ mit $\lambda > 0$ nur durch $e = \theta$ erfüllt wird, also $e \notin S_1(X)$. ☺

Aus Satz 12.1 folgt, dass man in *jedem* unendlichdimensionalen normierten Raum X eine Retraktion der Kugel $K_1(X)$ auf die Sphäre $S_1(X)$. Noch überraschender ist die Tatsache, dass man jede unendlichdimensionale Sphäre $S_1(X)$ *stetig* auf einen Punkt zusammenziehen kann! Wie so etwas konkret aussehen kann, zeigt das folgende Beispiel:

Beispiel 12.2 (Leray). Sei $X := C[0,1]$. Für $0 \leq \lambda \leq \frac{1}{2}$ definieren wir einen Operator $U(\lambda)\colon K_1(X) \to K_1(X)$ durch

$$U(\lambda)x(t) := \begin{cases} x\left(\frac{t}{1-\lambda}\right) & \text{falls } 0 \leq t \leq 1 - \lambda, \\ x(1) + 2(1 - x(1))(t - (1 - \lambda)) & \text{falls } 1 - \lambda \leq t \leq 1. \end{cases}$$

Für $\lambda = 0$ ist $U(0)$ also der identische Operator. Für $0 < \lambda \leq \frac{1}{2}$ „staucht" der Operator $U(\lambda)$ den Graphen der Funktion x vom Intervall $[0,1]$ auf das Intervall $[0, 1 - \lambda]$ zusammen und überbrückt dann das verbleibende Intervall $[1 - \lambda, 1]$ durch eine Strecke von $(1 - \lambda, x(1))$ bis $(1, x(1) + 2\lambda(1 - x(1)))$ (Abb. 12.1).

Sei $x_0 \in S_1(X)$ irgendeine Funktion mit $x_0(1) = 1$. Wir definieren eine Homotopie $h\colon [0,1] \times S_1(X) \to S_1(X)$ durch

$$h(\lambda, x) := \begin{cases} U(\lambda)x & \text{falls } 0 \leq \lambda \leq \frac{1}{2}, \\ (2\lambda - 1)x_0 + (2 - 2\lambda)U(\frac{1}{2})x & \text{falls } \frac{1}{2} \leq \lambda \leq 1. \end{cases}$$

Man sieht leicht, dass h stetig ist mit $h(0, x) = U(0)x = x$ und $h(1, x) \equiv x_0$. ☺

Es ist instruktiv, sich für dieses Beispiel auch die entsprechende Retraktion ρ der Kugel auf die Sphäre zu konstruieren, wie im Beweis (b)⇒(c) von Satz 11.4 geschehen. Wir

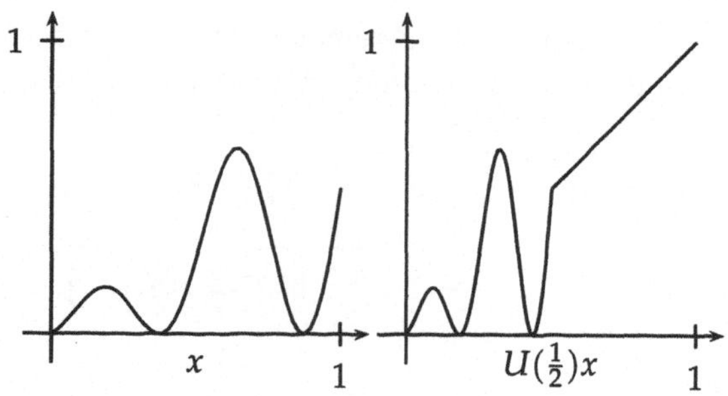

Abbildung 12.1: Hilfsoperator U zur Zusammenziehung der Sphäre in $C[0,1]$

bekommen hier die Retraktion

$$\rho(x) = \begin{cases} x_0 & \text{falls } 0 \leq \|x\| \leq \frac{1}{2}, \\ (3 - 4\|x\|)x_0 + (4\|x\| - 2)U(\frac{1}{2})\frac{x}{\|x\|} & \text{falls } \frac{1}{2} \leq \|x\| \leq \frac{3}{4}, \\ U(2 - 2\|x\|)\frac{x}{\|x\|} & \text{falls } \frac{3}{4} \leq \|x\| \leq 1. \end{cases}$$

Dies ist tatsächlich eine Funktion, die $S_1(X)$ unverändert lässt, aber *jedem* Element $x \in K_1(X)$ in stetiger Weise ein Element $\rho(x) \in S_1(X)$ zuordnet! Man hat hier eines der vielen Beispiele dafür vor sich, dass wir uns unendlichdimensionale Kugeln und Sphären eben nicht vorstellen können.

12.2 Schauder-Projektionen

Der „enttäuschende" Satz 12.1 zeigt, dass der Brouwersche Fixpunktsatz in unendlichdimensionalen normierten Räumen nicht gilt. In diesem und den folgenden Abschnitten zeigen wir, was der Grund hierfür ist: Es liegt einfach an der *fehlenden Kompaktheit der Einheitskugel* in solchen Räumen (Satz 2.2). Der „allgemeinere" Satz 11.8 gilt nämlich auch unendlichdimensionalen Räumen.

Zur Vorbereitung des Beweises benötigen wir noch eine spezielle Konstruktion, die auf Schauder zurückgeht. Sei X normierter Raum und $M \subset X$ präkompakt. Zu jedem $\varepsilon > 0$ können wir dann ein endliches ε-Netz $\{z_1, \ldots, z_m\}$ in M wählen, d. h. es gilt

(12.4) $$M \subseteq B_\varepsilon(X; z_1) \cup \ldots \cup B_\varepsilon(X; z_m).$$

Für $j = 1, \ldots, m$ definieren wir $\mu_j \colon M \to [0, \infty)$ durch

$$\mu_j(x) = \begin{cases} \varepsilon - \|x - z_j\| & \text{falls } x \in B_\varepsilon(X; z_j), \\ 0 & \text{sonst.} \end{cases}$$

Wir können dann einen Operator $P_\varepsilon \colon M \to X$ durch

$$P_\varepsilon(x) := \frac{\mu_1(x)z_1 + \cdots + \mu_m(x)z_m}{\mu_1(x) + \cdots + \mu_m(x)} \tag{12.5}$$

definieren, denn für jedes $x \in M$ gibt es ein $j \in \{1,\ldots,m\}$ mit $\mu_j(x) > 0$ (jedes j mit $x \in B_\varepsilon(X; z_j)$ hat diese Eigenschaft). Außerdem ist klar, dass der Operator P_ε die Menge M in ihre konvexe Hülle $\operatorname{conv} M$ abbildet, da alle z_j in M liegen. Der Operator P_ε wird *Schauder-Projektion* (zur Menge M) genannt. Seine wichtigsten beiden Eigenschaften sind im folgenden Lemma enthalten.

Lemma 12.1. *Sei $M \subseteq X$ präkompakt, und sei P_ε für $\varepsilon > 0$ durch* (12.5) *definiert. Dann ist P_ε ein stetiger Operator von M in* $\operatorname{conv} M$, *und es gilt*

$$\|x - P_\varepsilon(x)\| < \varepsilon \tag{12.6}$$

für alle $x \in M$.

□ Es ist nur noch die Abschätzung (12.6) zu beweisen. Für $x \in M$ haben wir

$$\begin{aligned}
\|x - P_\varepsilon(x)\| &= \left\| \frac{\mu_1(x) + \cdots + \mu_m(x)}{\mu_1(x) + \cdots + \mu_m(x)} x - \frac{\mu_1(x)z_1 + \cdots + \mu_m(x)z_m}{\mu_1(x) + \cdots + \mu_m(x)} \right\| \\
&= \left\| \frac{\mu_1(x)(x - z_1) + \cdots + \mu_m(x)(x - z_m)}{\mu_1(x) + \cdots + \mu_m(x)} \right\| \\
&\le \frac{\mu_1(x)\,\|x - z_1\| + \cdots + \mu_m(x)\,\|x - z_m\|}{\mu_1(x) + \cdots + \mu_m(x)} < \varepsilon,
\end{aligned}$$

wie behauptet. ■

12.3 Der Schaudersche Fixpunktsatz

Wir sind nun in der Lage, das folgende Analogon zum Brouwerschen Fixpunktsatz zu beweisen:

Satz 12.2 (Schauder). *Sei X normierter linearer Raum, $M \subset X$ nichtleer, beschränkt und konvex, und $A \colon M \to X$ stetig und kompakt.*[1] *Gilt dann $\overline{A(M)} \subseteq M$, dann hat A einen Fixpunkt $\hat{x} \in M$.*

□ Sei $\tilde{M} := A(M)$ der Wertebereich von A. Dann ist $\tilde{M}$ präkompakt. Für $n \in \mathbb{N}$ sei $P_n \colon \tilde{M} \to X$ die zu $\varepsilon := \frac{1}{n}$ gehörende Schauder-Projektion für $\tilde{M}$. Das Bild $P_n(\tilde{M})$ liegt dann in der kompakten konvexen Menge $M_n := \operatorname{conv}\{z_1,\ldots,z_m\}$ mit $\{z_1,\ldots,z_m\}$ gemäß (12.4).[2] Insbesondere ist $M_n \subseteq \operatorname{conv} \tilde{M} \subseteq \operatorname{conv} M = M$. Der Operator $A_n :=$

[1] Wir schreiben ab jetzt wieder A für nichtlineare Operatoren, um den Anschluss an die „lineare Theorie" der ersten Kapitel herzustellen.

[2] Eigentlich müssten wir $\{z_1^{(n)},\ldots,z_{m(n)}^{(n)}\}$ schreiben, da dieses $\frac{1}{n}$-Netz natürlich von n abhängt.

$P_nA\colon M \to M_n \subseteq M$ ist dann stetig und erfüllt nach Lemma 12.1 die Abschätzung

$$\|A(x) - A_n(x)\| = \|A(x) - P_n(A(x))\| < \frac{1}{n} \qquad (x \in M). \tag{12.7}$$

Die Einschränkung von A_n auf M_n ist also ein stetiger Operator, der die kompakte konvexe Teilmenge M_n des *endlichdimensionalen* Raums span $\{z_1, \ldots, z_m\}$ in sich überführt. Nach Satz 11.8 hat A_n daher einen Fixpunkt $\hat{x}_n \in M_n \subseteq M$. Da A kompakt ist, können wir eine Teilfolge $(\hat{x}_{n_k})_k$ auswählen mit $A\hat{x}_{n_k} \to \hat{x}$ für $k \to \infty$. Wegen $\overline{A(M)} \subseteq M$ ist $\hat{x} \in M$. Wir erhalten

$$\begin{aligned}\|\hat{x} - \hat{x}_{n_k}\| = \|\hat{x} - A_{n_k}(\hat{x}_{n_k})\| &\leq \|\hat{x} - A(\hat{x}_{n_k})\| + \|A(\hat{x}_{n_k}) - A_{n_k}(\hat{x}_{n_k})\| \\ &\leq \|\hat{x} - A(\hat{x}_{n_k})\| + \frac{1}{n_k} \to 0\end{aligned}$$

für $k \to \infty$, da $\hat{x}_{n_k}$ Fixpunkt von A_{n_k} ist und (12.7) gilt. Es gilt also $\hat{x}_{n_k} \to \hat{x}$ und $A(\hat{x}_{n_k}) \to \hat{x}$. Da A in $\hat{x} \in M$ stetig ist, folgt, dass $\hat{x}$ Fixpunkt von A ist. ■

Ein Spezialfall von Satz 12.2 ist die vorher angekündigte Verallgemeinerung von Satz 11.8:

Satz 12.3 (Schauder). *Sei X normierter linearer Raum, $M \subset X$ nichtleer, kompakt und konvex, und $A\colon M \to M$ stetig. Dann hat A einen Fixpunkt $\hat{x} \in M$.*

□ Da M kompakt ist, sind alle Teilmengen von M relativkompakt, und folglich ist A kompakt. Da M als kompakte Menge auch abgeschlossen ist, ist $\overline{A(M)} \subseteq \overline{M} = M$. Die Behauptung folgt also aus Satz 12.2. ■

Für den Fall, dass X sogar ein *Banachraum* und M abgeschlossen ist, kann man Satz 12.2 leicht aus Satz 12.3 gewinnen – die Sätze sind dann also äquivalent: Ist nämlich $M \subseteq X$ nichtleer, konvex, abgeschlossen und beschränkt, und ist $A\colon M \to M$ stetig und kompakt, so ist $A(M)$ präkompakt, also ist auch conv $A(M)$ präkompakt (Lemma 2.6). Da X ein Banachraum ist, ist $\tilde{M} := \overline{\operatorname{conv} A(M)} = \overline{\operatorname{conv}}\, A(M)$ kompakt; außerdem ist $\tilde{M}$ konvex. Aus $A(M) \subseteq M$ folgt $\tilde{M} \subseteq \overline{\operatorname{conv}}\, M = M$, d. h. $A\colon \tilde{M} \to \tilde{M}$. Nach Satz 12.3 hat A dann einen Fixpunkt.

Die obige Argumentation funktioniert allerdings nicht, wenn X unvollständig ist, da dann $\overline{\operatorname{conv}}\, A(M)$ nicht notwendigerweise kompakt sein muss (Aufgabe 2.32). Ein solcher Operator A hat nach Satz 12.2 zwar immer noch einen Fixpunkt (falls M abgeschlossen, beschränkt und konvex und $A\colon M \to M$ stetig und kompakt ist), aber es ist nicht klar, wie man dies mit Hilfe von Satz 12.3 beweisen könnte. In diesem Sinne ist Satz 12.2 also etwas „allgemeiner“ als Satz 12.3.

In welcher der beiden Varianten (Satz 12.2 oder Satz 12.3) man den Schauderschen Fixpunktsatz benutzt, hängt vom jeweiligen Problem ab. Satz 12.2 wird allerdings öfter als Satz 12.3 benutzt, weil die „natürlichen“ Definitionsbereiche nichtlinearer Operatoren oft Kugeln sind, die ja konvex, abgeschlossen und beschränkt sind, aber (in unendlichdimensionalen Räumen) nicht kompakt. Die Anwendung von Satz 12.2 besteht dann aus zwei Teilen: Im „topologischen Teil“ müssen wir die Stetigkeit und Kompaktheit des betrachteten Operators beweisen; hierfür stehen uns viele nützliche Kompaktheitskriterien zur Verfügung (s. Kapitel 3). Im „geometrischen Teil“ müssen wir dagegen die Existenz etwa einer invarianten Kugel zeigen; hierbei kann das folgende Lemma nützlich sein:

Lemma 12.2. *Sei $A\colon X \to X$ ein beschränkter Operator, der einer Abschätzung der Form*

$$\|A(x)\| \leq a + b\,\|x\|^\alpha$$

mit Konstanten $a, b, \alpha \geq 0$ genügt. Dann bildet A eine Kugel $K_r(X)$ in sich ab, falls eine der folgenden drei Bedingungen erfüllt ist:

(a) $\alpha < 1$;

(b) $\alpha = 1$ *und* $b < 1$;

(c) $\alpha > 1$ *und* $a(\alpha b)^{\alpha'} \leq b(\alpha - 1)$ *mit* $\frac{1}{\alpha} + \frac{1}{\alpha'} = 1$.

□ Wir haben jeweils die Existenz eines $r > 0$ mit

$$a + br^\alpha \leq r$$

nachzuweisen. Im Fall $\alpha < 1$ gilt dies sicher, falls r groß genug ist, und im Fall $\alpha = 1$ genau für $r \geq a/(1-b)$. Im Falle $\alpha > 1$ und (o. B. d. A.) $b \neq 0$ sieht man durch Differenzieren, dass die Funktion $r \mapsto r - br^\alpha$ $(r \geq 0)$ ihr Maximum im Punkt $r := (\alpha b)^{-1/(\alpha-1)} = (\alpha b)^{-\alpha'/\alpha} = (\alpha b)^{1-\alpha'}$ annimmt. Das Maximum dieser Funktion ist also gerade $(\alpha b - b)(\alpha b)^{-\alpha'} = (\alpha - 1)b(\alpha b)^{-\alpha'} \geq a$. ■

12.4 Anwendungen des Schauderschen Fixpunktsatzes

Wir betrachten die Fixpunktgleichung

$$x(s) = \int_0^1 k(s,t) f(t, x(t))\,dt + g(s) \qquad (0 \leq s \leq 1) \tag{12.8}$$

im Raum $C = C[0,1]$, also $x = A(x)$ mit A wie in (10.12). Diesmal müssen wir der Funktion f nicht wie in (10.13) eine Lipschitzbedingung auferlegen, da wir bei Anwendung des Schauderschen Fixpunktsatzes ja auch keine Kontraktionsbedingung benötigen. Es genügt lediglich die Stetigkeit von f:

Satz 12.4. *Seien $k\colon [0,1] \times [0,1] \to \mathbb{R}$, $f\colon [0,1] \times \mathbb{R} \to \mathbb{R}$ und $g\colon [0,1] \to \mathbb{R}$ stetig, und f erfülle eine Wachstumsbedingung der Gestalt*

$$|f(t,u)| \leq a(t) + b(t)\,|u|^\alpha \tag{12.9}$$

mit $\alpha \geq 0$ und stetigen nichtnegativen Funktionen a, b. Dabei gelte eine der folgenden Bedingungen:

(a) $\alpha < 1$;

(b) $\alpha = 1$ *und* $[k]_C \|b\|_C < 1$ *für* $[k]_C$ *wie in* (6.21);

(c) $\alpha > 1$ *und* $(\|a\|_C [k]_C + \|g\|_C)(\alpha \|b\|_C [k]_C)^{\alpha'} \leq \|b\|_C [k]_C (\alpha - 1)$ *mit* $\frac{1}{\alpha} + \frac{1}{\alpha'} = 1$.

Dann hat die Gleichung (12.8) *eine Lösung in* $C[0,1]$.

□ Nach Satz 9.6 ist der durch die rechte Seite von (12.8) definierte Hammerstein-Operator A kompakt im Raum C. Wegen (12.9) erfüllt der durch f erzeugte Nemytskij-Operator F eine Wachstumsbedingung der Art

$$\|F(x)\|_C \leq \|a\|_C + \|b\|_C \|x\|_C^{\alpha}.$$

Da der durch k erzeugte Integraloperator $K \in \mathscr{L}(C, C)$ die Norm $[k]_C$ hat (Satz 6.8), erfüllt A die Wachstumsbedingung von Lemma 12.2. Die Behauptung folgt also aus dem Schauderschen Fixpunktsatz. ■

Ein analoges Ergebnis (mit demselben Beweis) gilt natürlich für die Fixpunktgleichung mit dem Hammerstein-Volterra-Operator

$$x(s) = \int_0^s k(s,t) f(t, x(t))\, dt + g(t) \qquad (0 \leq s \leq 1) \tag{12.10}$$

im Raum $C = C[0,1]$, also $x = A(x)$ mit A wie in (10.15). Erstaunlicherweise braucht man hier aber im Falle $\alpha = 1$ überhaupt keine Zusatzbedingung. Dies kann man mit einem ähnlichen Trick sehen wie im Beweis von Satz 10.6:

Satz 12.5. *Seien* $k\colon [0,1] \times [0,1] \to \mathbb{R}$, $f\colon [0,1] \times \mathbb{R} \to \mathbb{R}$ *und* $g\colon [0,1] \to \mathbb{R}$ *stetig, und es gelte die lineare Wachstumsbedingung*

$$|f(t,u)| \leq a(t) + b(t)\, |u| \tag{12.11}$$

mit stetigen Funktionen $a, b\colon [0,1] \to [0, \infty)$. *Dann hat die Gleichung* (12.10) *eine Lösung in* $C[0,1]$.

□ Wir fixieren ein $R > \|g\|_C$ und wählen $\gamma > 0$ so groß, dass

$$(R - \|g\|_C)\, \gamma > (1 - e^{-\gamma})\, (\|a\|_C + \|b\|_C R)\, [k]_C \tag{12.12}$$

ist. Wir betrachten den Raum $C = C[0,1]$ und definieren M als die Menge aller $x \in C$, für die die Norm

$$\|x\|_C^* = \max_{0 \leq t \leq 1} e^{-\gamma t} |x(t)|,$$

durch R beschränkt ist. Da $\|\cdot\|_C^*$ eine zur üblichen Norm $\|\cdot\|$ äquivalente Norm auf C ist, ist M konvex, beschränkt und abgeschlossen (bzgl. $\|\cdot\|_C$!). Definieren wir A als den durch die rechte Seite von (12.10) gegebenen Operator, so erhalten wir für alle $x \in M$ wegen $\|x\|_C^* \leq \|x\|_C$ die Abschätzungen

$$\|A(x)\|_C^* \leq \|g\|_C + \max_{0 \leq s \leq 1} e^{-\gamma s} \int_0^s |k(t,s)|\, |f(t, x(t))|\, dt$$

$$
\begin{aligned}
&\leq \|g\|_C + \max_{0\leq s\leq 1} e^{-\gamma s} \int_0^s |k(t,s)|\, dt \\
&= \|g\|_C + \max_{0\leq s\leq 1} e^{-\gamma s} \int_0^s |k(t,s)|\, e^{\gamma t} e^{-\gamma t} \left(a(t) + b(t)\,|x(t)|\right) dt \\
&\leq \|g\|_C + \|a + b\,|x|\|_{C^*} \max_{0\leq s\leq 1} e^{-\gamma s} \int_0^s |k(t,s)|\, e^{\gamma t}\, dt \\
&\leq \|g\|_C + (\|a\|_C + \|b\|_C \|x\|_{C^*})\, [k]_C \max_{0\leq s\leq 1} e^{-\gamma s} \frac{e^{\gamma s} - 1}{\gamma} \\
&= \|g\|_C + (\|a\|_C + \|b\|_C R)\, [k]_C \frac{1 - e^{-\gamma}}{\gamma}.
\end{aligned}
$$

Wegen (12.12) bildet A also M in sich ab. Nach Satz 9.7 ist A stetig und kompakt, also folgt die Behauptung aus dem Fixpunktsatz von Schauder (Satz 12.2). ■

Ein Spezialfall von Satz 12.5 ist das folgende Ergebnis über die *globale* Lösbarkeit von linear beschränkten Differentialgleichungen.

Satz 12.6. *Sei* $f\colon [0,1] \times \mathbb{R} \to \mathbb{R}$ *stetig mit der Wachstumsbedingung* (12.11). *Dann hat das Anfangswertproblem*

$$x'(t) = f(t, x(t)), \qquad x(0) = x_0$$

für alle $x_0 \in \mathbb{R}$ *eine Lösung auf* $[0,1]$.

□ Man wende Satz 12.5 auf $k(t,s) \equiv 1$ und $g(t) \equiv x_0$ an. ■

Um ein entsprechendes Ergebnis im Raum L_p zu bekommen, müssen wir nur die entsprechenden Kriterien für die linearen Integraloperatoren (9.18) und (9.20) mit denen für den Nemytskij-Operator (9.3) kombinieren und Satz 9.8 benutzen:

Satz 12.7. *Sei* $k\colon [0,1] \times [0,1] \to \mathbb{R}$ *messbar mit* $[k]_{q,p} < \infty$ *(s.* (6.13)*) wobei* $p, q \in (1, \infty)$ *sei. Sei* $f\colon [0,1] \times \mathbb{R} \to \mathbb{R}$ *eine Carathéodory-Funktion, die der Wachstumsbedingung*

$$|f(t,u)| \leq a(t) + b\,|u|^{p/q} \tag{12.13}$$

für ein $a \in L_q$ *und ein* $b \geq 0$ *genügt. Schließlich sei eine der folgenden Bedingungen erfüllt:*

(a) $q < p$*;*

(b) $q = p$ *und* $[k]_{q,p}\, b < 1$*;*

(c) $q > p$ *und*

$$\left(\|g\|_{L_p} + [k]_{q,p} \|a\|_{L_q}\right) \left([k]_{q,p}\, b\right)^{p/(q-p)} \leq \left(\frac{p}{q}\right)^{q/(q-p)} \frac{q-p}{p}.$$

Dann haben die Gleichungen (12.8) *und* (12.10) *eine Lösung in* $L_p[0,1]$.

□ Nach Satz 9.6 sind die durch die rechte Seite von (12.8) bzw. (12.10) definierten nichtlinearen Integraloperatoren A kompakt im Raum L_p. Wegen (12.13) erfüllt der durch f erzeugte Nemytskij-Operator F die Wachstumsbedingung

$$\|F(x)\|_{L_q} \leq \|a\|_{L_q} + b\,\|x\|_{L_p}^{q/p},$$

siehe (9.12). Wir erhalten somit

$$\|A(x)\|_{L_p} \leq \|g\|_{L_p} + [k]_{q,p}\,\|a\|_{L_q} + b\,[k]_{q,p}\,\|x\|_{L_p}^{q/p}.$$

Die angegebenen Bedingungen entsprechen nun genau den Bedingungen aus Lemma 12.2 und sichern somit die Existenz einer invarianten Kugel für diese Integraloperatoren. Damit folgt die Behauptung aus dem Schauderschen Fixpunktsatz (Satz 12.2). ■

Natürlich gilt ein entsprechendes Ergebnis auch für $[k]_{q,p}^*$ anstelle von $[k]_{q,p}$, s. (6.13).

12.5 Die Leray-Schauder-Alternative

Manchmal ist es leicht, einen Banachraum zu finden, in dem ein gegebener Operator A kompakt ist, aber schwierig, dann eine invariante Kugel für A in diesem Raum anzugeben. In diesem Fall ist ein Ergebnis sehr hilfreich, welches manchmal als *Leray-Schauder-Alternative* bezeichnet wird.

Satz 12.8 (Leray-Schauder). *Sei X normierter Raum und $A\colon K_r(X;x_0) \to X$ stetig und kompakt, und es gelte die Bedingung*

$$A(x) - x_0 \neq \tau(x - x_0) \qquad (\tau > 1,\ \|x - x_0\| = r). \tag{12.14}$$

Dann hat A einen Fixpunkt in $K_r(X;x_0)$.

□ Wir betrachten die radiale Retraktion

$$\rho(x) := \begin{cases} x & \text{falls } \|x - x_0\| \leq r, \\ x_0 + r\dfrac{x - x_0}{\|x - x_0\|} & \text{falls } \|x - x_0\| \geq r \end{cases} \tag{12.15}$$

von X auf die abgeschlossene Kugel $K_r(X;x_0)$. Nach Satz 12.2 hat der kompakte Operator $\rho A\colon K_r(X;x_0) \to K_r(X;x_0)$ einen Fixpunkt $\hat{x} \in K_r(X;x_0)$. Wir behaupten, dass $\hat{x}$ sogar Fixpunkt von A ist. In der Tat, gälte $\|A(\hat{x}) - x_0\| > r$, so bekämen wir

$$\hat{x} = \rho A(\hat{x}) = x_0 + r\frac{A(\hat{x}) - x_0}{\|A(\hat{x}) - x_0\|}.$$

Insbesondere wäre $\|\hat{x} - x_0\| = r$, und für $\tau := r/\,\|A(\hat{x}) - x_0\| > 1$ wäre $A(\hat{x}) - x_0 = \tau(\hat{x} - x_0)$ entgegen (12.14). Dies zeigt, dass $\|A(\hat{x}) - x_0\| \leq r$ sein muss, also $\hat{x} = \rho A(\hat{x}) = A(\hat{x})$. ■

Die Bedingung (12.14) aus Satz 12.8 bedeutet geometrisch, dass für jeden Punkt $x \in S_r(X; x_0)$ das Bild $A(x)$ *nicht* auf dem in Abb. 12.2 skizzierten Strahl liegt.

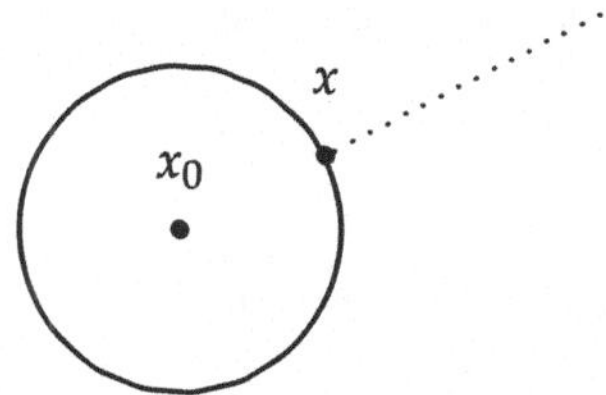

Abbildung 12.2: „Vermiedener Strahl" im Leray-Schauder-Prinzip

Die Stärke von Satz 12.8 wird besonders deutlich, wenn der Operator auf dem ganzen Raum definiert ist. Sei also X ein normierter linearer Raum und $A\colon X \to X$ ein stetiger kompakter Operator. Für $0 < \mu \leq 1$ setzen wir

$$E_\mu(A) := \{x : x \in X, x \neq \theta, x = \mu A(x)\}; \tag{12.16}$$

weiter sei

$$E(A) := \bigcup_{0<\mu<1} E_\mu(A). \tag{12.17}$$

Die Menge $E_\mu(A)$ besteht genau aus den Eigenvektoren zum Eigenwert $1/\mu$; insbesondere ist $E_1(A)$ die Menge aller Fixpunkte von A. Das folgende Ergebnis ist sehr überraschend: Lediglich aus der Beschränktheit der Vereinigung $E(A)$ der Mengen (12.16) kann man auf die Existenz von Fixpunkten schließen. Tatsächlich ist dies eine einfache Folgerung aus Satz 12.8:

Satz 12.9. *Sei X normierter Raum, und $A\colon X \to X$ stetig und kompakt. Ist dann die Menge* (12.17) *beschränkt, so hat A einen Fixpunkt in X.*

□ Sei $x_0 := 0$ und $r > 0$ so groß, dass $E(A)$ in der offenen Kugel $B_r(X)$ enthalten ist. Dann gilt (12.14), also hat A nach Satz 12.8 einen Fixpunkt. ■

Warnung. In Satz 12.9 wird keineswegs vorausgesetzt, dass es für $0 < \mu < 1$ überhaupt Lösungen der Gleichung $x = \mu A(x)$ gibt! Man muss vielmehr zeigen, dass die Menge aller *hypothetischen* Lösungen dieser Gleichung in einer von μ unabhängigen Kugel enthalten ist. Aus diesem Grund spricht man auch von einer *a-priori-Abschätzung*, d. h. man verlangt „von vornherein" gewisse Eigenschaften möglicher Lösungen, ohne sich um deren Existenz zu kümmern.

Es ist verblüffend, dass wir hierbei außer der Kompaktheit des Operators gar nichts benötigen:

Satz 12.10. *Sei X normierter Raum und $A\colon X \to X$ stetig und kompakt. Dann gibt es ein $\lambda \geq 1$, so dass die Gleichung $A(x) = \lambda x$ eine Lösung besitzt.*

□ Falls $A(x) = \lambda x$ für kein $\lambda > 1$ eine Lösung besitzt, so ist (12.17) die leere Menge, also insbesondere beschränkt. Nach Satz 12.9 hat A dann aber einen Fixpunkt, also $A(x) = x$ eine Lösung. ■

Satz 12.11. *Sei $A\colon K_r(X; x_0) \to X$ stetig und kompakt, und sei eine der folgenden beiden Bedingungen erfüllt:*

(a) $A(S_r(X; x_0)) \subseteq K_r(X; x_0)$;

(b) $\|A(x) - x\|^2 \geq \|A(x) - x_0\|^2 - \|x - x_0\|^2$ *für* $\|x - x_0\| = r$.

Dann hat A einen Fixpunkt in $K_r(X; x_0)$.

□ Wir benutzen Satz 12.8, müssen also (12.14) nachweisen. Sei also $x \in S_r(X; x_0)$ und $\tau > 1$. Im Fall (a) bekommen wir dann

$$\|A(x) - x_0\| \leq r < \tau r = \|\tau(x - x_0)\|,$$

also $A(x) - x_0 \neq \tau(x - x_0)$. Im Fall (b) bekommen wir hingegen aus der Annahme, dass $A(x) - x_0 = \tau(x - x_0)$ wäre, die Abschätzung

$$\begin{aligned}(\tau^2 - 1)r^2 &= \|\tau(x - x_0)\|^2 - r^2 = \|A(x) - x_0\|^2 - \|x - x_0\|^2 \\ &\leq \|A(x) - x\|^2 = \|(\tau - 1)(x - x_0)\|^2 = (\tau - 1)^2 r^2,\end{aligned}$$

die für $\tau > 1$ nicht gelten kann. ■

12.6 Quasibeschränkte Operatoren

Ein Operator $A\colon X \to Y$ heißt *quasibeschränkt*, falls es Konstanten $c > 0$ und $R \geq 0$ gibt mit

$$\|A(x)\| \leq c\,\|x\| \qquad (\|x\| \geq R).$$

Die Zahl

$$|A| := \limsup_{\|x\| \to \infty} \frac{\|A(x)\|}{\|x\|} \tag{12.18}$$

wird dann die *Quasinorm* von A genannt. Grob gesprochen bedeutet die Quasibeschränktheit von A, dass $\|A(x)\|$ auf großen Kugeln nicht schneller als linear wächst.[3]

Ist $A\colon X \to Y$ *linear*, so ist A offenbar genau dann quasibeschränkt, wenn A beschränkt ist; in diesem Fall ist $|A| = \|A\|$. In Satz 4.3 haben wir gezeigt, dass der Operator $I - A$ bijektiv ist, falls A ein beschränkter linearer Operator mit Norm $\|A\| < 1$ ist. Eine sehr schwache analoge Form für nichtlineare Operatoren ist in dem folgenden Satz enthalten:

[3] Deshalb ist auch die Bezeichnung „quasibeschränkt" nicht sehr glücklich; es wäre besser, z. B. von „asymptotisch sublinearen" Operatoren zu sprechen.

Satz 12.12. *Sei X Banachraum und $A\colon X \to X$ stetig, kompakt und quasibeschränkt mit $|A| < 1$. Dann ist der Operator $I - A$ surjektiv; insbesondere hat A einen Fixpunkt in X.*

□ Sei $y \in X$ fest; wir müssen die Existenz eines $x \in X$ mit $x - A(x) = y$ nachweisen. Der durch $A_y(x) := A(x) + y$ definierte Operator $A_y\colon X \to X$ ist stetig, kompakt und quasibeschränkt mit $|A_y| < 1$. Nach Definition der Quasinorm (12.18) können wir ein $r > 0$ finden derart, dass

$$\frac{\|A_y(x)\|}{\|x\|} < 1 \qquad (\|x\| = r)$$

gilt. Für $x \in S_r(X)$ ist also insbesondere $\|A_y(x)\| \leq \|x\| \leq r$, d. h. $A_y(S_r(X)) \subseteq K_r(X)$. Satz 12.11 liefert also die Existenz eines $\hat{x} \in X$ mit $\hat{x} = A_y(\hat{x}) = A(\hat{x}) + y$. Damit ist die Surjektivität von $I - A$ bewiesen. Insbesondere erhält man für die Wahl $y = \theta$ einen Fixpunkt von A. ■

Wir illustrieren Satz 12.12 mit zwei einfachen Beispielen.

Beispiel 12.3. Wir betrachten wieder die Integralgleichungen (10.18) und (10.19) im Raum $X := C$. Für die Quasinorm des durch die Funktion $f(u) := \log(1 + |u|^{\alpha})$ erzeugten Nemytskij-Operators F bekommen wir $|F| = 0$. In der Tat, durch Anwenden der Regel von De L'Hospital erhalten wir

$$\lim_{t\to\infty} \frac{\log(1+t^{\alpha})}{t} = \lim_{t\to\infty} \frac{\alpha t^{\alpha-1}/(1+t^{\alpha})}{1} = \lim_{t\to\infty} \frac{\alpha}{t(t^{-\alpha}+1)} = 0,$$

und folglich gilt $f(|u|)/\,|u| \to 0$ für $|u| \to \infty$, d. h. $|F| = 0$, wie behauptet. Da der lineare Integraloperator K mit Kernfunktion $k(t,s) = e^{ts}$ in C beschränkt ist, folgt für die Komposition $A := \mu KF$ ebenfalls $|A| := 0$. Daher haben nach Satz 12.12 die Gleichungen (10.18) und (10.19) für jedes $y \in C$ eine Lösung $x \in C$.

Wir hätten dasselbe Ergebnis mit etwas mehr Aufwand auch mit Satz 12.4 bzw. 12.5 erhalten können. Der Vorteil von Satz 12.12 gegenüber diesen Sätzen liegt eher darin, dass er „handlicher" ist: Man muss die Normabschätzungen nur für große Argumente nachweisen. Eine Übersicht über die Ergebnisse im Fall $y \equiv 0$ ist in Tabelle 12.1 zusammengestellt. ☺

Beispiel 12.4. Sei $X := C[0,1]$ und $A\colon X \to X$ definiert durch

$$A(x)(s) := \int_0^1 k(s,t) \sin x(t)\, dt, \tag{12.19}$$

wobei $k\colon [0,1] \times [0,1] \to \mathbb{R}$ stetig sei. Nach Satz 9.6 ist A stetig und kompakt in X. Weiter ist A offensichtlich quasibeschränkt mit

$$|A| \leq \|K\|\ |F| = 0,$$

da der Nemytskij-Operator $F(x)(t) := f(x(t))$ in (12.19) von der beschränkten Funktion

	Satz 10.5	Satz 10.6	Satz 12.4/12.12	Satz 12.5/12.12
$\alpha < 1$	nicht anwendbar	nicht anwendbar	(10.18) lösbar für jedes $\mu \in \mathbb{R}$	(10.19) lösbar für jedes $\mu \in \mathbb{R}$
$\alpha = 1$	(10.18) eindeutig lösbar für $\lvert\mu\rvert < \frac{1}{e-1} \approx 0{,}582$	(10.19) eindeutig lösbar für jedes $\mu \in \mathbb{R}$	(10.18) lösbar für jedes $\mu \in \mathbb{R}$	(10.19) lösbar für jedes $\mu \in \mathbb{R}$
$\alpha > 1$	(10.18) eindeutig lösbar für $\lvert\mu\rvert < \frac{1}{(e-1)(\alpha-1)^{(\alpha-1)/\alpha}}$	(10.19) eindeutig lösbar für jedes $\mu \in \mathbb{R}$	(10.18) lösbar für jedes $\mu \in \mathbb{R}$	(10.19) lösbar für jedes $\mu \in \mathbb{R}$

Tabelle 12.1: Lösbarkeit der Gleichungen (10.18) und (10.19) im Raum C

$f(u) := \sin u$ erzeugt wird. Nach Satz 12.12 hat die Hammerstein-Gleichung

$$x(s) - \int_0^1 k(s,t) \sin x(t)\, dt = y(s)$$

also für jedes stetige y eine stetige Lösung x. ☺

12.7 Aufgaben

Aufgabe 12.1. Die folgende Kombination des Fixpunktsatzes von Banach mit dem Fixpunktsatz von Schauder nennt man auch den *Fixpunktsatz von Krasnosel'skij*:

Sei X Banachraum und $M \subseteq X$ beschränkt, abgeschlossen und konvex. Seien $A_1, A_2 \colon M \to X$ stetig und derart, dass $A_1(x) + A_2(y) \in M$ für alle $x, y \in M$ gilt. Weiterhin sei $\mathrm{Lip}(A_1) < 1$ und A_2 kompakt. Zeigen Sie, dass $A := A_1 + A_2$ einen Fixpunkt in M besitzt, indem Sie der Reihe nach folgende Aussagen beweisen:

(a) Für jedes $z \in A_2(M)$ besitzt die Gleichung $x = A_1(x) + z$ genau eine Lösung $x = \varphi(z)$ in M.

(b) Die so definierte Funktion $\varphi\colon A_2(M) \to M$ erfüllt eine Lipschitzbedingung.

(c) φ bildet präkompakte Mengen auf präkompakte Mengen ab. (Weshalb ist dies für beliebige stetige Funktionen nicht immer richtig?)

(d) $\varphi \circ A_2$ hat einen Fixpunkt.

(e) $A = A_1 + A_2$ hat einen Fixpunkt.

Aufgabe 12.2. Seien X und Y Banachräume, und $M \subseteq X$. Ein stetiger Operator $f\colon M \to Y$ heißt *eigentlich*, falls für jede kompakte Menge $K \subseteq Y$ das Urbild $f^{-1}(K) \subseteq M$ kompakt ist. Zeigen Sie:

(a) Ist $M \subseteq X$ abgeschlossen und beschränkt und $Y = X$, so ist jeder Operator der Gestalt $f = I - g$ mit kompaktem stetigen g eigentlich.

(b) Ist f eigentlich, so bildet f abgeschlossene Mengen in abgeschlossene Mengen ab.

(c) Ist $A \in \mathscr{L}(X,Y)$ eigentlich auf $K_1(X)$, dann ist der Wertebereich $R(A)$ von A abgeschlossen in Y, und der Nullraum $N(A)$ hat endliche Dimension

Hinweis. Lemma 7.1.

Aufgabe 12.3. Seien X und Y normierte Räume, $M \subseteq X$ und $A\colon M \to Y$ kompakt. Zeigen Sie die Äquivalenz der folgenden Aussagen:

(a) A ist stetig auf M.

(b) Aus $x_n \to x \in M$ und $A(x_n) \to y$ folgt $y = Ax$ (d. h. der Graph $\Gamma(A) := \{(x, A(x)) : x \in M\}$ von A ist abgeschlossen in $M \times Y$).

Gilt dies auch dann, wenn A nicht kompakt ist?

Aufgabe 12.4. Zeigen Sie, dass es für alle stetigen Funktionen k, f und g ein $\varepsilon > 0$ gibt, so dass die Gleichung

$$x(s) = \int_0^s k(s,t) f(t, x(t))\, dt + g(s) \qquad (s \in [0, \varepsilon])$$

eine Lösung in $X := C[0, \varepsilon]$ besitzt. Schließen Sie für $k \equiv 1$ insbesondere, dass das Anfangswertproblem

$$x'(s) = f(s, x(s)), \qquad x(0) = g(0)$$

eine Lösung auf einem Intervall $[0, \varepsilon]$ besitzt.

Aufgabe 12.5. Zeigen Sie, dass es für jedes $\lambda > 0$ und alle stetigen Funktionen f und g ein $\varepsilon > 0$ gibt, so dass die Gleichung

$$x(s) = \frac{1}{\Gamma(\lambda)} \int_0^s (s-t)^\lambda f(t, x(t))\, dt + g(s) \qquad (s \in [0, \varepsilon])$$

eine Lösung in $X := C[0, \varepsilon]$ besitzt. (Der hier auftretende lineare Integraloperator J^λ ist gerade die „λ-Potenz" des gewöhnlichen Integraloperators, vgl. Aufgabe 6.25).

Hinweis. Zeigen Sie mit Hilfe von Satz 6.15 zunächst $J^\lambda \in \mathscr{K}(X, X)$.

Aufgabe 12.6. Die Funktion f aus Aufgabe 12.5 erfülle die lineare Wachstumsbedingung (12.11) mit stetigen Funktionen a und b. Zeigen Sie, dass man dann in Aufgabe 12.5 sogar $\varepsilon > 0$ beliebig wählen kann, indem Sie der Reihe nach die folgenden Behauptungen beweisen:

(a) Für $x_0(t) \equiv 1$ ist

$$J^\alpha x(t) = \frac{1}{\Gamma(\alpha+1)} t^\alpha \qquad (\alpha > 0).$$

(b) Für $x_n(t) := \frac{1}{\Gamma(n\lambda+1)} t^{n\lambda+1}$ $(n = 0, 1, 2, \ldots)$ ist

$$J^{\lambda} x_n(t) = J^{(n+1)\lambda} x_0(t) = \frac{1}{\Gamma((n+1)\lambda+1)} t^{(n+1)\lambda}.$$

(c) Für jedes $\varepsilon > 0$ gilt: Ist

$$|x(t)| \leq \frac{1}{\Gamma(\lambda)} \int_0^s (s-t)^{\lambda} |f(t, x(t))| \, dt + |g(s)| \qquad (t \in [0, \varepsilon]),$$

so gilt mit $y(t) := |x(t)|$ im Raum $X = C[0, \varepsilon]$ die Abschätzung

$$|x(t)| \leq \|J^{\lambda} a\| + \|g\| + \|b\| \, J^{\lambda} y(t).$$

Folgern Sie hieraus weiter per Induktion für $n = 1, 2, \ldots$, dass

$$|x(t)| \leq \left(\|J^{\lambda} a\| + \|g\| \right) \sum_{k=0}^{n-1} \frac{\|b\|^k}{\Gamma(k\lambda+1)} t^{k\lambda} + \|J^{\lambda} y\| \frac{\|b\|^n}{\Gamma(n\lambda+1)} t^{n\lambda}$$

gilt und folgern Sie hieraus

$$\|x\|_{C[0,\varepsilon]} \leq R_{\varepsilon} := \left(\|J^{\lambda} a\| + \|g\| \right) \sum_{n=0}^{\infty} \frac{\left(\|b\| \, \varepsilon^{\lambda} \right)^n}{\Gamma(n\lambda+1)} < \infty.$$

(d) Ist F der von f erzeugte Nemytskij-Operator, so gilt

$$J^{\lambda} F(x) + g \neq \tau x \qquad (\tau > 1 \text{ und } \|x\| = R_{\varepsilon})$$

und $J^{\lambda} F(x) + g = x$ hat eine Lösung in $K_{R_{\varepsilon}}(X)$.

Aufgabe 12.7. Sei $f\colon [0, 1] \times \mathbb{R} \to \mathbb{R}$ stetig. Zeigen Sie, dass der von f erzeugte Nemytskij-Operator F im Raum $X := C = C[0, 1]$ genau dann quasibeschränkt ist, wenn

$$q := \limsup_{|u| \to \infty} \max_{t \in [0,1]} \frac{|f(t, u)|}{|u|}$$

endlich ist, und dass in diesem Fall $| F | = q$ gilt.

Aufgabe 12.8. Sei $A\colon X \to X$ ein stetiger kompakter Operator, und sei $r > 0$. Sei

$$\delta_r(A) := \sup \{ \lambda \geq 0 : A(x) = \lambda x \text{ für ein } x \in S_r(X) \},$$

wobei wir hier $\sup \emptyset := 0$ setzen. Beweisen Sie, dass aus $\delta_r(A) \leq 1$ die Existenz eines Fixpunkts $x_* \in K_r(X)$ von A folgt.

Aufgabe 12.9. Mit den Bezeichnungen aus Aufgabe 12.8 sei

$$| A |^* := \sup_{y \in X} \inf_{r > 0} \delta_r(A_y),$$

wobei A_y wie im Beweis von Satz 12.12 definiert sei. Zeigen Sie, dass $I - A$ im Falle $|A|^* < 1$ surjektiv ist.

Zeigen Sie darüberhinaus, dass dies sogar im Falle $|A|^* = 1$ gilt, falls zusätzlich für alle $y \in X$, für die das obige Infimum den Wert 1 annimmt, dieses Infimum sogar ein Minimum ist.

Aufgabe 12.10. Zeigen Sie, dass stets $|A|^* \leq |A|$ gilt (vgl. Aufgabe 12.9 und (12.18)), und geben Sie ein Beispiel für $|A|^* < 1 \leq |A|$.

Hinweis. Wählen Sie $A \in \mathscr{L}(\mathbb{R}^2, \mathbb{R}^2)$ linear.

Aufgabe 12.11. Sei X ein Hilbertraum mit Skalarprodukt $\langle \cdot, \cdot \rangle$ (vgl. die Bemerkungen nach Satz 11.4), und sei $A\colon X \to X$ ein stetiger kompakter Operator, der der Wachstumsbedingung

$$\lim_{\|x\| \to \infty} \frac{\langle x - A(x), x \rangle}{\|x\|} = \infty \tag{12.20}$$

genügt. Beweisen Sie, dass $I - A$ dann surjektiv ist.

Hinweis. Benutzen Sie die Zusatzbehauptung aus Aufgabe 12.9 und die Cauchy-Schwarzsche Ungleichung $\langle y, x \rangle \leq \|y\| \, \|x\|$.

Aufgabe 12.12. Zeigen Sie, dass aus der Bedingung

$$\limsup_{\|x\| \to \infty} \frac{\langle A(x), x \rangle}{\|x\|^2} < 1$$

die Bedingung (12.20) folgt, aber nicht umgekehrt.

Aufgabe 12.13. Zeigen Sie das sog. *Gronwall-Lemma*: Ist $x\colon [0, \infty) \to [0, \infty)$ eine stetige Funktion, die einer Abschätzung der Form

$$x(s) \leq a + b \int_0^s x(t)\, dt \qquad (0 \leq s \leq T)$$

mit Konstanten $a, b \geq 0$ genügt, so gilt

$$x(s) \leq a e^{bs} \qquad (0 \leq s \leq T).$$

Hinweis. Betrachten Sie die Ableitung der Funktion

$$\varphi(s) := e^{-bs} \left(a + b \int_0^s x(t)\, dt \right).$$

Aufgabe 12.14. Geben Sie unter Benutzung von Aufgabe 12.13 (und beispielsweise Aufgabe 12.8) einen alternativen Beweis von Satz 12.5.

13 Der Darbosche Fixpunktsatz

Wir betrachten nun stetige nichtlineare Operatoren, die im allgemeinen weder kontrahierend noch kompakt sind, für die aber noch ein zum Schauderschen Fixpunktsatz analoger Satz gilt. Dadurch wird der Anwendungsbereich von Fixpunktsätzen erheblich erweitert.

13.1 Kondensierende nichtlineare Operatoren

Seien X und Y normierte lineare Räume und M eine nichtleere Teilmenge von X. Ein (i. a. nichtlinearer) Operator $A\colon M \to Y$ erfüllt eine *Darbobedingung* auf M, falls es ein $L \geq 0$ gibt mit

$$\gamma(A(B)) \leq L\gamma(B) \qquad (B \subseteq M) \tag{13.1}$$

Hierbei bezeichnet γ das in (2.9) eingeführte Nichtkompaktheitsmaß. Die Darbobedingung (13.1) wird also mit Hilfe des Nichtkompaktheitsmaßes (2.9) definiert wie die Lipschitzbedingung (10.1) mit Hilfe der Norm. Im Fall $M = X$ haben wir wieder die Definition eines *γ-beschränkten* Operators vor uns, siehe (5.8). Die kleinste Konstante L, für die (13.1) gilt, bezeichnen wir mit $\gamma(A)$, also

$$\gamma(A) := \min\{L : L \geq 0, (13.1) \text{ gilt}\}.$$

Falls X unendlichdimensional ist, gilt die Gleichheit

$$\gamma(A) = \sup\left\{\frac{\gamma(A(B))}{\gamma(B)} : B \subseteq M \text{ beschränkt}, \gamma(B) > 0\right\}$$

Falls $\gamma(A) < 1$ ist, nennen wir A *kondensierend* auf M. Für lineare Operatoren stimmen alle diese Definitionen und Bezeichnungen mit denen aus Kapitel 5 überein.

Beispiel 13.1. Seien X und Y normierte lineare Räume und $A\colon X \to Y$ Lipschitz-stetig. Dann gilt

$$\gamma(A) \leq \text{Lip}(A), \tag{13.2}$$

denn ist $B \subset X$ beschränkt, $\varepsilon > \gamma(B)$ und $\{z_1, \ldots, z_m\}$ ein endliches ε-Netz für B, so ist offensichtlich $\{A(z_1), \ldots, A(z_m)\}$ ein endliches $\text{Lip}(A)\varepsilon$-Netz für $A(B)$. Im Falle eines *linearen* Operators A ist (13.2) nichts anderes als die Aussage von Lemma 5.4 (a). ☺

Beispiel 13.2. Sind X und Y normierte lineare Räume und ist $A\colon X \to Y$ kompakt, so ist offenbar $\gamma(A) = 0$. Umgekehrt folgt aus $\gamma(A) = 0$ wie im linearen Fall die Kompaktheit von A, falls Y ein Banachraum ist. ☺

Beispiel 13.3. In diesem Beispiel kombinieren wir die vorhergehenden beiden Operatorklassen. Seien X und Y normierte lineare Räume, und sei $A\colon X \to Y$ darstellbar als Summe

$$A = A_1 + A_2$$

eines Lipschitz-stetigen Operators A_1 und eines kompakten Operators A_2. Dann gilt

$$\gamma(A) = \gamma(A_1 + A_2) \leq \gamma(A_1) + \gamma(A_2) \leq \mathrm{Lip}(A_1).$$

Insbesondere ist $A_1 + A_2$ kondensierend, falls A_1 kontrahierend und A_2 kompakt ist. ☺

Beispiel 13.4. Sei $X := C[0,1]$ und $F\colon X \to X$ der von einer (automatisch stetigen) Funktion $f\colon [0,1] \times \mathbb{R} \to \mathbb{R}$ erzeugte Nemytskij-Operator (9.3). Wir behaupten, dass

$$\gamma(F) = \mathrm{Lip}(F) \tag{13.3}$$

ist. Wegen (13.2) müssen wir nur $\gamma(F) \geq \mathrm{Lip}(F)$ zeigen. Nach Beispiel 10.2 genügt es also zu zeigen, dass jedes $f(t, \cdot\,)$ Lipschitz-stetig ist mit der Konstanten $\gamma(F)$.

Angenommen, dies wäre nicht so. Dann gäbe es ein $t_0 \in [0,1]$ und $u < v$ mit $|f(t_0,u) - f(t_0,v)| > L\,|u - v|$, wobei $L > \gamma(F)$ ist. Da mit f auch die Funktion $g(t) := |f(t_0,u) - f(t,v)|$ stetig ist mit $g(t_0) > L\,|u-v|$, gibt es eine Umgebung U von t_0 mit $g(t) > L\,|u-v|$ für alle $t, s \in U$. Wir betrachten nun die Familie M aller Funktionen $x\colon [0,1] \to [u,v]$, also die Kugel um die konstante Funktion mit Wert $\frac{u+v}{2}$ mit Radius $\frac{v-u}{2}$. Insbesondere ist $\gamma(M) = \frac{v-u}{2}$. Andererseits finden wir zu jedem $\sigma > 0$ einen von t_0 verschiedenen Punkt $t \in U$ mit $|t - t_0| < \sigma$ und eine zugehörige Funktion $x \in M$ mit $x(t_0) = u$ und $x(t) = v$. Für diese Funktion ist

$$|F(x)(t_0) - F(x)(t)| = |f(t,u) - f(t,v)| > L\,|u-v|,$$

also gilt für den in (3.16) definierten Stetigkeitsmodul $\omega(F(x),\sigma) > L\,|u-v|$. Da $\sigma > 0$ beliebig war, folgt aus (3.22), dass $\gamma(F(M)) \geq \frac{1}{2}L\,|u-v| = L\gamma(M)$ ist. Wegen $\gamma(M) \neq 0$ ist dies ist ein Widerspruch zu $L > \gamma(F)$. ☺

Beispiel 13.5. Sei $X := L_p$ $(1 \leq p \leq \infty)$ und $F\colon X \to X$ der Nemytskij-Operator (9.3). Auch hier gilt (13.3), wie man folgendermaßen einsieht:

Für $x, y \in L_p$ bezeichnen wir mit $R(x,y)$ die Menge aller messbaren Funktionen z mit $z(t) \in \{x(t), y(t)\}$. Wir zeigen zunächst, dass

$$\gamma(R(x,y)) = \frac{1}{2}\,\|x-y\|_{L_p} \tag{13.4}$$

gilt. In der Tat, einerseits ist $R(x,y)$ in der Kugel um die Funktion $\frac{x+y}{2}$ mit Radius

$\frac{1}{2}\|x-y\|_{L_p}$ enthalten; also ist $\gamma(R(x,y)) \leq \frac{1}{2}\|x-y\|_{L_p}$. Der Beweis der umgekehrten Abschätzung ist schwieriger. Wir nehmen an, es gälte strikte Ungleichheit und wählen ε_0 mit $\gamma(R(x,y)) < \varepsilon_0 < \frac{1}{2}\|x-y\|_{L_p}$. Wir finden dann ein endliches ε_0-Netz $\{x_1,\ldots,x_N\} \subseteq L_p$ für $R(x,y)$.

Wir nehmen zunächst $p < \infty$ an: In diesem Fall liegen die einfachen Funktionen dicht in L_p. Wir ersetzen dann jede der Funktionen $x_1,\ldots,x_N$ sowie x und y durch einfache Funktionen, die nahe genug an den ursprünglichen Funktionen liegen, so dass $\{x_1,\ldots,x_N\} \subseteq L_p$ immer noch ein endliches ε-Netz für $R(x,y)$ für ein $\varepsilon < \frac{1}{2}\|x-y\|_{L_p}$ ist. Durch gemeinsame Verfeinerung können wir dann $[0,1]$ in endlich viele messbare Mengen $D_1,\ldots,D_j$ zerlegen, so dass jede der Funktionen $x, y, x_1,\ldots,x_N$ auf jedem D_k konstant ist. Außerdem zerlegen wir jedes D_k in zwei Mengen gleichen Maßes, etwa in E_k und E_k'. Wir definieren nun eine Funktion $z \in R(x,y)$, indem wir $z(t) := x(t)$ auf E_k und $z(t) := y(t)$ auf E_k' setzen. Es gibt dann ein x_n mit $\|x_n - z\|_{L_p} \leq \varepsilon$, also

$$\varepsilon^p \geq \|x_n - z\|_{L_p}^p = \sum_{k=1}^{j}\left(\int_{E_k} |x_n(t)-x(t)|^p\,dt + \int_{E_k'} |x_n(t)-y(t)|^p\,dt\right).$$

Da die betrachteten Funktionen auf $E_k \cup E_k'$ konstant sind und $\operatorname{mes} E_k' = \operatorname{mes} E_k$ gilt, können wir das letzte Integral statt über E_k' genausogut über E_k laufen lassen und erhalten damit

$$\varepsilon^p \geq \sum_{k=1}^{j}\int_{E_k}\left(|x_n(t)-x(t)|^p + |x_n(t)-y(t)|^p\right)dt. \tag{13.5}$$

Nun benutzen wir die Ungleichung

$$(a^p + b^p) \geq 2^{1-p}(a+b)^p \qquad (a,b \geq 0, 1 \leq p < \infty). \tag{13.6}$$

Um (13.6) einzusehen, können wir ohne Einschränkung annehmen, dass $a > 0$ und $p > 1$ ist. Wir betrachten dann für festes a die auf $[0,\infty)$ differenzierbare Funktion

$$f(b) := \frac{a^p + b^p}{(a+b)^p}$$

Die Ableitung $f'(b)$ ist genau dann positiv, wenn $b^{p-1} > a^{p-1}$ ist, also wegen $p > 1$ genau dann, wenn $b > a$ ist. Daher ist f nach unten beschränkt durch $f(a) = 2^{1-p}$, was die Abschätzung (13.6) beweist.

Benutzen wir (13.6) nun in (13.5), so erhalten wir

$$\begin{aligned}\varepsilon^p &\geq 2^{1-p}\sum_{k=1}^{j}\int_{E_k}\left(|x_n(t)-x(t)| + |x_n(t)-y(t)|\right)^p dt \\ &\geq 2^{1-p}\sum_{k=1}^{j}\int_{E_k}|x(t)-y(t)|^p\,dt\end{aligned}$$

$$= \frac{1}{2^p} \sum_{k=1}^{j} \left(\int_{E_k} |x(t) - y(t)|^p \, dt + \int_{E_k} |x(t) - y(t)|^p \, dt \right).$$

Nun benutzen wir wieder, dass $x - y$ auf $E_k \cup E'_k$ konstant und mes $E_k =$ mes E'_k ist: Wir können daher das letzte Integral genausogut über E'_k bilden, und dann liefert die Summe das Integral über ganz $[0,1]$. Wir haben damit also

$$\varepsilon \geq \frac{1}{2} \|x - y\|_{L_p}$$

gezeigt. Dies steht im Widerspruch zur Wahl von ε.

Der Fall $p = \infty$ ist wesentlich einfacher: Sei $\delta > 0$ beliebig. Zu jedem x_n $(n = 1, \ldots, N)$ aus dem ε_0-Netz für $R(x,y)$ finden wir eine Menge $D_{n,x}$ positiven Maßes, so dass für alle $t \in D_{n,x}$ die Abschätzung $|x_n(t) - x(t)| \geq \|x_n - x\|_{L_\infty} - \delta$ richtig ist und analog eine Menge $D_{n,y}$ positiven Maßes, so dass für alle $t \in D_{n,y}$ die Abschätzung $|x_n(t) - y(t)| \geq \|x_n - y\|_{L_\infty} - \delta$ richtig ist. Indem wir $D_{n,x}$ und $D_{n,y}$ nötigenfalls geeignet verkleinern, können wir annehmen, dass $D_{n,x} \cap D_{n,y} = \emptyset$ gilt. Wir betrachten nun eine Funktion $z \in R(x,y)$, die $z(t) = x(t)$ auf jedem $D_{n,x}$ und $z(t) = y(t)$ auf jedem $D_{n,y}$ erfüllt. Für jedes n ist dann

$$\|x_n - z\|_{L_\infty} \geq \max \left\{ \|x_n - x\|_{L_\infty} - \delta, \|x_n - y\|_{L_\infty} - \delta \right\}.$$

Wegen

$$\|x - y\|_{L_\infty} \leq \|x_n - x\|_{L_\infty} + \|x_n - y\|_{L_\infty} \leq 2 \max \left\{ \|x_n - x\|_{L_\infty}, \|x_n - y\|_{L_\infty} \right\}$$

finden wir also $\|x_n - z\|_{L_\infty} \geq \frac{1}{2} \|x - y\|_{L_\infty} - \delta$, mithin $\varepsilon_0 \geq \frac{1}{2} \|x - y\|_{L_\infty} - \delta$. Für genügend kleines $\delta > 0$ steht dies im Widerspruch zur Wahl von ε_0. Damit haben wir (13.4) für $1 \leq p \leq \infty$ bewiesen.

Für jeden Nemytskij-Operator F gilt nun

$$F(R(x,y)) = R(F(x), F(y)), \tag{13.7}$$

wie man folgendermaßen einsieht: Zu jeder Funktion w aus $R(F(x), F(y))$ lässt sich $[0,1]$ in zwei disjunkte messbare Mengen D und E unterteilen mit $w(t) = F(x)(t)$ auf D und $w(t) = F(y)(t)$ auf E. Definieren wir nun $z(t) := x(t)$ auf D und $z(t) := y(t)$ auf E, so ist $z \in R(x,y)$ und $w(t) = F(x)(t)$ auf $[0,1]$ (hier benutzen wir, dass F ein Nemytskij-Operator ist). Analog können wir auch umgekehrt für jede Funktion $z \in R(x,y)$ die Menge $[0,1]$ in zwei Mengen zerlegen, so dass auf der einen Menge $z(t) = x(t)$, also $F(z)(t) = F(x)(t)$, und auf der anderen Menge $z(t) = y(t)$, also $F(z)(t) = F(y)(t)$ gilt; daher ist $F(z) \in R(F(x), F(y))$ und (13.7) ist bewiesen. Wegen (13.5) folgt aus (13.7) also

$$\begin{aligned} \|F(x) - F(y)\|_{L_p} &= 2\gamma(R(F(x), F(y))) = 2\gamma(F(R(x,y))) \\ &\leq 2\gamma(F)\gamma(R(x,y)) = \gamma(F) \|x - y\|_{L_p}. \end{aligned}$$

Im Falle $\gamma(F) < \infty$ ist F also Lipschitz-stetig mit der Konstanten $\gamma(F)$. ☺

Zusammen mit den Beispielen 10.2 und 10.3 erhalten wir aus den letzten beiden Beispielen das folgende wichtige Ergebnis:

Satz 13.1. *In $X := C$ und $X := L_p$ $(1 \leq p \leq \infty)$ gilt für jeden durch eine stetige bzw. Carathéodory-Funktion f erzeugten Nemytskij-Operator F die Gleichheit*

$$\gamma(F) = \mathrm{Lip}(F) = \min\{l : l \geq 0, |f(t,u) - f(t,v)| \leq l\,|u - v|\}. \tag{13.8}$$

Im Falle $X = L_p$ ist (13.8) natürlich im Sinne von „für fast alle t" zu verstehen, siehe Lemma 10.1

Satz 13.1 zeigt, dass in den Räumen C und L_p die kleinste Darbokonstante des Operators F, die kleinste Lipschitzkonstante des Operators F und die kleinste Lipschitzkonstante der Funktion $f(t, \cdot)$ zusammenfallen. Im Raum C^1 ist die Situation völlig anders: Während der Operator F in C^1 nur im trivialen Fall einer affinen Funktion $f(t, \cdot)$ einer Lipschitzbedingung genügt (Satz 10.1), ist die Darbobedingung für „sehr viele" Funktionen f erfüllt, wie der nächste Satz zeigt.

Satz 13.2. *Der Operator* (9.3) *sei stetig in $X = C^1$, versehen mit der Norm $\|x\| := |x(0)| + \|x'\|_C$. Dann gilt die Abschätzung*

$$\gamma(F) \leq \sup_{-\infty<u<\infty} \max_{0\leq t\leq 1} \left| \frac{\partial f(t,u)}{\partial u} \right|. \tag{13.9}$$

□ Wir bezeichnen die rechte Seite von (13.9) mit L. In Satz 3.7 hatten wir bewiesen, dass das Nichtkompaktheitsmaß $\gamma(M)$ in C^1 zur Mengenfunktion

$$\gamma^*(M) = \lim_{\delta\to 0} \sup_{x\in M} \omega(x', \delta) \qquad (M \subset C^1 \text{ beschränkt})$$

äquivalent ist, ja sogar $\gamma^*(M) = 2\gamma(M)$ gilt. Wir benutzen wieder die Abkürzung $g := \partial f/\partial t$ und $h := \partial f/\partial u$ wie in (9.5); mit G und H bezeichnen wir die entsprechenden Nemytskij-Operatoren, d. h.

$$G(x)(t) = g(t, x(t)), \qquad H(x)(t) = h(t, x(t)).$$

Sei jetzt $M \subset C^1$ beschränkt, etwa $M \subseteq K_R(C^1)$, $x \in M$ und $y = F(x)$. Aus der Kettenregel $y'(t) = G(x)(t) + H(x)(t)x'(t)$ folgt dann

$$\begin{aligned}|y'(s) - y'(t)| \leq |G(x)(s) - G(x)(t)| + |H(x)(s)|\,|x'(s) - x'(t)|\\ + |H(x)(s) - H(x)(t)|\,|x'(t)|,\end{aligned}$$

also auch

$$\omega(y', \delta) \leq \omega(G(x), \delta) + L\omega(x', \delta) + R\omega(H(x), \delta).$$

Als in C^1 beschränkte Menge ist M relativkompakt in C, also auch $G(M)$ und $H(M)$, da die erzeugenden Funktionen g und h nach Satz 9.2 stetig sind. Damit gilt

$$\gamma(F(M)) = \frac{1}{2} \lim_{\delta \to 0} \sup_{x \in M} \omega(y', \delta) \leq \frac{L}{2} \lim_{\delta \to 0} \sup_{x \in M} \omega(x', \delta) = L\gamma(M)$$

wie behauptet. ■

Das folgende Beispiel illustriert die Diskrepanz zwischen den Sätzen 10.1 und 13.2:

Beispiel 13.6. Sei $f(u) := \log(1 + |u|^\alpha)$ $(\alpha > 1)$. In Beispiel 10.6 haben wir im Falle $u > 0$ eine Schranke für $|f'(u)|$ berechnet. Wegen $\alpha > 1$ ist f auch in 0 stetig differenzierbar; aus Symmetriegründen ist die berechnete Schranke auch für $u < 0$ gültig, also auch eine Schranke für $\gamma(F(M))$. Dagegen ist nach Satz 10.1 natürlich $\mathrm{Lip}(F) = \infty$. ☺

13.2 Der Darbosche Fixpunktsatz

Wir beweisen jetzt einen wichtigen Fixpunktsatz für kondensierende Operatoren, der alle bisher diskutierten Fixpunktsätze als Spezialfälle enthält.

Satz 13.3 (Darbo). *Sei X Banachraum, $M \subset X$ nichtleer, abgeschlossen, beschränkt und konvex, und $A\colon M \to M$ stetig und kondensierend. Dann hat A einen Fixpunkt $x^* \in M$.*

□ Wir fixieren ein $x_0 \in M$ und definieren eine Mengenfolge $(M_n)_n$ rekursiv durch

$$M_0 := M,\ M_1 := \overline{\mathrm{conv}}(A(M_0) \cup \{x_0\}), \ldots, M_{n+1} := \overline{\mathrm{conv}}(A(M_n) \cup \{x_0\}), \ldots$$

Durch Induktion zeigt man leicht, dass $(M_n)_n$ eine (bzgl. der Inklusion) absteigende Folge abgeschlossener konvexer Teilmengen von M ist. Außerdem gilt für $q := \gamma(A) < 1$ mit Lemma 2.6

$$\gamma(M_1) = \gamma(A(M_0)) \leq q\gamma(M_0)$$

und allgemeiner

$$\gamma(M_{n+1}) = \gamma(A(M_n)) \leq q\gamma(A(M_{n-1})) \leq \cdots \leq q^n\gamma(M),$$

also insbesondere $\gamma(M_n) \to 0$ für $n \to \infty$. Hieraus folgt aber, dass die Menge

$$M_\infty := \bigcap_{n=0}^{\infty} M_n$$

präkompakt ist (Lemma 2.6). Als Durchschnitt konvexer abgeschlossener Mengen ist M_∞ auch konvex und abgeschlossen, also sogar konvex und kompakt. Außerdem ist M_∞ nichtleer, denn es gilt $x_0 \in M_\infty$. Schließlich bildet A die Menge M_∞ in sich ab, denn es ist ja $A(M_\infty) \subseteq A(M_n) \subseteq M_{n+1}$ für alle n. Nach dem Schauderschen Fixpunktsatz (Satz 12.2 mit $M = M_\infty$) existiert also ein $x^* \in M_\infty \subseteq M$ mit $A(x^*) = x^*$. ■

Da sowohl kontrahierende als auch kompakte Operatoren kondensierend sind, schlägt der Darbosche Fixpunktsatz sozusagen eine Brücke zwischen dem Banachschen Fixpunktsatz (Satz 10.2) und dem Schauderschen Fixpunktsatz (Satz 12.2), siehe Tabelle 13.1. Auf den ersten Blick scheinen ja der Banachsche und der Schaudersche

Banach		Darbo		Schauder
$\mathrm{Lip}(A) < 1$	$\Leftarrow$	$\gamma(A) < 1$	$\Rightarrow$	$\gamma(A) = 0$

Tabelle 13.1: Sätze von Darbo, Banach und Schauder

Fixpunktsatz völlig verschiedene Anforderungen an den Operator A zu stellen: Kontrahierende Operatoren „verkleinern" alle Kugeln ein wenig, während kompakte Operatoren Kugeln i. a. nicht verkleinern, aber stark „ausdünnen". Der gemeinsame Aspekt dieser Effekte – die Verkleinerung des Nichtkompaktheitsmaßes – wird erst bei der Betrachtung kondensierender Operatoren sichtbar. Man erkennt die Kombination des Banachschen und Schauderschen Fixpunktsatzes auch im Beweis von Satz 13.3: Einerseits werden die Mengen M_n durch „Iteration" des Operators A gewonnen, was an den Beweis des Banachschen Fixpunktsatzes erinnert. Andererseits erhält man die Existenz eines Fixpunktes aber letztlich durch Anwendung des Schauderschen Fixpunktsatzes.

In Tabelle 13.2 vergleichen wir, was die Bedingung, kontrahierend, kompakt, oder kondensierend zu sein, für den Nemytskij-Operator (9.3) bedeutet.

$F: X \to X$	$\mathrm{Lip}(F) = L < 1$	$\gamma(F) = 0$	$\gamma(F) = L < 1$
$X = L_p$	$\lvert f(t,u) - f(t,v)\rvert \leq L\,\lvert u - v\rvert$	$f(t,u) = a(t)$	$\lvert f(t,u) - f(t,v)\rvert \leq L\,\lvert u - v\rvert$
$X = C$	$\lvert f(t,u) - f(t,v)\rvert \leq L\,\lvert u - v\rvert$	$f(t,u) = a(t)$	$\lvert f(t,u) - f(t,v)\rvert \leq L\,\lvert u - v\rvert$
$X = C^1$	$f(t,u) = a(t) + b(t)u$	$f(t,u) = a(t)$	$\lvert \partial f(t,u)/\partial u\rvert \leq L$
$X = C^\alpha$	$f(t,u) = a(t) + b(t)u$	????	????

Tabelle 13.2: Eigenschaften eines von f erzeugten Nemytskij-Operators F

Selbstverständlich enthält der Darbosche Fixpunktsatz auch den Fixpunktsatz von Krasnosel'skij (Aufgabe 12.1) als Spezialfall, sogar unter einer schwächeren Bedingung an die Invarianz der Menge M:

Satz 13.4. *Sei X Banachraum, $M \subset X$ nichtleer, abgeschlossen, beschränkt und konvex, und $A_1, A_2\colon M \to X$ stetig und derart, dass* $\mathrm{Lip}(A_1) < 1$ *und A_2 kompakt ist. Falls $A := A_1 + A_2$ die Menge M in sich abbildet, dann hat A einen Fixpunkt $x^* \in M$.*

□ Nach Beispiel 13.3 ist A kondensierend, so dass die Behauptung unmittelbar aus dem Fixpunktsatz von Darbo folgt. ■

13.3 Schwach kondensierende Operatoren

Genauso wie wir die Kontraktionsbedingung (10.1) mit $L < 1$ zur schwachen Kontraktionsbedingung (10.8) abgeschwächt haben, können wir die „Kondensationsbedingung" (13.1) mit $L < 1$ abschwächen zu

$$\gamma(A(B)) < \gamma(B) \qquad (B \subseteq M \text{ beschränkt}, \gamma(B) > 0). \tag{13.10}$$

Einen Operator A, der die Bedingung (13.10) erfüllt, nennen wir *schwach kondensierend* auf M. Dass dies eine echte Erweiterung ist, zeigt das folgende Beispiel:

Beispiel 13.7. Sei X ein unendlichdimensionaler normierter linearer Raum und $A\colon X \to X$ definiert durch

$$A(x) := \begin{cases} (1 - \|x\|)x & \text{falls } \|x\| \leq 1, \\ \theta & \text{falls } \|x\| > 1. \end{cases} \tag{13.11}$$

Dass dieser Operator schwach kondensierend ist, sieht man wie folgt: Zunächst ist $A(M) \subseteq \operatorname{conv}(M \cup \{\theta\})$ für jede Menge $M \subseteq K_1(X)$; hieraus folgt schon, dass $\gamma(A) \leq 1$ ist.[1]

Sei jetzt $M \subseteq K_1(X)$ fest mit $\gamma(M) > 0$, und sei $0 < r < \gamma(M)$. Für $M_1 := M \cap K_r(X)$ haben wir wegen $\gamma(A) \leq 1$ dann einerseits

$$\gamma(A(M_1)) \leq \gamma(M_1) \leq \gamma(K_r(X)) = r < \gamma(M).$$

Für $M_2 := M \setminus K_r(X)$ gilt nach Definition von A andererseits

$$A(M_2) \subseteq \{tx : 0 \leq t \leq 1 - r, x \in M_2\} \subseteq \overline{\operatorname{conv}}\,((1 - r)M \cup \{\theta\}),$$

also

$$\gamma(A(M_2)) \leq (1 - r)\gamma(M) < \gamma(M).$$

Nach Lemma 2.6 (d) ist also $\gamma(A(M)) < \gamma(M)$, d. h. A ist schwach kondensierend.

Andererseits ist der Operator (13.11) nicht kondensierend: Gälte nämlich (13.1) für ein $L < 1$, so könnten wir $0 < r < 1 - L$ wählen und bekämen für die Sphäre $S_r(X)$

$$Lr < (1 - r)r = \gamma(A(S_r(X))) \leq L\gamma(S_r(X)) = Lr,$$

ein Widerspruch. ☺

Der folgende Satz ist also eine echte Verallgemeinerung von Satz 13.3:

Satz 13.5 (Sadovskij). *Sei X Banachraum, $M \subset X$ nichtleer, abgeschlossen, beschränkt und konvex, und $A\colon M \to M$ stetig und schwach kondensierend. Dann hat A einen Fixpunkt in M.*

---

[1] In Analogie zu den nichtexpansiven Operatoren, die wir in Kapitel 10 betrachtet haben, werden Operatoren A mit $\gamma(A) \leq 1$ manchmal als *γ-nichtexpansiv* bezeichnet. Solche Operatoren werden wir noch einmal in Abschnitt 13.4 betrachten.

□ Wir fixieren ein $x_0 \in M$ und betrachten die Familie $\mathcal{M}$ aller konvexen abgeschlossenen Teilmengen $K \subseteq M$, für die $A(K) \subseteq K$ und $x_0 \in K$ gilt, also

$$\mathcal{M} := \{K : x_0 \in K = \overline{\operatorname{conv}}\, K \subseteq M, A(K) \subseteq K\}.$$

$\mathcal{M}$ ist nicht leer, denn $M \in \mathcal{M}$. Der Durchschnitt K_0 aller Mengen aus $\mathcal{M}$ liegt ebenfalls in $\mathcal{M}$: Es ist klar, dass K_0 abgeschlossen und konvex ist mit $x_0 \in K$; für alle $K \in \mathcal{M}$ ist aber auch $A(K_0) \subseteq A(K) \subseteq K$, also $A(K_0) \subseteq K_0$. Die Menge $K_1 := \overline{\operatorname{conv}}(A(K_0) \cup \{x_0\})$ ist ebenfalls abgeschlossen und konvex mit $x_0 \in K_1$. Außerdem gilt $K_1 \subseteq K_0$, denn nach Definition von K_1 ist $K_1 \subseteq A(K_0) \subseteq K_0$. Daher gilt $A(K_1) \subseteq A(K_0) \subseteq K_1$. Insbesondere ist $K_1 \in \mathcal{M}$ und daher $K_0 \subseteq K_1$. Da wir bereits $K_1 \subseteq K_0$ gezeigt haben, muss also $K_0 = K_1$ sein, d. h. es gilt

$$K_0 = \overline{\operatorname{conv}}(A(K_0) \cup \{x_0\}). \tag{13.12}$$

Dies impliziert im Hinblick auf Lemma 2.6, dass

$$\gamma(K_0) = \gamma(\overline{\operatorname{conv}}(A(K_0) \cup \{x_0\})) = \gamma(A(K_0))$$

gilt. Da A schwach kondensierend ist, muss $\gamma(K_0) = 0$, also K_0 präkompakt sein. Da X Banachraum und K_0 abgeschlossen ist, ist K_0 also kompakt. Wegen (13.12) gilt $A\colon (K_0) \subseteq K_0$, und da K_0 nichtleer, kompakt und konvex ist, existiert nach dem Schauderschen Fixpunktsatz (Satz 12.3 mit $M = K_0$) also ein $x^* \in K_0$ mit $A(x^*) = x^*$. ■

Man kann den Sadovskijschen Fixpunktsatzes auch durch Rückführung auf den Fixpunktsatz von Darbo beweisen (Aufgabe 13.4). Da wir den Darboschen Fixpunktsatz mit dem Schauderschen Fixpunktsatz haben und diesen mit dem Brouwerschen Fixpunktsatz bewiesen haben, sind also die Fixpunktsätze von Brouwer, Schauder, Darbo und Sadovskij alle äquivalent.

Man mag sich fragen, warum der Darbosche Fixpunktsatz auf schwach kondensierende Operatoren übertragbar ist, der Banachsche Fixpunktsatz dagegen nicht auf schwache Kontraktionen im Sinne von (10.8), wie etwa Beispiel 10.10 zeigt. Der Grund hierfür ist etwas überraschend: Während jede Kontraktion kondensierend ist (Beispiel 13.1), *ist eine schwache Kontraktion nicht unbedingt schwach kondensierend!*

Beispiel 13.8. Sei $X := c_0$ und $A\colon X \to X$ definiert durch

$$A(\xi_1, \xi_2, \xi_3, \ldots, \xi_n, \ldots) := (\tfrac{1}{2}(1 + \|x\|), \tfrac{3}{4}\xi_1, \tfrac{7}{8}\xi_2, \ldots, (1 - 2^{-n})\xi_{n-1}, \ldots).$$

In Beispiel 10.10 haben wir gesehen, dass A die Kugel $K_1(c_0)$ in sich abbildet und schwach kontrahiert, aber keinen Fixpunkt besitzt. Nach Satz 13.2 kann A also nicht schwach kondensierend sein.

In diesem Beispiel muss natürlich sogar $\gamma(A) = \operatorname{Lip}(A) = 1$ sein, denn da A nicht schwach kondensierend, aber eine schwache Kontraktion ist, muss $1 \leq \gamma(A) \leq \operatorname{Lip}(A) \leq 1$ gelten. ☺

In Tabelle 13.3 stellen wir die betrachteten Klassen nichtlinearer Operatoren vergleichend zusammen. Tabelle 13.4 zeigt, dass die in Tabelle 13.3 angegebenen Implikationen

A kontrahierend	$\Rightarrow$	A kondensierend	$\Leftarrow$	A kompakt
$\Downarrow$		$\Downarrow$		
A schwach kontrahierend		A schwach kondensierend		
$\Downarrow$		$\Downarrow$		
A nichtexpansiv	$\Rightarrow$	A γ-nichtexpansiv		

Tabelle 13.3: Zusammenhang zwischen einigen Operatorklassen

die einzig allgemeingültigen sind, weil wir für alle anderen möglichen Implikationen Gegenbeispiele haben.

	schwach kontrahierend	nichtexpansiv	kondensierend	schwach kondensierend	γ-nichtexpansiv
nicht kontrahierend	Bsp. 10.10	I	$I\colon \mathbb{R} \to \mathbb{R}$	$I\colon \mathbb{R} \to \mathbb{R}$	$I\colon \mathbb{R} \to \mathbb{R}$
nicht schwach kontrahierend		I	$I\colon \mathbb{R} \to \mathbb{R}$	$I\colon \mathbb{R} \to \mathbb{R}$	$I\colon \mathbb{R} \to \mathbb{R}$
nicht nichtexpansiv			$2I\colon \mathbb{R} \to \mathbb{R}$	$2I\colon \mathbb{R} \to \mathbb{R}$	$2I\colon \mathbb{R} \to \mathbb{R}$
nicht kondensierend	Bsp. 10.10	$I\colon C \to C$		Bsp. 13.7	$I\colon C \to C$
nicht schwach kondensierend	Bsp. 10.10	$I\colon C \to C$			$I\colon C \to C$

Tabelle 13.4: Gegenbeispiele zur Inklusion von Operatorklassen

Der folgende Satz ist parallel zu Satz 12.8:

Satz 13.6. *Sei X Banachraum und $A\colon K_r(X;x_0) \to X$ stetig und schwach kondensierend, und es gelte die Bedingung*

$$A(x) - x_0 \neq \tau(x - x_0) \qquad (\tau > 1,\ \|x - x_0\| = r).$$

Dann hat A einen Fixpunkt in $K_r(X;x_0)$.

□ Wir betrachten wieder die radiale Retraktion (12.15) von X auf $K_r(X;x_0)$. Man rechnet leicht nach, dass diese Retraktion γ-nichtexpansiv ist, d. h. es gilt $\gamma(\rho) \leq 1$ (Aufgabe 13.1). Damit ist die Komposition $\rho A\colon K_r(X;x_0) \to K_r(X;x_0)$ stetig und schwach kondensierend, und der Rest des Beweises geht wie der von Satz 12.8. ∎

Selbstverständlich gelten auch die Folgerungen, die wir in Kapitel 12 aus Satz 12.8 zogen, analog für (schwach) kondensierende Operatoren. Als Beispiel nennen wir nur die folgenden Sätze:

Satz 13.7. *Sei X Banachraum und $A\colon X \to X$ stetig und schwach kondensierend. Ist dann die Menge* (12.17) *beschränkt, so hat A einen Fixpunkt in X.*

Satz 13.8. *Sei X Banachraum und $A\colon X \to X$ stetig, kondensierend und quasibeschränkt mit $|A| < 1$ (s.* (12.18)*). Dann ist der Operator $I - A$ surjektiv; insbesondere hat A einen Fixpunkt in X.*

13.4 Ein Vergleich einiger Operatorenklassen

In diesem Kapitel haben wir verschiedene Klassen nichtlinearer Operatoren kennengelernt, die einer Darbobedingung (13.1) genügen. Diese Klassen wollen wir nun noch miteinander hinsichtlich ihrer „Größe" vergleichen. Wir setzen dazu

$$\Gamma_k(X) := \{A \mid A\colon K_1(X) \to K_1(X) \text{ stetig und } \gamma(A) \le k\},$$
$$\Gamma_1^-(X) := \bigcup_{k<1} \Gamma_k(X)$$

und

$$\Gamma(X) := \{A \mid A\colon K_1(X) \to K_1(X) \text{ stetig und schwach kondensierend}\}.$$

Damit ist $\Gamma_1^-(X)$ die Menge der stetigen kondensierenden Operatoren, $\Gamma(X)$ die Menge der stetigen schwach kondensierenden Operatoren und $\Gamma_1(X)$ die Menge der stetigen γ-nichtexpansiven Operatoren auf $K_1(X)$. Trivialerweise gelten die Inklusionen

$$\Gamma_1^-(X) \subseteq \Gamma(X) \subseteq \Gamma_1(X);$$

Hierbei zeigt Beispiel 13.7, dass die erste Inklusion strikt ist, und Beispiel 13.8, dass die zweite Inklusion strikt ist. Auf der Operatorenklasse $\Gamma_1(X)$ können wir die Metrik

$$d(A,\tilde{A}) := \sup_{\|x\|\le 1} \|A(x) - \tilde{A}(x)\| \tag{13.13}$$

betrachten. Man sieht dann leicht (Aufgabe 13.6), dass $\Gamma_1(X)$ mit dieser Metrik ein vollständiger metrischer Raum und $\Gamma_k(X)$ für jedes $k \le 1$ ein abgeschlossener Unterraum von $\Gamma_1(X)$ ist.

Satz 13.9. *Sei X unendlichdimensionaler Banachraum. Dann ist $\Gamma_1^-(X)$ dicht und von erster Kategorie in $\Gamma_1(X)$, und die Menge $\Gamma_1(X) \setminus \Gamma(X)$ ist ebenfalls dicht in $\Gamma_1(X)$.*

□ Wir fixieren $A \in \Gamma_1(X)$ und definieren $A_n\colon K_1(X) \to K_1(X)$ durch $A_n(x) := k_n A(x)$ mit $k_n := \frac{n}{n+1}$ $(n \in \mathbb{N})$. Dann gilt $A_n \in \Gamma_{k_n}(X) \subseteq \Gamma_1^-(X)$ sowie

$$d(A_n, A) \leq \frac{1}{n} \sup_{\|x\| \leq 1} \|A(x)\| \to 0 \qquad (n \to \infty),$$

daher ist $\Gamma_1^-(X)$ dicht in $\Gamma_1(X)$.

Wie oben bemerkt, ist die Teilmenge $\Gamma_k(X)$ abgeschlossen in $\Gamma_1(X)$ für jedes $k \leq 1$. Wir zeigen, dass $\Gamma_k(X)$ für $k < 1$ keine inneren Punkte hat; damit ist die zweite Behauptung bewiesen. Sei $A \in \Gamma_k(X)$ fest; nach Satz 13.3 wissen wir, dass A einen Fixpunkt $x^* \in M$ besitzt. O. B. d. A. können wir annehmen, dass $x^* = \theta$ ist. Zu gegebenem $\varepsilon \in (0,1)$ wählen wir ein $\delta \in (0, \frac{\varepsilon}{2})$ so, dass $\|A(x)\| \leq \frac{\varepsilon}{2}$ für $\|x\| \leq \delta$ gilt. Sei nun $\tilde{A}\colon K_1(X) \to K_1(X)$ definiert durch

$$(13.14) \qquad \tilde{A}(x) := \begin{cases} x & \text{falls } \|x\| \leq \frac{\delta}{2}, \\ 2\left(1 - \frac{\|x\|}{\delta}\right) x + \left(1 - 2\left(1 - \frac{\|x\|}{\delta}\right)\right) A(x) & \text{falls } \frac{\delta}{2} \leq \|x\| \leq \delta, \\ A(x) & \text{falls } \|x\| \geq \delta. \end{cases}$$

Nach Wahl von δ haben wir dann $d(A, \tilde{A}) \leq \varepsilon$. Für beliebiges $B \subseteq K_1(X)$ setzen wir nun

$$B_1 := B \cap K_{\delta/2}(X), \quad B_2 := B \cap (K_\delta(X) \setminus K_{\delta/2}(X)), \quad B_3 := B \setminus K_\delta(X).$$

Nach Definition von $\tilde{A}$ bekommen wir dann die drei Abschätzungen

$$\gamma(\tilde{A}(B_1)) = \gamma(B_1) \leq \gamma(B),$$

$$\gamma(\tilde{A}(B_2)) \leq \gamma(\operatorname{conv}(B_2 \cup A(B_2))) = \max\{\gamma(B_2), \gamma(A(B_2))\} = \gamma(B_2) \leq \gamma(B),$$

sowie

$$\gamma(\tilde{A}(B_3)) = \gamma(A(B_3)) \leq \gamma(B),$$

insgesamt also nach Lemma 2.6 (d)

$$\gamma(\tilde{A}(B)) = \max\{\gamma(\tilde{A}(B_1)), \gamma(\tilde{A}(B_2)), \gamma(\tilde{A}(B_3))\} \leq \gamma(B).$$

Damit haben wir $\tilde{A} \in \Gamma_1(X)$ bewiesen. Andererseits folgt aus der Tatsache, dass alle Elemente der (nicht präkompakten!) Menge $K_{\delta/2}(X)$ Fixpunkte von $\tilde{A}$ sind, dass $\tilde{A}$ nicht zu $\Gamma(X)$ gehören kann. Also hat die Menge $\Gamma_k(X)$ keine inneren Punkte, und somit ist die Operatorenklasse

$$\Gamma_1^-(X) = \bigcup_{k<1} \Gamma_k(X) = \bigcup_{n=1}^{\infty} \Gamma_{k_n}(X) \qquad (k_n = \tfrac{n}{n+1})$$

von erster Kategorie in $\Gamma_1(X)$.

Wir müssen noch zeigen, dass die Menge $\Gamma_1(X) \setminus \Gamma(X)$ dicht in $\Gamma_1(X)$ ist. Aber das folgt unmittelbar aus der Tatsache, dass für gegebenes $A \in \Gamma_1(X)$ der oben in (13.14) konstruierte Operator $\tilde{A}$ in $\Gamma_1(X) \setminus \Gamma(X)$ liegt und der Bedingung $d(A, \tilde{A}) \leq \varepsilon$ genügt. ■

Die Tatsache, dass die Menge $\Gamma_1^-(X)$ „groß" ist im metrischen Sinne (sie ist dicht), aber „klein" im Kategoriensinne (sie ist von 1. Kategorie), erscheint auf den ersten Blick paradox; Beispiele solcher Mengen gibt es in der Analysis viele. Insofern sind die Operatoren aus den Beispielen 13.7 und 13.8 zugleich „typisch" und „untypisch".

13.5 Nicht-kondensierende Abbildungen

In diesem Abschnitt sei X ein unendlichdimensionaler Banachraum. Wir wollen diskutieren, wie „kompakt" die Funktionen sein können, die die drei Aussagen aus Satz 11.4 widerlegen: Nach dem Darboschen Fixpunktsatz wissen wir beispielsweise, dass eine stetige Abbildung $f\colon K_1(X) \to K_1(X)$ ohne Fixpunkte die Beziehung $\gamma(f) \geq 1$ erfüllen muss. Aber gibt es auch eine solche Abbildung mit $\gamma(f) = 1$?

Ebenso kann man fragen, wie es um die Funktion g bestellt ist, die es nach Satz 11.6 geben muss: Demnach gibt es zwar eine nullstellenfreie stetige Funktion $g\colon K_1(X) \to X$ ohne positive Eigenwerte (mit Eigenvektoren auf $S_1(X)$), aber kann diese auch kompakt gewählt werden?

Die Antwort auf beide Fragen ist positiv. Bevor wir allerdings den allgemeinen Satz beweisen, wollen wir zunächst in einem konkreten Banachraum eine solche Abbildung g angeben:

Beispiel 13.9. In $X = \ell_p$ $(1 \leq p < \infty)$ ist der lineare Operator

$$A(\xi_1, \xi_2, \xi_3, \dots) := (\alpha_1\xi_1, \alpha_2\xi_2, \alpha_3\xi_3, \dots)$$

kompakt, falls $(\alpha_n)_n \in c_0$ gilt (Aufgabe 6.11). Wir wählen dabei $\alpha_n > 0$ so, dass $a := (\alpha_n)_n$ in X liegt und definieren $g(x) := (1 - \|x\|)a - Ax$.

Als Summe zweier kompakter Operatoren ist g kompakt. Außerdem hat g keine Nullstellen auf $B_1(X)$, denn aus $g(x) = 0$ folgt $a = Ax/(1 - \|x\|)$, was offensichtlich nicht möglich ist. Für $\|x\| = 1$ aber ist $g(x) = -Ax \neq 0$, und wegen $\alpha_n > 0$ hat daher die Gleichung $-Ax = g(x) = \lambda x$ höchstens für $\lambda < 0$ eine Lösung $x \in S_1(X)$. ☺

Die allgemeine Konstruktion benutzt die gleiche Idee, nur dass wir eine geeignete Schauder-Basis (s. Abschnitt A.3 im Anhang) zur Hilfe nehmen:

Satz 13.10. *Ist X unendlichdimensionaler Banachraum, so gibt es eine stetige kompakte Abbildung $g\colon K_1(X) \to X$ ohne Nullstellen und derart, dass $g(x) = \lambda x$ keine Lösung für $\lambda \geq 0$ und $x \in S_1(X)$ besitzt.*

□ Nach Satz A.6 aus dem Anhang gibt es einen abgeschlossenen Unterraum $X_0 \subseteq X$, der eine Schauder-Basis $(e_n)_n$ besitzt, o. B. d. A. $\|e_n\| = 1$. Die Kugel $K_1(X_0)$ ist natürlich konvex, aber auch abgeschlossen in X und daher auch vollständig. Da die abzählbare Menge der endlichen Linearkombinationen der Vektoren e_n mit rationalen Koeffizienten in X_0 dicht liegt und daher auch in $S_1(X_0) = \partial K_1(X_0)$, können wir Satz A.15 auf die Abbildung $I\colon K_1(X_0) \to K_1(X_0)$ anwenden und finden daher eine stetige Abbildung $P\colon K_1(X) \to K_1(X_0)$ mit $P(x) = x$ für $x \in K_1(X_0)$.

Seien ξ_n die zur Basis $(e_n)_n$ gehörenden Koeffizientenfunktionale, also definiert durch die Gleichheit

$$x = \sum_{n=1}^{\infty} \xi_n(x)e_n \qquad (x \in X_0). \tag{13.15}$$

Aus Abschnitt A.3 des Anhangs wissen wir, dass die ξ_n linear und beschränkt sind. Wir wählen Zahlen $\alpha_n \in (0, 1/n^2)$ mit $\alpha_n \|\xi_n\| \leq 1/n^2$. Aus Satz 1.1 folgt dann wegen $\|e_n\| = 1$, dass die Reihe

$$A(x) := \sum_{n=1}^{\infty} \alpha_n \xi_n(P(x))e_n$$

für jedes $x \in K_1(X)$ konvergiert. Der Operator $A\colon K_1(X) \to X$ ist stetig, denn es gilt

$$\|A(x) - A(y)\| \leq \sum_{n=1}^{\infty} \alpha_n \|\xi_n\| \, \|P(x) - P(y)\| \leq \left(\sum_{n=1}^{\infty} \frac{1}{n^2} \right) \|P(x) - P(y)\|,$$

und P ist stetig. Der Operator A ist aber auch kompakt, denn die Operatoren

$$A_n(x) := \sum_{n=1}^{N} \alpha_n \xi_n(P(x))e_n$$

sind kompakt (da ihr Bild in einer beschränkten Teilmenge des endlichdimensionalen Unterraums span $\{e_1, \ldots, e_N\}$ enthalten ist), und sie konvergieren wegen

$$\|A(x) - A_n(x)\| \leq \sum_{n=N+1}^{\infty} \alpha_n \|\xi_n\| \, |P(x)| \leq \sum_{n=N+1}^{\infty} \frac{1}{n^2}$$

auf $K_1(X)$ gleichmäßig gegen A. Da nach Satz 1.1 auch die Reihe

$$a := \sum_{n=1}^{\infty} \alpha_n e_n$$

konvergiert, ist der durch

$$g(x) := (1 - \|P(x)\|)a - A(x)$$

definierte Operator $g\colon K_1(X) \to X$ stetig und kompakt. Wäre $g(x) = 0$ für ein $x \in K_1(X)$, so müsste $(1 - \|P(x)\|)a = A(x)$ gelten. Schreiben wir diese Gleichung in Koordinaten bzgl. der Basis $(e_n)_n$, so erhalten wir

$$(1 - \|P(x)\|)\alpha_n = \alpha_n \xi_n(P(x)) \qquad (n = 1, 2, \dots).$$

Wegen $\alpha_n > 0$ und (13.15) folgt also

$$P(x) = \sum_{n=1}^{\infty} \xi_n(P(x))e_n = \sum_{n=1}^{\infty} (1 - \|P(x)\|)e_n, \tag{13.16}$$

wobei die linke Reihe und damit auch die rechte konvergieren muss. Die Teilsummen der rechten Reihe bilden aber höchstens dann eine Cauchy-Folge, wenn $1 - \|P(x)\| = 0$ gilt; in diesem Fall müsste wegen (13.16) aber $P(x) = \theta$ sein, also $1 - \|P(x)\| = 1 \neq 0$, ein Widerspruch.

Der Widerspruch zeigt, dass g keine Nullstelle auf $K_1(X)$ hat. Es bleibt noch zu zeigen, dass die Gleichung $g(x) = \lambda x$ keine Lösung mit $x \in S_1(X)$ und $\lambda > 0$ hat. Angenommen, es gäbe eine solche Lösung. Nach Definition liegen $A(x)$ und a im Abschluss von span $\{e_1, e_2, \dots\}$ und daher in X_0. Insbesondere ist also $g(x) \in X_0$ und daher auch $x = g(x)/\lambda \in X_0$. Daher ist $P(x) = x$ und insbesondere $\|P(x)\| = \|x\| = 1$ und folglich $g(x) = -Ax$. Schreiben wir die Gleichung $-Ax = g(x) = \lambda x$ nun in Koordinaten bzgl. der Basis $(e_n)_n$, so erhalten wir

$$-\alpha_n \xi_n(x) = \lambda \xi_n(x) \qquad (n = 1, 2, \dots).$$

Da es mindestens ein n mit $\xi_n(x) \neq 0$ gibt, folgt für dieses n, dass $\lambda = -\alpha_n < 0$ ist, entgegen unserer Annahme. ■

Mit Hilfe von Satz 13.10 können wir nun auch die Frage nach der fixpunktfreien Abbildung f beantworten:

Satz 13.11. *Ist X unendlichdimensionaler Banachraum, so gibt es eine stetige Abbildung $f\colon K_1(X) \to K_1(X)$ ohne Fixpunkte mit $\gamma(f) = 1$.*

□ Sei $\rho\colon X \to K_1(X)$ die radiale Retraktion

$$\rho(x) := \begin{cases} x & \text{falls } x \in K_1(X), \\ \frac{x}{\|x\|} & \text{falls } \|x\| > 1. \end{cases}$$

Dann ist ρ stetig und γ-nichtexpansiv (Aufgabe 13.1). Mit $g\colon K_1(X) \to X$ wie in Satz 13.10 definieren wir

$$f(x) := \rho(x + g(x)).$$

Dann ist $f\colon K_1(X) \to K_1(X)$ stetig, und für alle $M \subseteq K_1(X)$ ist $\gamma(f(M)) \leq \gamma(M + g(M)) = \gamma(M)$, da g kompakt ist. Es ist also $\gamma(f) \leq 1$.

Angenommen, $x \in K_1(X)$ wäre ein Fixpunkt von f, also $x = \rho(x + g(x))$. Für $y := x + g(x)$ ist also $\rho(y) = x$. Wegen $g(x) \neq 0$ ist $y \neq x$; also folgt aus der Definition von ρ, dass $\|y\| > 1$ gilt, mithin $x = \rho(y) = y/\|y\| \in S_1(X)$. Mit $\lambda := \|y\| - 1 > 0$ folgt hieraus $g(x) = \lambda x$ entgegen der Wahl von g gemäß Satz 13.10.

Nach dem Darboschen Fixpunktsatz ist natürlich $\gamma(f) \geq 1$. ■

Satz 13.11 enthält natürlich Satz 12.1 (für Banachräume).

Man kann sich auch analog die Frage stellen, ob es eine fixpunktfreie stetige Abbildung $f\colon K_1(X) \to K_1(X)$ mit einer kleinen Lipschitzkonstanten $\mathrm{Lip}(f)$ gibt. Natürlich muss $\mathrm{Lip}(f) \geq 1$ sein, was wir schon seit dem Banachschen Fixpunktsatz (Satz 10.2) wissen. Aber schon die Frage, ob es überhaupt eine solche Lipschitzstetige Abbildung gibt, ist äußerst schwierig zu beantworten. Durch eine eine aufwändige Konstruktion [17], die wir im Rahmen dieses Buches nicht bringen können, lässt sich aber zeigen:

Lemma 13.1 (Lin, Sternfeld). *Ist X unendlichdimensionaler normierter Raum, so gibt es eine Lipschitz-stetige Funktion $f\colon K_1(X) \to K_1(X)$ ohne Fixpunkte. Man kann sogar erreichen, dass f eine positive minimale Verschiebung* (10.20) *hat, also $\eta(f; K_1(X)) > 0$ erfüllt.*

Sobald man eine solche Funktion kennt, kann man damit auch Funktionen mit kleiner Lipschitzkonstante konstruieren:

Satz 13.12. *Sei X unendlichdimensionaler normierter Raum. Für jedes $\tau > 1$ gibt es dann eine Lipschitz-stetige Funktion $f\colon K_1(X) \to K_1(X)$ mit $\mathrm{Lip}(f) \leq \tau$ und $\eta(f; K_1(X)) > 0$.*

□ Sei $g\colon K_1(X) \to K_1(X)$ eine Funktion mit $\mathrm{Lip}(g) < \infty$ und $\eta(g; K_1(X)) > 0$ (Lemma 13.1), und sei $L > \max\{\mathrm{Lip}(g), \tau\}$. Dann liegt $\varepsilon := (\tau - 1)/(L - 1)$ im Intervall $(0, 1)$. Die Funktion

$$f(x) := (1 - \varepsilon)x + \varepsilon g(x)$$

hat dann die gewünschte Eigenschaft: Wegen $\|f(x)\| \leq (1 - \varepsilon) + \varepsilon \|g(x)\| \leq 1$ sehen wir zunächst, dass tatsächlich $f\colon K_1(X) \to K_1(X)$ gilt. Wegen $f = (1 - \varepsilon)I + \varepsilon g$ gilt außerdem

$$\begin{aligned}\mathrm{Lip}(f) &\leq \mathrm{Lip}((1 - \varepsilon)I) + \mathrm{Lip}(\varepsilon g) = (1 - \varepsilon)\,\mathrm{Lip}(I) + \varepsilon\,\mathrm{Lip}(g) \\ &= 1 + \varepsilon(\mathrm{Lip}(g) - 1) < 1 + \varepsilon(L - 1) = \tau.\end{aligned}$$

Schließlich ist auch noch

$$\|x - f(x)\| = \|\varepsilon(g(x) - x)\| = \varepsilon\,\|g(x) - x\| \geq \varepsilon\eta(g; K_1(X)) \qquad (x \in K_1(X)),$$

also $\eta(f; K_1(X)) \geq \varepsilon\eta(g; K_1(X)) > 0$. ■

Den Wert $\mathrm{Lip}(f) = 1$ kann man im allgemeinen nicht erreichen, denn in vielen speziellen Banachräumen X (beispielsweise in Hilberträumen) kann man zeigen: *Ist $f\colon K_1(X) \to K_1(X)$ nichtexpansiv (also $\mathrm{Lip}(f) \leq 1$), so hat f einen Fixpunkt.* Solche sog. „metrischen Fixpunktsätze" wollen wir hier aber nicht weiter diskutieren.

Setzt man die Funktion f aus Satz 13.12 in den Beweis von Satz 11.4 ein, so sieht man, dass man für unendlichdimensionales X sogar eine Retraktion ρ von $K_1(X)$ auf $S_1(X)$ mit $\mathrm{Lip}(\rho) < \infty$ und eine Zusammenziehung h von $S_1(X)$ mit $\mathrm{Lip}(h) < \infty$ finden kann; der genaue Wert der Zahlen $\mathrm{Lip}(\rho)$ und $\mathrm{Lip}(h)$ hängt leider auch von der Größe $\eta(f;K_1(X))$ ab, so dass die Berechnung etwas aufwändig ist. Die bestmöglichen Werte für $\mathrm{Lip}(\rho)$ und $\mathrm{Lip}(h)$ sind selbst in speziellen Räumen noch unbekannt; man kennt die generelle untere Abschätzung $\mathrm{Lip}(\rho) \geq 3$ und in einigen speziellen Räumen auch bessere Abschätzungen von oben und unten.

Für die entsprechenden Größen $\gamma(\rho)$ und $\gamma(h)$ weiß man in vielen speziellen Banachräumen, dass sie der 1 beliebig nahe kommen können. Ob man sogar $\gamma(\rho) = 1$ oder $\gamma(h) = 1$ erreichen kann – zumindest in irgendeinem geeigneten Raum – ist bislang noch nicht bekannt.

Mit Hilfe von Satz 13.12 erhält man gute Abschätzungen für $\mathrm{Lip}(\rho), \gamma(\rho), \mathrm{Lip}(h), \gamma(h)$, wenn die Zahl $\eta(f;K_1(X))$ in Satz 13.12 groß ist. Man kann sich daher fragen, wie groß diese Zahl maximal sein kann. Eine Antwort gibt der folgende Satz:

Satz 13.13. *Sei X ein Banachraum und* $f: K_1(X) \to K_1(X)$ *stetig. Dann ist*

$$\eta(f;K_1(X)) \leq \max\left\{1 - \frac{1}{\gamma(f)}, 0\right\}. \tag{13.17}$$

□ Wegen $\|f(\theta) - \theta\| \leq 1$ ist stets $\eta(f;K_1(X)) \leq 1$; im Falle $\gamma(f) = \infty$ ist daher nichts mehr zu zeigen. Sei also $\gamma(f) < \infty$. Falls $\gamma(f) < 1$ ist, so hat f nach Satz 13.3 einen Fixpunkt; in diesem Fall gilt (13.17) wegen $\eta(f;K_1(X)) = 0$. Sei also $\gamma(f) \in [1,\infty)$ und $\varepsilon \in (0, 1/\gamma(f))$. Der Operator $g(x) := \varepsilon f(x)$ bildet wegen $\varepsilon < 1$ dann $K_1(X)$ stetig in sich ab. Nach Lemma 5.4 (d) ist zudem $\gamma(g(x)) = \varepsilon\gamma(f) < 1$. Nach Satz 13.3 hat g also einen Fixpunkt $x^* = g(x^*)$. Es folgt

$$\|x^* - f(x^*)\| = \|g(x^*) - f(x^*)\| = \|(\varepsilon - 1)f(x^*)\| = (1 - \varepsilon)\,\|f(x^*)\| \leq 1 - \varepsilon.$$

Daher ist $\eta(f;K_1(X)) \leq 1 - \varepsilon$. Da $\varepsilon \in (0, 1/\gamma(f))$ beliebig war, folgt $\eta(f;K_1(X) \leq 1 - 1/\gamma(f)$. ■

Aus Satz 13.13 folgt natürlich für die in Satz 13.11 konstruierte stetige Abbildung $f: K_1(X) \to K_1(X)$, dass sie, obwohl sie keine Fixpunkte hat, dennoch Minimalverschiebung Null hat, d. h. es gibt eine Folge $(x_n)_n$ in $K_1(X)$ mit $\|x_n - f(x_n)\| \to 0$ für $n \to \infty$. Auch die fixpunktfreie Abbildung f aus Beispiel 12.1 hat diese Eigenschaft.

13.6 Aufgaben

Aufgabe 13.1. Sei $\rho: X \to K_r(X;x_0)$ die radiale Retraktion (12.15). Zeigen Sie, dass $\gamma(\rho) = 1$ gilt, d. h. ρ ist γ-nichtexpansiv. Gilt auch stets $\mathrm{Lip}(\rho) \leq 1$, d. h. ist ρ immer nichtexpansiv?

Aufgabe 13.2. Sei $A: K_1(X) \to K_1(X)$ ein fixpunktfreier stetiger Operator mit $\gamma(A) < \infty$. Zeigen Sie, dass es dann einen fixpunktfreien stetigen Operator $\tilde{A}: K_1(X) \to K_1(X)$ mit $\gamma(\tilde{A}) = \gamma(A)$ gibt, der zusätzlich die Bedingung $\tilde{A}(x) \equiv \theta$ auf $S_1(X)$ erfüllt.

Hinweis. Setzen Sie $\tilde{A}(x) := \frac{1}{2}A(2x)$ für $\|x\| \leq \frac{1}{2}$ und $\tilde{A}(x) := (1 - \|x\|)A(x)$ für $\|x\| \geq \frac{1}{2}$.

Aufgabe 13.3. Sei X Banachraum, $K \subseteq X$ beschränkt und abgeschlossen, und sei $A\colon K \to X$ stetig und schwach kondensierend mit $\eta(A; K) = 0$. Zeigen Sie, dass A einen Fixpunkt besitzt.

Hinweis. Wählen Sie eine Folge $(x_n)_n$ in K mit $\|x_n - A(x_n)\| \to 0$, setzen Sie $M := \{x_1, x_2, x_3, \dots\}$, und zeigen Sie, dass $\gamma(A(M)) = \gamma(M)$ gilt.

Aufgabe 13.4. Sei X Banachraum, $M \subset X$ nichtleer, abgeschlossen, beschränkt und konvex, und $A\colon M \to M$ ein γ-nichtexpansiver Operator. Beweisen Sie, dass dann $\eta(A; M) = 0$ ist (s. (10.20)). Folgern Sie hieraus zusammen mit Aufgabe 13.3, dass der Darbosche Fixpunktsatz (Satz 13.3) und der Sadovskijsche Fixpunktsatz (Satz 13.5) äquivalent sind.

Hinweis. Imitieren Sie den Beweis von Satz 10.7 (oder von Satz 13.13).

Aufgabe 13.5. Zeigen Sie die folgende Verallgemeinerung des ersten Teils der Aufgabe 12.2: Sei X ein Banachraum, $M \subseteq X$ abgeschlossen und beschränkt, und $f\colon M \to X$ stetig und schwach kondensierend, so ist $I - f$ eigentlich auf M.

Aufgabe 13.6. Beweisen Sie, dass die Menge $\Gamma_1(X)$ mit der Metrik (13.13) ein vollständiger metrischer Raum und $\Gamma_k(X)$ für jedes $k \leq 1$ ein abgeschlossener Unterraum von $\Gamma_1(X)$ ist.

Aufgabe 13.7. Finden Sie Beispiele konvexer abgeschlossener Mengen $M \subseteq X$ und Operatoren auf M mit $\mathrm{Lip}(A_1) < 1$ und $\gamma(A_2) = 0$, so dass Satz 13.4 für $A = A_1 + A_2$ anwendbar ist, Aufgabe 12.1 aber nicht unmittelbar, d. h. es gilt $(A_1 + A_2)(M) \subseteq M$, aber nicht $A_1(M) + A_2(M) \subseteq M$.

14 Lösbarkeit nichtlinearer Gleichungen

Eine allgemeine nichtlineare Gleichung kann in der Gestalt

$$F(x) = \varphi(x) \tag{14.1}$$

geschrieben werden, wobei F und φ Operatoren von einem Banachraum X in einen (möglicherweise anderen) Banachraum Y sind. Wir haben schon zahlreiche Beispiele solcher Gleichungen kennengelernt, meist in der Gestalt, dass $X = Y$ und entweder $\varphi(x) \equiv \theta$ oder $F = I$ der identische Operator ist: Im zweiten Fall sind die Lösungen der Gleichung (14.1) gerade die Fixpunkte von φ. Aus dem Fixpunktsatz von Schauder wissen wir, dass diese Gleichung im Fall $F = I$ eine Lösung besitzt, wenn φ kompakt ist und gewisse Wachstumsbedingungen erfüllt (siehe etwa Lemma 12.2). Operatoren F mit dieser Eigenschaft wollen wir in diesem Kapitel genauer unter die Lupe nehmen.

14.1 Wesentliche Operatoren

Ab jetzt seien X und Y stets normierte Räume, $\Omega \subseteq X$ offen, und $F\colon \overline{\Omega} \to Y$ stetig. Aus technischen Gründen betrachten wir nur solche Operatoren F, deren Nullstellenmenge

$$\{x : x \in \overline{\Omega}, F(x) = \theta\}$$

den Rand $\partial\Omega$ nicht schneidet; falls Ω unbeschränkt ist, setzen wir zusätzlich voraus, dass die Nullstellenmenge beschränkt ist. Ein solche Funktion F nennen wir *zulässig* (auf Ω).

Wir nennen einen zulässigen Operator F *wesentlich* (auf Ω), wenn (14.1) für jeden Operator φ mit den folgenden beiden Eigenschaften eine Lösung besitzt:

(a) $\varphi\colon \overline{\Omega} \to Y$ ist stetig und kompakt.

(b) $\{x : x \in \overline{\Omega}, \varphi(x) \neq \theta\}$ ist eine beschränkte Teilmenge von Ω.

Es gilt also $\varphi(x) = \theta$ für $x \in \partial\Omega$ und (falls Ω unbeschränkt ist) für großes $\|x\|$.

Da F zulässig ist, können die Lösungen der Gleichung (14.1) nicht auf $\partial\Omega$ liegen; sie liegen also automatisch in der offenen Menge Ω.

Die spezielle Wahl $\varphi(x) \equiv \theta$ erfüllt die obigen Voraussetzungen. Damit erhalten wir: *Jeder wesentliche Operator besitzt eine Nullstelle.*[1]

[1] Aus diesem Grund werden wesentliche Operatoren in der Literatur oft auch θ-*epi* genannt.

Beispiel 14.1. Sei $X := Y := \mathbb{R}$ und $\Omega = (a,b)$. Eine stetige Abbildung $F\colon [a,b] \to \mathbb{R}$ ist genau dann zulässig, wenn $F(a) \neq 0$ und $F(b) \neq 0$ gilt. Die Abbildung ist genau dann wesentlich, wenn $F(a)$ und $F(b)$ verschiedene Vorzeichen haben.

In der Tat, wenn $F(a)$ und $F(b)$ dasselbe Vorzeichen haben, etwa beide positiv sind, so finden wir natürlich eine stetige Funktion $\varphi\colon [a,b] \to \mathbb{R}$ mit $\varphi(a) = \varphi(b) = 0$, deren Graph stets unterhalb des Graphen von F liegt (beispielsweise $\varphi(x) := \min\{0, F(x) - \min\{F(a), F(b)\}\}$). Für eine solche Funktion hat die Gleichung (14.1) keine Lösung. Wenn allerdings $F(a)$ und $F(b)$ verschiedene Vorzeichen haben und $\varphi\colon [a,b] \to \mathbb{R}$ stetig ist mit $\varphi(a) = \varphi(b) = 0$, dann hat die Funktion $F - \varphi$ in den Punkten a und b verschiedene Vorzeichen und muss daher nach dem Zwischenwertsatz eine Nullstelle in Ω haben; diese Nullstelle löst dann (14.1). ☺

Beispiel 14.2. Sei $X := Y := \mathbb{R}$ und $\Omega := X$. Eine stetige Abbildung $F\colon \mathbb{R} \to \mathbb{R}$ ist genau dann zulässig, wenn es ein $R > 0$ gibt, so dass $F(x)$ für alle $x \geq R$ entweder stets strikt positiv oder stets strikt negativ ist und ebenso $F(-x)$ für alle $x \geq R$ entweder stets strikt positiv oder stets strikt negativ ist. In diesem Fall ist F genau dann wesentlich, wenn die Vorzeichen von $F(x)$ und $F(-x)$ für $x \geq R$ verschieden sind. ☺

Da die obigen Beispiele auf dem Zwischenwertsatz basierten, ist es vielleicht nicht allzu überraschend, dass man in $X = Y = \mathbb{R}^n$ ein hinreichendes Kriterium für wesentliche Abbildungen mit dem Fixpunktsatz von Brouwer erhält und, allgemeiner, der Fixpunktsatz von Schauder ein hinreichendes Kriterium in beliebigen normierten Räumen liefert. Der Fixpunktsatz von Schauder besagt nämlich gerade, dass der identische Operator $F = I$ wesentlich ist:

Satz 14.1. *Sei $X = Y$ und $\Omega \subseteq X$ offen. Der Operator $F = I\colon \overline{\Omega} \to X$ ist genau dann wesentlich (und zulässig) auf Ω, wenn $\theta \in \Omega$ gilt.*

□ Falls $\theta \notin \overline{\Omega}$ gilt, hat die Gleichung $I(x) = \theta$ keine Lösung; falls $\theta \in \partial\Omega$, ist I nicht zulässig. Wir müssen daher nur noch den Fall $\theta \in \Omega$ betrachten. Sei also $\varphi\colon \overline{\Omega} \to Y$ stetig und kompakt und so, dass $B := \{x : x \in \overline{\Omega},\ \varphi(x) \neq \theta\}$ eine beschränkte Teilmenge von Ω ist. Wir setzen

$$A(x) := \begin{cases} \varphi(x) & \text{falls } x \in \overline{\Omega}, \\ \theta & \text{falls } x \in X \setminus \Omega. \end{cases}$$

Nach dem Klebe-Lemma (Aufgabe 11.2) ist A ein stetiger Operator, dessen Bild in der relativkompakten Menge $\varphi(B) \cup \{\theta\}$ liegt. Da diese Menge insbesondere beschränkt ist, liegt sie in einer Kugel $K_R(X)$; nach Schauder hat also der kompakte stetige Operator $A\colon K_R(X) \to K_R(X)$ einen Fixpunkt $x_* = A(x_*)$. Es muss $x_* \in \Omega$ sein, denn andernfalls würde die Definition von A implizieren, dass $x_* = A(x_*) = \theta \in \Omega$ ist. Nach Definition von A ist daher $x_* = A(x_*) = \varphi(x_*)$, d. h. die Gleichung $I(x) = \varphi(x)$ hat die Lösung $x = x_* \in \Omega$. ■

Wir haben Satz 14.1 aus dem Fixpunktsatz von Schauder (für Kugeln) gefolgert. Wir werden später sehen (Bemerkungen nach Satz 14.5), dass auch umgekehrt der Fixpunktsatz von Schauder für Kugeln aus Satz 14.1 gewonnen werden kann, so dass diese beiden Sätze also tatsächlich sogar äquivalent sind.

Wir werden im folgenden einige Prinzipien kennenlernen, mit denen man aus einem wesentlichen Operator weitere wesentlichen Operatoren gewinnen kann. Insofern wird uns Satz 14.1 zahlreiche wichtige Beispiele wesentlicher Operatoren liefern. Als Beispiel betrachten wir etwa das folgende einfache Prinzip:

Satz 14.2 (Isomorphie-Invarianz). *Seien X, Y, Z normierte Räume und $\Omega \subseteq X$ offen. Sei $F\colon \overline{\Omega} \to Y$ stetig und $A\colon Y \to Z$ ein linearer Isomorphismus. Genau dann ist $A \circ F$ zulässig bzw. wesentlich, wenn F zulässig bzw. wesentlich ist.*

□ Da $A \circ F$ und F die gleiche Nullstellenmenge haben, sind die Operatoren entweder beide zulässig oder beide nicht zulässig. Sei F wesentlich. Sei $\varphi\colon \overline{\Omega} \to Y$ stetig und kompakt und so, dass $B := \{x : x \in \overline{\Omega},\, \varphi(x) \neq \theta\}$ eine beschränkte Teilmenge von Ω ist. Wir setzen $\psi := A^{-1} \circ \varphi$. Dann ist ψ stetig und kompakt, und $\{x : x \in \overline{\Omega},\, \psi(x) \neq \theta\} = B$ ist eine beschränkte Teilmenge von Ω. Da F wesentlich ist, hat die Gleichung $F(x) = \psi(x)$ also eine Lösung x_*, d. h. $A(F(x_*)) = \varphi(x_*)$. Daher ist $A \circ F$ wesentlich. Ist umgekehrt $A \circ F$ wesentlich, so folgt nach dem Gezeigten, dass auch $A^{-1} \circ (A \circ F) = F$ wesentlich ist. ■

Setzen wir hier $F := I$, so erhalten wir insbesondere für einen linearen Isomorphismus $A\colon X \to Y$, dass $A = A \circ I$ genau dann zulässig bzw. wesentlich ist auf Ω, wenn $I\colon \overline{\Omega} \to X$ diese Eigenschaft hat. Aus Satz 14.1 folgt also sofort dessen Verallgemeinerung:

Satz 14.3. *Seien X und Y normierte Räume und $\Omega \subseteq X$ offen. Ein linearer Isomorphismus $A\colon X \to Y$ ist genau dann wesentlich (und zulässig) auf Ω, wenn $\theta \in \Omega$ gilt.*

Obwohl Satz 14.1 ursprünglich nur *ein* Beispiel eines wesentlichen Operators im Falle $X = Y$ lieferte, haben wir mit diesem Satz also schon eine ganze Klasse von wesentlichen Operatoren auch im Falle $X \neq Y$ gefunden. Wir werden noch einige weitere Prinzipien im Stile von Satz 14.2 kennenlernen.

Die wichtigste Eigenschaft wesentlicher Operatoren ist die Invarianz unter Homotopien. Um die Bedeutung dieser Eigenschaft zu verstehen, erinnern wir uns an den „empirischen" Beweis des Brouwerschen Fixpunktsatzes in Abschnitt 11.2: Wir hatten dort bemerkt, dass die Nullstelle der Funktion $x \mapsto x^2$ im Gegensatz zur Nullstelle des identischen Operators $x \mapsto x$ anscheinend „unwesentlich" ist, da sie ja unter beliebig kleinen Störungen verlorengehen kann. Im Hinblick auf Beispiel 14.1 (oder Satz 14.1 in beliebigen Räumen) sehen wir, dass der identische Operator auf der Einheitskugel wesentlich ist, während dies für die Funktion $x \mapsto x^2$ nicht der Fall ist. Man könnte also vermuten, dass eine zulässige Funktion f genau dann eine „wesentliche Nullstelle" besitzt, wenn f wesentlich ist. Dies ist tatsächlich der Fall.

Um dies mit dem „empirischen" Beweis des Brouwerschen Fixpunktsatzes aus Abschnitt 11.2 in Einklang zu bringen, müssten wir also zeigen, dass eine Homotopie $h\colon [0,1] \times \overline{\Omega} \to Y$, für die $h(0,\cdot\,)$ wesentlich ist, auch $h(t,\cdot\,)$ zu jedem Zeitpunkt t wesentlich bleibt (also dass h stets eine „wesentliche Nullstelle" hat) – zumindest, solange keine Nullstelle „über den Rand abwandert". Die letzte Voraussetzung soll bedeuten, dass wir uns auf Homotopien beschränken wollen, die in folgendem Sinne *zulässig* sind:

Wir nennen eine stetige Abbildung $h\colon [0,1] \times \overline{\Omega} \to Y$ eine *zulässige Homotopie*, wenn sie die folgenden beiden Voraussetzungen erfüllt:

(a) $N(h) := \{x : x \in \overline{\Omega}, h(t,x) = \theta \text{ für ein } t \in [0,1]\}$ ist beschränkt und in Ω enthalten.

Wir setzen also $h(t,x) \neq \theta$ für $x \in \partial\Omega$ und für große $\|x\|$ voraus.

(b) $H(t,x) := h(t,x) - h(0,x)$ ist kompakt.

Äquivalent könnten wir auch fordern, dass $H(t,x) := h(t,x) - h(t_0,x)$ für irgendein $t_0 \in [0,1]$ kompakt ist (Aufgabe 14.3).

Satz 14.4 (Homotopie-Invarianz). *Sei $\Omega \subseteq X$ offen und $h\colon [0,1] \times \overline{\Omega} \to Y$ zulässig. Dann ist $h(t,\cdot)$ entweder für alle t oder für kein t wesentlich.*

□ Sei zunächst $h(0,\cdot)$ wesentlich. Wir zeigen, dass dann $h(1,\cdot)$ wesentlich ist. Sei dazu also $\varphi\colon \overline{\Omega} \to Y$ stetig und kompakt mit $\varphi(x) = \theta$ für $x \in \partial\Omega$ und derart, dass

$$B := \{x : x \in \overline{\Omega}, \varphi(x) \neq \theta\}$$

eine beschränkte Teilmenge von Ω ist. Die Menge

$$S := \{x : x \in \overline{\Omega}, h(t,x) = \varphi(x) \text{ für ein } t \in [0,1]\}. \tag{14.2}$$

ist abgeschlossen: Ist nämlich $x_n \in S$ konvergent gegen ein $x \in X$, so gibt es $t_n \in [0,1]$ mit $h(t_n,x_n) = \varphi(x_n)$. Da $[0,1]$ kompakt ist, können wir durch Übergang zu einer Teilfolge annehmen, dass $(t_n)_n$ gegen ein $t \in [0,1]$ konvergiert. Aus der Stetigkeit der Abbildungen h und φ folgt dann $h(t,x) = \varphi(x)$, also $x \in S$. Dies zeigt, dass die Menge (14.2) tatsächlich abgeschlossen ist.

Die beschränkte Menge $B \cup N(h)$ ist in einer Kugel $B_R(X)$ enthalten. Die Menge (14.2) erfüllt dann $S \subseteq B \cup N(h) \subseteq \Omega \cap B_R(X)$, denn für jedes $x \in S$ ist entweder $x \in B$ oder $h(t,x) = \varphi(x) = \theta$ für ein $t \in [0,1]$, also $x \in N(h)$.

Insbesondere ist also die abgeschlossene Menge $A := X \setminus (B_R(X) \cap \Omega)$ disjunkt zur abgeschlossenen Menge (14.2). Nach Satz A.13 (s. Anhang) gibt es also eine stetige Funktion $\tau\colon X \to [0,1]$ mit $\tau(x) = 0$ auf A und $\tau(x) = 1$ auf S. Wir betrachten nun den kompakten stetigen Operator

$$\psi(x) := \varphi(x) - H(\tau(x),x).$$

Für $x \in A$ ist $\tau(x) = 0$, also $H(\tau(x),x) = H(0,x) = \theta$; außerdem ist wegen $B \subseteq B_R(X) \cap \Omega$ auch $\varphi(x) = \theta$, also $\psi(x) = \theta + \theta = \theta$. Die Menge $\{x : x \in \overline{\Omega}, \psi(x) \neq \theta\}$ ist also in $X \setminus A = B_R(X) \cap \Omega$ enthalten. Da $h(0,\cdot)$ wesentlich ist, gibt es eine Lösung x_* der Gleichung $h(0,x_*) = \psi(x_*)$. Setzen wir hier die Definition von ψ und H ein, so erhalten wir $h(\tau(x_*),x_*) = \varphi(x_*)$. Dies zeigt einerseits, dass $x_* \in S$, also $\tau(x_*) = 1$ gilt, und andererseits daher $h(1,x_*) = \varphi(x_*)$. Daher ist $h(1,\cdot)$ tatsächlich wesentlich, wie behauptet.

Ist nun $h(t_0, \cdot)$ wesentlich für irgendein t_0, und ist $t_1 \in [0,1]$ beliebig, so betrachten wir die Homotopie $\tilde{h}(t,x) := h(t_0 + t(t_1 - t_0), x)$. Dann ist $\tilde{h}$ zulässig und $\tilde{h}(0, \cdot) = \tilde{h}(t_0, \cdot)$ wesentlich, und nach dem soeben Gezeigten ist daher auch $\tilde{h}(1, \cdot) = h(t_1, \cdot)$ wesentlich. ∎

Satz 14.4 zeigt in gewissem Sinne, dass unser „empirischer" Beweis des Fixpunktsatzes von Brouwer in Abschnitt 11.2 richtig war: Sei $X := Y := \mathbb{R}^n$, $\Omega := B_r(X)$ und $f\colon \overline{\Omega} \to K_r(X)$ stetig. Die Abbildung $h(t,x) := x - tf(x)$ hat dann die Eigenschaft, dass $h(0, \cdot)$ wesentlich ist (Satz 14.1). Falls $h(1, \cdot)$ eine Nullstelle auf $\partial\Omega$ hat, hat f einen Fixpunkt auf $\partial\Omega$. Andernfalls ist $h(t, \cdot)$ aber zulässig und daher ist $h(1, \cdot)$ wesentlich, hat also eine Nullstelle, die dann ein Fixpunkt von f ist. Damit haben wir den Fixpunktsatz von Brouwer nochmals bewiesen, allerdings nur durch Rückgriff auf Satz 14.1, in dessen Beweis der Fixpunktsatz von Brouwer/Schauder einging.[2]

Einen zusätzlichen Vorteil hat die obige Argumentation: Sie bleibt auch unter schwächeren Voraussetzungen richtig. Tatsächlich funktioniert dasselbe Argument, wenn $f\colon \overline{\Omega} \to Y$ nicht nur Werte in $K_r(Y)$ annimmt, solange nur $h(t,x) \neq \theta$ für $x \in \partial\Omega$ ist. Außerdem funktioniert die Argumentation auch für unendlichdimensionales $X = Y$, wenn wir voraussetzen, dass f kompakt ist. Wir haben also tatsächlich sogar gezeigt:

Satz 14.5. *Sei X normierter Raum und $f\colon K_r(X) \to X$ stetig und kompakt. Falls für alle $t \in (0,1)$ und $x \in S_r(X)$ die Beziehung $x \neq tf(x)$ gilt, dann hat f einen Fixpunkt.*

Satz 14.5 ist natürlich nichts anderes als die Leray-Schauder-Alternative (Satz 12.8 im Fall $x_0 = \theta$). Im Spezialfall $f\colon K_r(X) \to K_r(X)$ gewinnen wir aus Satz 14.5 gerade den Fixpunktsatz von Schauder für Kugeln wieder (wie im Beweis von Satz 12.11).

Wir betonen nochmals ausdrücklich den Vorteil von Satz 14.4 gegenüber der „einfacheren" Leray-Schauder-Alternative: Anstelle der Homotopie $h(t,x) := x - tf(x)$ könnte man beliebige andere Homotopien mit $h(0,x) = x$ und $h(1,x) = x - f(x)$ betrachten und muss nur sichern, dass $h(t,x) \neq \theta$ für $x \in \partial\Omega$ gilt (und dass $H(t,x) := h(t,x) - x$ kompakt ist) um folgern zu können, dass f einen Fixpunkt besitzt.

Durch ein ähnliches Argument erhalten wir folgendes Ergebnis:

Satz 14.6 (Randabhängigkeit). *Sei $\Omega \subseteq X$ offen. Zwei stetige Funktionen $F, G\colon \overline{\Omega} \to Y$ mögen auf dem Rand übereinstimmen, d. h. $F(x) = G(x)$ für alle $x \in \partial\Omega$. Es gelte ebenfalls $F(x) = G(x)$ außerhalb einer geeigneten beschränkten Teilmenge $B \subseteq X$. Außerdem sei $G - F$ kompakt. Genau dann ist F wesentlich, wenn G wesentlich ist.*

□ Sei ohne Einschränkung F wesentlich. Wir betrachten die Homotopie $h(t,x) := F(x) + t(G(x) - F(x))$. Für alle $x \in \partial\Omega$ ist $h(t,x) = F(x) \neq \theta$, da F zulässig ist. Ebenso sieht man, dass $N(h)$ aus Satz 14.4 beschränkt ist. Daher ist $h(1, \cdot) = G$ wesentlich. ∎

Aus Satz 14.6 folgt insbesondere: *Ist $\Omega \subseteq X$ beschränkt und X endlichdimensional, so hängt die Frage, ob $f\colon \overline{\Omega} \to Y$ wesentlich ist, ausschließlich von dem Verhalten von f auf $\partial\Omega$ ab.*

[2]Tatsächlich zeigt unsere Argumentation also vielmehr, dass der Fixpunktsatz von Brouwer tatsächlich zu Satz 14.1 äquivalent ist.

Dies ist natürlich in Übereinstimmung mit Beispiel 14.1, in dem die Wesentlichkeit von f auf $\Omega = (a, b)$ sogar nur vom Vorzeichen der Randwerte $f(a)$ und $f(b)$ abhängt.

Aus der Definition einer wesentlichen Abbildung F hatten wir unmittelbar geschlossen, dass der Punkt θ im Bild $F(\Omega)$ liegen muss. Tatsächlich kann man aber nur anhand der Kenntnis vom Bild des Randes $F(\partial\Omega)$ eine ganze Menge weiterer Punkte finden, die ebenfalls im Bild liegen müssen:

Satz 14.7. *Sei $\Omega \subseteq X$ offen, und $F\colon \overline{\Omega} \to Y$ sei wesentlich. Dann enthält das Bild $F(\Omega)$ jeden Punkt, der in $Y \setminus F(\partial\Omega)$ durch einen stetigen Weg Γ mit θ verbunden werden kann, so dass $F^{-1}(\Gamma) = \{x \in \Omega : F(x) \in \Gamma\}$ beschränkt ist.*

□ Sei $y \in Y$ durch einen solchen Weg Γ mit θ verbindbar. Es gibt also eine stetige Funktion $\gamma\colon [0,1] \to Y \setminus F(\partial\Omega)$ mit $\gamma(0) = \theta$, $\gamma(1) = y$ und $\gamma([0,1]) = \Gamma$. Dann ist die Homotopie $h(t,x) := F(x) - \gamma(t)$ zulässig, und $h(0,\cdot) = F$ ist wesentlich. Nach Satz 14.4 ist $h(1,\cdot)$ daher auch wesentlich, hat also insbesondere eine Nullstelle, d. h. $F(x) = y$ hat eine Lösung. ■

Insbesondere erhalten wir das folgende Ergebnis:

Satz 14.8. *Sei $X := \mathbb{R}^n$ und $\Omega \subseteq X$ offen und beschränkt. Falls $F\colon \overline{\Omega} \to Y$ wesentlich ist, dann enthält das Bild $F(\Omega)$ eine Nullumgebung.*

□ Die Funktion $x \mapsto \|F(x)\|$ hat auf der kompakten Menge $\partial\Omega$ ein Minimum r; da F zulässig ist, ist $r > 0$. Die Kugel $B_r(Y)$ ist also vollkommen in $Y \setminus F(\partial\Omega)$ enthalten. Jeder Punkt y aus dieser Kugel kann durch einen Weg in $Y \setminus F(\partial\Omega)$ mit θ verbunden werden, nämlich durch die gerade Strecke mit Parametrisierung $\gamma(t) := ty$. Nach Satz 14.7 liegt jeder dieser Punkte also im Bild $F(\Omega)$, d. h. $F(\Omega) \supseteq B_r(Y)$. ■

Ein Operator $F\colon X \to Y$ heißt *koerziv*[3], wenn für jede Folge $(x_n)_n$ in X aus $\|x_n\| \to \infty$ auch $\|F(x_n)\| \to \infty$ folgt, d. h., wenn

$$\lim_{\|x\|\to\infty} \|F(x)\| = \infty$$

ist. Für solche Operatoren und auch für lineare Operatoren erhalten wir ganz ähnlich wie eben aus Satz 14.7 das folgende Ergebnis:

Satz 14.9. *Sei $F\colon X \to Y$ linear oder koerziv. Falls F wesentlich ist auf $\Omega = X$, so ist F surjektiv.*

□ Wegen $\partial\Omega = \emptyset$ liegt für jedes $y \in Y$ der Weg $\Gamma := \{ty : t \in [0,1]\}$ in $Y \setminus F(\partial\Omega) = Y$. Nach Satz 14.7 genügt es also zu zeigen, dass $F^{-1}(\Gamma)$ beschränkt ist. Wäre dies nicht der Fall, so gäbe es eine Folge $(x_n)_n$ in $F^{-1}(\Gamma)$ mit $\|x_n\| \to \infty$; wegen $F(x_n) \in \Gamma$ ist dann $\|F(x_n)\|$ beschränkt. Dies ist nicht möglich, falls F koerziv ist.

Falls F linear ist, sehen wir die Beschränktheit von $F^{-1}(\Gamma)$ so: Da F zulässig ist, muss der Nullraum $N(F)$ beschränkt sein, also $N(F) = \{\theta\}$; insbesondere ist F also injektiv.

[3] In der Literatur gibt es verschiedene Definitionen für den Begriff *koerziv*; zuweilen nennt man Operatoren mit der von uns beschriebenen Eigenschaft auch nur *schwach koerziv*.

Daher besteht $F^{-1}(y)$ höchstens aus einem Element x_0. Wegen der Linearität und Injektivität ist also entweder $F^{-1}(\Gamma) = \{tx_0 : t \in [0,1]\}$ oder (falls $y \notin F(X)$ gilt) sogar $F^{-1}(\Gamma) = \{\theta\}$; in beiden Fällen ist $F^{-1}(\Gamma)$ beschränkt und daher $y \in F(X)$. ■

Bisher haben wir Satz 14.4 immer so benutzt: Wir haben eine Homotopie h konstruiert und nachgewiesen, dass sie zulässig und $h(0,\cdot)$ wesentlich ist. Daraus haben wir geschlossen, dass auch $h(1,\cdot)$ wesentlich ist, also insbesondere eine Nullstelle hat. Diese Beweisidee nennt man in der englischsprachigen Literatur *continuation principle*, also *Fortsetzungsprinzip*.

Man kann dieses Prinzip aber auch umgekehrt benutzen: Wenn man weiß, dass $h(0,\cdot)$ wesentlich ist, $h(1,\cdot)$ jedoch nicht, dann kann die Homotopie nicht zulässig sein, was bedeutet (falls Ω beschränkt und $H(t,x) := h(t,x) - h(0,x)$ kompakt ist), dass die Gleichung $h(t,x) = \theta$ für ein t eine Lösung $x \in \partial\Omega$ haben muss. Dies ist die entscheidende Beweisidee des folgenden Satzes:

Satz 14.10 (Birkhoff-Kellog). *Sei X unendlichdimensionaler normierter Raum, und $f\colon S_1(X) \to X$ stetig und kompakt mit*

$$\delta := \inf\{\|f(x)\| : x \in S_1(X)\} > 0. \tag{14.3}$$

Dann hat f einen Eigenwert $\lambda > 0$, d. h. $f(x) = \lambda x$ hat eine Lösung $x \in S_1(X)$.

□ Wir setzen $f\colon X \to X$ durch die Festlegung $f(tx) := tf(x)$ $(t \geq 0, x \in S_1(X))$ stetig fort, d. h. wir setzen

$$f(x) = \begin{cases} \|x\| f\left(\frac{x}{\|x\|}\right) & \text{falls } x \neq \theta, \\ \theta & \text{falls } x = \theta. \end{cases}$$

Offensichtlich ist die fortgesetzte Funktion ebenfalls stetig und kompakt. Auf dem Abschluss von $\Omega := B_1(X)$ betrachten wir die Homotopien $h_n(t,x) := \frac{1}{n}x - tf(x)$. Wir zeigen zunächst, dass $g_n := h_n(1,\cdot)$ *nicht* für alle n wesentlich ist (auf Ω). Dazu benutzen wir für $x \in \partial\Omega$ die Abschätzung

$$\|g_n(x)\| = \|\tfrac{1}{n}x - f(x)\| \geq \|f(x)\| - \|\tfrac{1}{n}x\| \geq \delta - \tfrac{1}{n} \geq \tfrac{\delta}{2} \qquad (x \in \partial\Omega, n \geq \tfrac{2}{\delta}).$$

Diese Abschätzung zeigt für $n \geq \frac{2}{\delta}$, dass die Kugel $K_{\delta/2}(X)$ in der Menge $X \setminus g_n(\partial\Omega)$ enthalten ist. Wäre g_n wesentlich, so müsste nach Satz 14.7 also jeder Punkt $y \in K_{\delta/2}(X)$ im Bild $g_n(\Omega)$ enthalten sein, d. h. es gäbe ein $x_n \in \Omega$ mit $g_n(x_n) = y$. Insbesondere wäre dann

$$\|f(x_n) + y\| = \|(\tfrac{1}{n}x_n - g_n(x_n)) + y\| = \tfrac{1}{n}\|x_n\| \leq \tfrac{1}{n} \to 0 \qquad (n \to \infty).$$

Wir fänden also für jedes $y \in K_{\delta/2}(X)$ eine Folge $(x_n)_n$ in Ω mit $f(x_n) \to -y$, d. h. $K_{\delta/2}(X) \subseteq \overline{f(\Omega)}$. Da X unendliche Dimension hat, ist die linke Seite in dieser Inklusion nicht kompakt, die rechte hingegen schon, ein Widerspruch.

Der Widerspruch zeigt, dass $h_n(1, \cdot)$ nicht für alle n wesentlich ist. Da $h_n(0, \cdot)$ wesentlich ist (Satz 14.3), kann die Homotopie h_n also nicht für alle n zulässig sein (Satz 14.4). Es gibt also ein n, so dass $h_n(t, x) = \theta$ für ein $x \in \partial\Omega$ und ein $t \in [0, 1]$ gilt. Dies impliziert $t > 0$ und $tf(x) = \frac{1}{n}x$, d. h. $x \in S_1(X)$ ist Eigenvektor zum Eigenwert $\lambda := \frac{1}{nt} > 0$. ■

Die Voraussetzungen von Satz 14.10 sind in zweierlei Hinsicht bemerkenswert. Sie sind nämlich nur für *nichtlineare* Operatoren in *unendlichdimensionalen* Räumen erfüllbar: In endlichdimensionalen Räumen ist Satz 14.10 tatsächlich i. a. falsch (Aufgabe 14.9). Für *lineare* (kompakte) Operatoren in unendlichdimensionalen Räumen kann aber die Bedingung (14.3) nicht erfüllt werden (Aufgabe 14.10). Satz 14.10 kann auch als reiner Fixpunktsatz formuliert werden:

Satz 14.11. *Sei X unendlichdimensionaler normierter Raum, und $f\colon S_1(X) \to S_1(X)$ stetig und kompakt. Dann hat f einen Fixpunkt.*

□ Nach Satz 14.10 gibt es ein $x_* \in S_1(X)$ und ein $\lambda > 0$ mit $f(x_*) = \lambda x_*$. Wegen $\|f(x_*)\| = 1 = \|x_*\|$ muss $\lambda = 1$ sein, also $f(x_*) = x_*$. ■

Man sieht ebenso leicht, dass Satz 14.10 aus Satz 14.11 folgt (Aufgabe 14.11), so dass die beiden Sätze also tatsächlich äquivalent sind.

Wir beenden den Abschnitt mit einem weiteren Prinzip für wesentliche Operatoren, das nochmals bestätigt, dass Wesentlichkeit die Existenz einer „wesentlichen *Nullstelle*" bedeutet:

Satz 14.12 (Einschränkung). *Seien $\Omega_0 \subseteq \Omega \subseteq X$ offen und $F\colon \overline{\Omega} \to Y$ wesentlich auf Ω. Falls F keine Nullstellen auf $X \setminus \Omega_0$ hat, dann ist $F\colon \overline{\Omega_0} \to Y$ wesentlich auf Ω_0.*

□ Sei $\varphi\colon \overline{\Omega_0} \to Y$ stetig und kompakt und so, dass $B := \{x : x \in \overline{\Omega_0}, \varphi(x) \neq \theta\}$ eine beschränkte Teilmenge von Ω_0 ist. Wir setzen φ stetig auf $\overline{\Omega}$ fort durch $\varphi(x) := \theta$ für $x \in \overline{\Omega} \setminus \Omega_0$ (Klebe-Lemma aus Aufgabe 11.2). Da F auf Ω wesentlich ist, hat $F(x) = \varphi(x)$ dann eine Lösung; wegen $F(x) \neq \theta$ auf $X \setminus \Omega_0$ muss diese Lösung in Ω_0 liegen. ■

Die Umkehrung von Satz 14.12 ist nicht richtig:

Beispiel 14.3. Für $X := Y := \mathbb{R}$ ist der Operator $F(x) := |x| - 2$ wesentlich auf $\Omega_0 := (-3, -1) \cup (1, 3)$, aber nicht wesentlich auf $\Omega := (-3, 3)$ (vgl. Beispiel 14.1), obwohl alle Nullstellen von F in Ω_0 liegen. ☺

14.2 Der Borsuksche Fixpunktsatz

Wir werden nun einen Fixpunktsatz kennenlernen, der in mehreren Aspekten bedeutsamer ist als der Fixpunktsatze von Brouwer (oder der äquivalente Fixpunktsatz von Schauder). Zum einen wird dieser Satz eine nichtlineare Entsprechung zur Fredholm-Alternative liefern. Zum anderen ist dieser Satz jedoch auch eine sehr natürliche Verallgemeinerung des Zwischenwertsatzes für höhere Dimensionen (sehr viel natürlicher als der Fixpunktsatz von Brouwer).

Grob gesprochen ist der Brouwersche Fixpunktsatz ja „nur" zur Wesentlichkeit der Abbildung $I\colon K_1(X) \to K_1(X)$ auf $B_1(X)$ äquivalent, während man für den Zwischenwertsatz strenggenommen auch die Wesentlichkeit der Abbildung $-I\colon [-1,1] \to [-1,1]$ auf $(-1,1)$ benötigt.

Die beiden Abbildungen $F = I$ und $F = -I\colon [-1,1] \to [-1,1]$ und ebenso auch alle linearen Abbildungen haben eine Eigenschaft gemeinsam: Sie erfüllen die Beziehung $F(-x) = -F(x)$ für alle x des Definitionsbereichs. Man nennt solche Operatoren *ungerade*. Diese Definition ist natürlich nur sinnvoll, wenn F auf einer *symmetrischen* Menge M definiert ist, d. h. wenn aus $x \in M$ auch $-x \in M$ folgt.

Für ungerade Funktionen gilt der folgende Fixpunktsatz:

Satz 14.13 (Borsuk). *Sei X Banachraum und $\Omega \subseteq X$ offen, beschränkt und symmetrisch mit $\theta \in \Omega$. Es sei $f\colon \overline{\Omega} \to X$ stetig, kompakt und ungerade auf $\partial\Omega$, d. h. für alle $x \in \partial\Omega$ gelte $f(-x) = -f(x)$. Dann hat f einen Fixpunkt.*

Man kann den Borsukschen Fixpunktsatz auch so interpretieren, dass alle ungeraden Abbildungen wesentlich sind, vorausgesetzt sie sind zulässig und haben die Gestalt „Identität minus kompakt":

Satz 14.14 (Borsuk). *Sei X Banachraum und $\Omega \subseteq X$ offen und symmetrisch mit $\theta \in \Omega$. Falls $F\colon \overline{\Omega} \to X$ zulässig und ungerade und $I - F$ kompakt ist, so ist F wesentlich auf Ω.*

□ Sei $\varphi\colon \overline{\Omega} \to X$ stetig und kompakt und derart, dass $\varphi(x) = \theta$ für alle $x \in \partial\Omega$ und $\varphi(x) = \theta$ für alle $x \in \Omega$ mit $\|x\| \geq R$ für ein geeignetes $R > 0$ gilt. Wir müssen zeigen, dass die Gleichung $F(x) = \varphi(x)$ eine Lösung besitzt, also dass $f(x) := x - F(x) + \varphi(x)$ einen Fixpunkt hat. Dazu betrachten wir die beschränkte symmetrische offene Menge $\Omega_0 := \Omega \cap B_R(X)$: Wegen $\partial\Omega_0 \subseteq S_R(X) \cup \partial\Omega$ ist $\varphi(x) = \theta$ auf $\partial\Omega_0$, und daher ist $f(-x) = -f(x)$ für $x \in \partial\Omega_0$. Da $I - F$ kompakt ist, ist auch f kompakt. Nach Satz 14.13 (mit Ω_0 statt Ω) hat f also einen Fixpunkt, wie behauptet. ■

Umgekehrt folgt auch Satz 14.13 aus Satz 14.14, wie wir bald sehen werden; die beiden Sätze sind also äquivalent.

Satz 14.1 ist ein Spezialfall von Satz 14.14 (für symmetrisches Ω), da $F := I$ eine ungerade Abbildung ist. Da Satz 14.1 eine Umformulierung des Fixpunktsatzes von Brouwer bzw. Schauder war, ist Satz 14.13 also eine Verallgemeinerung dieser Fixpunktsätze.

Man kann sich nun fragen, ob Satz 14.13 und Satz 14.14 *echte* Verallgemeinerungen der Fixpunktsätze von Brouwer und Schauder sind, oder ob man Satz 14.14 nicht durch eine geeignete Homotopie mit Hilfe von Satz 14.4 auf Satz 14.1 zurückführen könnte. Erstaunlicherweise ist dies nicht möglich, nicht einmal im einfachsten Fall $X := \mathbb{R}$ und $\Omega := (-1,1)$: Satz 14.14 liefert sofort, dass $F := -I$ wesentlich ist, aber es gibt keine zulässige Homotopie $h\colon [0,1] \times \overline{\Omega} \to \mathbb{R}$ mit $h(0,\cdot) = I$ und $h(1,\cdot) = F$: Diese müsste nämlich $h(0,1) = 1$ und $h(1,1) = -1$ erfüllen; nach dem Zwischenwertsatz gäbe es daher ein $t \in (0,1)$ mit $h(t,1) = 0$, was der Zulässigkeit von h widerspräche.

Im genannten Beispiel $X := \mathbb{R}$ und $\Omega := (-1,1)$ kann man Satz 14.14 allerdings mit Hilfe von Satz 14.2 auf Satz 14.1 zurückführen. Im Beispiel $X := \mathbb{R}^2 \cong \mathbb{C}$, $F(z) := z^3$, ist allerdings auch dies nicht mehr möglich (nicht einmal, wenn man die Sätze 14.2 und 14.4 kombiniert). Diese Behauptung kann mit unseren Mitteln aber nicht bewiesen werden.[4]

Dieses Beispiel zeigt, dass Satz 14.13 *wirklich mächtiger* ist als die Fixpunktsätze von Brouwer und Schauder. Es ist daher wohl nicht überraschend, dass der Beweis von Satz 14.13 schwieriger ist als der Beweis dieser beiden Fixpunktsätze.

Auf einen Beweis des Satzes 14.13 (und des äquivalenten Satzes 14.14) müssen wir leider verzichten: Satz 14.14 wird üblicherweise mit sog. Abbildungsgradtheorie bewiesen, die den Rahmen dieses Buches sprengen würde.[5]

Wir werden nun einige wichtige Folgerungen aus den Sätzen 14.13 und 14.14 ziehen. Zuweilen ist dazu die folgende Verallgemeinerung von Satz 14.14 etwas bequemer, die wir unmittelbar mit Hilfe von Satz 14.4 erhalten:

Satz 14.15 (Borsuk). *Sei X Banachraum und $\Omega \subseteq X$ offen und symmetrisch mit $\theta \in \Omega$. Es sei $F\colon \overline{\Omega} \to X$ stetig und $f := I - F$ kompakt. Die Menge*

$$B := \{x \in \overline{\Omega} : \|F(x)\|\, F(-x) = \|F(-x)\|\, F(x)\} \tag{14.4}$$

sei beschränkt und in Ω enthalten (also disjunkt zu $\partial\Omega$). Dann ist F wesentlich auf Ω.

□ Wir zeigen zunächst, dass die Homotopie

$$h(t,x) := \frac{F(x) - tF(-x)}{1+t} \qquad (0 \le t \le 1)$$

zulässig ist. In der Tat, wenn $h(t,x) = \theta$ gilt, so ist $F(x) = tF(-x)$, d. h. es ist entweder $F(x) = \theta$, oder $F(x)$ und $F(-x)$ unterscheiden sich nur um ein positives Vielfaches; in beiden Fällen folgt $x \in B$. Nach Voraussetzung ist aber die Menge B beschränkt und disjunkt zu $\partial\Omega$. Außerdem ist

$$H(t,x) := h(t,x) - h(0,x) = \frac{-t}{1+t}(F(-x) + F(x)) = \frac{t}{1+t}(f(x) + f(-x))$$

kompakt. Also ist h zulässig. Weiterhin ist

$$G(x) := h(1,x) = \frac{F(x) - F(-x)}{2}$$

ungerade und $(I - G)(x) = \frac{f(-x)-f(x)}{2}$ ist kompakt. Nach Satz 14.14 ist $H(1,\cdot\,) = G$ also wesentlich. Wegen Satz 14.4 muss also auch $H(0,\cdot\,) = F$ wesentlich sein. ■

Satz 14.14 ist ein Spezialfall von Satz 14.15: Für ungerades F ist die Menge (14.4) gerade die Nullstellenmenge von F; sie ist also genau dann beschränkt und in Ω enthalten, wenn F zulässig ist.

[4]In der Sprache der sog. Abbildungsgradtheorie folgt die Behauptung aus der Tatsache, dass der identische Operator den Abbildungsgrad 1 hat, wohingegen die Abbildung $z \mapsto J(z^3)$ für jeden Isomorphismus J den Abbildungsgrad ± 3 hat.

[5]In der Abbildungsgradtheorie weist man nach, dass der Abbildungsgrad von F in Satz 14.14 ungerade, also insbesondere $\neq 0$ ist; Funktionen, deren Abbildungsgrad nicht verschwindet, sind wesentlich.

Für beschränktes Ω können wir die Voraussetzung an (14.4) auch anders formulieren: Sie bedeutet dann gerade, dass für $x \in \partial\Omega$ stets $F(x) \neq \theta$ und

$$\frac{F(-x)}{\|F(-x)\|} \neq \frac{F(x)}{\|F(x)\|} \qquad (x \in \partial\Omega) \tag{14.5}$$

gilt.[6] Damit folgt sofort, was wir bereits früher erwähnt hatten: Satz 14.13 folgt aus Satz 14.15 (und damit aus Satz 14.14). Unter den Voraussetzungen von Satz 14.13 hat nämlich entweder f einen Fixpunkt auf $\partial\Omega$, oder die Abbildung $F := I - f$ erfüllt (14.5) und ist nach Satz 14.15 daher wesentlich; im zweiten Fall hat F eine Nullstelle in Ω, also f einen Fixpunkt in Ω.

Wir betonen nochmals, dass wir damit gezeigt haben, dass die drei Sätze 14.13, 14.14 und 14.15 äquivalent sind.

Der Satz von Borsuk ist die „natürliche" Verallgemeinerung des Zwischenwertsatzes für höhere Dimensionen: Im Falle $X := \mathbb{R}$ und $\Omega := (-r, r)$ bedeutet die Bedingung (14.5) gerade, dass $F(-r)$ und $F(r)$ verschiedene Vorzeichen haben; genau in diesem Fall ist F wesentlich (und hat insbesondere eine Nullstelle).

Im Falle $\Omega = X = \mathbb{R}$ sind die Voraussetzungen von Satz 14.15 für stetiges $F\colon X \to X$ genau dann erfüllt, wenn $F(x)$ und $F(-x)$ für alle genügend großen x verschiedene Vorzeichen haben; nach Beispiel 14.2 ist F genau in diesem Fall wesentlich.

Wir haben also gesehen, dass der Satz von Borsuk (anders als Satz 14.1) zumindest in $X = \mathbb{R}$ die wesentlichen Abbildungen auf (beschränkten oder unbeschränkten) symmetrischen Intervallen *charakterisiert*.[7]

Wir ziehen nun einige wichtige Schlussfolgerungen aus dem Satz von Borsuk. Die anschaulichste Folgerung ist der sog. *Antipodensatz*:

Satz 14.16 (Borsuk-Ulam). *Sei $F\colon S_r(\mathbb{R}^n) \to \mathbb{R}^m$ stetig mit $m < n$. Dann gibt es ein $x \in S_r(\mathbb{R}^n)$ mit $F(x) = F(-x)$.*

□ Sei $X := \mathbb{R}^n$ und $\Omega := B_r(X)$. Wir setzen F zu einer stetigen Abbildung $F\colon \overline{\Omega} \to \mathbb{R}^m$ fort (Satz A.15 im Anhang) und definieren $G\colon \overline{\Omega} \to X$ durch

$$G(x) := (F(x) - F(-x), 0, \ldots, 0)$$

(wir füllen also die fehlenden $n - m$ Komponenten durch Nullen auf). Die Abbildung G ist ungerade. Gäbe es kein $x \in \partial\Omega$ mit $F(x) = F(-x)$, so wäre G zulässig. Nach Satz 14.14 wäre G also wesentlich auf Ω. Nach Satz 14.8 müsste $G(\Omega)$ dann eine Nullumgebung enthalten; nach unserer Definition von G ist dies aber nicht möglich. ■

Beispiel 14.4. Satz 14.16 verallgemeinert die Aussage, die wir in Abschnitt 11.1 (c) kennengelernt haben:

---

[6] Die Bedingung (14.5) bedeutet geometrisch, dass zwei „Antipodenpunkte" x und $-x$ nicht „in die selbe Richtung" abgebildet werden können.

[7] Mit Hilfe von Abbildungsgradtheorie kann man allerdings zeigen, dass dies schon in $X = \mathbb{R}^2 \cong \mathbb{C}$ nicht mehr der Fall ist: Die Abbildung $z \mapsto z^2$ hat Abbildungsgrad 2 auf $B_1(\mathbb{R}^2)$ und ist daher wesentlich, aber weil sie nicht ungerade ist, ist der Satz von Borsuk nicht anwendbar.

(a) Für $n = 2$ und $m = 1$ erhalten wir die Aussage, dass die Temperaturfunktion F, die zu einem festgehaltenen Zeitpunkt jedem Punkt auf einem Großkreis $S_R(\mathbb{R}^2)$ der Erde die Temperatur dort zuordnet, an einem Antipodenpaar denselben Wert annimmt.

(b) Für $n = 3$ und $m = 2$ können wir F als eine Funktion interpretieren, die (zu einem festgehaltenen Zeitpunkt) jedem Punkt der Erdoberfläche Temperatur und Luftdruck dort zuordnet. Satz 14.16 liefert also die Aussage: *Zu jedem festen Zeitpunkt gibt es mindestens ein Antipodenpaar auf der Erdoberfläche, an dem Temperatur und Luftdruck exakt übereinstimmen.* ☺

Eine Folgerung aus Satz 14.16 ist das ermutigende Ergebnis, dass man im $\mathbb{R}^3$ nicht nur ein Schinkenbrot gerecht teilen kann (Abschnitt 11.1 (b)), sondern sogar ein Schinkenbrot mit einem Ei:

Satz 14.17. *Seien $M_1, \ldots, M_n \subseteq \mathbb{R}^n$ messbar und beschränkt. Dann gibt es eine Hyperebene des $\mathbb{R}^n$, die gleichzeitig jede der Mengen $M_1, \ldots, M_n$ in zwei Hälften gleichen Maßes zerteilt.*

□ Wir betrachten den Raum $X := \mathbb{R}^{n+1}$. Die Sphäre $S_1(X)$ können wir mit der Menge der Hyperebenen des $\mathbb{R}^n$ identifizieren, indem wir jedem $x = (c_1, \ldots, c_n, b) \in S_1(X)$ die Ebene

$$H(x) := \{(\eta_1, \ldots, \eta_n) \in \mathbb{R}^n : c_1\eta_1 + \cdots + c_n\eta_n = b\}$$

zuordnen. Die beiden entsprechenden „Raumhälften" sind dann

$$H_+(x) := \{(\eta_1, \ldots, \eta_n) \in \mathbb{R}^n : c_1\eta_1 + \cdots + c_n\eta_n > b\}$$

und

$$H_-(x) := \{(\eta_1, \ldots, \eta_n) \in \mathbb{R}^n : c_1\eta_1 + \cdots + c_n\eta_n < b\} = H_+(-x)$$

Wir definieren $F\colon S_1(X) \to \mathbb{R}^n$ durch

$$F(x) := (\mathrm{mes}(H_+(x) \cap M_1), \ldots, \mathrm{mes}(H_+(x) \cap M_n)).$$

Nach Satz 14.16 gibt es ein $x_* \in S_1(X)$ mit $F(x_*) = F(-x_*)$. Für $k = 1, \ldots, n$ ist dann

$$\mathrm{mes}(H_+(x_*) \cap M_k) = \mathrm{mes}(H_+(-x_*) \cap M_k) = \mathrm{mes}(H_-(x_*) \cap M_k).$$

Die Ebene $H(x_*)$ hat also die gewünschte Eigenschaft. ■

Der Antipodensatz kann auch anders formuliert werden. Wir stellen uns dazu zunächst die folgende Frage: *Wie viele antipodenfreie abgeschlossene Mengen braucht man, um $S_1(\mathbb{R}^n)$ zu überdecken?* Hierbei heißt eine Menge A *antipodenfrei*, wenn nicht gleichzeitig $x \in A$ und $-x \in A$ gelten kann.

Eine erste Antwort (auf unserer geometrischen Anschauung beruhend) lautet: *Es genügen $n+1$ Mengen.*

Dies kann man durch Induktion nach n zeigen: Der Fall $n = 1$ ist trivial. Zum Nachweis des Induktionsschlusses betrachten wir einen „Großkreis" der Sphäre $S_1(\mathbb{R}^{n+1})$, also etwa den „Äquator"

$$S_0 := \left\{x : x = (\xi_1, \ldots, \xi_n, 0) \in S_1(\mathbb{R}^{n+1})\right\}.$$

Indem wir S_0 auf kanonische Art mit $S_1(\mathbb{R}^n)$ identifizieren, wissen wir nach Induktionsvoraussetzung, dass sich S_0 durch $n+1$ antipodenfreie abgeschlossene Mengen $A_1, \ldots, A_{n+1} \subseteq S_0$ überdecken lässt. Wir setzen diese Mengen entlang der Großkreise bis zum Südpol und ein kleines Stückchen in nördlicher Richtung fort, d. h. wir betrachten für $k = 1, \ldots, n+1$ die (abgeschlossenen antipodenfreien) Mengen

$$B_k := \left\{x : x = (\xi_1, \ldots, \xi_n, \xi_{n+1}) \in S_1(\mathbb{R}^{n+1}), (\xi_1, \ldots, \xi_n) \in A_k, \xi_{n+1} \leq \tfrac{1}{2}\right\}.$$

Außerdem betrachten wir den Abschluss der verbleibenden nördlichen „Kappe":

$$B_{n+2} := \left\{x : x = (\xi_1, \ldots, \xi_n, \xi_{n+1}) \in S_1(\mathbb{R}^{n+1}), \xi_{n+1} \geq \tfrac{1}{2}\right\}.$$

Diese $n+2$ abgeschlossenen antipodenfreien Mengen überdecken nun $S_1(\mathbb{R}^{n+1})$.

Eine zweite Antwort (die nicht leicht einzusehen ist) auf die obigen Frage lautet: *Mit weniger als $n+1$ Mengen ist es nicht möglich.* Dies ist die Aussage des folgendes Satzes:

Satz 14.18 (Ljusternik-Schnirel'man). *Überdeckt man $S_1(\mathbb{R}^n)$ mit abgeschlossenen, antipodenfreien Mengen $A_1, \ldots, A_m$, so ist notwendigerweise $m \geq n+1$.*

□ Angenommen, es wäre $m \leq n$. Dann ist

$$S_1(\mathbb{R}^n) \subseteq \bigcup_{k=1}^{m-1} (A_k \cup (-A_k)), \tag{14.6}$$

denn für $x \in A_m$ ist $-x \notin A_m$, also $-x \in A_k$ für ein $k < m$.

Sei $\Omega := B_1(\mathbb{R}^n)$. Für $k = 1, \ldots, m-1$ finden wir nach Satz A.13 aus dem Anhang stetige Funktion $F_k \colon \overline{\Omega} \to \mathbb{R}$ mit $F_k(x) = 1$ für $x \in A_k$ und $F_k(x) = -1$ für $x \in -A_k$. Die Funktion $F \colon \overline{\Omega} \to \mathbb{R}^n$, definiert durch

$$F(x) := (F_1(x), \ldots, F_{m-1}(x), 1, \ldots, 1)$$

erfüllt dann (14.5), denn für jedes $x \in \partial\Omega$ gibt es wegen (14.6) ein $k < m$ mit $x \in A_k \cup (-A_k)$, und daher ist $F_k(x) = -F_k(-x) = \pm 1$. Nach Satz 14.15 müsste F also wesentlich sein und insbesondere eine Nullstelle haben, was der Definition von F widerspricht. ■

Wir haben Satz 14.18 mit Hilfe von Satz 14.15 bewiesen. Tatsächlich hätten wie Satz 14.18 aber auch mit dem Antipodensatz (Satz 14.16) beweisen können (Aufgabe 14.13). Man kann auch umgekehrt den Antipodensatz mit Hilfe von Satz 14.18 beweisen (Aufgabe 14.14), d. h. die beiden Sätze sind äquivalent. Wenn man dies benutzt, ist unser obiger Beweis von Satz 14.18 also tatsächlich sogar ein Alternativbeweis des Antipodensatzes.

Satz 14.18 hat eine berühmte Interpretation: *Wenn man Kartoffeln schält, braucht man mindestens* 4 *Schnitte!* Dies ist ein Spezialfall der folgenden Beobachtung:

Beispiel 14.5. Um eine beschränkte (offene) Teilmenge des $\mathbb{R}^n$ zu beranden, braucht man mindestens $n+1$ Hyperebenen.

Sei etwa $M \subseteq \mathbb{R}^n$ eine beschränkte Menge, die von m Hyperebenen berandet wird. Ohne Einschränkung können wir annehmen, dass $\theta \in M$ gilt. Wir wählen ein r mit $M \subseteq B_r(\mathbb{R}^n)$ und betrachten die m Durchschnitte von $S_r(\mathbb{R}^n)$ mit dem (abgeschlossenen) „Äußeren" der m Hyperebenen (also mit dem Komplement derjenigen offenen Raumhälfte, die M enthält): Dies liefert uns eine Überdeckung von $S_r(\mathbb{R}^n)$ durch m abgeschlossene antipodenfreie Mengen. Nach Satz 14.18 ist also $m \geq n+1$. ☺

Eine vielleicht noch wichtigere Anwendung des Satzes von Borsuk als der Antipodensatz ist der folgende *Satz von der offenen Abbildung*:

Satz 14.19 (Brouwer). *Sei $\Omega \subseteq \mathbb{R}^n$ offen und $f\colon \Omega \to \mathbb{R}^n$ stetig und injektiv. Dann ist $f(\Omega)$ offen.*

□ Wir müssen zeigen, dass jeder Punkt $y_0 = f(x_0)$ ein innerer Punkt von $f(\Omega)$ ist. Dazu betrachten wir die injektive stetige Abbildung $F(x) := f(x+x_0) - y_0$, die auf $\Omega_0 := \Omega - x_0$ definiert ist und $F(\theta) = \theta$ erfüllt. Wir wählen ein $r > 0$, so dass der Abschluss der Kugel $\Omega_1 := B_r(\mathbb{R}^n)$ in Ω_0 enthalten ist. Da θ die einzige Nullstelle von F ist, ist F zulässig auf Ω_1. Wir zeigen, dass F sogar wesentlich auf Ω_1 ist. Dazu betrachten wir die Homotopie

$$h(t,x) := F\left(\frac{1}{2-t}x\right) - F\left(\frac{t-1}{2-t}x\right)$$

Die beiden Stellen $\frac{1}{2-t}x$ und $\frac{t-1}{2-t}x$ sind für jedes $x \in \partial\Omega_1$ verschieden; da F injektiv ist muss also $h(t,x) \neq \theta$ für $x \in \partial\Omega_1$ sein. Daher ist h eine zulässige Homotopie. Die Abbildung $h(0,x) = F(\frac{1}{2}x) - F(-\frac{1}{2}x)$ ist ungerade und nach Satz 14.14 daher wesentlich. Folglich muss auch $h(1,\cdot) = F$ wesentlich sein. Nach Satz 14.8 enthält $F(\Omega_1)$ also eine Nullumgebung $B_r(\mathbb{R}^n)$. Es folgt $f(\Omega) \supseteq f(\Omega_1 + x_0) = F(\Omega_1) + y_0 \supseteq B_r(\mathbb{R}^n; y_0)$, d. h. y_0 ist tatsächlich innerer Punkt von $f(\Omega)$. ■

Satz 14.19 wird auch der *Satz von der Dimensionstreue* genannt. Der Grund wird in Aufgabe 14.15 erklärt.

Beispiel 14.6. Im Falle $n = 1$ besagt Satz 14.19 folgendes: Falls $f\colon (x_0 - \varepsilon, x_0 + \varepsilon) \to \mathbb{R}$ stetig und injektiv ist, so enthält das Bild von f ein ganzes Intervall um $f(x_0)$.

Diesen Spezialfall könnte man auch elementar zeigen, indem man nachweist, dass f *streng monoton* sein muss. Aber bereits für $n = 2$ ist dieser elementare Beweis nicht mehr möglich. ☺

Unter den Voraussetzungen von Satz 14.19 ist f ein Homöomorphismus von Ω auf $f(\Omega)$, d. h. $f^{-1}\colon f(\Omega) \to \Omega$ ist stetig. In der Tat ist ja Stetigkeit einer Abbildung gleichbedeutend damit, dass Urbilder offener Mengen offen sind: Das Urbild einer offenen Menge $\Omega_0 \subseteq \Omega$ unter der Abbildung f^{-1} ist aber gerade $f(\Omega_0)$ und daher offen nach Satz 14.19. Satz 14.19 impliziert also insbesondere:

Ist $\Omega \subseteq \mathbb{R}^n$ und $f\colon \Omega \to \Omega_1 \subseteq \mathbb{R}^n$ stetig und umkehrbar, so ist die Umkehrabbildung automatisch stetig.

Beispiel 14.7. Sei $k \in \mathbb{N}$ und $f\colon \mathbb{R} \to \mathbb{R}$ definiert durch $f(x) = (\operatorname{sign} x)\,|x|^k$. Dann ist f stetig und bijektiv, also ist die Umkehrabbildung stetig. Insbesondere ist also die Einschränkung dieser Umkehrabbildung $\sqrt[k]{\cdot}\colon [0,\infty) \to \mathbb{R}$ eine stetige Funktion. ☺

Man beachte, dass wir die Stetigkeit von $\sqrt[k]{\cdot}$ auf dem kleineren Intervall $(0,\infty)$ auch mit Hilfe des Satzes über die lokale Umkehrbarkeit (Satz 10.3) hätten folgern können. Im Punkt 0 jedoch ist dieser Satz wegen $f'(0) = 0$ nicht anwendbar (Satz 14.19 hingegen schon). Tatsächlich ist auch die Umkehrfunktion in diesem Punkt nicht differenzierbar. Dies ist kein Zufall:

Beispiel 14.8. Sei $\Omega \subseteq \mathbb{R}^n$ offen und $f\colon \Omega \to \mathbb{R}^n$ stetig und in $x_0 \in \Omega$ (Fréchet-)differenzierbar mit nichtinvertierbarer Ableitung $A := Df(x_0)$. Dennoch gebe es eine offene Umgebung U von x_0, auf der f injektiv ist.

Nach Satz 14.19 gibt es dann eine offene Umgebung V von $y_0 = f(x_0)$, so dass $f\colon U \to V$ ein Homöomorphismus ist. Allerdings kann f kein Diffeomorphismus sein: f^{-1} kann in y_0 nicht (Fréchet-)differenzierbar sein.

Wäre nämlich f^{-1} differenzierbar in y_0 mit Ableitung B, so erhielten wir durch Differenzieren der Gleichung $f^{-1}(f(x)) = x$ im Punkt $x = x_0$ aufgrund der Kettenregel, dass $BA = I$ ist. Da die Matrix A nicht maximalen Rang hat, könnte dann aber auch die Matrix $BA = I$ nicht maximalen Rang haben, ein Widerspruch. ☺

Wie wir schon in der Einleitung bemerkt haben, sind alle linearen Abbildungen ungerade. Wir können daher den Satz von Borsuk anwenden, wenn sie die Gestalt „Identität mit kompakt" haben. Diese Beobachtung liefert uns gerade den entscheidenden Teil der Fredholm-Alternative:

Satz 14.20. *Sei X Banachraum und $K \in \mathscr{K}(X,X)$. Falls $I-K$ injektiv ist, dann ist $I-K$ surjektiv.*

□ Sei $\Omega := X$. Der Operator $F := I - K$ ist ungerade, und $I - F = K$ ist kompakt. Falls $F := I - K$ injektiv ist, also $F(x) = \theta$ nur für $x = \theta$ gilt, so ist F zulässig. Nach Satz 14.14 ist F also wesentlich und nach Satz 14.9 daher surjektiv. ■

Die Beweisidee von Satz 14.20 lässt sich sogar auf beliebige Fredholm-Operatoren vom Index 0 übertragen:

Satz 14.21. *Seien X und Y Banachräume und $A \in \mathscr{F}_0(X,Y)$ ein Fredholm-Operator vom Index 0. Sei $\Omega := X$ symmetrisch mit $\theta \in \Omega$ und $f\colon \overline{\Omega} \to Y$ stetig und kompakt. Es gebe ein $R > 0$, so dass für alle $x \in \partial\Omega$ und alle $x \in \Omega \setminus K_R(X)$ die Beziehung $f(-x) = -f(x)$ gilt.*

Falls $F := A + f$ zulässig ist, so ist F wesentlich auf Ω.

□ Nach Satz 7.10 (a) gibt es einen kompakten Operator $K \in \mathscr{K}(X,Y)$, so dass $J := A + K$ ein Isomorphismus ist. Wir betrachten den Operator $F_0 := I - J^{-1}K + J^{-1}f$. Dann ist $JF_0 = J - K + f = A + f = F$. Nach Satz 14.2 ist daher F_0 zulässig, und wir müssen nur noch zeigen, dass F_0 wesentlich ist. Nach Definition von F_0 ist aber unmittelbar klar, dass $I - F_0 = J^{-1}(K + f)$ kompakt ist. Darüberhinaus ist F_0 auf $\partial\Omega$ und außerhalb von $K_R(X)$ ungerade, so dass F_0 alle Voraussetzungen von Satz 14.15 erfüllt (da F_0 auch zulässig ist). Folglich ist F_0 wesentlich. ■

Für $\Omega := X$ und lineares kompaktes $f = K \in \mathscr{K}(X,Y)$ besagt Satz 14.21 gerade: *Falls A Fredholm-Operator vom Index 0 und $A + K$ zulässig ist, so ist $A + K$ wesentlich.* Die Zulässigkeit von $A + K$ ist leider eine restriktive Voraussetzung: Sie besagt gerade, dass der Nullraum $N(A + K)$ beschränkt ist, also dass $A + K$ injektiv ist. Mit Satz 14.9 erhalten wir als Spezialfall von Satz 14.21 also die folgende Verallgemeinerung von Satz 14.20:

Satz 14.22. *Seien X und Y Banachräume und $A \in \mathscr{F}_0(X,Y)$. Falls $K \in \mathscr{K}(X,Y)$ und $A - K$ injektiv ist, dann ist $A - K$ surjektiv.*

Dieses Ergebnis hätte man natürlich auch aus der Tatsache folgern können, dass $A - K$ nach Satz 7.12 ein Fredholm-Operator vom Index 0 ist.

14.3 Anwendung auf Randwertprobleme

Wir betrachten nun das Randwertproblem

$$(14.7) \qquad \begin{cases} -y''(s) + q(s)y(s) = f(s, y(s)), \\ y(0) = \eta_0, \\ y(1) = \eta_1 \end{cases}$$

mit stetigen gegebenen Funktionen q und f. Die Nichtlinearität wird hier durch den von f erzeugten *Nemytsķij-Operator*

$$F(y)(s) := f(s, y(s))$$

gegeben. Wenn wir für einen Moment annehmen, dass $F(y)$ gar nicht von y abhängt, so haben wir das Problem bereits in Abschnitt 8.6 studiert: Wir haben dann gerade ein Problem der Gestalt (8.36) (mit $x := F(y)$) vor uns. Wir hatten dort bereits nachgerechnet, dass wir das Problem dann in die Gestalt

$$(14.8) \qquad y(s) - \int_0^1 k(s,t)q(t)y(t)\,dt = \eta_0 + (\eta_1 - \eta_0)s + \int_0^1 k(s,t)F(y)(t)\,dt$$

bringen können, wobei k durch (8.35) gegeben ist. Selbstverständlich bleibt diese Rechnung auch dann gültig, wenn $F(y)$ möglicherweise von y abhängt. Um (14.8) etwas einfacher zu schreiben, führen wir nun im Raum $X := C[0,1]$ die linearen Operatoren

$$Kx(s) := \int_0^1 k(s,t)x(t)\,dt$$

und

$$Qx(s) := q(s)x(s)$$

sowie die Funktion

$$g(s) := \eta_0 + (\eta_1 - \eta_0)s$$

ein. Mit der Abkürzung $A := I - KQ$ bekommt unser Problem (14.8) dann die Gestalt

$$Ay = g + KF(y). \tag{14.9}$$

Man beachte, dass $K \in \mathscr{K}(X,X)$ und daher auch $KQ \in \mathscr{K}(X,X)$ ist. Insbesondere ist also der Operator $A = I - KQ$ auf der linken Seite von (14.9) ein Fredholmoperator vom Index 0; er ist also entweder ein Isomorphismus oder aber weder injektiv noch surjektiv. Wir wollen zunächst annehmen, dass die erste Alternative zutrifft, d. h. wir nehmen an, dass $N(A) = \{\theta\}$ ist. Im Falle $g = \theta$ und $F(y) \equiv \theta$ heißt dies, dass (14.9) nur die triviale Lösung besitzt. Wir nehmen also zunächst an:

(14.10) Im Falle $f(s,u) \equiv 0$ und $\eta_0 = \eta_1 = 0$ habe (14.7) außer $y(s) \equiv 0$ keine weiteren Lösungen.

Hinreichend für (14.10) ist $\|KQ\| < 1$, denn dann ist $A = I - KC$ ein linearer Isomorphismus (Neumannsche Reihe, s. Satz 4.4). Dies ist natürlich das Kriterium, das wir in Satz 8.7 benutzt hatten.

Sei jetzt (14.10) erfüllt. Wie wir uns oben überlegt hatten, ist dann $A\colon X \to X$ ein Isomorphismus. Man kann nun auf verschiedene Art fortfahren: Einerseits kann man benutzen, dass (14.9) äquivalent zur Gleichung $y = A^{-1}(g + KF(y))$ ist. Dies ist ein Fixpunktproblem, und man kann beispielsweise versuchen, den Fixpunktsatz von Schauder oder die Leray-Schauder-Alternative direkt anzuwenden: Da K stetig und kompakt, F stetig und beschränkt, und A^{-1} stetig ist, ist die rechte Seite $G(y) := A^{-1}(g + KF(y))$ ja ein kompakter Operator. Die Idee, den „linearen" Teil A der Gleichung (14.9) zu invertieren, stammt von Schauder und ist bekannt unter dem Namen „Schauders Linearisierungstrick".

Wir wollen jetzt allerdings anders vorgehen: Da A ein Isomorphismus ist, ist A auf jeder Kugel $B_r(X)$ $(r > 0)$ wesentlich (Satz 14.3). Wir können damit beispielsweise den folgenden Satz beweisen:

Satz 14.23. *Es gelte* (14.10) *sowie*

$$\lim_{|u|\to\infty} \max_{s\in[0,1]} \frac{|f(s,u)|}{|u|} = 0. \tag{14.11}$$

Dann besitzt das nichtlineare Randwertproblem (14.7) *eine Lösung* y.

□ Die Voraussetzung (14.11) bedeutet im Raum $X = C[0,1]$ gerade, dass F quasibeschränkt ist mit $|F| = 0$ (Aufgabe 12.7). Da K linear ist, folgt hieraus natürlich für den Operator $\varphi(x) := g + KF(x)$ auf der rechten Seite von (14.9) ebenfalls $|\varphi| = 0$, denn

$$\limsup_{\|x\|\to\infty} \frac{\|\varphi(x)\|}{\|x\|} \leq \limsup_{\|x\|\to\infty} \left(\frac{\|g\|}{\|x\|} + \|K\| \frac{\|F(x)\|}{\|x\|} \right) = 0.$$

Insbesondere gilt für alle genügend großen Zahlen $r > 0$:

$$\|\varphi(x)\| < \frac{\|x\|}{\|A^{-1}\|} \qquad (x \in S_r(X)). \tag{14.12}$$

Für ein solches $r > 0$ setzen wir nun $\Omega := B_r(X)$ und betrachten die Homotopie $h(t,x) := Ax - t\varphi(x)$. Dann ist die Menge

$$N(h) := \{x : x \in \overline{\Omega}, h(t,x) = \theta \text{ für ein } t \in [0,1]\}$$

beschränkt und in Ω enthalten. In der Tat folgt aus $h(t,x) = \theta$ ja $t\varphi(x) = Ax$, also $x = tA^{-1}\varphi(x)$, mithin $\|x\| \leq \|A^{-1}\| \, \|\varphi(x)\|$, was wegen (14.12) für $x \in \partial\Omega$ nicht möglich ist.

Da F beschränkt und $K \in \mathscr{K}(X,X)$ ist, ist φ kompakt und daher ist $h(t,x) - h(0,x) = t\varphi(x)$ ebenfalls kompakt. Da $h(0,\cdot) = A$ wesentlich ist, folgt aus Satz 14.4 also, dass auch $h(1,\cdot)$ wesentlich ist. Insbesondere hat $h(1,\cdot)$ eine Nullstelle in Ω. Diese Nullstelle y löst (14.9) und damit unser Randwertproblem (14.7). ■

Wenn die Voraussetzung (14.11) verletzt ist, muss das Randwertproblem (14.7) nicht unbedingt eine Lösung haben. Dies sieht man schon an der einfachen Funktion $f(s,u) = x(s) + (q(s) - \tilde{q}(s))u$, bei der wir $\tilde{q}$ (und x) ohne die Voraussetzung (14.11) vollkommen unabhängig von q wählen dürfen. In diesem Fall wird (14.7) zu dem (linearen) Randwertproblem

$$\begin{cases} -y''(s) + \tilde{q}(s)y(s) = x(s), \\ y(0) = \eta_0, \\ y(1) = \eta_1, \end{cases}$$

das (wie wir bereits von früher wissen) nicht für alle Funktionen $\tilde{q}$ und x eine Lösung hat.

Aber auch wenn (14.11) verletzt ist, kann es unter Umständen für einige spezielle

Funktionen f möglich sein, *a priori* etwas über potentielle Lösungen der Gleichungen

$$\begin{cases} -y''(s) + q(s)y(s) = tf(s, y(s)), \\ y(0) = t\eta_0, \\ y(1) = t\eta_1 \end{cases}$$

mit $t \in [0,1]$ auszusagen – beispielsweise die Norm gleichmäßig (also für alle $t \in [0,1]$) nach oben oder unten abzuschätzen. Man kann also manchmal zeigen: *Es gibt ein $r > 0$, so dass das obige Problem für kein $t \in [0,1]$ eine Lösung mit $\|y\|_C = r$ hat.*

Dies bedeutet gerade, dass die Homotopie aus dem Beweis von Satz 14.23 auf $\Omega := B_r(X)$ zulässig ist.[8] Wie im Beweis des letzten Satzes können wir dann schließen, dass (14.7) eine Lösung besitzt.

Dieses Ergebnis kann man auch als Anwendung der Leray-Schauder-Alternative auf die Fixpunktgleichung $y = A^{-1}(g + KF(y))$ interpretieren (Aufgabe 14.18).

Leider kann man die obige Voraussetzung in der Praxis meist nur dann verifizieren, wenn ohnehin (14.10) und (14.11) gilt: Der Grund ist, dass es der Faktor t vor der Funktion f nur sehr schwer erlaubt, die Norm von y abzuschätzen.

Wenn wir diesen Faktor fallenlassen, also statt dessen *a priori* Abschätzungen für die Randwertprobleme

$$\begin{cases} -y''(s) + q(s)y(s) = f(s, y(s)), \\ y(0) = t\eta_0, \\ y(1) = t\eta_1 \end{cases} \tag{14.13}$$

mit $t \in [0,1]$ verlangen, so entspricht dies einer anderen Homotopie. Wenn in diesem Fall $f(s, \cdot)$ ungerade ist, können wir mit Hilfe des Satzes von Borsuk auf die Lösbarkeit von (14.7) schließen. Wir benötigen dann nicht einmal die Voraussetzung (14.10):

Satz 14.24. *Es gelte $f(s, -u) = -f(s, u)$. Falls es ein $r > 0$ gibt, so dass das Problem* (14.13) *für kein $t \in [0,1]$ eine Lösung y mit $\|y\|_C = r$ besitzt, dann hat das nichtlineare Randwertproblem* (14.7) *eine Lösung y mit $\|y\|_C < r$.*

□ Wir betrachten die Homotopie $h(t,x) := Ax - tg - KF(x)$. Nullstellen dieser Homotopie sind gerade die Lösungen von (14.13). Setzen wir also $\Omega := B_r(X)$, so besagt die Voraussetzung gerade, dass $h(t,x) \neq \theta$ für alle $t \in [0,1]$ und alle $x \in \partial\Omega$ gilt.

Aufgrund der Homotopieinvarianz wesentlicher Abbildungen (Satz 14.4) können wir also schließen, dass die beiden Abbildungen $h(1, \cdot)$ und $h(0, \cdot)$ entweder beide wesentlich oder beide nicht wesentlich sind (auf Ω). Wir werden zeigen, dass $h(0, \cdot)$ wesentlich ist und können daraus dann schließen, dass $h(1, \cdot)$ eine Nullstelle in Ω hat – diese löst dann natürlich (14.9) und damit das nichtlineare Randwertproblem (14.7).

Da wir bereits wissen, dass die Homotopie h zulässig ist, ist auch $h(0, \cdot) = Ax - KF(x)$ zulässig. Da A ein Fredholmoperator vom Index 0 und KF stetig, ungerade und kompakt ist, folgt aus Satz 14.21 unmittelbar, dass $h(0, \cdot)$ wesentlich ist. ■

[8] Das ist gerade das, was wir im Beweis des letzten Satzes nachgewiesen haben.

Man beachte, dass wir Schauders Linearisierungstrick in diesem Beweis nicht hätten anwenden können, da wir ohne die Voraussetzung (14.10) nicht wissen, ob A ein Isomorphismus ist.

14.4 Aufgaben

Aufgabe 14.1. Beweisen Sie die Behauptungen aus Beispiel 14.2.

Aufgabe 14.2. Formulieren und beweisen Sie eine Version von Satz 14.2 für nichtlineares A.

Aufgabe 14.3. Sei $h\colon [0,1] \times \overline{\Omega} \to Y$ derart, dass $H_{t_0}(t,x) := h(t,x) - h(t_0,x)$ für *ein* $t_0 \in [0,1]$ kompakt ist. Zeigen Sie, dass H_{t_0} dann für *jedes* $t_0 \in [0,1]$ kompakt ist.

Aufgabe 14.4. Seien X und Y normierte Räume. Seien $P_X\colon X \times Y \to X$ und $P_Y\colon X \times Y \to Y$ definiert durch $P_X(x,y) := x$ und $P_Y(x,y) := Y$. Zeigen Sie: Falls $A \subseteq X \times Y$ abgeschlossen und $\overline{P_X(A)}$ kompakt ist, so ist $P_Y(A)$ abgeschlossen. Benutzen Sie dies, um erneut zu zeigen, dass die Menge (14.2) abgeschlossen ist.

Aufgabe 14.5. Seien X und Y Banachräume und $f\colon X \to Y$ stetig. Zeigen Sie:

(a) Falls $\dim X < \infty$ und f koerziv ist, so ist f eigentlich auf X (s. Aufgabe 12.2).

(b) Falls umgekehrt f eigentlich ist auf $X \neq \{\theta\}$ und $\dim Y < \infty$, so ist f koerziv.

Aufgabe 14.6. Sei X ein Banachraum und $g\colon X \to Y$ stetig und kompakt. Zeigen Sie, dass $f := I - g$ genau dann eigentlich ist (s. Aufgabe 12.2), wenn f koerziv ist. Gilt eine analoge Aussage auch, falls g nur stetig und schwach kondensierend ist?

Aufgabe 14.7. Zeigen Sie, dass man auf die Voraussetzung der Endlichdimensionalität bzw. Kompaktheit in den Aufgaben 14.5 und 14.6 nicht verzichten darf, d. h. finden Sie ein Beispiel eines stetigen Operators $f\colon X \to Y$ in Banachräumen, der

(a) koerziv, aber nicht eigentlich ist;

Hinweis. Wählen Sie f linear und kompakt.

(b) eigentlich, aber nicht koerziv ist.

Hinweis. Falls Y unendlichdimensional ist, kann man nach dem Beweis zu Satz 12.1 einen Homöomorphismus $h\colon [0,\infty) \to M$ auf eine abgeschlossene Menge $M \subseteq S_1(Y)$ finden. Zeigen Sie, dass $f(x) := h(\|x\|)$ eigentlich ist und beschränkten Wertebereich hat.

Aufgabe 14.8. Seien X und Y Banachräume und $A \in \mathscr{L}(X,Y)$ surjektiv. Beweisen Sie, dass die folgenden Bedingungen äquivalent sind:

(a) A ist koerziv;

(b) A ist eigentlich (s. Aufgabe 12.2);

(c) A ist injektiv;

(d) A ist linearer Isomorphismus.

Aufgabe 14.9. Zeigen Sie, dass Satz 14.10 und Satz 14.11 in endlichdimensionalen Räumen nicht gelten, selbst wenn f linear ist.

Hinweis. Betrachten Sie $X = \mathbb{R}^2$.

Aufgabe 14.10. Sei X unendlichdimensionaler Banachraum und $A\colon X \to X$ linear und kompakt. Zeigen Sie, dass dann

$$\inf\{\|Ax\| : \|x\| = 1\} = 0$$

gilt.

Hinweis. Benutzen Sie Lemma 2.4 und $A(x_n - x_m) = Ax_n - Ax_m$.

Aufgabe 14.11. Zeigen Sie die Aussage aus Satz 14.10, indem Sie Satz 14.11 auf den Operator $G(x) := F(x)/\,\|F(x)\|$ anwenden.

Aufgabe 14.12. Sei X Banachraum, $\Omega \subseteq X$ offen und beschränkt, und $F\colon \overline{\Omega} \to X$ wesentlich. Zeigen Sie: Falls $I - F$ kompakt ist, dann enthält $F(\Omega)$ eine Nullumgebung.

Aufgabe 14.13. Beweisen Sie Satz 14.18 durch Rückführung auf den Antipodensatz (Satz 14.16).

Hinweis. Gehen Sie von der Widerspruchsannahme (14.6) aus und wenden Sie Satz 14.16 auf die Funktion

$$F(x) := (\operatorname{dist}(x, A_1), \dots, \operatorname{dist}(x, A_{m-1}))$$

an.

Aufgabe 14.14. Beweisen Sie den Antipodensatz (Satz 14.16) durch Rückführung auf Satz 14.18.

Hinweis. Sei $F\colon S_1(\mathbb{R}^n) \to \mathbb{R}^m$ stetig mit $m < n$. Nehmen Sie per Widerspruch an, dass die ungerade Funktion $g(x) := F(x) - F(-x)$ die Abschätzung $\|g(x)\|_\infty > \delta > 0$ für alle $x \in S_1(\mathbb{R}^n)$ erfüllt, und betrachten Sie die Mengen

$$\begin{aligned} A_k &:= \{x \in S_1(\mathbb{R}^n) : g_k(x) \geq \delta\} \qquad (k = 1, \dots, m), \\ A_{m+1} &:= \{x \in S_1(\mathbb{R}^n) : \text{für alle } k \text{ ist } g_k(x) \leq \delta\}. \end{aligned}$$

Aufgabe 14.15. Seien $\Omega_1 \subseteq \mathbb{R}^n$ und $\Omega_2 \subseteq \mathbb{R}^m$ offen und sei Ω_1 homöomorph zu Ω_2. Zeigen Sie, dass $n = m$ gelten muss.

Hinweis. Satz 14.19.

Aufgabe 14.16. Zeigen Sie, dass es Mengen $M, N \subseteq \mathbb{R}^n$ und eine bijektive stetige Abbildung $f\colon M \to N$ gibt, deren Umkehrabbildung $f^{-1}\colon N \to M$ unstetig ist.

Hinweis. Man kann sogar $n = 1$ wählen.

Aufgabe 14.17. Seien $U \subseteq \mathbb{R}^k$ und $V \subseteq \mathbb{R}^n$ offen und $F\colon U \times V \to \mathbb{R}^n$ stetig. Sei $W \subseteq \mathbb{R}^n$ offen und derart, dass es zu jedem $y \in W$ und jedem $x \in U$ ein eindeutiges $\varphi(x,y) \in V$ gebe mit $F(x, \varphi(x,y)) = y$.

(a) F sei in $(x_0, \varphi(x_0, y_0))$ (Fréchet-)differenzierbar, aber die Matrix $D_v F(x_0, \varphi(x_0, y_0))$ sei nicht invertierbar (d. h. der „übliche" Satz über die implizite Funktion ist nicht anwendbar). Zeigen Sie, dass φ dann in (x_0, y_0) nicht (Fréchet-)differenzierbar sein kann.

(b) Zeigen Sie, dass φ aber immer automatisch stetig ist.

Hinweis. Beispiel 14.8. Was besagt die Voraussetzung über die Funktion $G\colon U \times V \to U \times W$, definiert durch $G(x,y) := (x, F(x,y))$?

Aufgabe 14.18. Finden Sie einen Alternativbeweis für Satz 14.23, indem Sie Schauders Linearisierungstrick und die Leray-Schauder-Alternative benutzen.

A Anhang

Hier im Anhang stellen wir einige Sätze zusammen, die wir an verschiedenen Stellen vorher benutzt, aber dort nicht bewiesen haben, um den „roten Faden" nicht zu verlieren.

A.1 Kriterien für endliche Dimension

In den Kapiteln 1–4 haben wir an verschiedenen Stellen notwendige und hinreichende Bedingungen dafür gefunden, dass ein normierter linearer Raum endlichdimensional ist. Zur Übersicht fassen wir diese Bedingungen noch einmal in einem Satz zusammen.

Satz A.1. *Sei X normierter linearer Raum. Dann ist X genau dann endlichdimensional, wenn eine der folgenden Bedingungen erfüllt ist:*

(a) *Die Einheitskugel $K_1(X)$ ist kompakt.*

(b) *Die Einheitskugel $B_1(X)$ ist relativkompakt.*

(c) *Die Einheitssphäre $S_1(X)$ ist kompakt.*

(d) *Jede abgeschlossene und beschränkte Menge $M \subset X$ ist kompakt.*

(e) *Alle Normen auf X sind äquivalent.*

(f) *Jeder lineare Operator $A: X \to Y$ ist beschränkt.*

(g) *Jeder beschränkte lineare Operator $A: X \to X$ ist kompakt.*

(h) *Jede stetige Funktion $f: K_1(X) \to K_1(X)$ hat einen Fixpunkt.*

(i) *Die Sphäre $S_1(X)$ ist nicht Retrakt der Kugel $K_1(X)$.*

(j) *Die Sphäre $S_1(X)$ ist nicht zusammenziehbar.*

(k) *Jede nullstellenfreie stetige Funktion $g: K_1(X) \to X$ besitzt einen positiven Eigenwert $\lambda > 0$ mit zugehörigem Eigenvektor $e \in S_1(X)$.*

(l) *Jede eigentliche Funktion $f: Y \to X$ (s. Aufgabe 12.2) hat einen unbeschränkten Wertebereich.*

Hierbei sei $Y \neq \{\theta\}$ irgendein normierter Raum.

□ Die Bedingung (a) folgt aus Satz 2.2, die Bedingungen (b) und (c) sind wegen Lemma 2.6 äquivalent zu (a). Mit (a) ist die Notwendigkeit von (d) trivial. Ist umgekehrt $M \subset X$ beschränkt, so wählen wir $r > 0$ mit $M \subseteq K_r(X)$ und benutzen Lemma 2.1 und (a).

Die Bedingung (e) ist genau der Inhalt von Lemma 2.5. Hat X unendlich viele linear unabhängige Vektoren $e_n \in X$ ohne Einschränkung $\|e_n\| = 1$, so definieren wir $Ae_n := ny_0$, wobei $y_0 \in Y \setminus \{\theta\}$ sei; jede lineare Fortsetzung $A\colon X \to Y$ ist dann unbeschränkt. Dies zeigt die Notwendigkeit der Bedingung (f). Hat umgekehrt X endliche Dimension, so können wir wegen (e) ohne Einschränkung annehmen, dass $X = \mathbb{R}^N$ mit der Maximumsnorm ist. Ist nun $A\colon X \to Y$ ein linearer Operator, und bezeichnen wir mit $e_1, \ldots, e_N$ die übliche Basis von X, so gilt für jedes $x = (\xi_1, \ldots, \xi_N) \in \mathbb{R}^N = X$ die Abschätzung

$$\begin{aligned}\|Ax\| = \|A(\xi_1 e_1 + \cdots + \xi_N e_N)\| = \|\xi_1 A(e_1) + \cdots + \xi_N e_N\| &\leq \sum_{n=1}^{N} |\xi_n| \, \|A(e_n)\| \\ &\leq \sum_{n=1}^{N} \|x\| \, \|A(e_n)\| = \left(\sum_{n=1}^{N} \|A(e_n)\| \right) \|x\| .\end{aligned}$$

Da die Summe in der Klammer nicht von x abhängt, ist A beschränkt.

Falls $I\colon X \to X$ kompakt ist, so ist $B_1(X) = I(B_1(X))$ relativkompakt, und aus (b) folgt $\dim X < \infty$. Falls umgekehrt $\dim X < \infty$ ist, so folgt die Kompaktheit beschränkter Operatoren aus (d).

Nach Aufgabe 14.5 ist im Fall $\dim X < \infty$ jeder eigentliche Operator $f\colon Y \to X$ koerziv und hat daher einen unbeschränkten Wertebereich; die Umkehrung folgt aus Aufgabe 14.7 (und deren Hinweis).

Die restlichen Äquivalenzen sind die Aussagen der Sätze 11.5 und 12.1 zusammen mit Satz 11.6. ■

Wir bemerken noch, dass wir für die Charakterisierungen durch die Eigenschaften (e) und (f) das Auswahlaxiom benutzt haben (um lineare Abbildungen mit Hilfe einer (algebraischen) Basis auf ganz X fortzusetzen; siehe auch die Bemerkungen am Ende von Abschnitt A.2). Dies ist kein Zufall: Es gibt Modelle der Mengenlehre ohne das allgemeine Auswahlaxiom, in denen die Eigenschaften (e) und (f) für *alle* (auch unendlichdimensionalen) Banachräume X und Y gelten.

A.2 Der Bairesche Kategoriensatz

Die interessantesten Sätze über lineare Operatoren gelten nur in Banachräumen, also in *vollständigen* normierten Vektorräumen. So kann man z. B. in der Regel die Beschränktheit vieler konkreter Operatoren nachweisen, wenn sie auf einem Banachraum definiert sind (und nicht nur auf einem unvollständigen Teilraum), etwa mit dem Satz von der stetigen Inversen (Satz 4.2) oder dem Satz vom abgeschlossenen Graphen (Satz 4.1). Der tiefere Grund für diese Bedeutung der Vollständigkeit liegt im sog. *Baireschen Kategoriensatz*, den wir jetzt vorstellen wollen.

Sei X metrischer Raum. Eine Teilmenge $M \subseteq X$ heißt *nirgends dicht* (in X), wenn ihr Abschluss $\overline{M}$ keine inneren Punkte enthält. Eine Teilmenge von X heißt *mager* oder auch *von 1. Kategorie*, wenn sie Vereinigung abzählbar vieler nirgends dichter Mengen ist; andernfalls heißt sie *von 2. Kategorie*.

Anders formuliert: Ist $M \subseteq X$ von 2. Kategorie, so folgt aus $M = M_1 \cup M_2 \cup M_3 \cup \ldots$ mit abzählbar vielen Mengen $M_n \subseteq X$, dass mindestens ein $\overline{M_n}$ einen inneren Punkt hat.

Die mageren Mengen spielen bei metrischen Räumen eine ähnliche Rolle wie Nullmengen bei Maßräumen. Beispielsweise sind abzählbare Vereinigungen und Teilmengen magerer Mengen selbst wieder mager. Daher kann man erwarten, dass magere Mengen in einem gewissen Sinne „klein" sein müssen. Insbesondere wird man vermuten, dass der gesamte Raum X nicht mager ist. Der Satz von Baire besagt, dass dies für *vollständige* Räume X tatsächlich zutrifft:

Satz A.2 (Baire). *Sei X vollständiger metrischer Raum. Dann ist jede nichtleere offene Teilmenge $M \subseteq X$ von 2. Kategorie.*

□ Angenommen, M wäre mager. Dann gäbe es abgeschlossene Mengen A_n $(n = 1,2,\ldots)$ ohne innere Punkte, die eine Überdeckung von M bilden. Wir definieren dann eine Folge von Kugeln in M rekursiv wie folgt: Da $M_1 := M$ offen in X und A_1 ohne innere Punkte ist, gibt es ein $x_1 \in M_1 \setminus A_1$. Da A_1 abgeschlossen ist, gibt es ein $r_1 > 0$ mit $K_{r_1}(X;x_1) \cap A_1 = \emptyset$. Wir können dabei $r_1 < 1$ und $K_{r_1}(X;x_1) \subseteq M_1$ voraussetzen. Nun setzen wir $M_2 := B_{r_1}(X;x_1) \setminus A_1$ und finden ähnlich wie eben ein $x_2 \in M_2 \setminus A_2$ und ein $0 < r_2 < 1/2$ mit $K_{r_2}(X;x_2) \subseteq M_2 \setminus A_2$. So fortfahrend erhalten wir Elemente $x_n \in X$ und Radien $r_n \in (0,1/n)$ mit

$$K_{r_n}(X;x_n) \subseteq B_{r_{n-1}}(X;x_{n-1}) \setminus A_n \qquad (n = 1,2,\ldots).$$

Nach Konstruktion bildet die Folge $(x_n)_n$ der Mittelpunkte eine Cauchyfolge. Der Grenzwert müsste nun aber in jeder der Kugeln $K_{r_n}(X;x_n)$ liegen, kann daher also in keinem A_n enthalten sein. Dies steht im Widerspruch zu $K_{r_1}(X;x_1) \subseteq M$ und der Überdeckungseigenschaft der Mengen A_n. ■

Die wichtigste Aussage von Satz A.2 ist, dass *ein vollständiger metrischer Raum $M = X$ selbst niemals mager ist*. Aus Satz A.2 folgt jedoch etwas schärfer was wir bereits oben angedeutet haben: Magere Mengen sind insofern „klein", als ihre Komplemente „groß" sind (im Sinne der Metrik):

Satz A.3. *Sei X vollständiger metrischer Raum. Ist $M \subseteq X$ mager, so ist das Komplement $X \setminus M$ dicht in X.*

□ Sei $x \in X$ und $r > 0$ beliebig. Wir müssen zeigen, dass $B_r(X;x)$ einen Punkt aus $X \setminus M$ enthält. Andernfalls wäre $B_r(X;x) \subseteq M$ aber mager entgegen Satz A.2. ■

In der Linearen Algebra bezeichnet man bekanntlich eine Teilmenge B eines (reellen) Vektorraums X als *algebraische Basis* (oder *Hamel-Basis*), falls jedes Element $x \in X$ eine eindeutige Darstellung

$$x = \sum_{k=1}^{n} \xi_k e_k \tag{A.1}$$

mit $\xi_1, \ldots, \xi_n \in \mathbb{R}$ und $e_1, \ldots, e_n \in B$ besitzt. Im Fall $X = \mathbb{R}^N$ haben alle Basen genau N Elemente.[1] Nun haben wir aber viele interessante unendlichdimensionale Vektorräume kennengelernt, vor allem Folgen- und Funktionenräume. Es stellt sich die Frage, ob auch in solchen Räumen algebraische Basen existieren, und wie „groß" sie gegebenenfalls sind. In der Linearen Algebra lernt man, dass die *Existenz* einer Basis aus dem Zornschen Lemma (und damit aus dem Auswahlaxiom) folgt. Für die *Größe* einer Basis ergibt sich eine interessante Anwendung des Baireschen Kategoriensatzes:

Satz A.4. *Es gibt keinen Banachraum mit einer abzählbar unendlichen algebraischen Basis.*

□ Sei X ein normierter Vektorraum mit einer abzählbar unendlichen algebraischen Basis $B = \{e_1, e_2, e_3, \ldots\}$, und sei $U_n := \operatorname{span}\{e_1, \ldots, e_n\}$ die lineare Hülle der ersten n Basisvektoren. Dann ist U_n abgeschlossen und ohne innere Punkte, also nirgends dicht. Folglich ist X mager, kann nach Satz A.2 also nicht vollständig sein. ■

Satz A.4 besagt, dass die „algebraische Dimension" eines *Banachraums* entweder endlich ist oder einen „Sprung" ins überabzählbar Unendliche machen muss. Beispielsweise hat der (unvollständige!) normierte Raum $X := P[0,1]$ der Polynome (s. Beispiel 1.11) die abzählbar unendliche Basis der Monome $B := \{1, t, t^2, t^3, \ldots\}$, während der Banachraum $X = C[0,1]$ aller stetigen Funktionen (s. Beispiel 1.5) keine abzählbar unendliche algebraische Basis haben kann.

In Satz A.7 werden wir Satz A.4 leicht verschärfen, indem wir zeigen, dass die algebraische Basis eines Banachraums (wenn sie nicht endlich ist) immer mindestens gleich der Kardinalität des Kontinuums ist – selbst dann, wenn man nicht die sog. Kontinuumshypothese benutzt, derzufolge ohnehin alle überabzählbaren Mengen mindestens diese Kardinalität besitzen.

A.3 Basen in Banachräumen

Wie wir in Satz A.4 gesehen haben, hat kein Banachraum eine abzählbare algebraische Basis. Eine algebraische Basis ist in der Regel aber auch nicht sinnvoll zur Beschreibung eines Banachraumes, denn sie berücksichtigt nicht die „Konvergenzstruktur", die durch die Norm des Raumes gegeben ist. Es liegt daher nahe, den Konvergenzbegriff zu berücksichtigen, indem man anstelle von *endlichen* Linearkombinationen wie bei algebraischen Basen auch „unendliche" Linearkombinationen, d. h. Reihen zulässt. Dies führt zur folgenden Definition.

Eine Folge $(e_n)_n$ in einem Banachraum X heißt *(Schauder-)Basis* von X, falls sich jedes $x \in X$ eindeutig als konvergente Reihe

$$x = \sum_{n=1}^{\infty} \xi_n e_n \tag{A.2}$$

[1] Diese Tatsache erlaubt es erst, überhaupt den Begriff der *Dimension* einzuführen.

schreiben lässt. Wie üblich heißt dabei die Reihe (A.2) *konvergent* gegen x, falls die Folge der Partialsummen in der Norm von X gegen x konvergiert, d. h. falls

$$\lim_{N\to\infty} \left\| x - \sum_{n=1}^{N} \xi_n e_n \right\| = 0$$

ist. Im Gegensatz zu algebraischen Basen ist i. a. die Reihenfolge der Vektoren einer (Schauder-)Basis wesentlich; daher schreiben wir eine solche Basis nicht als Menge, sondern als Folge.

Leider ist es nicht so, dass jeder Raum eine (Schauder-)Basis besitzt. Für die meisten Räume, die in der Praxis benutzt werden, ist allerdings eine Basis bekannt. Wir geben einige Beispiele.

Beispiel A.1. Der Folgenraum ℓ_p $(1 \le p < \infty)$ hat die „kanonische" Basis

$$e_1 = (1,0,0,0,\dots), e_2 = (0,1,0,0,\dots), e_3 = (0,0,1,0,\dots),\dots, \tag{A.3}$$

die wir schon oft benutzt haben, z. B. in (4.13). An diesem Beispiel sieht man, wie eng die Basis mit der Norm zusammenhängt: Je nach Wahl von p sieht die „unendliche lineare Hülle" *derselben* Basisvektoren ganz verschieden aus. ☺

Beispiel A.2. Der Raum der Nullfolgen c_0 mit der Supremumsnorm hat dieselbe „kanonische" Basis (A.3). Für den Raum c der konvergenten Folgen benötigen wir noch einen zusätzlichen Basisvektor, um die Grenzwerte der Elemente aus c zu berücksichtigen; man kann hierfür irgendein Element aus $c \setminus c_0$ wählen, etwa $e_0 := (1,1,1,\dots)$. Stellt man nun ein Element $x \in c$ in der Gestalt

$$x = \sum_{n=0}^{\infty} \xi_n e_n$$

dar, so ist der zu e_0 gehörende Koeffizient ξ_0 gerade der Grenzwert der Folge $x = (\xi_1, \xi_2, \xi_3, \dots)$. ☺

Bevor wir zu weiteren Beispielen kommen, geben wir zunächst ein handliches Kriterium an, mit dem man überprüfen kann, ob eine gegebene Folge eine Basis bildet.

Lemma A.1. *Sei $(e_n)_n$ eine Folge in $X \setminus \{\theta\}$. Die lineare Hülle* span $\{e_1, e_2, e_3, \dots\}$ *der e_n liege dicht in X. Dann ist $(e_n)_n$ eine Basis von X, falls es ein $c > 0$ gibt, so dass für jede Folge $(\xi_n)_n$ von Skalaren $\xi_n \in \mathbb{R}$*

$$\left\| \sum_{n=1}^{k} \xi_n e_n \right\| \le c \left\| \sum_{n=1}^{m} \xi_n e_n \right\| \qquad (k < m) \tag{A.4}$$

gilt. Insbesondere gilt dies mit $c = 1$, falls stets

$$\left\| \sum_{n=1}^{k-1} \xi_n e_n \right\| \le \left\| \sum_{n=1}^{k-1} \xi_n e_n + \xi_k e_k \right\| \tag{A.5}$$

ist.

□ Sei $x \in X$. Da die lineare Hülle span $\{e_1, e_2, e_3, \dots\}$ der e_n dicht in X liegt, gibt es eine Folge von Punkten x_k der Gestalt

$$x_k = \sum_{n=1}^{\infty} \zeta_{nk} e_n$$

mit $\|x - x_k\| \to 0$. Wegen (A.4) ist dann für alle $m, k, j \in \mathbb{N}$

$$\left\| \sum_{n=1}^{m} (\zeta_{nk} - \zeta_{nj}) e_n \right\| \leq c \, \|x_k - x_j\| . \tag{A.6}$$

Da $(x_k)_k$ eine Cauchyfolge ist, folgt für $m = 1$ zunächst, dass auch $(\zeta_{1k})_k$ eine Cauchyfolge ist. Für $m = 2$ folgt dann aber auch, dass $(\zeta_{2k})_k$ eine Cauchyfolge ist, und so kann man fortfahren. Mithin existiert für jedes n der Grenzwert

$$\zeta_n := \lim_{k \to \infty} \zeta_{nk}.$$

Wir zeigen nun, dass die Reihe über $\zeta_n e_n$ gegen x konvergiert. In der Tat, für die Partialsummen $y_m := \zeta_1 e_1 + \zeta_2 e_2 + \dots + \zeta_m e_m$ und $y_{mk} := \zeta_{1k} e_1 + \zeta_{2k} e_2 + \dots + \zeta_{mk} e_m$ folgt aus (A.6) für $j \to \infty$, dass

$$\|y_{mk} - y_m\| = \left\| \sum_{n=1}^{m} (\zeta_{nk} - \zeta_n) e_n \right\| \leq c \, \|x_k - x\|$$

für alle $m, k \in \mathbb{N}$ gilt. Daher ist für beliebiges $\varepsilon > 0$

$$\begin{aligned} \|x - y_m\| &= \|(x - x_k) + (x_k - y_{mk}) + (y_{mk} - y_m)\| \\ &\leq (1 + c) \, \|x - x_k\| + \|x_k - y_{mk}\| \leq \varepsilon, \end{aligned}$$

falls m und k groß genug sind.

Wir haben noch zu zeigen, dass die gefundene Darstellung für x eindeutig ist. Seien also $x = (\zeta_1, \zeta_2, \zeta_3, \dots)$ und $x = (\zeta_1', \zeta_2', \zeta_3', \dots)$ zwei Darstellungen von x bzgl. $(e_n)_n$. Wir setzen

$$z_k := \sum_{n=1}^{k} (\zeta_n - \zeta_n') e_n.$$

Aus (A.4) folgt dann $\|z_k\| \leq c \, \|z_m\|$ für alle $m > k$. Wegen $z_m \to \theta$ für $m \to \infty$ impliziert dies $z_k = \theta$ für alle k, also $\zeta_n = \zeta_n'$ für alle $n \in \mathbb{N}$. ■

Wir werden bald sehen, dass die Voraussetzungen von Lemma (A.1) auch *notwendig* dafür sind, dass $(e_n)_n$ eine Basis von X bildet (siehe die Bemerkungen nach Satz A.5).

Beispiel A.3. Die bekannteste Basis in $X := L_p[0, 1]$ $(1 \leq p < \infty)$ ist die folgende. Es sei

$e_1(t) \equiv 1$, und für $n = 2^k + m + 1$ ($k = 0,1,2,\dots$; $m = 0,1,2,\dots,2^k - 1$) sei

$$e_n(t) := \begin{cases} 1 & \text{falls } m2^{-k} \le t \le (m+\frac{1}{2})2^{-k}, \\ -1 & \text{falls } (m+\frac{1}{2})2^{-k} < t \le (m+1)2^{-k}, \\ 0 & \text{sonst,} \end{cases}$$

siehe Abbildung A.1. Diese Basis wird manchmal *Haar-System* genannt. Mit Lemma A.1

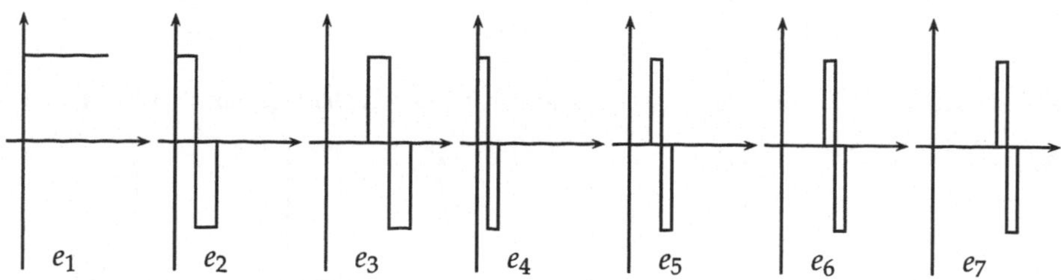

Abbildung A.1: Das Haar-System

können wir nun zeigen, dass dies tatsächlich eine Basis ist. In der Tat, offensichtlich enthält die lineare Hülle span $\{e_1, e_2, e_3, \dots\}$ der e_n alle charakteristischen Funktionen von Intervallen[2] der Form $[m2^{-k}, (m+1)2^{-k}]$. Sei nun $M \subseteq [0,1]$ messbar und $\varepsilon > 0$ gegeben. Dann gibt es eine offene Menge O, die bis auf eine Menge vom Maß $\le \varepsilon$ mit M übereinstimmt, sowie eine endliche Vereinigung U von Mengen der Gestalt $[m2^{-k}, (m+1)2^{-k}]$, die bis auf eine Menge vom Maß $\le \varepsilon$ mit O übereinstimmt. Da dann insbesondere

$$\int_0^1 |\chi_M(t) - \chi_U(t)|^p \, dt \le 2^p \varepsilon$$

ist, können wir schließen, dass die Funktion χ_M zum Abschluss der linearen Hülle span $\{e_1, e_2, e_3, \dots\}$ der e_n gehört. Es folgt, dass auch alle Linearkombinationen solcher Funktionen (also alle einfachen Funktionen) zu diesem Abschluss gehören. Da die einfachen Funktionen dicht in X liegen (Aufgabe 3.20), gehören alle Funktionen aus X zu diesem Abschluss.

Nach Lemma A.1 genügt es folglich zu zeigen, dass (A.5) erfüllt ist. Seien also $y := \xi_1 e_1 + \xi_2 e_2 + \dots + \xi_{k-1} e_{k-1} \in X$ und $\xi_k \in \mathbb{R}$ gegeben, und seien I_+ und I_- die Intervalle, auf denen e_k den Wert $+1$ bzw. -1 annimmt. Auf dem Inneren des Intervalls $I = I_+ \cup I_-$ ist y konstant, nimmt also nur einen Wert y_0 an. Da I_+ und I_- gleiches Maß haben, folgt somit

$$\begin{aligned} \int_I |y(t) + \xi_k e_k(t)|^p \, dt &= \int_{I_+} |y_0 + \xi_k|^p \, dt + \int_{I_-} |y_0 - \xi_k|^p \, dt \\ &= \int_{I_+} \left(|y_0 + \xi_k|^p + |y_0 - \xi_k|^p\right) dt \ge \int_{I_+} 2\,|y_0|^p \, dt = \int_I |y(t)|^p \, dt; \end{aligned}$$

[2] Die abzählbar vielen Endpunkte dieser Intervalle dürfen wir ignorieren.

hieraus bekommen wir $\|y + \xi_k e_k\| \geq \|y\|$, also (A.5). ☺

Beispiel A.4. Im Raum $X := C[0,1]$ gibt es eine Basis, die dem Haar-System sehr ähnlich ist: Sei $e_1(t) \equiv 1$, $e_2(t) := t$, und für $n = 2^k + m + 2$ ($k = 0, 1, 2, \ldots$; $m = 0, 1, 2, \ldots 2^k - 1$) sei

$$e_n(t) := \begin{cases} t - m2^{-k} & \text{falls } m2^{-k} \leq t \leq (m + \frac{1}{2})2^{-k}, \\ (m+1)2^{-k} - t & \text{falls } (m + \frac{1}{2})2^{-k} < t \leq (m+1)2^{-k}, \\ 0 & \text{sonst,} \end{cases}$$

siehe Abbildung A.2. Die Folge $(e_n)_n$, auch *Schauder-System* genannt, bildet eine Ba-

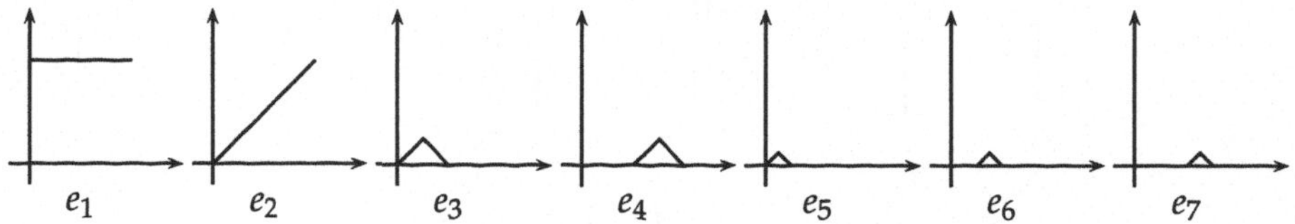

Abbildung A.2: Das Schauder-System

sis für X. In der Tat, die lineare Hülle span $\{e_1, e_2, e_3, \ldots\}$ der e_n enthält alle stückweise linearen Funktionen, die höchstens an den Punkten der Gestalt $m2^{-k}$ „umknicken"; solche Funktionen liegen aber dicht in X. Außerdem ist (A.5) erfüllt, denn sind $y = \xi_1 e_1 + \cdots + \xi_{k-1} e_{k-1} \in C$ und $\xi_k \in \mathbb{R}$ gegeben, so ist y auf dem Intervall, auf dem $e_k(t) \neq 0$ ist, linear. Insbesondere nimmt $|y|$ sein Maximum nicht im Inneren dieses Intervalls an, d. h. es gilt $\|y + \xi_k e_k\| \geq \|y\|$, und damit ist (A.5) erfüllt. ☺

Wir machen darauf aufmerksam, dass die Basen aus den beiden letzten Beispielen noch nicht normiert sind, also noch nicht $\|e_n\| = 1$ erfüllen; natürlich kann man dies aber stets durch geeignete Streckung der e_n erreichen.

Beispiel A.5. Sei $X := C[0,1]$ und $e_0(t) \equiv 1$ und $e_n(t) := t^n$ ($n = 1, 2, \ldots$). Dann besteht span $\{e_0, e_1, \ldots, e_n\}$ genau aus allen Polynomen vom Grad $\leq n$ (insbesondere sind die $e_0, e_1, \ldots, e_n$ daher linear unabhängig), und span $\{e_0, e_1, e_2, \ldots\}$ besteht aus allen Polynomen. Wie wir in Abschnitt A.4 sehen werden, liegt diese Menge dicht in X (Satz A.9).

Dennoch ist $(e_n)_n$ *keine* Basis von X: Da Konvergenz in X gleichbedeutend mit gleichmäßiger Konvergenz auf $[0,1]$ ist und insbesondere die punktweise Konvergenz impliziert, erhalten wir aus der Darstellung (A.2) insbesondere, dass

$$x(t) = \sum_{n=0}^{\infty} \xi_n t^n \qquad (t \in [0,1])$$

gilt, d. h. x lässt sich um 0 in eine Potenzreihe mit Konvergenzradius ≥ 1 entwickeln. Wäre also $(e_n)_n$ eine Basis von X, so müssten insbesondere alle $x \in X$ eine solche Darstellung haben, also insbesondere in $(0,1)$ beliebig oft differenzierbar sein, was natürlich nicht der Fall ist. ☺

Ist X ein Banachraum mit einer Basis $(e_n)_n$, so kann man die zugehörigen *kanonischen Projektionen* $P_n\colon X \to \operatorname{span}\{e_1, e_2, \ldots, e_n\}$ definieren durch

(A.7)
$$P_n\left(\sum_{k=1}^{\infty} \xi_k e_k\right) := \sum_{k=1}^{n} \xi_k e_k .$$

Für die natürliche Basis in $X := \ell_p$ haben wir diese Projektionen schon in (3.11) eingeführt. Das wichtigste Ergebnis über Räume mit Basen ist der folgende Satz:

Satz A.5. *Die kanonischen Projektionen* (A.7) *sind lineare und (gleichmäßig) beschränkte Operatoren im Banachraum X. Es gibt eine äquivalente Norm* $\|\cdot\|^*$ *auf X, so dass bzgl. dieser Norm* $\|P_n\|^* \equiv 1$ *gilt, nämlich*

(A.8)
$$\|x\|^* := \sup_n \|P_n x\| .$$

□ Wir bemerken zunächst, dass stets

(A.9)
$$\|x\| \le \|x\|^* \qquad (x \in X)$$

ist. In der Tat, nach Definition der P_n gilt $\|P_n x - x\| \to 0$, also insbesondere $\|P_n x\| \to \|x\|$ für $n \to \infty$.

Wir zeigen nun, dass X mit der Norm (A.8) ein Banachraum ist. Dass (A.8) tatsächlich eine Norm definiert, ist klar; wir müssen noch die Vollständigkeit von $(X, \|\cdot\|^*)$ nachweisen. Sei also $(x_k)_k$ mit

$$x_k = \sum_{n=1}^{\infty} \xi_{nk} e_n$$

eine Cauchyfolge bzgl. $\|\cdot\|^*$. Für alle $m, k, j \in \mathbb{N}$ ist dann

$$\left\| \sum_{n=1}^{m} \left(\xi_{nk} - \xi_{nj}\right) e_n \right\| \le \|x_k - x_j\|^* .$$

Analog wie im Beweis zu Lemma A.1 folgt hieraus durch Induktion nach m, dass jedes $(\xi_{mk})_k$ eine Cauchyfolge in $\mathbb{R}$ ist, dass also stets der Grenzwert

$$\xi_n := \lim_{k\to\infty} \xi_{nk} \qquad (n = 1, 2, 3, \ldots)$$

existiert. Wegen (A.9) ist $(x_k)_k$ auch eine Cauchyfolge in der Norm $\|\cdot\|$ von X; es gibt also ein $x \in X$ mit $\|x - x_k\| \to 0$. Wir zeigen nun, dass die Reihe über $\xi_n e_n$ in der Norm $\|\cdot\|$ gegen x konvergiert. In der Tat, für die Partialsummen $y_m := \xi_1 e_1 + \xi_2 e_2 + \cdots + \xi_m e_m$ und $y_{mk} := \xi_{1k} e_1 + \xi_{2k} e_2 + \cdots + \xi_{mk} e_m$ erhalten wir

(A.10)
$$\begin{aligned}\|x - y_m\| &= \big\|(x - x_k) + (x_k - y_{mk}) + (y_{mk} - y_{mj}) + (y_{mj} - y_m)\big\| \\ &\le \|x - x_k\| + \|x_k - y_{mk}\| + \|x_k - x_j\|^* + \|y_{mj} - y_m\| .\end{aligned}$$

Für gegebenes $\varepsilon > 0$ gibt es ein $k = k(\varepsilon)$, so dass der erste und dritte Summand in (A.10) für jedes $j \geq k = k(\varepsilon)$ durch ε beschränkt ist. Für alle genügend großen m ist dann auch der zweite Summand in (A.10) durch ε beschränkt; und für jedes dieser m ist der letzte Summand in (A.10) durch ε beschränkt für eine geeignete Wahl von $j \geq k$. Insgesamt folgt also $\|x - y_m\| \to 0$ für $m \to \infty$, mithin

$$x = \sum_{n=1}^{\infty} \xi_n e_n.$$

Wir haben damit insbesondere gezeigt, dass $y_n = P_n x$ ist. Wegen $y_{nk} = P_n x_k$ folgt sogar $\|x - x_k\|^* \to 0$: Nach Definition der Norm (A.8) ist nämlich

$$\begin{aligned}\|P_n(x - x_k)\| = \|y_n - y_{nk}\| &\leq \|y_n - y_{nj}\| + \|y_{nj} - y_{nk}\| \\ &\leq \|y_n - y_{nj}\| + \|x_j - x_k\|^*.\end{aligned}$$

Zu gegebenem $\varepsilon > 0$ ist für alle genügend großen k der zweite Summand durch ε beschränkt, falls $j \geq k$ ist. Zu jedem n gibt es aber ein $j \geq k$, so dass auch der erste Summand beschränkt ist durch ε. Daher gilt

$$\lim_{k \to \infty} \sup_n \|P_n(x - x_k)\| = 0,$$

d. h. $\|x - x_k\|^* \to 0$ wie behauptet.

Da sowohl $(X, \|\cdot\|)$ also auch $(X, \|\cdot\|^*)$ ein Banachraum ist und die Abschätzung (A.9) gilt, sind die beiden Normen nach Satz 4.3 äquivalent. Es gibt also ein $c > 0$ mit

$$\|x\|^* \leq c\,\|x\| \qquad (x \in X).$$

Im Raum $(X, \|\cdot\|^*)$ haben die P_n tatsächlich Operatornorm 1: Offensichtlich ist für jedes k nämlich $P_k P_n = P_{\min\{k,n\}}$, also

$$\|P_n x\|^* = \sup_k \|P_k P_n x\| \leq \sup_m \|P_m x\| = \|x\|^*,$$

mithin $\|P_n\|^* \leq 1$; wegen $P_n e_1 = e_1$ ist andererseits $\|P_n\|^* \geq 1$. Da außerdem

$$\|P_n x\| \leq \|P_n x\|^* \leq \|x\|^* \leq c\,\|x\|$$

gilt, ist die Norm jedes Operators P_n im Raum $(X, \|\cdot\|)$ beschränkt durch c. ∎

Die entscheidende Aussage von Satz A.5 ist, dass die kanonischen Projektionen (A.7) überhaupt *beschränkte* lineare Operatoren sind. Dass die Norm der P_n dann sogar *gleichmäßig beschränkt* ist, ist nach Satz 4.8 nicht überraschend: Da für jedes $x \in X$ die Folge $(P_n x)_n$ gegen x konvergiert, ist die Folge $(\|P_n x\|)_n$ beschränkt durch eine von x abhängige Konstante. Wenn man also erst einmal weiß, dass $P_n \in \mathscr{L}(X, X)$ gilt, so muss die Folge $(\|P_n\|)_n$ sogar gleichmäßig beschränkt sein.

Sei nun $\|P_n\| \leq c$. Dann gilt die Bedingung (A.4) aus Lemma A.1 mit derselben Konstanten c, denn wir können sie interpretieren als

$$\|P_k x\| \leq c\,\|x\| \qquad (x \in R(P_m), m > k).$$

Also folgt aus Satz A.5, was wir bereits oben angekündigt haben: *Die Voraussetzungen von Lemma A.1 sind sogar notwendig dafür, dass die Folge $(e_n)_n$ eine Basis in X bildet.*

Die wichtigste Folgerung von Satz A.5 betrifft jedoch die *Koeffizientenfunktionale*: Hat ein Banachraum X eine Basis $(e_n)_n$, so kann man Operatoren $\zeta_n \colon X \to \mathbb{R}$ durch die Beziehung

$$x = \sum_{n=1}^{\infty} \zeta_n(x) e_n$$

definieren. Offensichtlich ist $\zeta_n(x)e_n = (P_n - P_{n-1})x$ (mit $P_0 := \theta$), und daher folgt: *Die Koeffizientenfunktionale ζ_n sind linear und (gleichmäßig) beschränkt.*

Eine natürliche Frage ist, ob jeder unendlichdimensionale Banachraum eine Schauder-Basis besitzt. Natürlich sind hier in diesem Zusammenhang nur solche Räume X interessant, für die es eine abzählbare Menge $\{e_1, e_2, \dots\}$ gibt, deren lineare Hülle dicht in X liegt. Man kann zeigen, dass solche Räume stets isometrisch isomorph zu einem abgeschlossenen Unterraum von $C[0,1]$ sind, also „scheinbar sehr einfach".

Umso erstaunlicher ist es, dass die Antwort auf die obige Frage negativ ist: Es gibt unendlichdimensionale abgeschlossene Unterräume von $C[0,1]$ ohne Basis!

Für uns ist wichtig, dass man allerdings stets eine Basis finden kann, wenn man den Raum noch weiter verkleinert:

Satz A.6 (Mazur). *Jeder unendlichdimensionale Banachraum enthält einen abgeschlossenen unendlichdimensionalen Unterraum mit einer (Schauder-)Basis.*

Der Beweis von Satz A.6 beruht auf dem in Abschnitt 4.6 erwähnten Fortsetzungssatz von Hahn-Banach, den wir im Rahmen dieses Buches nicht behandeln. Der interessierte Leser sei daher für den Beweis auf [31, Theorem 1.a.5] verwiesen.

Satz A.6 impliziert insbesondere: *In jedem Banachraum X gibt es eine Folge $(e_n)_n$ mit $\|e_n\| = 1$, so dass die lineare Abbildung $A \colon \ell_1 \to X$, definiert durch*

$$Ax := \sum_{n=1}^{\infty} \zeta_n e_n \qquad (x = (\zeta_n)_n)$$

injektiv ist (die Reihe rechts konvergiert nach Satz 1.1). Dies erlaubt es uns, die angekündigte Verschärfung von Satz A.4 zu formulieren. Für $\alpha > 1$ betrachten wir dazu die Elemente

$$x_\alpha := \left(1, \frac{1}{2^\alpha}, \frac{1}{3^\alpha}, \frac{1}{4^\alpha}, \dots\right)$$

des Raums ℓ_1. Wir behaupten, dass die Teilmenge $\{x_\alpha : \alpha \in (1,\infty)\}$ von ℓ_1 linear unabhängig ist. In der Tat, ist $(\eta_n)_n = \lambda_1 x_{\alpha_1} + \cdots + \lambda_k x_{\alpha_k}$ irgendeine Linearkombination mit (o. B. d. A.) $\lambda_1 \neq 0$ und $\alpha_1 < \min\{\alpha_2, \ldots, \alpha_k\}$, so kann man leicht per Induktion nach k sehen, dass es eine Konstante $c > 0$ mit $|\eta_n| \geq c/n^{\alpha_1}$ für alle genügend großen n gibt. Da der oben definierte Operator $A\colon \ell_1 \to X$ injektiv ist, folgt, dass auch die überabzählbare Teilmenge $\{Ax_\alpha : \alpha \in (1, \infty)\}$ von X linear unabhängig ist. Tatsächlich ist diese Teilmenge nicht nur überabzählbar, sondern sie hat sogar die Kardinalität des Kontinuums. Wir haben also gezeigt:

Satz A.7. *Jeder unendlichdimensionale Banachraum X besitzt kontinuierlich viele linear unabhängige Elemente.*

Insbesondere muss jede (algebraische) Hamel-Basis von X mindestens kontinuierlich viele Elemente besitzen – ein krasser Gegensatz zu der Tatsache, dass viele Banachräume eine abzählbare Schauder-Basis haben.

A.4 Der Weierstraßsche Approximationssatz

In diesem Abschnitt wollen wir zeigen, dass der Polynomraum $P[0,1]$ im Raum der stetigen Funktionen $\mathrm{C}[0,1]$ mit der Norm (1.21) dicht liegt, dass sich also jede stetige Funktion gleichmäßig auf $[0,1]$ durch Polynome approximieren lässt. Dies ist der berühmte *Approximationssatz von Weierstraß*. Wir werden sogar eine weitreichende Verallgemeinerung, den *Satz von Stone* beweisen, der u. a. auch Aussagen über die Approximation von Funktionen mehrerer Variabler zulässt und für andere Klassen von Funktionen als nur für Polynome anwendbar ist.

Zum Beweis dieses allgemeinen Satzes benötigen wir jedoch einen Spezialfall des Satzes von Weierstraß: Wir wollen zunächst zeigen, dass sich die Betragsfunktion auf $[-1,1]$ gleichmäßig durch Polynome approximieren lässt:

Lemma A.2. *Eine Folge $(x_n)_n$ in $\mathrm{C}[-1,1]$ sei rekursiv definiert durch die Gleichungen $x_0(t) \equiv 0$ und*

$$x_{n+1}(t) := x_n(t) + \frac{1}{2}\left(t^2 - x_n(t)^2\right). \tag{A.11}$$

Dann sind die Funktionen x_n Polynome, die gleichmäßig auf $[-1,1]$ gegen die Funktion $y(t) := |t|$ konvergieren.

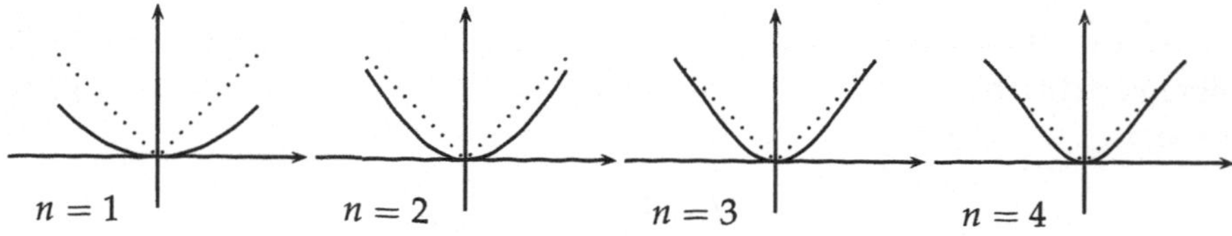

Abbildung A.3: x_n aus Lemma A.2

□ Die Tatsache, dass jedes x_n ein Polynom ist, folgt durch eine triviale Induktion aus (A.11). Weiterhin ist die Rekursionformel (A.11) äquivalent zu

$$|t| - x_{n+1}(t) = (|t| - x_n(t))\left(1 - \tfrac{1}{2}(|t| + x_n(t))\right).$$

Hieraus ergibt sich einerseits durch Induktion nach n, dass $0 \le x_n(t) \le |t|$ ist. Andererseits erhält man damit aber auch

$$0 \le |t| - x_{n+1}(t) \le (|t| - x_n(t))\left(1 - \tfrac{1}{2}|t|\right).$$

Hieraus kann man durch Induktion nach n schließen, dass auch

$$0 \le |t| - x_n(t) \le \left(1 - \tfrac{1}{2}|t|\right)^n \tag{A.12}$$

gilt. Ist nun $\varepsilon \in (0,1)$ gegeben, so ist für alle genügend großen n auch $(1-\varepsilon/2)^n < \varepsilon$. Für all diese n gilt dann $|y(t) - x_n(t)| \le \varepsilon$: Im Falle $|t| \le \varepsilon$ folgt diese Abschätzung aus $0 \le x_n(t) \le |t|$, und im Falle $|t| \ge \varepsilon$ folgt sie aus (A.12). ■

Im folgenden sei S stets ein kompakter metrischer Raum und $C(S)$ der lineare Raum aller stetigen Funktionen $x\colon S \to \mathbb{R}$, versehen mit der Norm $\|x\| := \max\{|x(s)| : x \in S\}$.

Ein linearer Unterraum $A \subseteq C(S)$ heißt *Teilalgebra* von $C(S)$, falls mit zwei Funktionen $x, y \in A$ stets auch deren punktweises Produkt xy in A liegt. Man sagt, dass A *vollen Träger* hat, falls es zu jedem $s \in S$ ein $x \in A$ mit $x(s) \neq 0$ gibt. Außerdem sagt man, A *trennt die Punkte von* S, falls es zu je zwei verschiedenen Punkten $s, t \in S$ eine Funktion $x \in A$ mit $x(s) \neq x(t)$ gibt.

Satz A.8 (Stone-Weierstraß). *Sei S ein kompakter metrischer Raum. Eine Teilalgebra $A \subseteq C(S)$ liegt genau dann dicht in $X := C(S)$, wenn A vollen Träger hat und die Punkte von S trennt.*

□ Sei $Y := \overline{A}$ die Menge aller Funktionen, die in X (also gleichmäßig auf S) durch Elemente aus A approximiert werden können. Falls A keinen vollen Träger hat oder keine Punkte trennt, so hat auch Y diese Eigenschaft; insbesondere folgt $Y \neq C(S)$. Daher sind die genannten Bedingungen notwendig.

Seien nun umgekehrt diese Bedingungen erfüllt; wir haben zu zeigen, dass $Y = C(S)$ ist. Den Beweis unterteilen wir in mehrere Schritte:

1. Schritt: *Für alle $s, t \in S$ mit $s \neq t$ und alle Zahlen $\lambda \neq \mu$ gibt es ein $x \in A$ mit $x(s) = \lambda$ und $x(t) = \mu$.* Hierfür genügt es zu zeigen, dass es Funktionen $y, z \in A$ gibt, so dass für $y_0 := y(s)$, $y_1 := y(t)$, $z_0 := z(s)$ und $z_1 := z(t)$ die Bedingungen $y_0 \neq 0$ und $z_1 y_0 \neq z_0 y_1$ erfüllt sind. Dann leistet nämlich die Funktion

$$x(\tau) := \frac{\lambda}{y_0} y(\tau) + \frac{\mu - \frac{\lambda}{y_0} y_1}{z_1 - \frac{z_0}{y_0} y_1}\left(z(\tau) - \frac{z_0}{y_0} y(\tau)\right)$$

das Gewünschte. Die Existenz solcher Funktionen ist jedoch ziemlich offensichtlich: Da A vollen Träger hat, findet man zumindest Funktionen $y, z \in A$ mit $y_0 \neq 0$ und $z_1 \neq 0$.

Falls diese zufälligerweise $z_1 y_0 = z_0 y_1$ erfüllen sollten, so kann man diesen Mangel korrigieren, indem man zu z ein geeignetes Vielfaches einer Funktion $w \in A$ mit $w(s) \neq w(t)$ addiert.

2. Schritt: *Y ist eine Teilalgebra von* $C(S)$. Seien $x, y \in Y$ und $\lambda \in \mathbb{R}$. Wir haben zu zeigen, dass auch die Funktionen λx, $x + y$ und xy zu Y gehören. Nach Definition von Y gibt es Folgen $(x_n)_n$ und $(y_n)_n$ in A, so dass $x_n \to x$ und $y_n \to y$ in X gilt. Da λx_n, $x_n + y_n$ und $x_n y_n$ zu A gehören, folgt die Behauptung aus den Beziehungen $\lambda x_n \to \lambda x$, $x_n + y_n \to x + y$ und $x_n y_n \to xy$.

3. Schritt: *Ist $x \in Y$, so ist auch $|x| \in Y$.* Wir zeigen dies zunächst für den Fall $\|x\| \leq 1$. Sei $(x_n)_n$ die Polynomfolge aus Lemma A.2. Dann gilt $|x(s)| - x_n(x(s)) \to 0$ gleichmäßig in $s \in S$, d.h. $\||x| - x_n \circ x\| \to 0$. Da Y eine Teilalgebra von $C(S)$ ist, sieht man durch Induktion nach n (oder alternativ aufgrund der Tatsache, dass x_n ein Polynom ist), dass $x_n \circ x \in Y$ ist. Da Y abgeschlossen ist, liegt also auch die Grenzfunktion $|x|$ in Y.

Im allgemeinen Fall setzen wir $\lambda := \|x\|$ und beachten, dass die Funktion $y = x/\lambda$ ebenfalls zu Y gehört. Nach dem bereits Gezeigten ist also $|y| \in Y$, mithin auch $|x| = \lambda\,|y|$.

4. Schritt: *Sind $x_1, \ldots, x_n \in Y$, so liegen auch die Funktion* $\max\{x_1, \ldots, x_n\}$ *und* $\min\{x_1, \ldots, x_n\}$ *in Y.* Für $n = 2$ folgt dies sofort aus den Formeln

$$\max\{x_1, x_2\} = \tfrac{1}{2}\,(x_1 + x_2 + |x_1 - x_2|)$$

und

$$\min\{x_1, x_2\} = \tfrac{1}{2}\,(x_1 + x_2 - |x_1 - x_2|)\,,$$

und der allgemeine Fall folgt aus diesem speziellen durch Induktion nach n.

5. Schritt: *Es gilt $Y = X$.* Sei $x \in X$ gegeben; wir müssen zeigen, dass $x \in Y$ ist. Da Y abgeschlossen ist, genügt es nachzuweisen, dass x durch Funktionen aus Y approximiert werden kann. Sei also $\varepsilon > 0$ gegeben. Wir zeigen zunächst, dass es zu jedem fest gewählten $t \in S$ eine Funktion $z_t \in Y$ gibt, die in t denselben Wert annimmt wie x, ansonsten aber überall $z_t \leq x + \varepsilon$ erfüllt. Sei dazu $\mathcal{M}$ das System aller offenen Mengen $U \subseteq S$ mit der folgenden Eigenschaft: Es gibt eine Funktion $y \in A$ mit $y(t) = x(t)$, die $y \leq x + \varepsilon$ auf U erfüllt. Dann ist $\mathcal{M}$ eine offene Überdeckung von S: Ist nämlich $s \in S$ beliebig, so wählen wir einfach ein y mit $y(s) = x(s)$ und $y(t) = x(t)$; dann ist $y \leq x + \varepsilon$ in einer Umgebung U von s, also $s \in U$ für ein $U \in \mathcal{M}$. Da S kompakt ist, wird S von endlich vielen $U_1, \ldots, U_n \in \mathcal{M}$ überdeckt. Sind $y_1, \ldots, y_n$ die zugehörigen Funktionen, so leistet $z_t := \min\{y_1, \ldots, y_n\}$ das Gewünschte.

Sei nun $\mathcal{N}$ das System aller offenen Mengen $V \subseteq S$ mit der Eigenschaft, dass es eine Funktion $z \in Y$ gibt, die $z \leq x + \varepsilon$ auf S und $z \geq x - \varepsilon$ auf V erfüllt. Nach dem Gezeigten ist $\mathcal{N}$ wieder eine offene Überdeckung von S. Sei $\{N_1, \ldots, N_k\}$ eine endliche Teilüberdeckung. Sind $z_1, \ldots, z_k$ die zugehörigen Funktionen, so erfüllt die Funktion $u := \max\{z_1, \ldots, z_k\} \in Y$ überall die Ungleichungen $u \geq x - \varepsilon$ und $u \leq x + \varepsilon$. Insbesondere ist also $\|x - u\| \leq \varepsilon$, also $x \in \overline{Y} = Y$. Damit ist alles gezeigt. ■

Für die Konstruktion von z_t (und ähnlich für u) im letzten Beweisschritt findet man häufig folgende einfachere Argumentation in Büchern: Zu jedem s gibt es ein $y_s \in A$ mit $y_s(s) = x(s)$ und $y_s(t) = x(t)$. Dann ist $y_s \leq x + \varepsilon$ auf einer Umgebung U_s von s. Wegen der Kompaktheit von S ist $S \subseteq U_{s_1} \cup \ldots \cup U_{s_n}$, also leistet $z_t := \min\{y_{s_1}, \ldots, y_{s_n}\}$ das Gewünschte.

Wir weisen darauf hin, dass diese Argumentation implizit das Auswahlaxiom benutzt, nämlich dort, wo man annimmt, dass die U_s eine offene Überdeckung von S bilden. Dies impliziert nämlich, dass $\{U_s : s \in S\}$ eine *Menge* ist, was ohne das Auswahlaxiom gar nicht klar ist, da wir keine explizite „Auswahlabbildung" $s \mapsto U_s$ kennen: Für jedes s kommen ja viele Kandidaten für U_s in Frage. Bei unserem Beweis des Satzes haben wir das Problem umgangen, indem wir einfach *alle* möglichen Kandidaten zugelassen haben.

Wir bringen nun einen „klassischen" Spezialfall von Satz A.8. Sei $S := [0,1]$. Wählen wir als $A \subseteq C[0,1]$ eine Teilalgebra, die die Funktionen $x(t) \equiv 1$ und $y(t) := t$ enthält, so hat diese trivialerweise vollen Träger und trennt Punkte; nach Satz A.8 liegt A dann also dicht in $X := C[0,1]$. Die kleinste solche Teilalgebra ist offensichtlich die Algebra der Polynome; dies führt zu dem folgenden wichtigen Satz.

Satz A.9 (Weierstraß). *Die Menge $P[0,1]$ aller Polynome über $[0,1]$ liegt dicht in $C[0,1]$.*

Ist etwas allgemeiner $S \subseteq \mathbb{R}^N$ kompakt, so trennt auch die Teilalgebra $A \subseteq C(S)$ der Polynome in N Variablen Punkte, wie man an den Funktionen $x_k(t_1, \ldots, t_n) = t_k$ $(k = 1, \ldots, N)$ sieht. Wir erhalten also als „mehrdimensionale Verallgemeinerung" von Satz A.9 den folgenden Satz:

Satz A.10. *Ist $S \subseteq \mathbb{R}^N$ kompakt, so liegt die Teilalgabra $P(S)$ der Polynome in n Variablen über S dicht in $C(S)$.*

An zwei einfachen Beispielen zeigen wir noch, dass der Satz von Stone nicht nur für Polynome im klassischen Sinne anwendbar ist. Wir beginnen mit dem folgenden Satz.[3]

Satz A.11. *Sind T und S kompakte metrische Räume, so liegt die Menge der Funktionen der Gestalt*

$$z(t,s) = \sum_{k=1}^{n} x_k(t) y_k(s) \qquad (x_k \in C(T), y_k \in C(S); k = 1, \ldots, n) \tag{A.13}$$

dicht im Raum $C(T \times S)$.

□ Sei A die Menge aller Funktionen der Gestalt (A.13). Offenbar ist A eine Algebra, die die konstante Funktion $z(t,s) \equiv 1$ enthält. A trennt aber auch auch Punkte: Sind $(t_1, s_1), (t_2, s_2) \in T \times S$ verschieden, o. B. d. A. $t_1 \neq t_2$, so wählen wir eine Funktion $x \in C(T)$ mit $x(t_1) \neq x(t_2)$ (siehe Abschnitt A.5 unten). Die Funktion $z(t,s) = x(t)$ erfüllt dann $z(t_1, s_1) \neq z(t_2, s_2)$. Die Behauptung folgt also aus Satz A.8. ■

[3] In der Sprache der Linearen Algebra sind die Funktionen der Gestalt (A.13) gerade die Elemente des „Tensorprodukts" der Räume $C(T)$ und $C(S)$. Man sagt wegen Satz A.11 daher auch, dass $C(T \times S)$ das Banachraum-Tensorprodukt von $C(T)$ und $C(S)$ ist.

Wie üblich nennen wir Funktionen der Gestalt

$$x(t) = \sum_{j,k=0}^{m} a_{jk} \sin^j t \cos^k t$$

trigonometrische Polynome. Der folgende Satz ist ebenfalls eine klassische Anwendung von Satz A.8:

Satz A.12. *Jede stetige 2π-periodische Funktion kann gleichmäßig auf $\mathbb{R}$ durch trigonometrische Polynome approximiert werden.*

□ Es sei $S := \{(\cos t, \sin t) : 0 \leq t \leq 2\pi\}$ der Einheitskreis in $\mathbb{R}^2$. Indem wir S mit dem Intervall $[0, 2\pi)$ auf kanonische Weise identifizieren, können wir den Raum der stetigen 2π-periodischen Funktionen mit $C(S)$ identifizieren. Die trigonometrischen Polynome trennen Punkte und haben vollen Träger. Da sie (mit unserer Identifizierung) eine Teilalgebra von $C(S)$ bilden, liegen sie nach Satz A.8 dicht in $C(S)$. ■

A.5 Die Fortsetzungssätze von Tietze-Uryson und Dugundji

An einigen Stellen der Analysis (z. B. im Beweis der Sätze A.11 oder 9.1) steht man vor dem Problem, dass man eine stetige Funktion $F\colon X \to Y$ sucht, deren Werte man auf gewissen Mengen vorschreiben möchte. Etwas allgemeiner können wir das *Fortsetzungsproblem* so formulieren:

Gegeben sei ein $A \subseteq X$ und eine stetige Funktion $f\colon A \to Y$. Gibt es dann eine stetige Fortsetzung $F\colon X \to Y$ von f, also $F|_A = f$?

Ohne zusätzliche Voraussetzungen kann man sicherlich keine positive Antwort erwarten: Schon für $X = Y = \mathbb{R}$ gibt es zahlreiche Funktionen ohne stetige Fortsetzung. Überraschenderweise fällt die Antwort aber positiv aus, falls A *abgeschlossen* und Y eine konvexe Teilmenge eines normierten Raums ist, wie wir bald sehen werden.

Der einfachste Fall des Fortsetzungsproblems ist, wenn man die Funktion auf zwei verschiedenen Mengen als konstant vorschreibt:

Satz A.13 (Uryson). *Sei X metrischer Raum, und seien $A, B \subseteq X$ abgeschlossen und disjunkt. Dann gibt es eine stetige Funktion $F\colon X \to [0,1]$ mit $F(x) = 0$ auf A und $F(x) = 1$ auf B.*

□ Die Funktion

$$F(x) := \frac{\operatorname{dist}(x, A)}{\operatorname{dist}(x, A) + \operatorname{dist}(x, B)}$$

leistet das Gewünschte: Man beachte hierbei, dass der Nenner wegen der Abgeschlossenheit und Disjunktheit von A und B niemals Null sein kann. ■

Mit Hilfe von Satz A.13 kann man den folgenden *Satz von Tietze* beweisen, der daher auch manchmal *Satz von Tietze-Uryson* genannt wird.

Satz A.14 (Tietze). *Sei X metrischer Raum, $A \subseteq X$ abgeschlossen und $f\colon A \to \mathbb{R}$ stetig. Dann besitzt f eine stetige Fortsetzung $F\colon X \to \mathbb{R}$ mit $F(X) \subseteq \operatorname{conv} f(A)$.*[4]

□ Wir nehmen zunächst an, dass $f(A) \subseteq [-a,a]$ gilt und zeigen zunächst nur, dass es dann eine stetige Funktion $F_0\colon X \to [-\frac{1}{3}a, \frac{1}{3}a]$ gibt, so dass $f - F_0$ die Menge A in $[-\frac{2}{3}a, \frac{2}{3}a]$ abbildet.

In der Tat, nach Satz A.13 finden wir eine stetige Funktion $G_0\colon X \to [0,1]$, die auf den disjunkten abgeschlossenen Mengen $f^{-1}([\frac{1}{3}a, 1])$ bzw. $f^{-1}([-1, -\frac{1}{3}a])$ stets den Wert 0 bzw. 1 annimmt. Die stetige Funktion $F_0(x) := \frac{1}{3}a(1 - 2G_0(x))$ nimmt auf diesen Mengen dann den Wert $\frac{1}{3}a$ bzw. $-\frac{1}{3}a$ an, und hieraus folgt $|f(x) - F_0(x)| \leq \frac{2}{3}a$ für alle $x \in A$.

Unter der Zusatzvoraussetzung $f(A) \subseteq [-a,a]$ wählen wir F_0 wie oben und fahren dann per Induktion fort: Haben wir $F_0, \ldots, F_{n-1}$ bereits bestimmt, so wenden wir das oben Gezeigte auf die Funktion $f - F_0 - F_1 - \cdots - F_{n-1}$ und für den Wert $\left(\frac{2}{3}\right)^n a$ (statt f bzw. a) an und finden daher eine stetige Funktion $F_n\colon X \to [-\frac{1}{3}\left(\frac{2}{3}\right)^n a, \frac{1}{3}\left(\frac{2}{3}\right)^n a]$ darart, dass $f - F_0 - F_1 - \cdots - F_n$ den Raum X in $[-\frac{2}{3}^{n+1}a, \frac{1}{3}\left(\frac{2}{3}\right)^{n+1} a]$ abbildet.

Die Reihe über alle F_n konvergiert gleichmäßig (gegen eine somit stetige Funktion F), denn für alle $x \in X$ ist ja

$$\sum_{n=N}^{\infty} |F_n(x)| \leq \sum_{n=N}^{\infty} \frac{1}{3}\left(\frac{2}{3}\right)^n a = \left(1 - \left(\frac{2}{3}\right)^N\right) a \tag{A.14}$$

Da auf der Menge A die Partialsummen der Reihe nach Konstruktion gegen f konvergieren, muss $F|_A = f$ sein. Für $N = 0$ zeigt (A.14), dass $|F(x)| \leq a$ gilt.

Wir haben also gezeigt, dass f im Falle $f(A) \subseteq [-a,a]$ eine stetige Fortsetzung $F\colon X \to [-a,a]$ besitzt. Wir zeigen nun ein analoges Ergebnis für die offenen und halboffenen Intervalle $(-a,a)$, $(-a,a]$ bzw. $[-a,a)$. Dazu setzen wir $B := F^{-1}(\{a,-a\})$, $B := F^{-1}(\{-a\})$, bzw. $B := F^{-1}(\{a\})$, wobei $F\colon X \to [-a,a]$ irgendeine stetige Fortsetzung von f sei. Die Menge B ist dann abgeschlossen und disjunkt zu A. Nach Satz A.13 gibt es also eine stetige Funktion $g\colon X \to [0,1]$ mit $g|_A = 1$ und $g|_B = 0$. Die Funktion $x \mapsto g(x)F(x)$ ist dann die gesuchte Fortsetzung: Nach Konstruktion kann sie niemals den Wert a bzw. $-a$ annehmen.

Nun folgt die Behauptung für den Fall, dass $f(A)$ beschränkt ist: Für eine geeignete Konstante c ist dann $I := \operatorname{conv} f(A) - c$ ein Intervall der Form $[-a,a]$, $(-a,a)$, $(-a,a]$ oder $[-a,a)$. Wie wir eben gezeigt haben, hat die Funktion $f - c$ eine stetige Fortsetzung $F\colon X \to I$; die Funktion $F + c$ ist dann die gesuchte Fortsetzung von f.

Für den Fall, dass f nicht notwendigerweise beschränkt ist, wenden wir das Bewiesene auf die beschränkte stetige Funktion $f_0(x) := \arctan(f(x))$ an. Wir finden dann eine stetige Fortsetzung G der Funktion f_0 mit $G(X) \subseteq \operatorname{conv} f(A)$. Die Funktion $F(x) := \tan(G(x))$ hat dann die gewünschten Eigenschaften. ■

Im Beweis von Satz A.14 haben wir die sehr spezielle Struktur konvexer Mengen in $\mathbb{R}$ (Intervalle) benutzt. Für den Fall $f\colon X \to Y$ mit $Y \neq \mathbb{R}$ ist Satz A.14 daher nicht

[4] Hier ist natürlich $\operatorname{conv} f(A) \subseteq \mathbb{R}$ das kleinste Intervall, das $f(A)$ enthält. Es ist möglicherweise unbeschränkt und kann offen, abgeschlossen, oder auch halboffen sein.

anwendbar. In diesem Fall führt aber eine andere Beweistechnik zum Ziel, nämlich eine Verallgemeinerung der Schauderschen Projektionen aus Abschnitt 12.2.

Satz A.15 (Dugundji). *Sei X ein metrischer Raum und Y ein normierter Raum. Sei $A \subseteq X$ abgeschlossen, und sei $f\colon A \to Y$ stetig mit Werten in einer nichtleeren konvexen Menge $K \subseteq Y$. Falls K bzgl. der Norm in Y vollständig ist und falls es eine abzählbare Menge $M \subseteq X$ gibt mit $\overline{M} \supseteq \partial A$, dann hat f eine stetige Fortsetzung $F\colon X \to Y$ mit $F(X) \subseteq K$.*

□ Als erstes zeigen wir, dass wir annehmen können, dass Y ein Banachraum und $K \subseteq Y$ abgeschlossen ist. In der Tat, nach Aufgabe 2.41 ist Y in einem Banachraum Z enthalten. Wir betrachten einfach Z statt Y: Da $K \subseteq Y$ vollständig ist, ist $K \subseteq Z$ abgeschlossen (dies sieht man analog Lemma 1.1).

Wir zeigen nun, dass wir weiterhin $M \subseteq A$ annehmen können. In der Tat, zu jedem $x \in M$ und jedem $n \in \mathbb{N}$ finden wir ein $a_{x,n} \in A$ mit $d(x, a_{x,n}) \leq 1/n$. Die Menge aller dieser $a_{x,n}$ ist dann abzählbar und ihr Abschluss enthält ∂A, denn für jedes $a \in \partial A$ und jedes $\varepsilon > 0$ gibt es ein $x \in M$ mit $d(x,a) < \varepsilon/2$; für $n > 2/\varepsilon$ ist dann $d(a_{x,n}, a) \leq d(a_{x,n}, x) + d(x,a) < \varepsilon$.

Sei ab jetzt also $M = \{a_1, a_2, \dots\} \subseteq A$. Wir wählen eine Folge von Zahlen $c_n \in (0, 1/n^2)$ mit $c_n \|f(a_n)\| \leq 1/n^2$. Die gesuchte Fortsetzung F definieren wir nun wie folgt: Für $x \in A$ setzen wir $F(x) := f(x)$, und außerhalb von A setzen wir

$$F(x) := \frac{\sum_{n=1}^{\infty} c_n \mu_n(x) f(a_n)}{\sum_{n=1}^{\infty} c_n \mu_n(x)} \qquad (x \in X \setminus A) \tag{A.15}$$

mit

$$\mu_n(x) := \max\left\{2 - \frac{d(x, a_n)}{\operatorname{dist}(x, A)}, 0\right\}.$$

Die Reihen in (A.15) konvergieren tatsächlich beide sogar gleichmäßig für $x \in X \setminus A$, denn wegen $0 \leq \mu_n(x) \leq 2$ ist $|c_n \mu_n(x)| \leq 2/n^2$ und $\|c_n \mu_n(x) f(a_n)\| \leq 2/n^2$: Hier benutzen wir, dass Y ein Banachraum ist (Satz 1.1). Aufgrund der gleichmäßigen Konvergenz der Reihen hängen sowohl der Nenner als auch der Zähler in (A.15) stetig von $x \in X \setminus A$ ab. Der Nenner ist niemals Null, denn für $x \in X \setminus A$ ist $\delta := \operatorname{dist}(x, A) > 0$: Wir finden ein $a \in \partial A$ mit $\operatorname{dist}(x, A) < \frac{3}{2}\delta$ und wegen $\overline{M} \supseteq \partial A$ ein n mit $d(a, a_n) < \frac{1}{2}\delta$; es folgt $d(x, a_n) < 2\delta$, mithin $\mu_n(x) > 0$. Mit der Abkürzung

$$\lambda_k(x) := \frac{c_k \mu_k(x)}{\sum_{n=1}^{\infty} c_n \mu_n(x)}$$

ist

$$0 \leq \lambda_n(x), \quad \sum_{n=1}^{\infty} \lambda_n(x) = 1, \quad F(x) = \sum_{n=1}^{\infty} \lambda_n(x) f(a_n).$$

Da die Menge K als abgeschlossene und konvexe Menge nach Aufgabe 2.39 auch σ-konvex ist und $f(a_n) \in K$ gilt, folgt $F(x) \in K$.

Wir müssen also nur noch zeigen, dass unsere Fortsetzung F in jedem Punkt $x_0 \in \partial A$ stetig ist. Zu $\varepsilon > 0$ gibt es wegen der Stetigkeit von f in x_0 ein $r > 0$ mit $\|f(a) - f(x_0)\| < \varepsilon$ für alle $a \in A$ mit $d(a, x_0) < 3r$. Wir behaupten, dass für alle $x \in X$ mit $d(x, x_0) < r$ die Abschätzung $\|F(x) - f(x_0)\| < \varepsilon$ richtig ist. Im Falle $x \in A$ ist dies nach unserer Wahl von r selbstverständlich der Fall. Sei also $x \in X \setminus A$. Für alle n mit $\mu_n(x) > 0$ ist $d(x, a_n) \leq 2 \operatorname{dist}(x, A) \leq 2d(x, x_0)$ und folglich $d(x_0, a_n) \leq d(x_0, x) + d(x, a_n) \leq 3d(x, x_0) < 3r$, mithin $\|f(a_n) - f(x_0)\| < \varepsilon$. Es folgt also für alle n, dass $\mu_n(x) \|f(a_n) - f(x_0)\| \leq \varepsilon \mu_n(x)$ ist. Mit der oben eingeführten Abkürzung $\lambda_n(x)$ bekommen wir nun

$$\begin{aligned} \|F(x) - f(x_0)\| &= \left\| \sum_{n=1}^{\infty} \lambda_n(x) f(a_n) - \sum_{n=1}^{\infty} \lambda_n(x) f(x_0) \right\| \\ &\leq \sum_{n=1}^{\infty} \lambda_n(x) \|f(a_n) - f(x_0)\| \leq \sum_{n=1}^{\infty} \lambda_n(x) \varepsilon = \varepsilon. \end{aligned}$$

Wegen $F(x_0) = f(x_0)$ ist F also in jedem Punkt $x_0 \in \partial A$ stetig. ■

Satz A.15 wird meistens nur in der folgenden (leichter einsehbaren) Version benutzt:

Satz A.16. *Seien X und Y normierte Räume. Sei $A \subseteq X$ kompakt, und sei $f\colon A \to Y$ stetig mit Werten in einer nichtleeren kompakten konvexen Menge $K \subseteq Y$. Dann hat f eine stetige Fortsetzung $F\colon X \to Y$ mit $F(X) \subseteq K$.*

□ Nach Lemma 2.1 ist A abgeschlossen. Zu jedem $\varepsilon_n := 1/n$ finden wir ein endliches $1/n$-Netz für A. Die Vereinigung M dieser abzählbar vielen Netze ist abzählbar und erfüllt $\overline{M} \supseteq A \supseteq \partial A$. Darüberhinaus ist K vollständig, denn wenn $(y_n)_n$ eine Cauchyfolge in K ist, so hat $(y_n)_n$ wegen der Kompaktheit von K eine Teilfolge $(y_{n_k})_k$ mit $y_{n_k} \to y \in K$. Da $(y_n)_n$ eine Cauchyfolge ist, ist dann sogar $y_n \to y$, also K vollständig. Die Behauptung folgt nun aus Satz A.15. ■

A.6 Aufgaben

Aufgabe A.1. Sei $(f_n)_n$ eine Folge stetiger Funktionen $f_n\colon \mathbb{R} \to \mathbb{R}$, die punktweise gegen eine Funktion f konvergiere. Sei S die Menge der Punkte, an denen f stetig ist. Zeigen Sie, dass S nichtleer ist und sogar dicht liegt in $\mathbb{R}$, indem Sie zunächst nachweisen, dass

$$\mathbb{R} \setminus S \subseteq \bigcup_{k=1}^{\infty} \left(\mathbb{R} \setminus \bigcup_{n=1}^{\infty} \mathring{A}_{nk} \right) \subseteq \bigcup_{k=1}^{\infty} \bigcup_{n=1}^{\infty} \left(A_{nk} \setminus \mathring{A}_{nk} \right)$$

gilt, wobei

$$A_{nk} := \bigcap_{i=n}^{\infty} \{t : t \in \mathbb{R} : |f_n(t) - f_i(t)| \leq 1/k\}$$

sei.

Aufgabe A.2. Sei $f : \mathbb{R} \to \mathbb{R}$ in jedem Punkt differenzierbar. Zeigen Sie unter Benutzung von Aufgabe A.1, dass die Menge der Stetigkeitspunkte von f' in $\mathbb{R}$ dicht liegt.

Aufgabe A.3. Gibt es eine magere Menge $M \subset [0,1]$, die keine (Lebesgue-)Nullmenge ist? Gibt es eine Nullmenge $N \subset [0,1]$, die nicht mager ist?

Hinweis. Zeigen Sie, dass es zu jedem $\alpha \in (0,1]$ sogar eine abgeschlossene nirgends dichte Menge $M_\alpha \subset [0,1]$ mit Maß $1-\alpha$ gibt. Setzen Sie dann $N := [0,1] \setminus (M_1 \cup M_{1/2} \cup M_{1/3} \cup \ldots)$.

Aufgabe A.4. Zeigen Sie, dass der Satz A.2 von Baire sehr einfach aus Satz A.3 folgt, so dass beide Ergebnisse also „äquivalent" sind.

Aufgabe A.5. Zeigen Sie unter Benutzung von Satz A.4, dass der Vektorraum $X = c_e$ (siehe Aufgabe 1.15) nicht vollständig ist.

Aufgabe A.6. Sei $X \subseteq L_p = L_p[0,1]$ $(1 \leq p < \infty)$ der Unterraum aller $x \in L_p$ mit Integralmittel Null, d. h.

$$\int_0^1 x(t)\,dt = 0.$$

Zeigen Sie, dass X ein Banachraum ist und finden Sie eine Schauder-Basis für X.

Aufgabe A.7. Sei X Banachraum mit Schauder-Basis $(e_n)_n$ und zugehörigen Projektionen (A.7), und sei

$$C := \limsup_{n\to\infty} \|I - P_n\|\,.$$

Begründen Sie, warum C endlich ist, und beweisen Sie, dass die Funktionen

$$\mu(M) := \limsup_{n\to\infty} \sup_{x\in M} \|x - P_n x\|$$

und

$$\nu(M) := \liminf_{n\to\infty} \sup_{x\in M} \|x - P_n x\|$$

($M \subseteq X$ beschränkt) beide zum Nichtkompaktheitsmaß $\gamma(M)$ (siehe (2.9)) äquivalent sind.

Hinweis. Zeigen Sie die Abschätzungen

$$\nu(M) \leq \mu(M) \leq C\gamma(M) \leq C\nu(M).$$

Aufgabe A.8. Zeigen Sie, dass sich für die Basis aus Beispiel A.3 in den Räumen $X := \ell_p$ $(1 \leq p < \infty)$ und $X := c_0$ in Aufgabe A.7 der Wert $C = 1$ ergibt, und dass somit in diesen Räumen

$$\mu(M) = \nu(M) = \gamma(M)$$

gilt (Notation aus Aufgabe A.7).

Aufgabe A.9. Zeigen Sie, dass im Raum $X := c$ (mit der Basis aus Beispiel A.2) die Beziehungen

$$\gamma(K(c)) = 1, \qquad \mu(K(c)) = \nu(K(c)) = 2$$

gelten (Notation aus Aufgabe A.7).

Aufgabe A.10. Konvergiert die in (A.11) gegebene Folge $(x_n)_n$ im Raum $\mathrm{Lip}[0,1]$?

Aufgabe A.11. Finden Sie eine Teilalgebra $A \subset \mathrm{C}[0,1]$, die vollen Träger hat, aber nicht die Punkte von $[0,1]$ trennt.

Aufgabe A.12. Zeigen Sie, dass Satz A.8 nicht mehr gilt, wenn man unter $C(S)$ auch die *komplexwertigen* stetigen Funktionen versteht. Zeigen Sie weiter, dass der Satz dann aber trotzdem gilt, wenn man zusätzlich folgendes voraussetzt: Für jede Funktion $x \in A$ kann die konjugiert komplexe Funktion $\overline{x}$ gleichmäßig durch Funktionen aus A approximiert werden.

Hinweis. Folgt aus $x \in A$ sogar $\overline{x} \in A$, so stellen Sie Real- und Imaginärteil von x mit Hilfe der Formeln $\mathrm{Re}\, x = (x + \overline{x})/2$ und $\mathrm{Im}\, x = (x - \overline{x})/2i$ dar. Der allgemeine Fall lässt sich auf den Spezialfall zurückführen, indem man statt A die Algebra $\overline{A}$ betrachtet.

Aufgabe A.13. Zeigen Sie, dass die Polynome in $X := C^m[0,1]$ dicht liegen. Liegen sogar bereits die (abzählbar vielen!) Polynome mit rationalen Koeffizienten dicht?

Hinweis. Approximieren Sie zunächst $x^{(m)}$.

Aufgabe A.14. Warum gilt Satz A.9 nicht für den Raum $\mathrm{BC}[0,\infty)$ (aus Beispiel 1.13) statt $\mathrm{C}[0,1]$?

Aufgabe A.15. Finden Sie Beispiele, die die verschiedenen Fälle der Fußnote in Satz A.14 illustrieren.

Literaturverzeichnis

Bis auf ganz wenige Ausnahmen sind alle Ergebnisse dieses Buches „wohlbekannte" Standardresultate der Linearen und Nichtlinearen Analysis. Anstelle einer historischen Auflistung aller Literaturstellen stellen wir daher lieber eine Liste von Büchern zusammen, die in verschiedene angesprochene Gebiete weiterführen.

[1] Akhiezer, N. I. and Glazman, I. M., *Theory of linear operators in Hilbert space I*, F. Ungar. Pub., New York, 1961.

[2] ———, *Theory of linear operators in Hilbert space II*, F. Ungar. Pub., New York, 1963.

[3] Akhmerov, R. R., Kamenskij, M. I., Potapov, A. S., Rodkina, A. E., and Sadovskij, B. N., *Measures of noncompactness and condensing operators*, Birkhäuser, Basel, Boston, Berlin, 1992.

[4] Alt, H. W., *Lineare Funktionalanalysis*, 2nd ed., Springer, Berlin, Heidelberg, New York, 1992.

[5] Andres, J. and Górniewicz, L., *Topological fixed point principles for boundary value problems*, Kluwer Academic Publishers, Dordrecht, 2003.

[6] Appell, J. and Zabrejko, P. P., *Nonlinear superposition operators*, Cambridge Univ. Press, Cambridge, 1990.

[7] Banach, S., *Introduction to linear operations*, North-Holland, Amsterdam, New York, Oxford, 1987.

[8] Borsuk, K., *Theory of retracts*, Polish Scientific Publ., Warszawa, 1967.

[9] Bredon, G. E., *Topology and geometry*, Springer, New York, 1993.

[10] Day, M. M., *Normed linear spaces*, 3rd ed., Springer, Berlin, Heidelberg, New York, 1973.

[11] Deimling, K., *Nichtlineare Gleichungen und Abbildungsgrade*, Springer, Berlin, 1974.

[12] ———, *Nonlinear functional analysis*, Springer, Berlin, Heidelberg, 1985.

[13] Dugundji, J., *Topology*, 8th ed., Allyn and Bacon, Boston, 1973.

[14] Dugundji, J. and Granas, A., *Fixed point theory*, Polish Scientific Publ., Warszawa, 1982.

[15] Dunford, N. and Schwartz, J. T., *Linear operators II*, Int. Publ., New York, London, 1963.

[16] ———, *Linear operators I*, 3rd ed., Int. Publ., New York, 1966.

[17] Goebel, K. and Kirk, W. A., *Topics in metric fixed point theory*, Cambridge Univ. Press, Cambridge, 1990.

[18] Göpfert, A. and Riedrich, T., *Funktionalanalysis*, 2nd ed., Teubner, Leipzig, 1986.

[19] Gorenflo, R. and Vessella, S., *Abel integral equations*, Lect. Notes Math., no. 1461, Springer, Berlin, 1991.

[20] Górniewicz, L., *Topological fixed point theory of multivalued mappings*, Kluwer Academic Publishers, Dordrecht, 1999.

[21] Hewitt, E. and Stromberg, K., *Real and abstract analysis*, 2nd ed., Springer, Berlin, Heidelberg, New York, 1969.

[22] Hu, S.-T., *Theory of retracts*, Wayne State Univ. Press, Detroit, 1965.

[23] Jantscher, L., *Hilberträume*, Akademische Verlagsgesellschaft, Wiesbaden, 1977.

[24] Jörgens, K., *Lineare Integraloperatoren*, Teubner, Stuttgart, 1970.

[25] Kantorovich, L. V. and Akilov, G. P., *Functional analysis*, 2nd ed., Pergamon Press, Oxford, 1982.

[26] Krasnoselskiĭ, M. A., Lifshits, Je. A., and Sobolev, A. V., *Positive linear systems*, Heldermann, Berlin, 1989.

[27] Krasnosel'skij, M. A. and Zabrejko, P. P., *Geometrical methods of nonlinear analysis*, Springer, New York, 1984.

[28] Krasnosel'skij, M. A., Zabrejko, P. P., Pustylnik, E. I., and Sobolevskij, P. E., *Integral operators in spaces of summable functions*, Noordhoff, Leyden, 1976.

[29] Kuratowski, K., *Topology I*, Academic Press, New York, San Franisco, London, 1966.

[30] ———, *Topology II*, Academic Press, New York, London, 1968.

[31] Lindenstrauss, J. and Tzafriri, L., *Classical Banach spaces I: Sequence spaces*, Springer, Berlin, Heidelberg, New York, 1977.

[32] ———, *Classical Banach spaces II: Function spaces*, Springer, Berlin, Heidelberg, New York, 1979.

[33] Martin, R. H., Jr., *Nonlinear operators and differential equations in Banach spaces*, John Wiley & Sons, New York, London, Sydney, 1976.

[34] Riesz, F. and Szökefalvi-Nagy, B., *Functional analysis*, 2nd ed., Ungar Publ., New York, 1955.

[35] Rudin, W., *Real and complex analysis*, 3rd ed., McGraw-Hill, Singapore, 1987.

[36] ———, *Functional analysis*, 14th ed., McGraw-Hill, New Delhi, New York, 1990.

[37] Taylor, A. E., *Introduction to functional analysis*, John Wiley & Sons, New York, 1964.

[38] tom Dieck, T., *Topologie*, 2nd ed., de Gruyter, Berlin, New York, 2000.

[39] Zaanen, A. C., *Introduction to operator theory in Riesz spaces*, Springer, Berlin, Heidelberg, New York, 1997.

[40] Zeidler, E., *Nonlinear functional analysis and its applications III*, Springer, New York, Berlin, Heidelberg, 1985.

[41] ———, *Nonlinear functional analysis and its applications I*, Springer, New York, Berlin, Heidelberg, 1986.

[42] ———, *Nonlinear functional analysis and its applications IV*, Springer, New York, Berlin, Heidelberg, 1988.

[43] ———, *Nonlinear functional analysis and its applications II/A*, Springer, New York, Berlin, Heidelberg, 1990.

[44] ———, *Nonlinear functional analysis and its applications II/B*, Springer, New York, Berlin, Heidelberg, 1990.

Symbolverzeichnis

Index